技能型人才培养精品教材·计算机系列

Word 2019 文档处理

主　编　徐　兰
副主编　郭　艳　杨斌红　刘秉堂

北京希望电子出版社
Beijing Hope Electronic Press
www.bhp.com.cn

内 容 简 介

本书共分为 9 个模块，主要内容包括 Word 2019 概述、Word 文档的基础操作、输入和编辑文本、格式化文档、Word 2019 的高级排版、Word 2019 的表格处理、图文混排、长文档的编排处理，以及 Word 页面设置和打印输出。

本书不仅适合各类院校的学生学习使用，也适合行政、文秘、办公室职员等人群阅读，还可作为相关培训机构的教材及参考书。

图书在版编目（CIP）数据

Word 2019 文档处理 / 徐兰主编. -- 北京 : 北京希望电子出版社, 2024. 9（2024. 12 重印）.

ISBN 978-7-83002-897-8

Ⅰ. TP391.12

中国国家版本馆 CIP 数据核字第 2024BF1606 号

出版：北京希望电子出版社

地址：北京市海淀区中关村大街 22 号

中科大厦 A 座 10 层

邮编：100190

网址：www.bhp.com.cn

电话：010-82620818（总机）转发行部

010-82626237（邮购）

经销：各地新华书店

封面：黄燕美

编辑：毕明燕

校对：宋立彪

开本：787 mm×1092 mm　1/16

印张：17

字数：394 千字

印刷：三河市骏杰印刷有限公司

版次：2024 年 12 月 1 版 2 次印刷

定价：59.90 元

前言

随着信息处理技术的飞速发展，办公自动化已成为现代工作中不可或缺的一部分。作为广泛应用的文字处理软件，Microsoft Word 2019 凭借其强大的功能、便捷的操作及广泛的兼容性，成为众多企业和个人用户的首选。如何熟练掌握并高效运用 Word 2019 丰富而复杂的各项功能，以应对日益多样化的文档处理需求，成为了当前市场环境下亟待解决的问题。

在此背景下，《Word 2019 文档处理》应运而生。本书旨在帮助读者全面、系统地掌握 Word 2019 的核心功能，提升文档处理效率，适应数字化办公的新常态。全书紧密围绕实际应用场景，以实用性和易学性为原则，力求让每一位读者都能从零基础快速成长为 Word 高手。

本书的特色主要体现在以下几个方面。

系统全面：涵盖 Word 2019 从基础操作到高级应用，包括文档创建、文本编辑、格式设定、表格处理、图文混排、长文档编排、软件设置与打印输出等核心功能，确保读者能够应对各种类型的文档处理任务。

操作导向：书中每个知识点都辅以详细的操作步骤，图文并茂，直观易懂。读者只需跟随说明，即可在实践中轻松掌握技巧，实现“即学即用”。

实战性强：紧密结合职场及学术领域的常见文档类型和格式要求，提供大量实例解析和实战练习，帮助读者在实际操作中巩固理论知识，提升解决问题的能力。

全书分为 9 个模块，具体讲解情况介绍如下。

模块 1 为 Word 2019 概述：详细介绍 Word 2019 的基本概念、新增功能、操作界面设置及 OneDrive 协同办公，为后续内容的学习奠定基础。

模块 2 为 Word 文档的基础操作：讲解了如何启动和退出 Word 2019，新建、打开、关闭和保存文档等基本操作。

模块 3 为 输入和编辑文本：讲解了文本的录入方法、文本选择与移动、查找与替换、拼写与语法检查等功能。

模块 4 为格式化文档：详细介绍了如何设置文本和段落格式、使用项目符号和编号、设置边框和底纹以及其他文本格式选项，使文档呈现专业而美观的效果。

模块 5 为 Word 2019 的高级排版：详细介绍了字体的选择与使用、分栏排版、模板创建、样式应用及首字下沉等高级排版技巧，助力读者制作复杂而精美的文档。

模块 6 为 Word 2019 的表格处理：涵盖表格的插入、编辑、美化，以及表格与文字之间的转换方法等技能，提升数据处理与展示能力。

模块 7 为图文混排：介绍图片插入、形状与 SmartArt 图形的使用、图片编辑与美化，以及文本框的创建与格式设置，实现图文并茂的信息传达。

模块 8 为长文档的编排处理：探讨了对象的链接和嵌入、长文档的页面设计、主控文档的使用、页眉页脚、目录、索引及交叉引用的创建与管理，实现大型文档的高效管理。

模块 9 为 Word 页面设置和打印输出：详细介绍了页面布局设置、页面版块划分、打印输出设置及 PDF 导出方法等实用技巧。

本书注重理论与实践相结合，语言通俗易懂，逻辑清晰严谨，结构层次分明，力求通过详实的操作步骤、丰富的示例演示、贴心的知识提示，为读者创造出沉浸式的学习体验，使读者在轻松愉快的阅读氛围中快速提升 Word 2019 的使用技能。

本书兼具知识性、系统性和实用性，不仅适合在校师生作为教材使用，也适合行政、文秘、办公室职员等人群阅读，还可作为相关培训机构的教材及参考书。

本书由徐兰担任主编，郭艳、杨斌红和刘秉堂担任副主编。具体编写分工如下：模块 1 和模块 2 由徐兰编写，模块 3 和模块 4 由郭艳编写，模块 5 至模块 7 由杨斌红编写，模块 8 和模块 9 由刘秉堂编写。

由于编者水平有限，书中难免存在不足之处，恳请广大读者批评指正。

编　者

2024 年 5 月

模块 1　Word 2019 概述

1.1　Word 的术语 ……………………………………… 2

1.1.1　Word 文档 ………………………………… 2

1.1.2　文档视图…………………………………… 2

1.1.3　文档元素…………………………………… 2

1.2　Word 2019 的新增功能 …………………… 3

1.2.1　添加视觉效果……………………………… 4

1.2.2　阅读模式…………………………………… 5

1.2.3　翻译功能…………………………………… 7

1.2.4　增强的公式功能 ………………………… 9

1.2.5　多显示器显示优化 ……………………… 9

1.2.6　新增了 3D 模型 …………………………10

1.2.7　沉浸式阅读器………………………………13

1.2.8　声音辅助功能………………………………14

1.3　Word 2019 的操作界面 ……………………14

1.3.1　标题栏………………………………………15

1.3.2　快速访问工具栏 …………………………15

1.3.3　选项卡和功能区 …………………………16

1.3.4　文档编辑区和标尺 ………………………20

1.3.5　状态栏………………………………………21

1.3.6　导航窗格……………………………………23

1.4　设置 Word 2019 的操作环境………………24

1.4.1　自定义功能区………………………………24

1.4.2　自定义快速访问工具栏 …………………27

1.4.3　隐藏屏幕提示信息 ………………………28

1.4.4　调整界面颜色………………………………29

1.4.5　指定自动保存的时间间隔 ………………30

1.4.6　调整文档的显示比例 ……………………30

1.5　Word 2019 的视图 …………………………31

1.5.1　切换视图……………………………………31

1.5.2　在全屏模式下编辑文档 …………………33

1.6　帮助功能……………………………………35

1.7　使用 OneDrive 协同办公 …………………35

1.7.1　登录 Microsoft 账号 ……………………35

1.7.2　启用 OneDrive……………………………37

1.7.3　使用 Word 2019 协同办公………………39

课后习题 ……………………………………………41

模块 2　Word 文档的基础操作

2.1　Word 2019 的启动与退出 …………………44

2.1.1　启动 Word 2019 …………………………44

2.1.2　退出 Word 2019 …………………………45

2.2　新建文档……………………………………45

2.2.1　新建空白文档………………………………46

2.2.2　使用模板创建文档 ………………………47

2.3　打开和关闭文档……………………………51

2.3.1　打开文档……………………………………51

2.3.2　关闭文档……………………………………58

2.4　保存文档……………………………………59

2.4.1　保存新建文档………………………………59

2.4.2　保存已经保存过的文档 …………………62

2.4.3　保存经过编辑的文档 ……………………62

2.4.4　设置自动保存文档 ………………………63

课后习题 ……………………………………………65

模块 3 输入和编辑文本

3.1 输入文本……69

3.1.1 输入普通文本……69

3.1.2 插入特殊符号……70

3.1.3 插入自动更新的日期和时间……71

3.1.4 输入汉语拼音……72

3.2 在文档中导航……73

3.2.1 滚动……73

3.2.2 使用键盘进行导航……74

3.2.3 使用“定位”命令进行导航……74

3.2.4 快速返回上次编辑的位置……75

3.3 选择文本……75

3.3.1 通过拖动进行选定……75

3.3.2 通过鼠标单击进行选定……76

3.3.3 通过键盘进行选定……76

3.4 复制与剪切文本……77

3.4.1 复制文本……77

3.4.2 剪切文本……78

3.4.3 粘贴文本……78

3.4.4 使用格式刷复制文本格式……80

3.5 查找与替换文本……81

3.5.1 查找文本……81

3.5.2 替换文本……82

3.5.3 使用查找和替换选项……83

3.6 撤销、恢复和重复操作……84

3.6.1 使用“撤消”和“恢复”命令……84

3.6.2 使用“重复”命令……85

3.7 拼写和语法检查……85

3.7.1 自动进行拼写和语法检查……85

3.7.2 文本校对……86

3.7.3 禁用“自动更正”选项……87

3.8 统计文档字数……87

3.9 多窗口编辑……88

3.9.1 显示同一文档的不同部分……88

3.9.2 并排查看文档……90

3.9.3 多文档切换……91

课后习题……92

模块 4 格式化文档

4.1 设置文本格式……95

4.1.1 设置文本的字体、字形和大小……95

4.1.2 设置文本的外观效果……97

4.1.3 设置字符间距……100

4.1.4 制作艺术字……101

4.2 设置段落格式……103

4.2.1 设置段落的对齐方式……104

4.2.2 设置段落的大纲和缩进间距格式…104

4.2.3 设置段落的垂直对齐格式……106

4.2.4 通过标尺设置缩进……107

4.3 项目符号与编号的应用……109

4.3.1 使用项目符号……109

4.3.2 编号的应用……112

4.3.3 多级列表的使用……114

4.4 设置边框和底纹……119

4.4.1 设置边框……119

4.4.2 设置底纹……122

4.5 设置其他格式……123

4.5.1 设置下画线和着重号……123

4.5.2 设置删除线和双删除线……127

4.5.3 设置上标和下标……129

4.5.4 更改文字方向……131

4.5.5 更改英文字符大小写……133

课后习题……134

模块 5 Word 2019 的高级排版

5.1 了解字体……137

5.1.1 查看已安装的字体……137

5.1.2 使用 TrueType 字体还是打印机字体…………138
5.1.3 英文字体族…………138
5.1.4 使用等宽字体还是比例字体…………139
5.1.5 添加和删除字体…………139
5.2 分栏排版…………140
5.3 创建和使用模板…………141
5.3.1 创建模板…………142
5.3.2 使用模板创建新文档…………142
5.3.3 Word 保存模板的位置及方法…………143
5.4 使用样式和主题…………144
5.4.1 关于样式和主题…………144
5.4.2 预览样式…………145
5.4.3 打印样式列表…………145
5.4.4 使用不同模板中的样式表…………146
5.4.5 应用样式…………147
5.4.6 使用键盘快捷键…………148
5.4.7 定义样式…………148
5.4.8 使用基准样式的优点和缺点…………150
5.4.9 使用“后续段落样式”提高工作效率…………150
5.4.10 清除格式和删除样式…………151
5.4.11 在模板间复制样式…………152
5.4.12 使用主题…………154
5.5 应用特殊排版方式…………154
5.5.1 首字下沉…………154
5.5.2 带圈字符…………155
课后习题…………157

模块 6 Word 2019 的表格处理

6.1 在文档中插入表格…………160
6.1.1 使用虚拟表格插入真实表格…………160
6.1.2 使用对话框插入表格…………160
6.1.3 手动绘制表格…………161
6.2 编辑表格…………162
6.2.1 合并单元格…………162
6.2.2 拆分单元格与表格…………165
6.2.3 在表格中定位…………167
6.2.4 选择表格元素和快速增删行或列…………168
6.2.5 设置表格内文字对齐方式…………170
6.3 美化表格…………171
6.3.1 为表格添加底纹…………171
6.3.2 设置表格边框…………173
6.3.3 表格样式的应用…………173
6.4 表格和文字的相互转换…………174
6.4.1 将表格转换成文字…………174
6.4.2 将文字转换成表格…………175
课后习题…………178

模块 7 图文混排

7.1 为文档插入与截取图片…………181
7.1.1 插入计算机中的图片…………181
7.1.2 插入联机图片…………182
7.1.3 插入屏幕截图…………183
7.2 插入形状与 SmartArt 图形…………184
7.2.1 插入形状…………185
7.2.2 插入 SmartArt 图形…………185
7.3 编辑与美化图片…………187
7.3.1 调整图片大小…………188
7.3.2 裁剪图片…………189
7.3.3 设置图片在文档中的排列方式…………190
7.3.4 更正图片与调整图片色彩…………191
7.3.5 设置图片的艺术效果…………192
7.3.6 设置图片样式…………192
7.4 使用文本框…………195
7.4.1 创建文本框…………195
7.4.2 设置文本框的格式…………196
7.4.3 链接文本框…………196

课后习题 …………………………………… 199

模块 8　长文档的编排处理

8.1　链接和嵌入 ………………………………… 202
8.1.1　链接对象 ………………………………… 202
8.1.2　嵌入对象 ………………………………… 202
8.1.3　区分嵌入对象和链接对象 ………… 203
8.2　插入链接对象 ……………………………… 203
8.2.1　使用“选择性粘贴”命令插入链接对象 ………………………………… 203
8.2.2　使用“对象”命令插入链接对象 …205
8.2.3　编辑链接对象中的数据 …………… 207
8.3　插入嵌入对象 ……………………………… 208
8.3.1　新建嵌入对象 …………………………… 208
8.3.2　将现有数据作为嵌入对象插入文档 ………………………………… 210
8.3.3　编辑嵌入对象 …………………………… 212
8.4　页面设计的基本原则 …………………… 213
8.4.1　页面设计的基本元素 ……………… 213
8.4.2　基本设计原则 …………………………… 218
8.5　规划页面设计 ……………………………… 219
8.5.1　决定版式 ………………………………… 219
8.5.2　选择创建版式的方法 ……………… 219
8.5.3　选择输入文字的方法 ……………… 220
8.5.4　决定文字的格式 ……………………… 221
8.5.5　决定如何使用图形 …………………… 222
8.6　页面设计全程指南 ……………………… 222
8.6.1　处理文字 ………………………………… 223
8.6.2　添加图形以及其他对象 …………… 224
8.6.3　创建水印 ………………………………… 224
8.6.4　检查页面设计 …………………………… 226
8.7　使用 Word 主控文档 ……………………… 226
8.7.1　创建主控文档 …………………………… 227
8.7.2　创建新的子文档 ……………………… 228
8.7.3　编辑主控文档的内容 ……………… 230
8.7.4　处理分节符 ……………………………… 232
8.7.5　编辑子文档 ……………………………… 232
8.8　在文档中添加自动化项目 …………… 234
8.8.1　添加页眉和页脚 ……………………… 234
8.8.2　添加页码 ………………………………… 235
8.9　创建目录 ……………………………………… 237
8.9.1　通过标题样式生成目录 …………… 237
8.9.2　重新设置目录的格式 ……………… 239
8.9.3　更新目录 ………………………………… 240
8.10　创建索引 …………………………………… 241
8.10.1　根据标记的文字生成索引 ……… 241
8.10.2　创建索引 ……………………………… 242
8.10.3　重新设置索引的格式 …………… 244
8.10.4　更新索引 ……………………………… 245
8.11　创建交叉引用 …………………………… 245
课后习题 ………………………………………… 246

模块 9　Word 页面设置和打印输出

9.1　Word 页面布局设置 …………………… 250
9.1.1　纸张设置 ………………………………… 250
9.1.2　版心设置 ………………………………… 251
9.1.3　指定每页字符数 ……………………… 252
9.2　页面版块划分 ……………………………… 252
9.2.1　插入分页符 ……………………………… 252
9.2.2　插入分节符 ……………………………… 253
9.3　打印输出 ……………………………………… 254
9.3.1　打印 Word 文档 ………………………… 255
9.3.2　设置双面打印 …………………………… 255
9.3.3　导出 PDF 文档 ………………………… 256
课后习题 ………………………………………… 258
参考答案 ………………………………………… 260
参考文献 ………………………………………… 264

模块 1 Word 2019 概述

本模块通过介绍 Word 2019 的基本术语和操作界面，帮助用户快速熟悉环境。通过探索新增功能和自定义设置，读者能够优化个人工作流程。此外，本模块还涵盖了文档视图的切换、利用 OneDrive 进行协同办公以及帮助功能的使用方法，为高效使用 Word 2019 奠定坚实基础。

本模块学习内容

- Word 的术语
- Word 2019 的新增功能
- Word 2019 的操作界面
- 设置 Word 2019 的操作环境
- Word 2019 的视图
- 帮助功能
- 使用 OneDrive 协同办公

1.1 Word 的术语

Word 是一款用于文档处理的软件，具有高级排版及自动化文字处理功能。用户可以在文档中插入图片，设置字体格式和段落样式，为文档添加页眉和页脚，使用模板和主题，插入表格或图表，创建目录和索引，以达到精美的文档效果。灵活运用 Word 的各项操作功能，不仅能够制作出精美的文档内容，同时也可以为用户的工作带来极大的便利，提高工作效率，简化工作流程。

下面介绍 Word 中一些基本的术语和概念。

1.1.1 Word 文档

Word 文档中通常既包含文字，也包含各种对象，如图形、声音、域、超级链接或指向其他文档的快捷方式，甚至是视频。用户还可以将 Word 文档保存为 Web 页，并添加 HTML 脚本。

1.1.2 文档视图

Word 允许用户使用以下 4 种方法查看文档：

- 使用页面视图和Web版式视图可以查看文档打印出来时或发布到Web上时的效果。用户可以使用这两种视图插入图形、文本框、图像、声音、视频和文字，以创建出专业水平的文档和 Web 页。页面视图是 Word 使用的默认视图。
- 普通视图着重于处理文档中的文字。
- 大纲视图显示了文档的大纲，便于用户把握文档的整体结构。
- 阅读视图可以按实际输出方式显示页面，以便用户更好地把握文档编辑的效果。

此外，用户还可以缩放（放大或缩小）文档。放大文档可以更轻松地阅读文档，缩小文档则可以在屏幕上显示更多的内容。

1.1.3 文档元素

为了更好地理解和使用 Word 功能，读者还需要了解以下名词。

1. 字符

文档中的每个汉字、字母或数字都被称为“字符”。用户既可以单独设置每个字符的格式，也可以单词、行或段落为单位设置文字的格式。用户可以改变每个字符的字体、样式（如设置为粗体或添加下画线）、字号、位置、字符间距或颜色等属性。

2. 段落

文档可被划分为段落。用户可以按照需要分别设置每段的缩进方式、对齐方式、制表

位及行间距，还可以为段落添加边框或底纹、设置项目符号和编号列表，以及分级显示。

3. 页

打印的文档可被划分为页。通过页面设置选项，可以控制页边距、页眉、页脚、脚注、行号、分栏和其他页面元素的位置。

4. 节

在复杂的文档中，用户需要使用若干种不同的页面格式。例如，用户也许想在文档的不同页面使用不同的页眉和页脚；创建既使用一栏格式，又使用多栏格式的页面。在这种情况下，可以将文档分节，并分别设置每节的页面格式。

5. 模板

Word 使用模板存放文档的格式设置、键盘快捷键、自定义菜单或工具栏及其他信息。每个新文档都是建立在模板的基础上的。Word 提供了许多定义好的模板，以满足不同类型文档的需要，其中包括备忘录、信函、报告、简历和传单等。用户可以修改这些模板，也可以自己创建新模板。

6. 样式和主题

Word 提供了多种格式选项。为了便于同时应用一组格式选项，Word 又提供了样式和主题功能。

样式中既可以包含字符，也可以包含段落格式选项。每个文档模板都有一个默认的样式集合（也称为样式表），用户可以添加、删除或修改样式，也可以在文档模板之间复制样式。

主题是样式的集合，它们彼此协作以生成外观和谐一致的 Web 页或其他电子文档。主题包含字符和段落样式、文档背景，以及用于 Web 页或者电子邮件的图形。Word 提供了许多设计好的主题，用户可以根据具体需求使用它们。

1.2　Word 2019 的新增功能

Word 是一款被广泛应用且功能丰富的文档处理软件，历经多个版本迭代更新，功能不断丰富和优化。通过使用 Word 软件，用户不仅能够轻松创建包含纯文本内容的基础文档，还能够设计复杂的表格、图文并茂的混合型文档，甚至可以制作各种专业级应用文稿，例如试卷模板、名片样式及各类手册等。Word 2019 专为 Windows 10 操作系统量身打造，能够确保用户在桌面计算机及移动设备上都可以享受到一致且高效的使用体验。尽管 Word 2019 在整体界面设计上延续了 Word 2016 的视觉风格和配色方案，但作为 Word

家族的崭新一员，它并没有止步于仅仅继承和优化前辈的功能，而是新增了一系列更贴合用户需求的创新特性。下面分别介绍 Word 2019 的新增功能和特点。

1.2.1 添加视觉效果

Word 2019 允许用户轻松地将图标和可缩放矢量图形（scalable vector graphics, SVG）文件插入文档中。插入完成后，还可以将其旋转、着色并调整大小，而不影响图像质量。在 Word 中，切换到“插入”选项卡，然后单击“插图”功能组中的“图标”按钮，即可在打开的“插入图标”对话框中，找到大量的矢量图形，如图 1-1 所示。

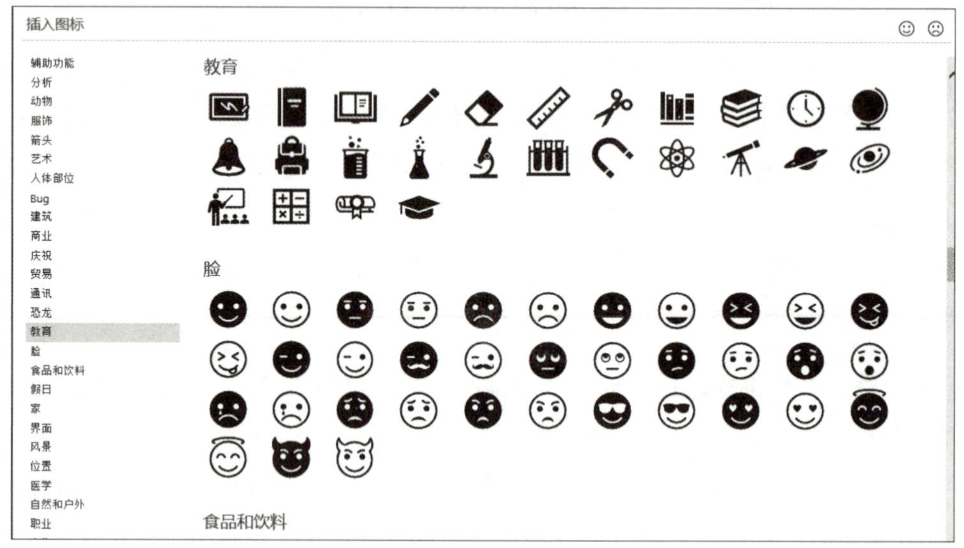

图 1-1

矢量图形包含了 35 个类别，提供了大量的富有表现力的矢量图片（其中包括社交媒体常用的表情图案），这些图片还可以填充不同的颜色、做缩放处理（不影响图形质量）、旋转、变形等。合理利用这种新功能将极大地丰富文档的表现手段。

要在文档中添加和编辑矢量图形，可以按以下步骤操作。

01 启动 Word 2019，打开文档，切换到“插入”选项卡，单击“图标”按钮，如图 1-2 所示。

02 在弹出的“插入图标”对话框中，选择分类和需要的图标，单击“插入”按钮，如图 1-3 所示。

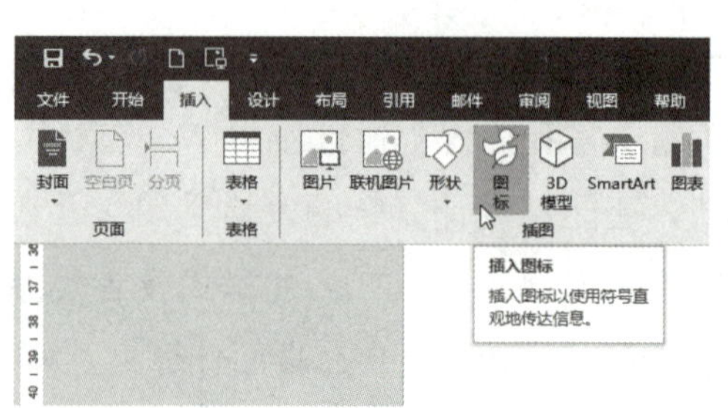

图 1-2

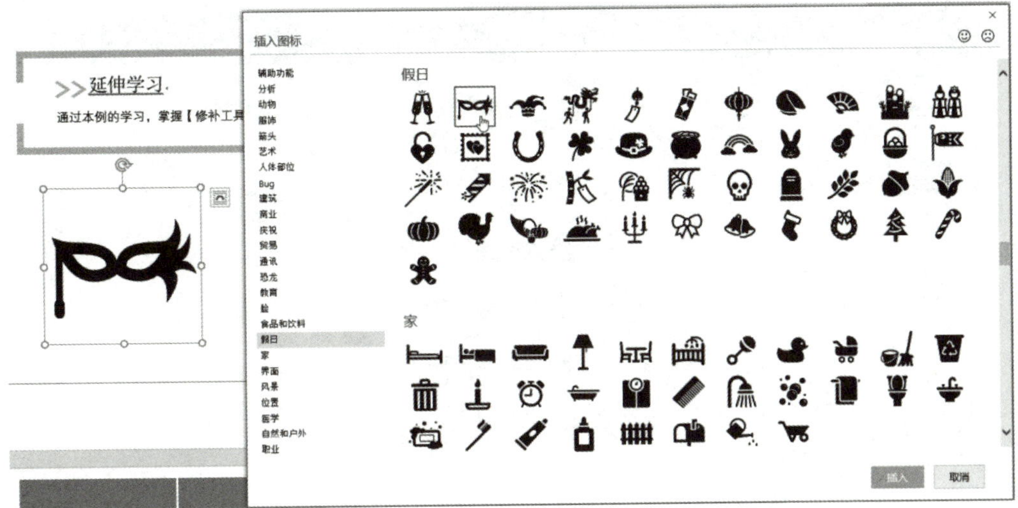

图 1-3

03 选中要插入的矢量图形，可以通过调整柄来进行旋转，直至达到需要的角度。随后，将它移动到合适的位置。此外，还可以修改其外框和填充颜色等属性，以满足设计需求，如图 1-4 所示。

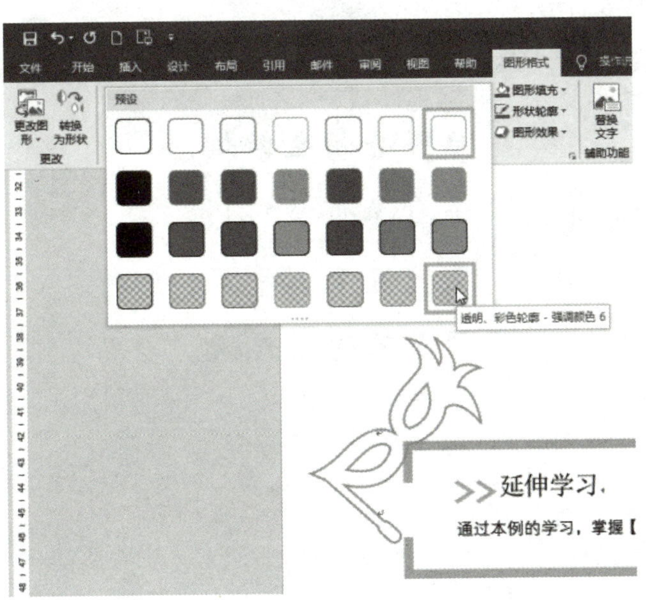

图 1-4

1.2.2　阅读模式

Word 2019 的“视图”选项卡下新增了“阅读视图”功能，该功能可以提高阅读的舒适度，如图 1-5 所示。

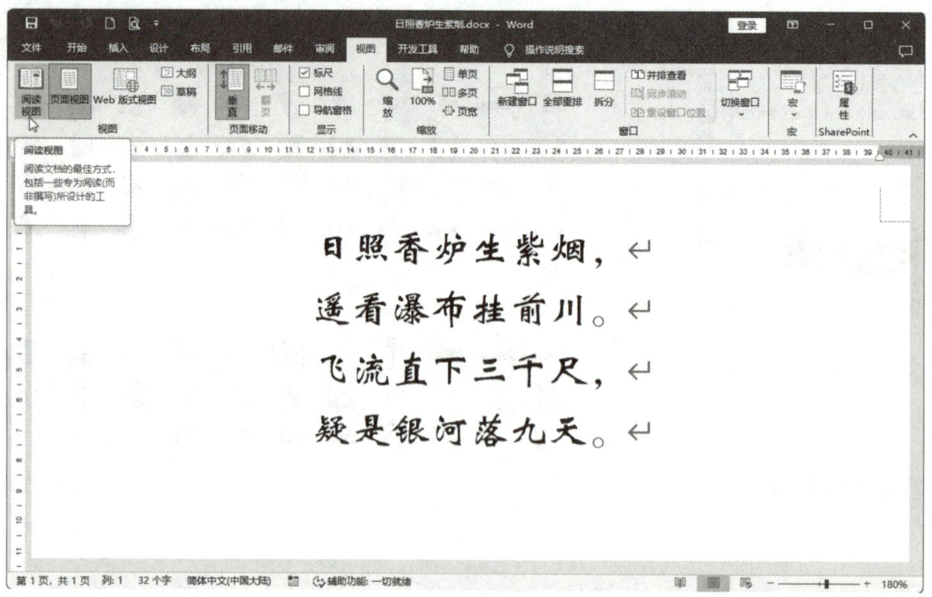

图 1-5

在阅读模式下，可以调整文档的页面颜色、页面宽幅、分栏显示等设置，给人以真实的读书感觉，如图 1-6 所示。

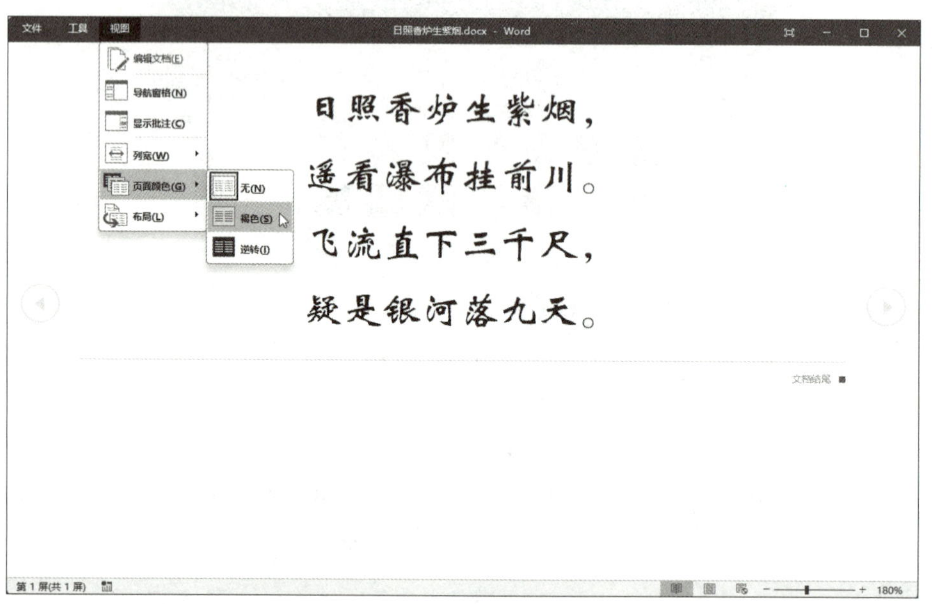

图 1-6

要体验沉浸式阅读视图，可以按以下步骤操作。

01 启动 Word 2019，打开文档，单击“视图”选项卡下“视图”组中的“阅读视图”按钮，如图 1-7 所示。

02 进入阅读视图之后，可以选择“视图”→“布局”→“页面布局”选项，效果如图 1-8 所示。

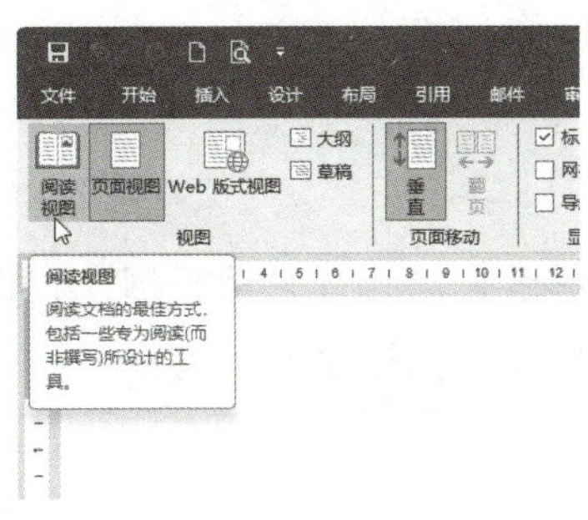

图 1-7

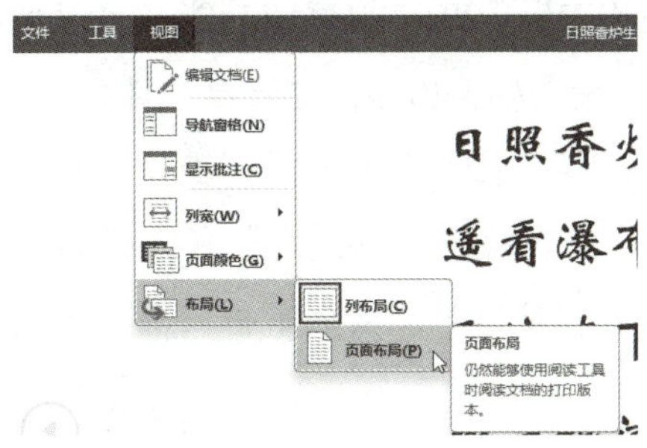

图 1-8

03 也可以选择“视图”→“布局”→“列布局”选项，然后选择“视图”→“列宽”→“窄”选项，最后选择“视图”→“页面颜色”→“逆转”选项，效果如图 1-9 所示。

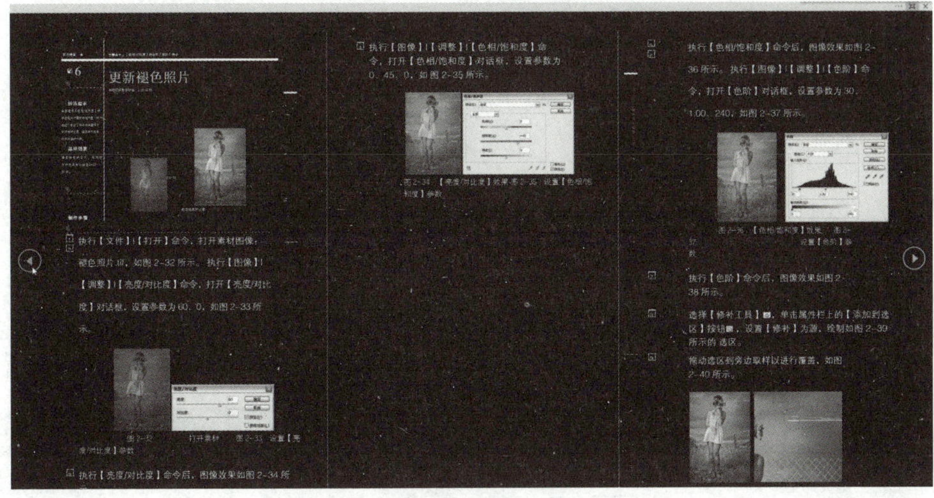

图 1-9

1.2.3　翻译功能

使用 Word 2019 打开同时存在多种语言文字（如中英文）的文档时，会出现提示，询问是否要翻译文档，如图 1-10 所示。

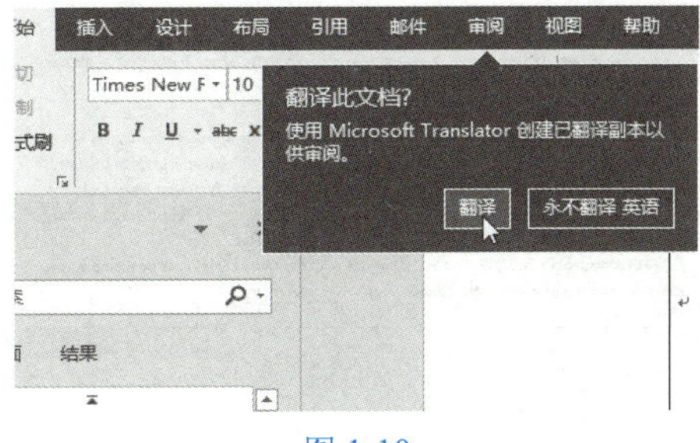

图 1-10

Microsoft Translator 功能可以将单词、短语和其他所选文字翻译成另一种语言，以便用户能够跨越语言障碍进行交流，促进全球化背景下的合作与理解。

要使用 Word 2019 的翻译功能，可以按以下步骤操作。

01 启动 Word 2019，打开要翻译的文档，单击“审阅”选项卡下“语言”组中的“翻译”按钮，从下拉列表中选择“翻译文档”选项。

02 在出现的“翻译工具”任务窗格中，保持“源语言”为“自动检测”，设置“目标语言”为“英语”，然后单击“翻译”按钮即可开始翻译，如图 1-11 所示。

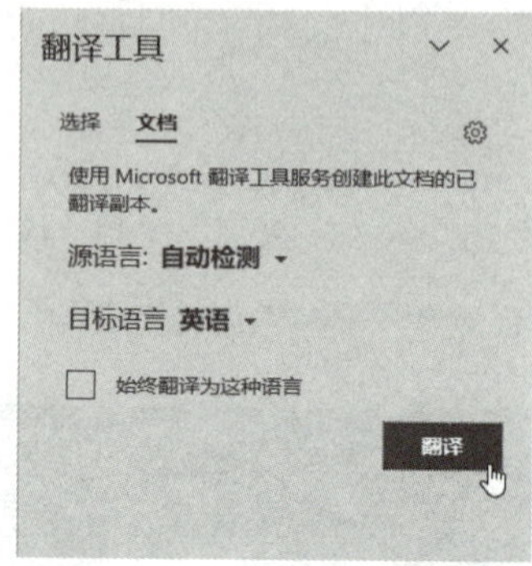

图 1-11

03 Word 2019 的翻译速度是很快的，翻译之后的结果会在单独的文档窗口中打开，如图 1-12 所示。

04 除翻译整个文档之外，还可以翻译文档中的选定词语，只需在选中要翻译的词语后选择“审阅”→“语言”→“翻译”→“翻译所选内容”选项即可，如图 1-13 所示。

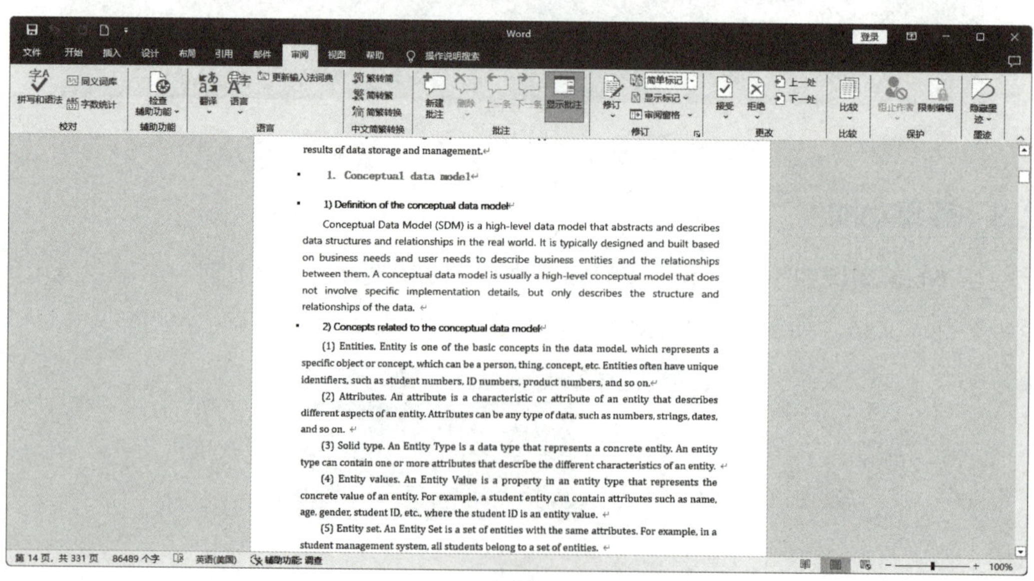

图 1-12

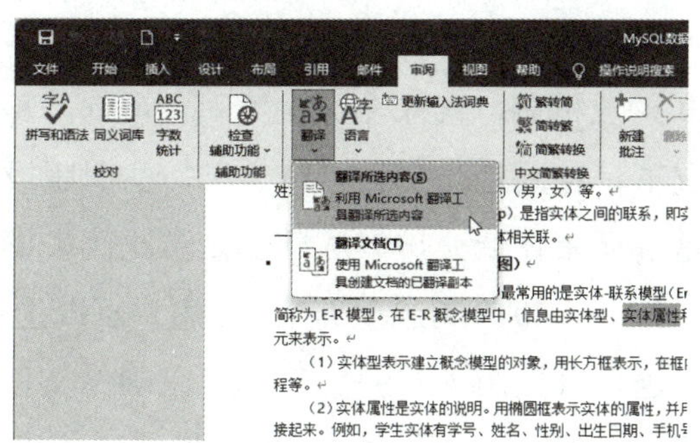

图 1-13

1.2.4　增强的公式功能

Word 2019 中的公式编辑功能得到了增强，支持使用 LaTeX 语法创建数学公式，如图 1-14 所示。

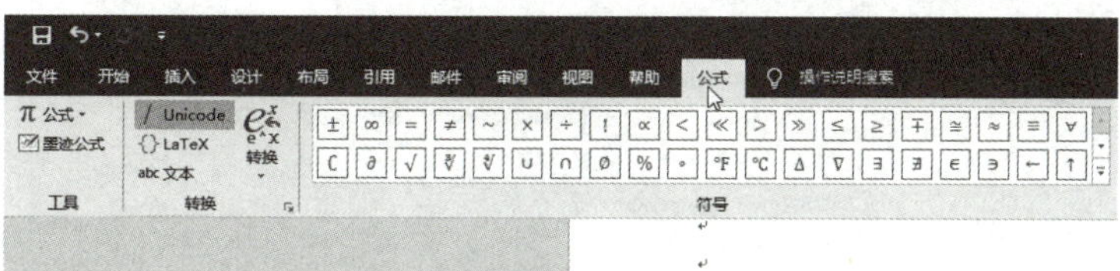

图 1-14

Word 2019 的墨迹公式识别功能也有所增强，即使用户的书写笔迹不太规范也可以被轻松识别，如图 1-15 所示。

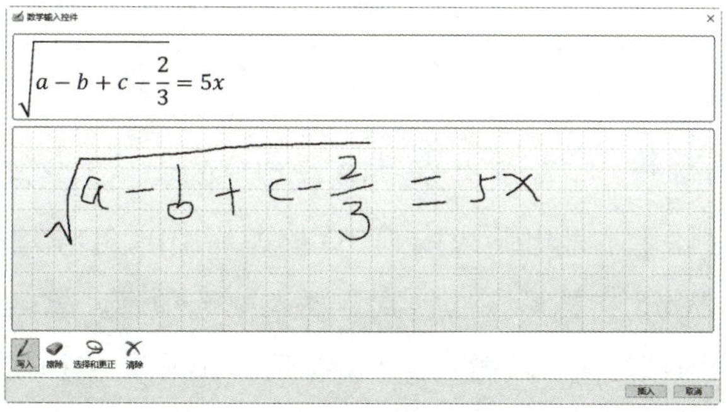

图 1-15

1.2.5　多显示器显示优化

在 Word 2019 版本中，微软引入了一项专门针对多显示器环境优化显示效果的新功能。对于那些使用双屏或多屏办公的用户，或是使用笔记本电脑与一台外接桌面显示器协同工作的场景，这项“多显示器显示优化”功能显得尤为重要。

通常情况下，当 Word 文档窗口从一个高分辨率显示器切换到低分辨率显示器时，系统会自动启用动态 DPI 缩放机制，确保窗口在不同分辨率屏幕间切换时保持合适的大小和清晰度。在某些情况下，特别是当文档中包含了一些旧版或不兼容的控件元素时，这种转换过程可能导致这些元素在低分辨率屏幕上显示比例失调，出现过大或过小的问题。为了解决这一问题，在 Word 2019 的选项面板中，用户可以选择“针对兼容性优化（需重启应用程序）”的设置选项（见图 1-16），这样可以确保文档在不同的显示器上都能保持一致且正确的显示效果，避免因分辨率差异而引发的显示异常。

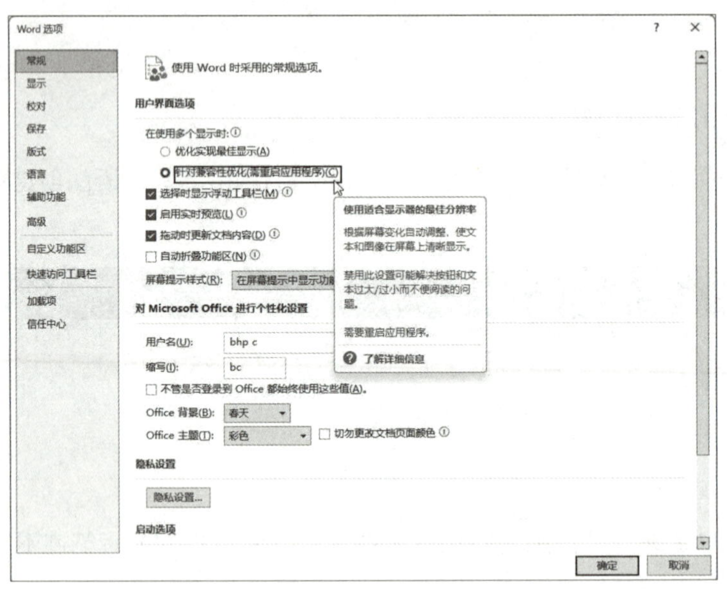

图 1-16

1.2.6　新增了 3D 模型

在 Word 2019 中，新增添了一项名为“3D 模型”的实用工具功能，这一功能使得用户能够更加便捷地将存储于本地电脑或内置 3D 模型库中的 3D 模型导入文档中。要置入 3D 模型，只需在打开 Word 文档后，切换到“插入”选项卡，单击“插图”组中的“3D 模型”按钮即可，如图 1-17 所示。插入 3D 模型后，用户和文档使用者都可以通过拖曳 3D 模型定界框上的控制手柄对其进行 360°全方位旋转，这对于产品展示或项目演示等场景尤其有用，如图 1-18 所示。

Word 2019 支持导入多种主流的 3D 文件格式，包括但不限于 FBX、OBJ、3MF、PLY、STL 及 GLB 等格式，如图 1-19 所示。将这些格式的 3D 模型文件导入 Word 文档中后，用户便可以在文档内部直接对其进行可视化展示和编辑。

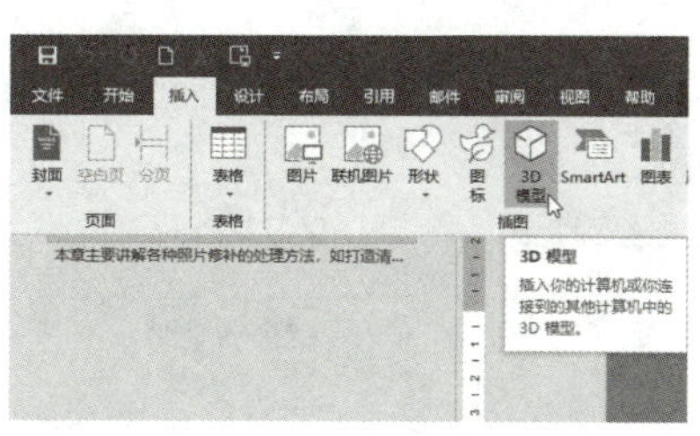

图 1-17

图 1-18

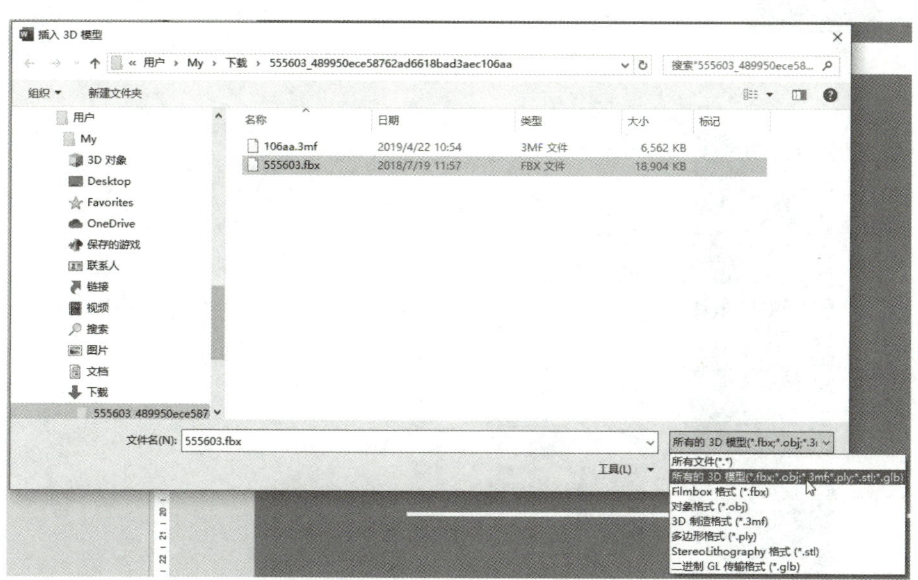

图 1-19

在 Word 文档中置入 3D 模型，除前面提到的在“插入”选项卡中单击“3D 模型”按钮的方法外，还可以在“新建”界面中搜索 3D 模型直接进行创建，操作步骤如下。

01 启动 Word 2019，在 Word 窗口中单击“文件”选项卡，切换至“新建”界面，在搜索框中输入“3d 模型”，如图 1-20 所示。

02 此时会出现一个“3D Word 科学报告（火星车模型）”的文件，在其上双击即可下载（因为该 3D 模型是在线模板，所以需要先下载才能使用），如图 1-21 所示。

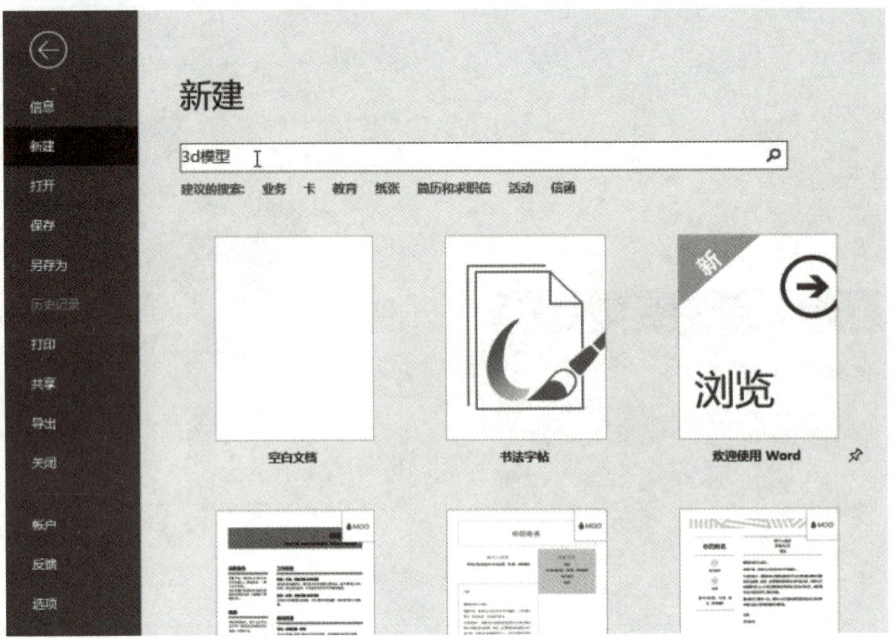

图 1-20

图 1-21

03 下载完成后，单击“创建”按钮，如图 1-22 所示。

04 该 3D 模型即被插入 Word 文档中。可以看到，围绕模型的边框上方有一个旋转手柄，拖动这个手柄即可顺时针或逆时针旋转模型，如图 1-23 所示。

05 同时可以看到，模型的中央有一个旋转控制器，使用鼠标拖动该旋转控制器，即可全方位查看该 3D 模型。

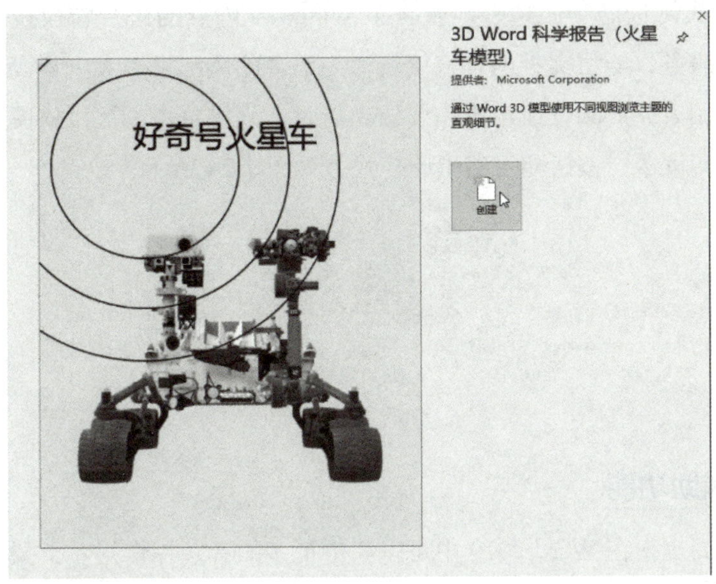

图 1-22

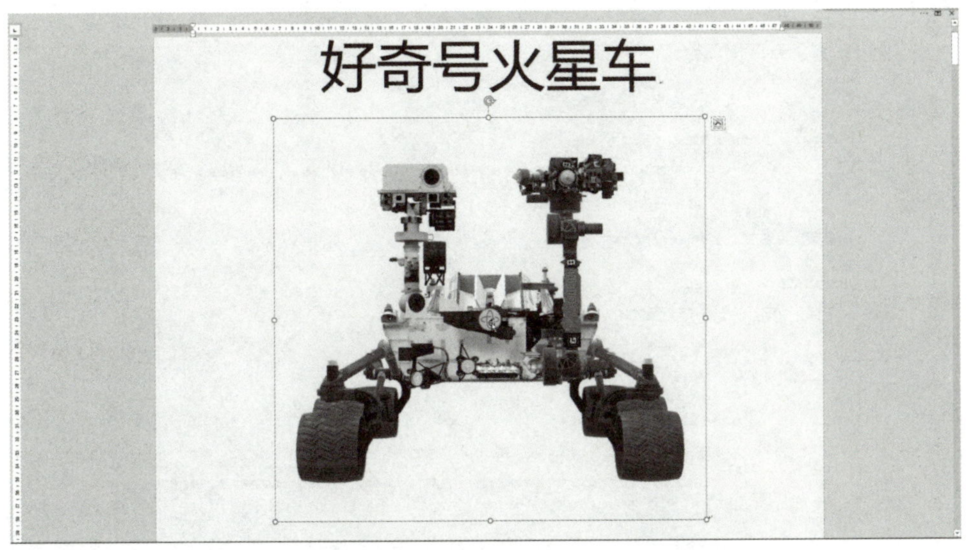

图 1-23

1.2.7　沉浸式阅读器

在 Word 2019 中，一项极具创新性和实用性的新功能就是“沉浸式阅读器”，它能够显著提升用户的阅读与学习体验。单击“视图”选项卡下“沉浸式”功能组中的“沉浸式阅读器”按钮，即可启用该模式。进入“沉浸式阅读器模式”后，用户可以对文档界面进行一系列个性化调整，如更改页面背景色、文字间距及页面宽度等，以优化视觉呈现，增强内容的易读性，同时确保这些调整不影响原始文档的格式结构。

此外，“沉浸式阅读器”还巧妙地整合了 Windows 内置的语音转换技术，借助微软自家的“讲述人”服务，能将文档内容直接转化为语音朗读出来，大大提高了理解和消化信息的速度。当使用者完成阅读或不再需要该功能时，只需单击“沉浸式阅读器”选项卡中的“关闭沉浸式阅读器”按钮即可退出此模式，如图 1-24 所示。

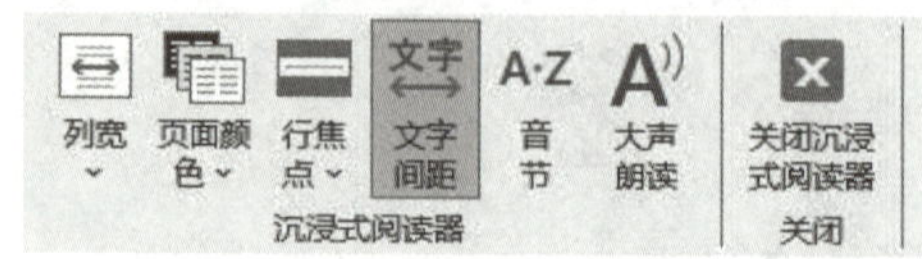

图 1-24

1.2.8 声音辅助功能

对于初学者而言，在 Word 2019 中可以获得更多的音频操作提示。要启用该功能，用户可以打开“Word 选项”，在“轻松访问”类别中找到并选中“提供声音反馈”复选框，如图 1-25 所示。

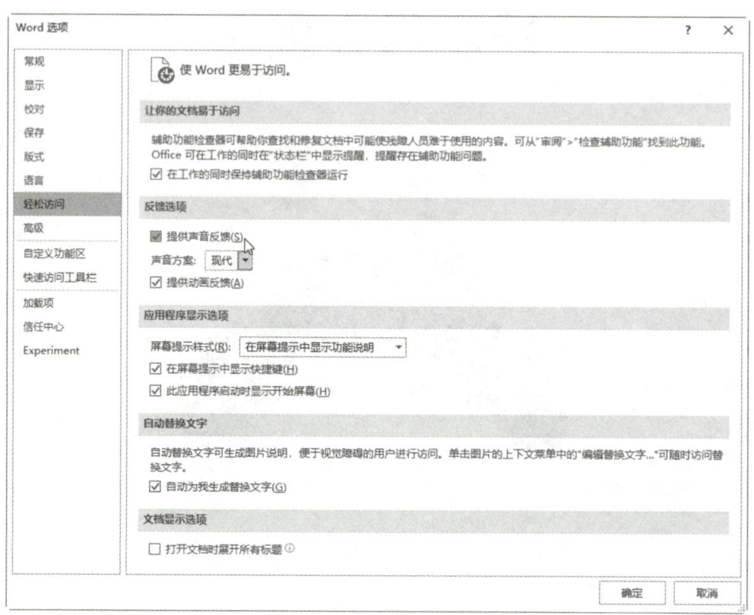

图 1-25

1.3 Word 2019 的操作界面

Word 2019 的操作界面主要包括标题栏、快速访问工具栏、选项卡和功能区、文档编

辑区和标尺、状态栏、导航窗格等部分，如图 1-26 所示。

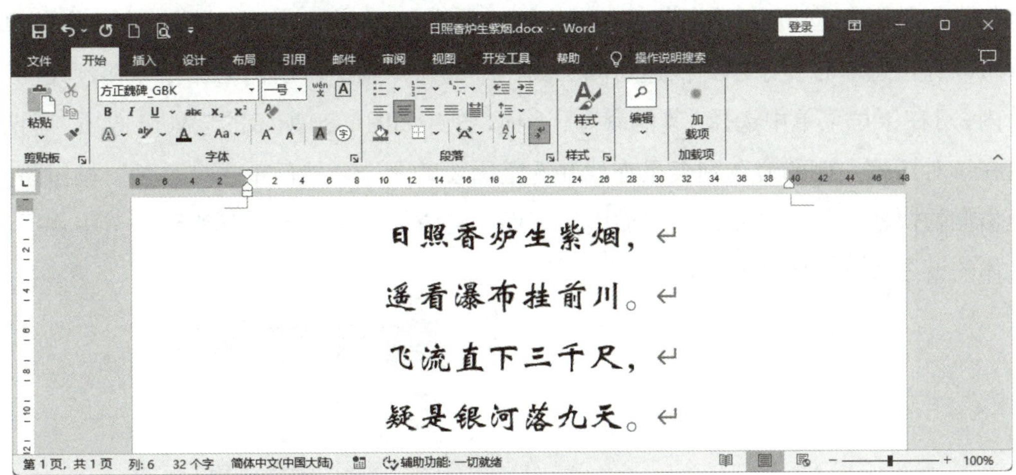

图 1-26

1.3.1　标题栏

标题栏位于 Word 工作界面的顶部位置（见图 1-27），该区域主要展示运行中的应用程序标识——“Word”，以及当前正被用户编辑和浏览的文档名称，例如此处显示为“文档 1”。在标题栏中，还配备了一个“登录”按钮，用于用户进行账户管理操作，涉及应用的安装、费用支付、服务续订以及订阅管理等环节。

标题栏右端排列着 4 个关键控制按钮。从左至右，首先是一个用于切换功能区选项卡及命令可见性的“功能区显示选项”按钮；紧接着的是“最小化”按钮，单击后可将窗口缩小至任务栏；然后是“最大化”按钮或根据窗口状态可能显示为“还原”按钮，用于调整窗口大小以适应整个屏幕或恢复至之前尺寸；最后是“关闭”按钮，单击即可退出当前打开的文档并关闭 Word 应用程序窗口。

图 1-27

1.3.2　快速访问工具栏

快速访问工具栏位于 Word 应用程序主界面的左上角，默认包含“保存”“撤消[①]”“恢复”3 个使用频率最高的操作按钮，其右侧是“自定义快速访问工具栏”按钮，如图 1-28 所示。

① 按照《现代汉语词典》（第 7 版），“撤消”应写作“撤销”。由于 Word 2019 软件中使用了“撤消”，故此处为了与软件保持一致，有关软件功能说明部分保留了“撤消”这一用法，特此说明。

用户可以根据个人使用习惯和需求对快速访问工具栏进行个性化定制。单击该工具栏右侧的“自定义快速访问工具栏”按钮，将打开如图 1-29 所示的下拉菜单。在这个菜单中，用户可以直接选取想要添加到快速访问工具栏中的命令项。若所需的命令不在预设的下拉菜单内，可在下拉菜单中选择“其他命令”选项，打开如图 1-30 所示的“Word 选项”对话框，接着在该对话框左侧的命令列表里查找并选定需要的命令，然后单击“添加”按钮将其添加至右侧的快速访问工具栏设置区域内。后面“自定义快速访问工具栏”一节中将详细讲解具体的设置步骤，此处不详述。

图 1-28

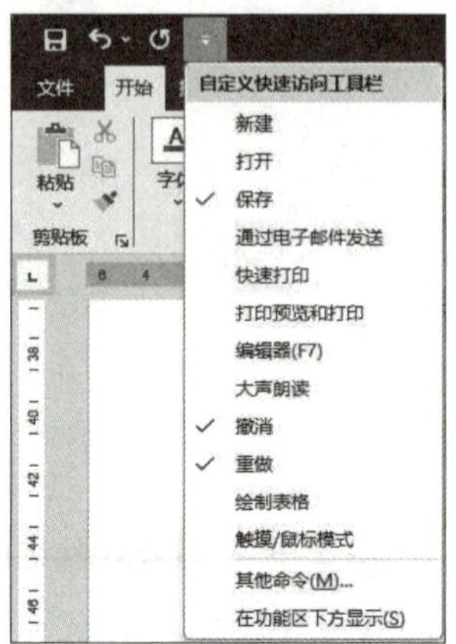

图 1-29

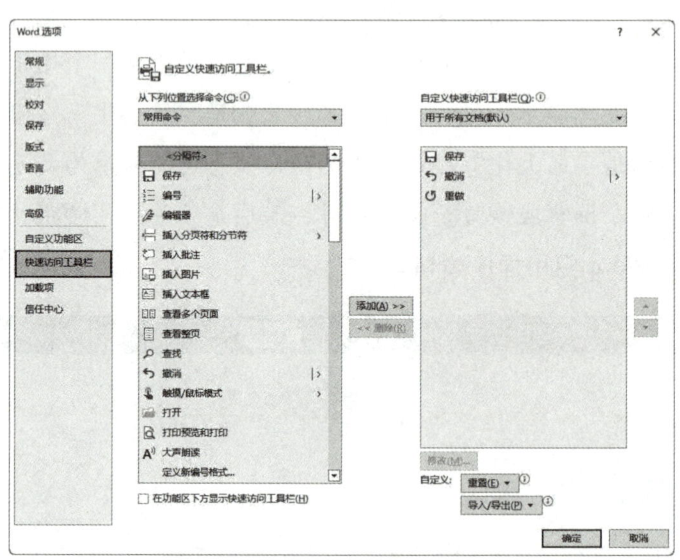

图 1-30

1.3.3 选项卡和功能区

选项卡和功能区位于 Word 2019 窗口标题栏正下方的核心区域，它们构成了文本格式化和文档编辑的主要工作界面，囊括了用户在使用 Word 2019 过程中可能用到的几乎全部

功能。默认配置下，Word 2019 提供了 11 个主要的选项卡布局，依次为“文件”“开始”“插入”“绘图”“设计”“布局”“引用”“邮件”“审阅”“视图”和“帮助”，这些选项卡各自承载了一系列相关的功能区命令按钮。

1. “文件”选项卡

“文件”选项卡位于 Word 2019 文档窗口的左上角，单击该选项卡可以打开如图 1-31 所示的操作界面。“文件”选项卡内部划分成 3 个关键区域：左侧部分是一个集中了大量文档管理与操作指令的命令选项区域，包含了新建、保存、打印、信息等各种与当前文档紧密相关的任务选项；在“文件”选项卡的命令选项区域中，用户选择某个主类别指令后，中间区域会相应地展示出该类别下所有可执行的具体命令按钮；当用户进一步在中间区域选定某项具体命令时，右侧区域将扩展显示与该命令相关的更深层次的操作菜单或详细设置选项。此外，右侧区域还可用于呈现文档的相关信息，包括但不限于文档的基本属性详情、打印预览视图以及模板内容的实时预览等实用功能。

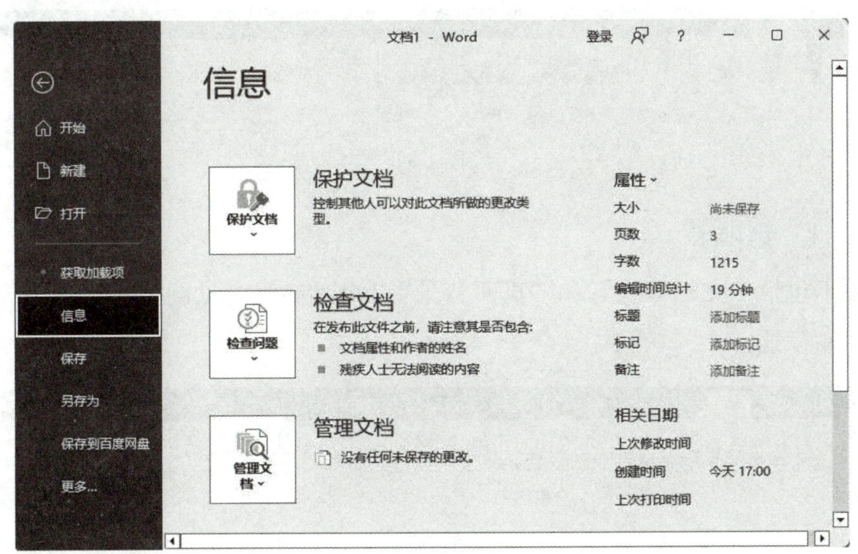

图 1-31

2. “开始”选项卡

该选项卡包括“剪贴板”“字体”“段落”“样式”“编辑”和“加载项”6 个功能组，主要用于对 Word 文档进行文字编辑和格式设置，如图 1-32 所示。该选项卡是 Word 2019 中使用频率最高的选项卡。

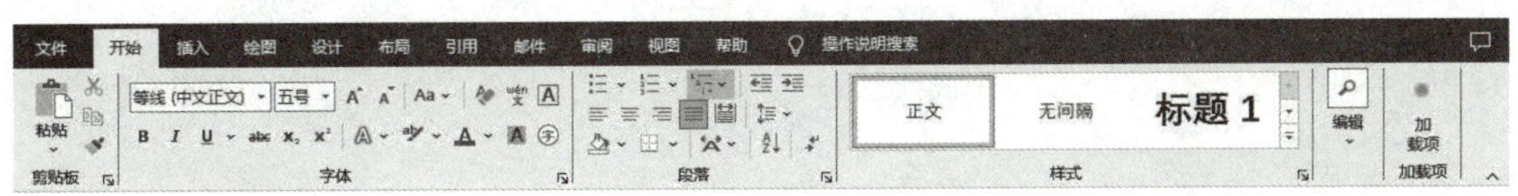

图 1-32

3. “插入”选项卡

该选项卡包括“页面”“表格”“插图”“媒体”“链接”“批注”“页眉和页脚”“文本”和“符号”9 个功能组（见图 1-33），主要用于在 Word 2019 文档中插入各种元素。

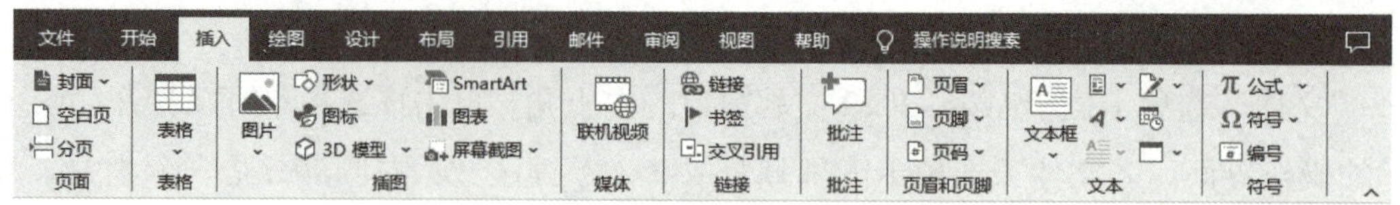

图 1-33

4. “绘图”选项卡

该选项卡包括“工具”“笔”“模具”“编辑”“转换”“插入”和“帮助”7 个功能组（见图 1-34），提供了丰富的功能帮助用户在 Word 文档中添加和修改图形、形状、线条以及其他可视化元素。

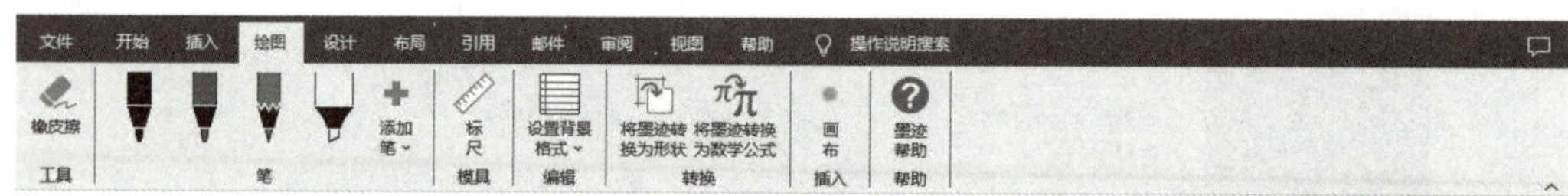

图 1-34

5. “设计”选项卡

该选项卡包括“文档格式”和“页面背景”2 个功能组（见图 1-35），主要用于设置文档的格式和背景。

图 1-35

6. “布局”选项卡

该选项卡包括“页面设置”“稿纸”“段落”和“排列”4 个功能组（见图 1-36），主要用于设置 Word 文档的页面样式。

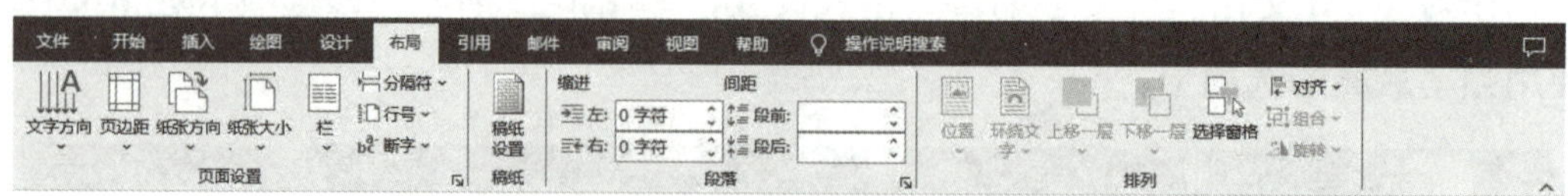

图 1-36

7. “引用”选项卡

该选项卡包括“目录”“脚注”“信息检索”“引文与书目”“题注”“索引”和“引文目录”7 个功能组（见图 1-37），主要用于在 Word 文档中插入目录、题注、索引等操作。

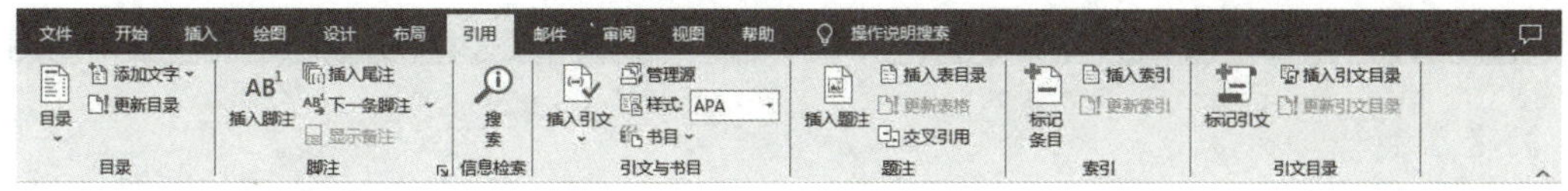

图 1-37

8. “邮件”选项卡

该选项卡包括“创建”“开始邮件合并”“编写和插入域”“预览结果”和“完成”5 个功能组（见图 1-38），专用于在 Word 文档中进行邮件合并方面的操作。

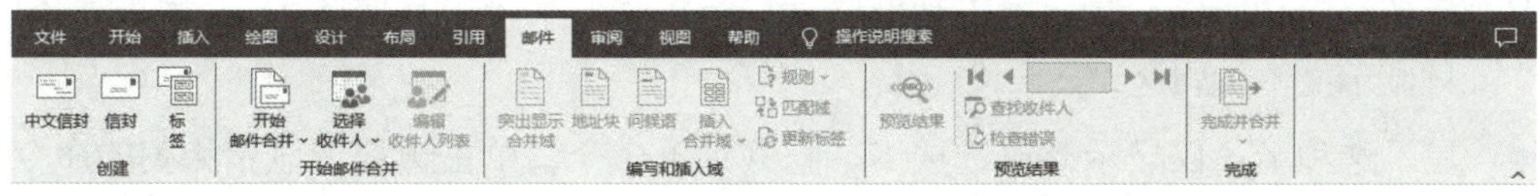

图 1-38

9. “审阅”选项卡

该选项卡包括“校对”“语音”“辅助功能”“语言”“中文简繁转换”“批注”“修订”“更改”“比较”“保护”和“墨迹”11 个功能组（见图 1-39），主要用于对 Word 文档进行校对和修订等操作，特别适合多用户共同协作编辑长篇文档的场景。

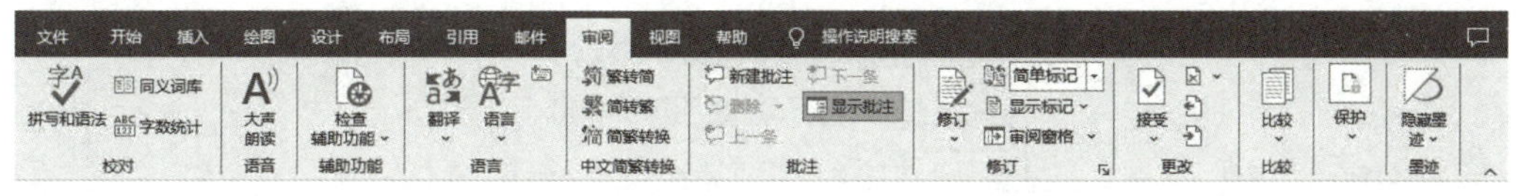

图 1-39

10. “视图”选项卡

该选项卡共包括“视图”“沉浸式”“页面移动”“显示”“缩放”“窗口”“宏”和“SharePoint”8 个功能组（见图 1-40），主要用于设置 Word 2019 操作窗口的视图类型，以方便用户操作。

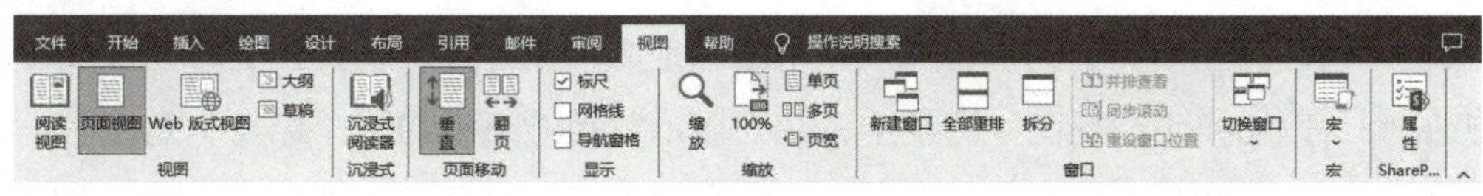

图 1-40

11. “帮助”选项卡

该选项卡中包含“帮助”“反馈”“显示培训内容”3 个按钮（见图 1-41），单击相应按钮即可打开对应的窗格，然后在其中就软件使用方法和疑问进行查询。

图 1-41

用户可以根据实际需求自行选择显示或隐藏菜单功能区，方法是单击标题栏最右侧的“功能区显示选项”按钮，在弹出的如图 1-42 所示的菜单中选择相应的命令。

该菜单中包含的 3 个命令介绍如下。

- 自动隐藏功能区：隐藏整个功能区（包括标题栏和菜单功能区），并全屏显示，且只显示文本编辑区。
- 显示选项卡：仅显示菜单选项卡，隐藏菜单命令。单击选项卡显示相关的命令。
- 显示选项卡和命令：该项为默认选项，始终显示功能区选项卡和命令。

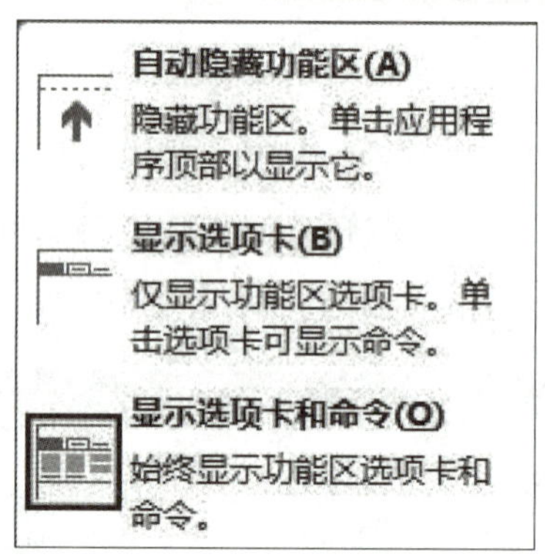

图 1-42

1.3.4 文档编辑区和标尺

文档编辑区是 Word 操作界面中最大也是最重要的部分，文字录入、表格嵌入、图形插入、图片编辑以及全面的文档处理等操作都将在该区域中完成。文档编辑区中有一个闪烁的光标，称为文本插入点，用于定位文本的输入位置。

文档编辑区的左侧和上侧都有标尺，用于确定文档在屏幕（纸张）上的位置（若未显示标尺，则可以切换到“视图”选项卡，在“显示”功能组中勾选“标尺”复选框）。在文档编辑区的右侧和底部都有滚动条，当文档在编辑区内只显示了部分内容时，可以通过拖动滚动条来显示其他内容。文档编辑区和标尺如图 1-43 所示。

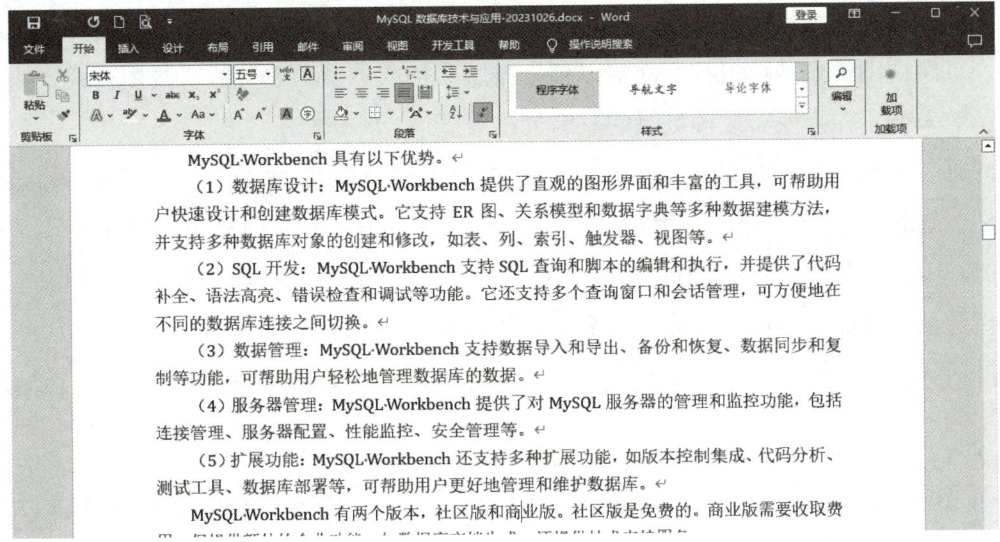

图 1-43

标尺是可以切换显示的，也就是说，在不需要标尺的时候，可以将它关闭。切换显示标尺的方法：切换到“视图”选项卡，然后取消勾选“标尺”复选框，这样就可以关闭标尺的显示，如图 1-44 所示。

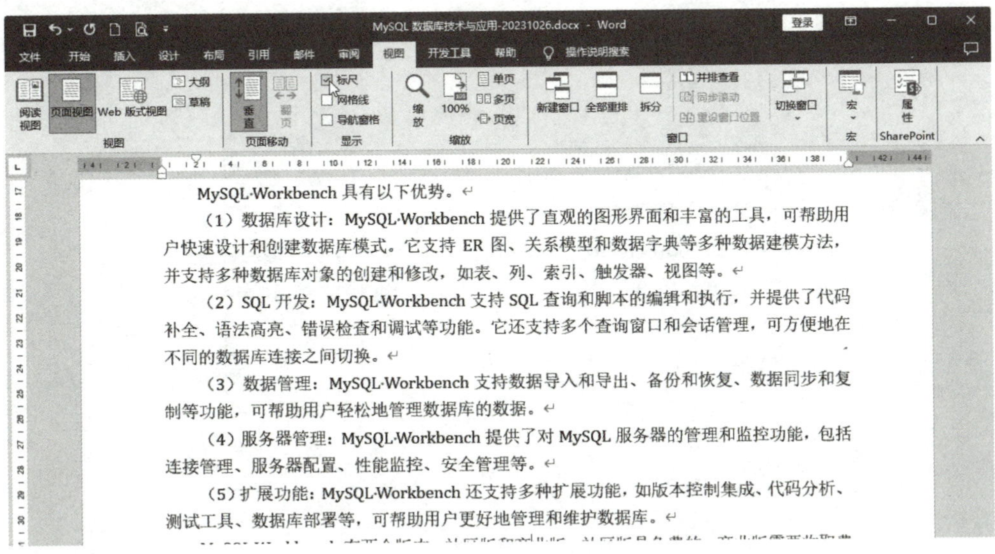

图 1-44

1.3.5　状态栏

在 Word 2019 应用程序的窗口底部，有一个固定显示的状态栏（见图 1-45），它实时反映文档的关键信息，诸如总页数、当前页码以及文档所包含的字符数量等统计指标。

状态栏右侧整合了视图切换快捷功能，用户可以通过单击相应的按钮在不同查看模式之间切换。这 3 种预设的视图模式分别是：阅读视图模式，用于提供无干扰的沉浸式阅读体验；页面视图模式，模拟打印布局以便于排版和格式调整；Web 版式视图模式，模拟网页展示效果便于在线发布或预览时的兼容性检查。

此外，在状态栏最右端还配备了一个缩放滑块和一个默认标示为“100%”的缩放级别按钮。通过拖拽缩放滑块，用户可以直观地调整文档内容在屏幕上的显示大小。单击“100%”缩放按钮，则会弹出“缩放”对话框，允许用户精确选择并设定几个固定的显示比例选项，确保文档在不同放大倍率下清晰易读。

图 1-45

如果需要改变状态栏显示的信息，可在状态栏空白处右击，从弹出的快捷菜单中选择所需显示的状态。例如，选择“列”选项（见图 1-46），返回 Word 2019 中，就可以看到状态栏中显示出了列的信息，如图 1-47 所示。

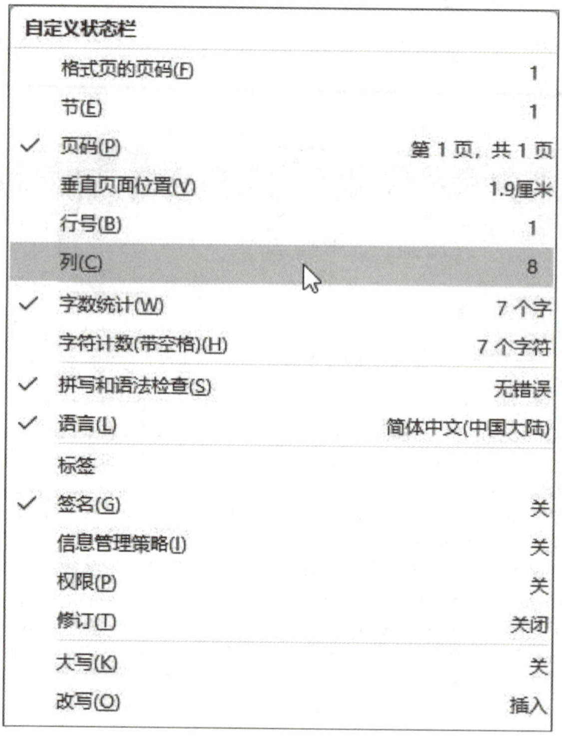

自定义状态栏	
格式页的页码(F)	1
节(E)	1
✓ 页码(P)	第 1 页，共 1 页
垂直页面位置(V)	1.9厘米
行号(B)	1
列(C)	8
✓ 字数统计(W)	7 个字
字符计数(带空格)(H)	7 个字符
✓ 拼写和语法检查(S)	无错误
✓ 语言(L)	简体中文(中国大陆)
标签	
✓ 签名(G)	关
信息管理策略(I)	关
权限(P)	关
修订(T)	关闭
大写(K)	关
改写(O)	插入

图 1-46

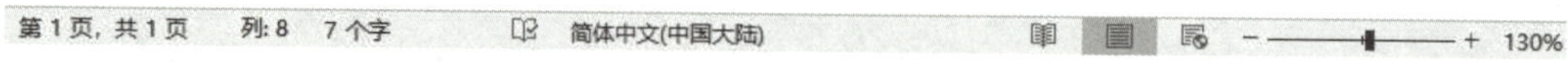

第 1 页，共 1 页　列: 8　7 个字　简体中文(中国大陆)　130%

图 1-47

1.3.6　导航窗格

对于编辑文档来说，“导航窗格”是一个非常重要的功能。导航窗格可以列出文档的层级标题，使得用户对于文档的结构做到一目了然，如图 1-48 所示。

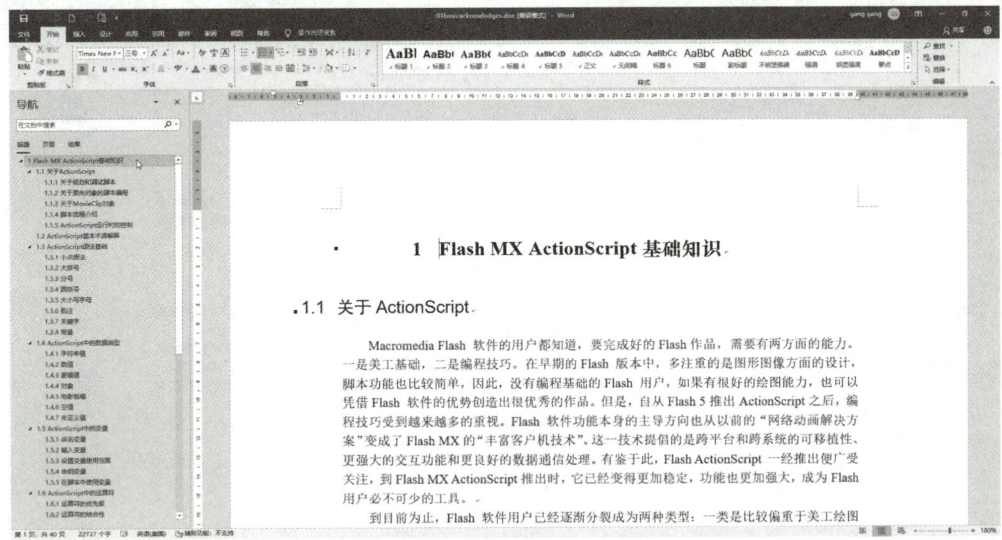

图 1-48

要切换显示“导航窗格”，可以单击“视图”选项卡，然后选中或清除“导航窗格”复选框，如图 1-49 所示。在该图中可以看到，导航窗格显示该文档的标题设置是不合适的，需要修改。

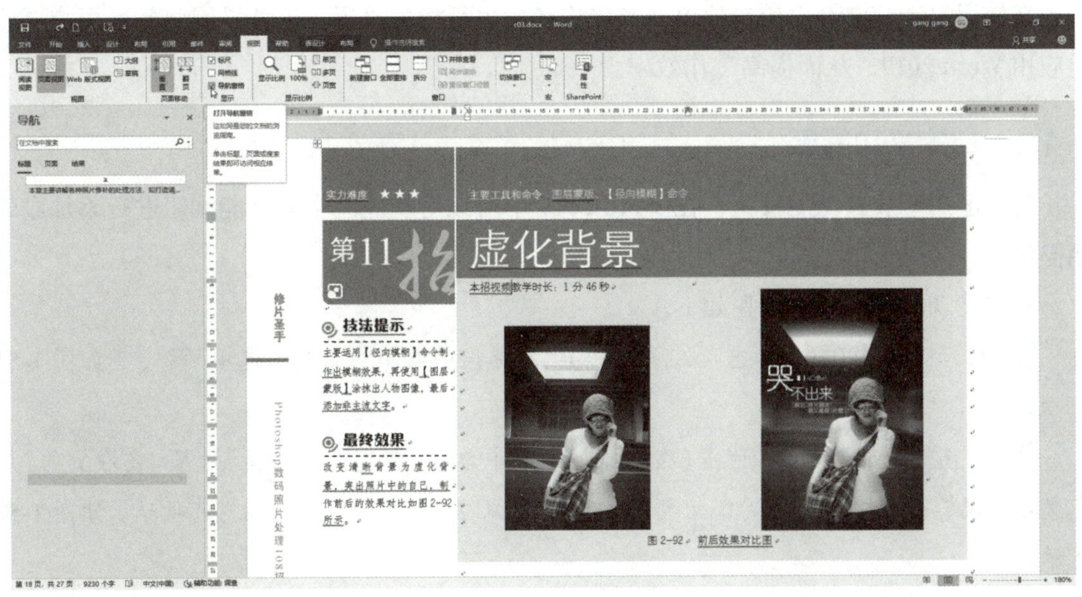

图 1-49

修改的方法很简单，就是选定要设置标题的文本，应用标题样式。修改完成之后，即可看到清晰的文档结构，单击导航窗格中的标题即可轻松定位到相应的内容，如图 1-50 所示。

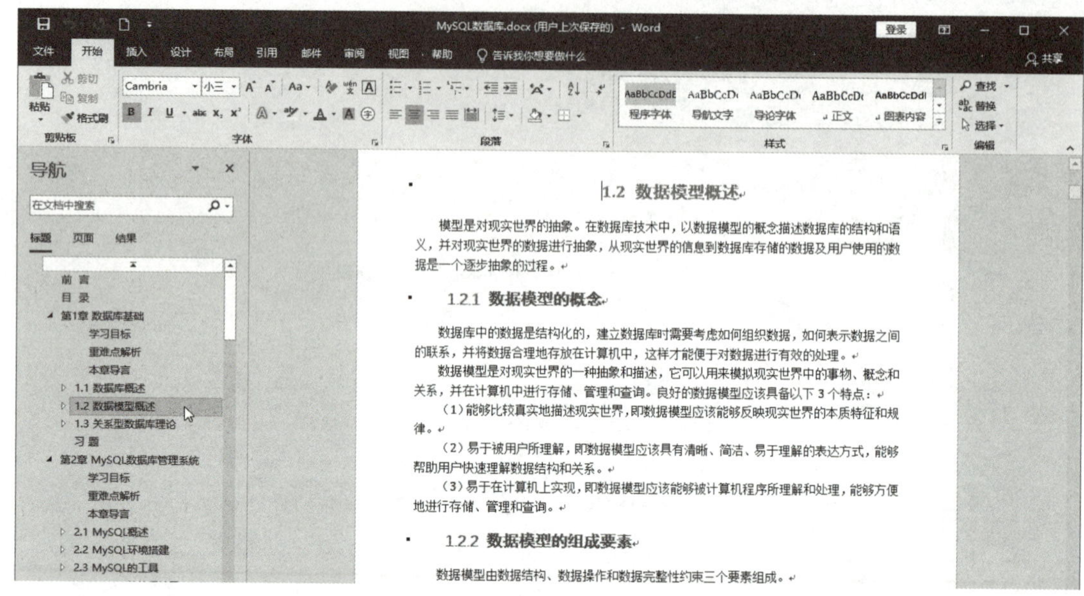

图 1-50

1.4 设置 Word 2019 的操作环境

在使用 Word 2019 之前，建议对其操作环境进行相关设置，这些设置将帮助用户更好地应用 Word 2019，从而提高工作效率。

1.4.1 自定义功能区

功能区用于放置功能按钮，在 Word 2019 中可以对功能区中的功能按钮进行添加或删除操作。

自定义功能区的操作步骤如下。

01 启动 Word 2019，单击“文件”按钮，在弹出的菜单中选择“选项”命令，如图 1-51 所示。

02 弹出“Word 选项”对话框，在左侧列表框中单击“自定义功能区”选项，在右侧的“自定义功能区”列表框中选择功能组要添加到的具体位置，例如，“开始”选项卡，如图 1-52 所示。

03 选择需要添加的位置后，单击“自定义功能区”列表框下方的“新建组”按钮，如图 1-53 所示。

图 1-51

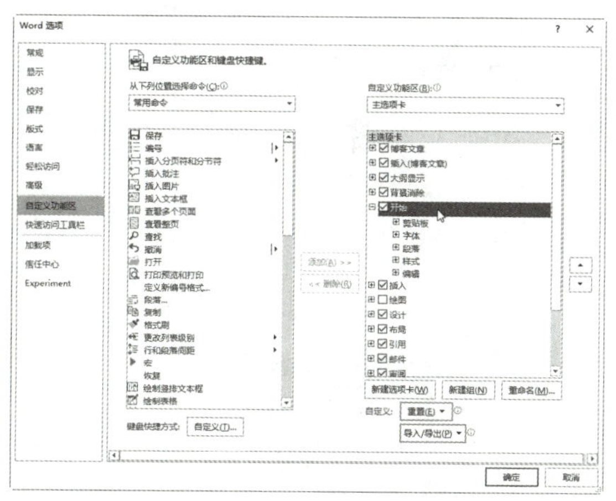

图 1-52

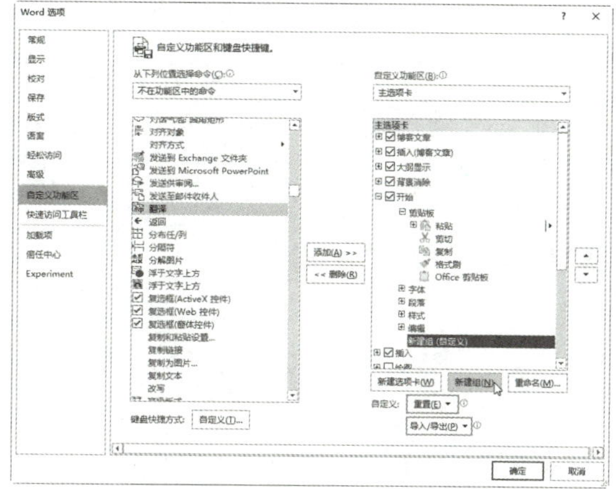

图 1-53

04 单击“重命名”按钮，弹出“重命名”对话框，在“显示名称”文本框中输入组名称为“英汉翻译”，然后单击“确定”按钮，如图 1-54 所示。

05 在“从下列位置选择命令”列表框中选择“不在功能区中的命令”选项，如图 1-55 所示。

06 选择需要添加到新建的“英汉翻译”组中的按钮（例如“翻译”命令），然后单击“添加”按钮，将它添加到右侧“英汉翻译（自定义）”组中，添加完毕后单击“确定”按钮，如图 1-56 所示。

07 完成自定义设置功能区的操作后返回文档中，切换到“开始”选项卡，即可看到添加的自定义“英汉翻译”功能组和添加到该组中的“翻译”按钮，如图 1-57 所示。

图 1-54

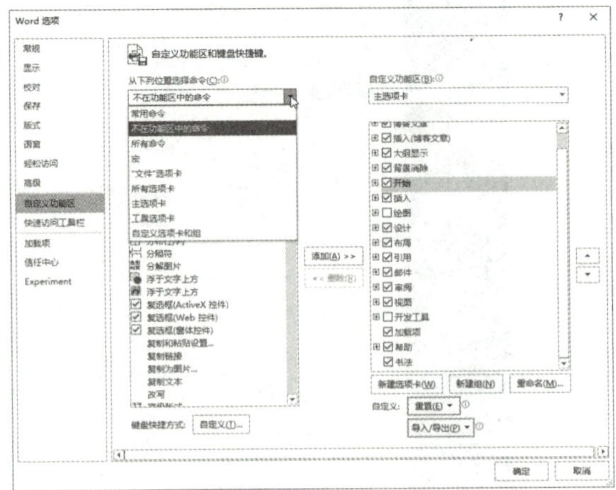

图 1-55

图 1-56

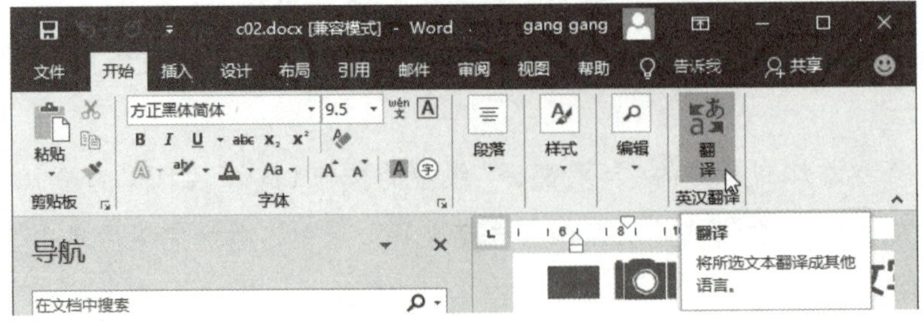

图 1-57

当需要删除功能区中的功能组时，可在“Word 选项”对话框中切换到“自定义功能区”选项卡，在“自定义功能区”列表框中选中需要删除的功能组，单击“删除”按钮，最后单击“确定”按钮，即可完成删除操作。

1.4.2　自定义快速访问工具栏

在默认情况下，快速访问工具栏中包括“保存”“撤消”和“恢复”3 个按钮，用户可以根据需要将其他工具添加到快速访问工具栏中，操作步骤如下。

01 启动 Word 2019，打开文档，单击快速访问工具栏右侧的下拉按钮，在弹出的菜单中单击需要显示的工具选项（例如“新建”），即可完成添加操作，如图 1-58 所示。

02 要添加弹出菜单之外的其他命令，可以单击“其他命令”，打开“Word 选项”对话框，此时会自动定位到“快速访问工具栏”分类，可以选择要添加的命令（例如“插入图片”），然后单击“添加”按钮，将它添加到右侧“自定义快速访问工具栏”列表中，如图 1-59 所示。

03 需要取消快速访问工具栏上的按钮时，在其弹出的菜单中再次单击该选项即可。对于通过“其他命令”方式添加的按钮，则可以右击它，然后从快捷菜单中选择“从快速访问工具栏删除”选项，如图 1-60 所示。

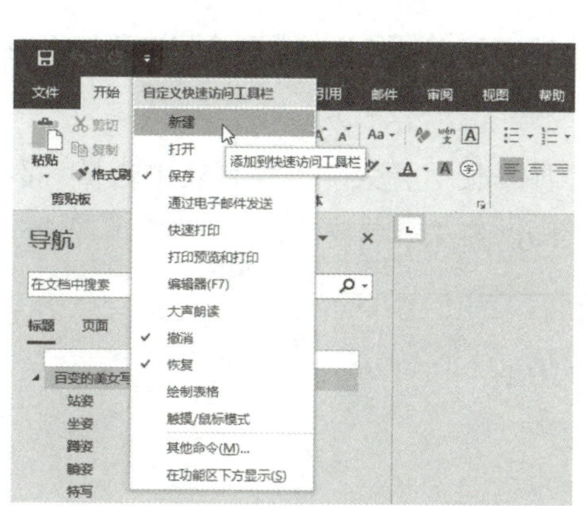

图 1-58

图 1-59

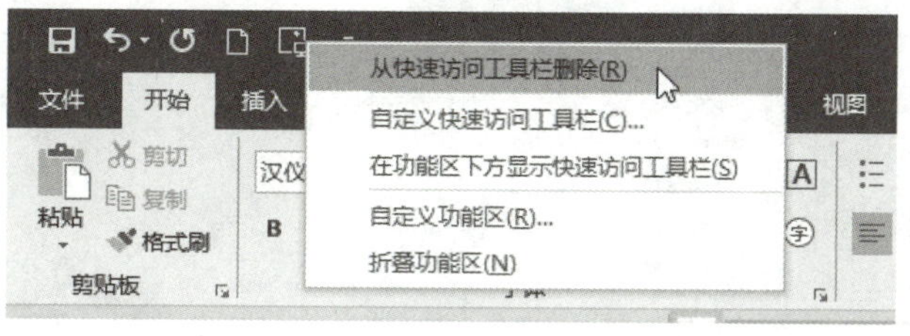

图 1-60

1.4.3 隐藏屏幕提示信息

Word 2019 提供了一项比较人性化的功能，就是当鼠标指向某个按钮时，会弹出一个浮动菜单，其中显示了对该按钮功能的提示信息，如图 1-61 所示。

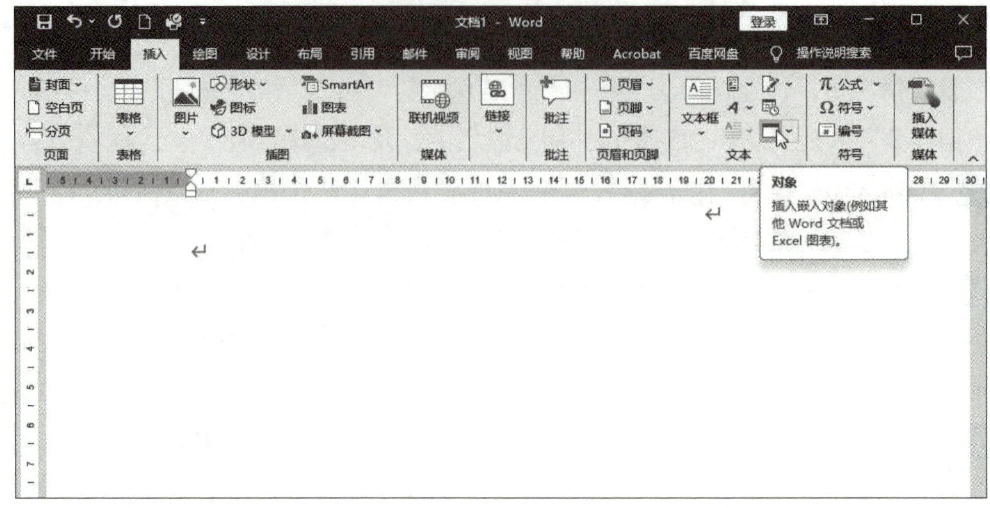

图 1-61

如果用户已经对 Word 应用程序的各项功能比较熟悉，不再需要显示这些提示信息，则可以将此功能关闭，操作步骤如下。

01 启动 Word 2019，单击“文件”按钮并在“文件”菜单中选择“选项”命令，打开“Word 选项”对话框。

02 选择左侧列表中的“常规”选项，在右侧的“屏幕提示样式”下拉列表中选择“不显示屏幕提示”选项，然后单击“确定”按钮，如图 1-62 所示。

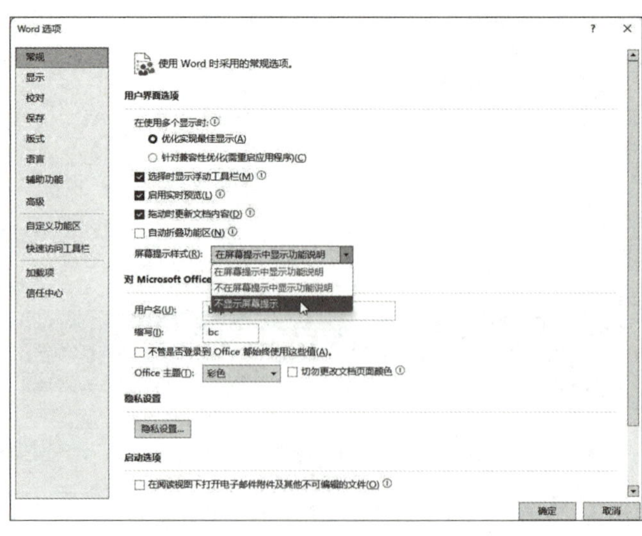

图 1-62

1.4.4　调整界面颜色

在 Word 2019 中，可以根据个人习惯从多种预置的界面颜色中选择任意一种。Word 2019 的界面颜色默认为蓝色。下面介绍调整 Word 2019 界面颜色的操作步骤。

01 启动 Word 2019，单击“文件”按钮并在“文件”菜单中选择“选项”命令。

02 打开“Word 选项”对话框，选择左侧列表中的“常规”选项，在右侧的“Office 主题”下拉列表中选择一种界面颜色（例如白色），如图 1-63 所示。

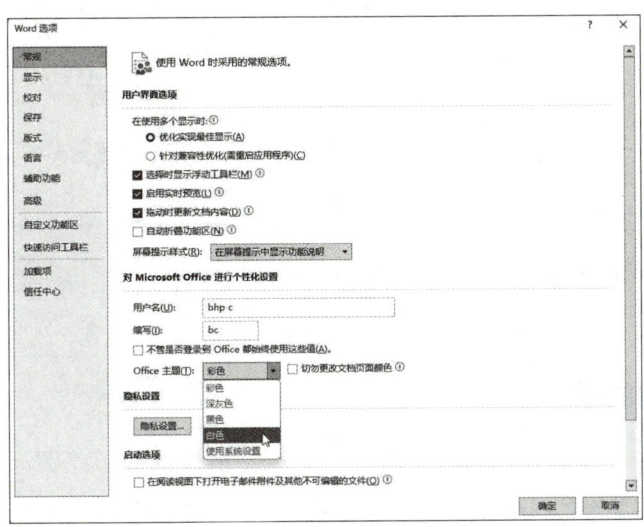

图 1-63

03 单击“确定”按钮，此时 Word 的界面颜色已经改变，如图 1-64 所示。

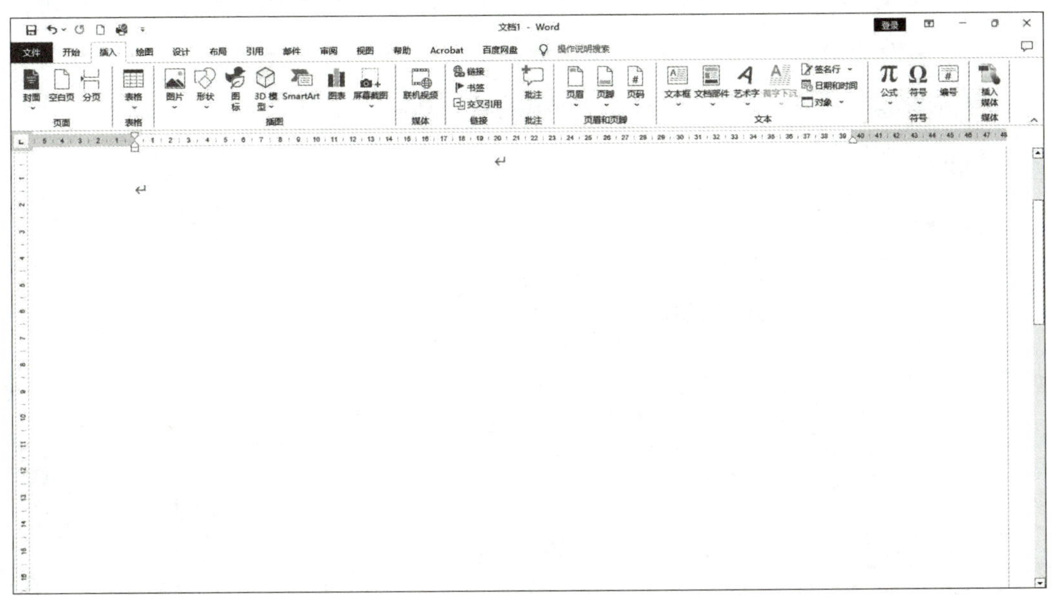

图 1-64

1.4.5 指定自动保存的时间间隔

Word 应用程序提供了一种程序在意外关闭时的补救措施，即默认情况下每隔 10 分钟程序会自动保存当前打开文件的一个临时备份，可以使用临时备份文件来恢复出现问题之前的文档数据，具体操作步骤如下。

01 启动 Word 2019，单击“文件”选项卡，然后选择“选项”命令。

02 打开“Word 选项”对话框，选择左侧列表中的“保存”选项。在右侧确保选中“保存自动恢复信息时间间隔”复选框，然后在其右侧的文本框中输入具体的时间间隔数值，单击“确定”按钮完成设置，如图 1-65 所示。

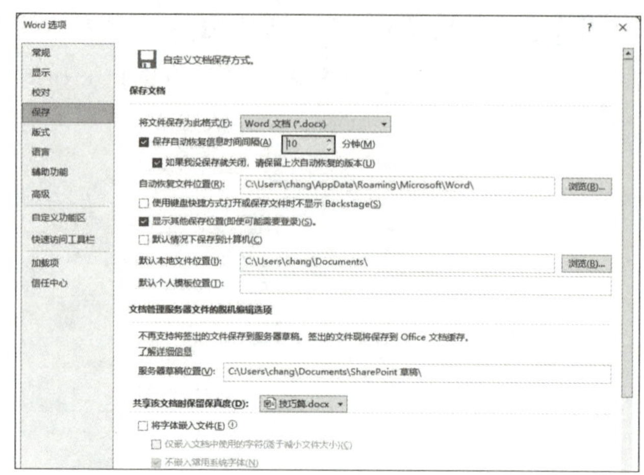

图 1-65

1.4.6 调整文档的显示比例

在 Word 2019 中，可以通过以下 3 种方法来调整窗口的显示比例。

- 按住 Ctrl 键滚动鼠标滚轮。这样可以按 10% 递减或递增来改变显示比例。
- 使用状态栏右侧（即窗口右下角）的显示比例控件，如图 1-66 所示。拖动滑块可任意调整显示比例，而单击按钮则可以按 10% 递减或递增来改变显示比例。
- 按钮右侧的数字显示的是当前的显示比例，此数字也是可以单击的一个按钮。单击该按钮会弹出“显示比例”对话框，可以从中选择显示比例的选项，如图 1-67 所示；也可以在“视图”选项卡的“缩放”功能组中单击“缩放”按钮，打开同样的对话框。

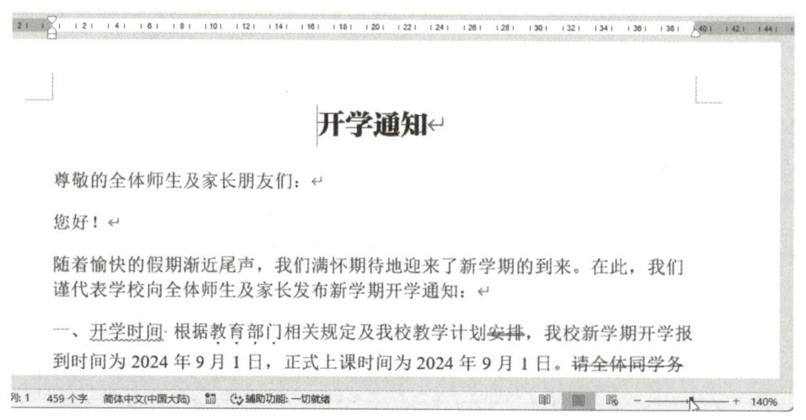

图 1-66

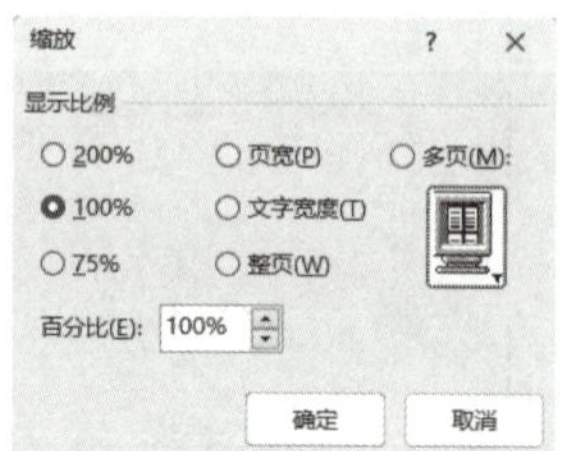

图 1-67

1.5 Word 2019 的视图

Word 2019 中提供了 5 种基本文档视图方式，包括页面视图、Web 版式视图、阅读版式视图、大纲视图和草稿视图。合理利用这些视图，可以极大地提升编辑文档的效率。

1.5.1 切换视图

若需要将 Word 文档在各视图之间进行切换，可以按以下方式操作。

打开文档之后，单击“视图”选项卡切换至“视图”选项区，单击“视图”功能组中显示的各视图按钮即可切换视图，当前呈高亮显示的按钮表示文档正在使用的视图，如图 1-68 所示。

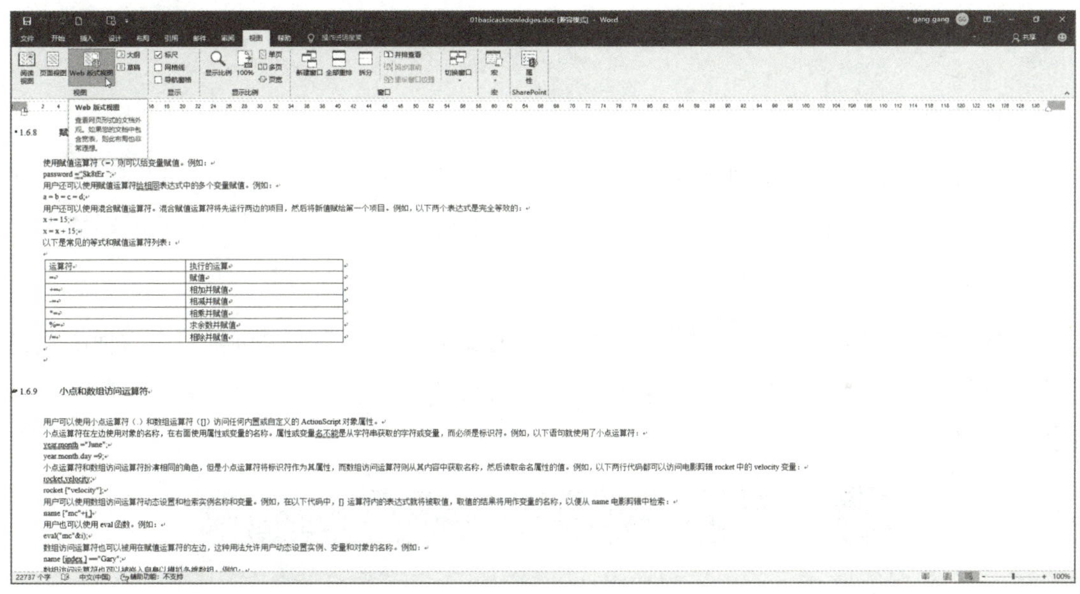

图 1-68

1. 页面视图

页面视图用于显示文档所有内容在整个页面的分布状况，及整个文档在每一页上的位置，真正实现“所见即所得”，可进行编辑排版、添加页眉页脚、多栏版面等操作。单击“翻页”按钮，可以像看书一样翻页显示文档内容，这进一步增强了阅读体验，如图 1-69 所示。

2. Web 版式视图

在 Web 版式视图中，可以创建能在屏幕上显示的 Web 网页或文档。在该版式中，可看到背景和文本都发生了变化，能完整显示用户编辑的网页效果。图 1-68 即为 Web 版式视图的显示效果。

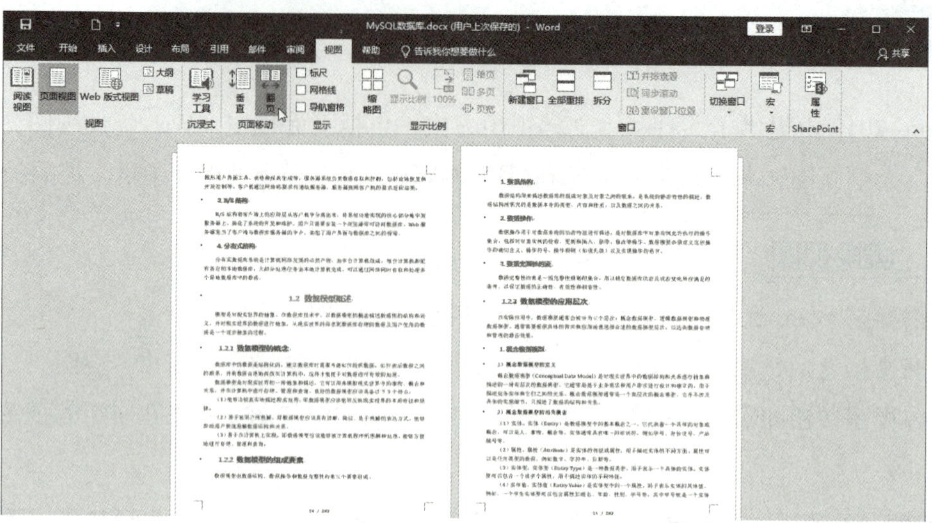

图 1-69

3. 阅读视图

在阅读视图中，以书页的形式显示文档，单击右侧的按钮，可以进行文档的“翻页”操作，方便用户阅读。在本模块第 1.2.2 节“阅读模式”中已经介绍过该视图，此处不再赘述。

4. 大纲视图

大纲视图用于审阅和处理文档的结构，为处理文稿的目录工作提供了一个方便的途径，也适合处理层次较多的文档。大纲视图显示出了大纲工具栏，便于用户调整文档的结构，如图 1-70 所示。

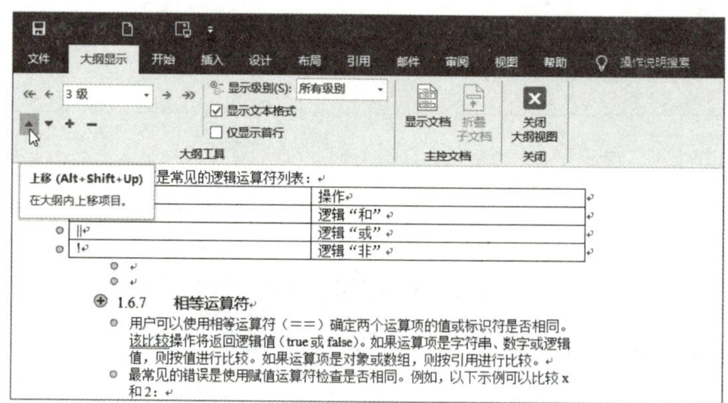

图 1-70

5. 草稿视图

草稿视图可显示文本格式，简化了页面的布局，是最好的文本录入的编辑环境，但不显示页边距、页眉页脚、背景和图形对象等，如图 1-71 所示。

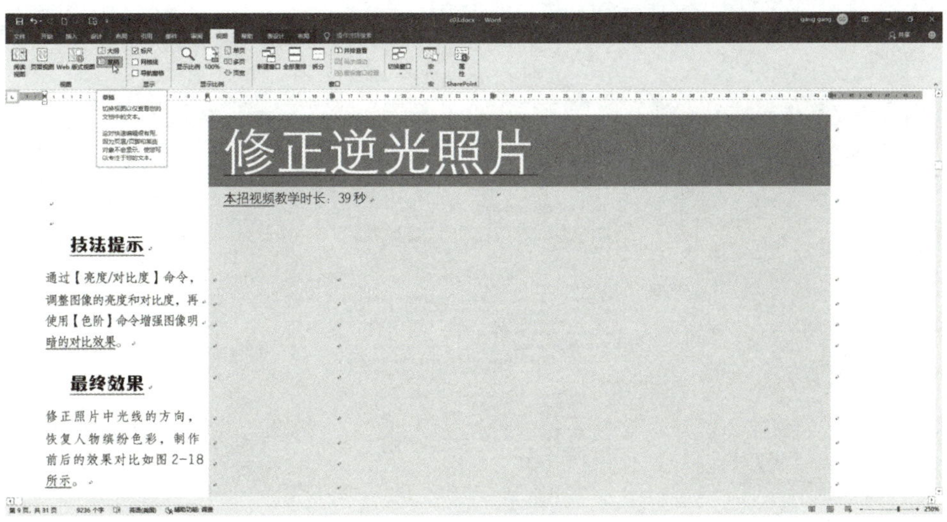

图 1-71

1.5.2　在全屏模式下编辑文档

Word 2019 支持在全屏模式下编辑文档，也就是说，Word 可以将整个显示器屏幕都当作编辑区。这在某些时候是非常实用的一项功能。要实现该功能，可以按以下步骤操作。

01 启动 Word 2019，打开文档，单击右上角“功能区显示选项”按钮，在弹出的菜单中选择“自动隐藏功能区”选项，如图 1-72 所示。

02 现在整个屏幕都变成了 Word 的文档编辑区，只有底部的任务栏还在。要将任务栏也隐藏起来，可以右击任务栏，然后在弹出的菜单中选择“任务栏设置”选项，如图 1-73 所示。

03 在出现的“设置”对话框中，开启“任务栏”中的“在桌面模式下自动隐藏任务栏”选项，如图 1-74 所示。

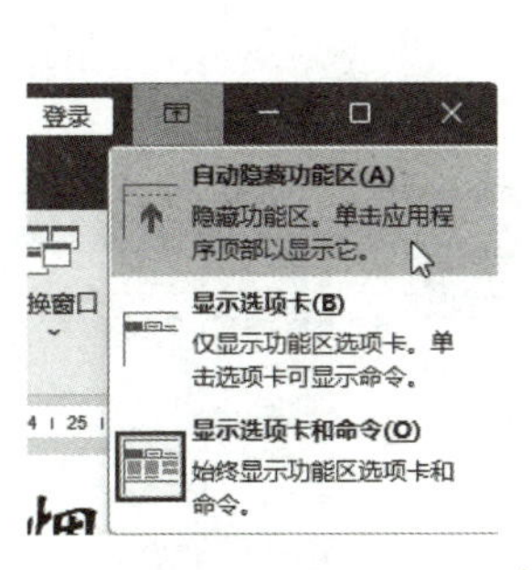

图 1-72

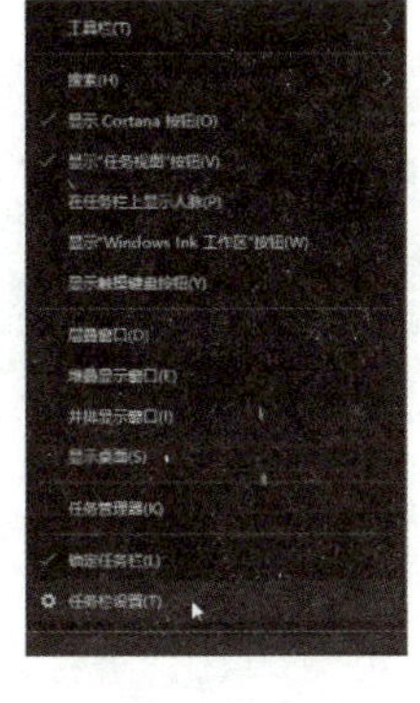

图 1-73

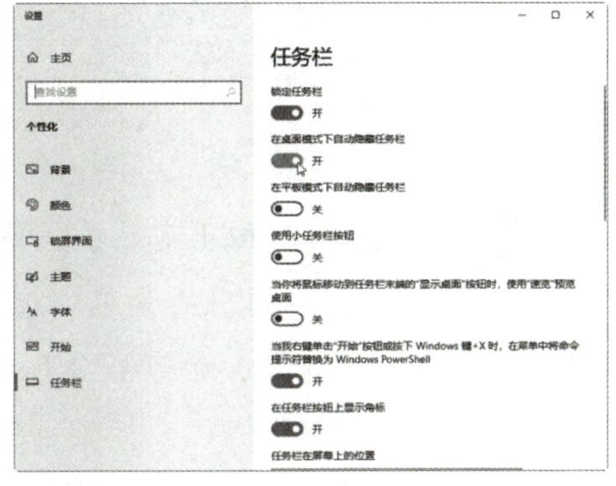

图 1-74

04 现在整个屏幕都已经是编辑区了，如图 1-75 所示。

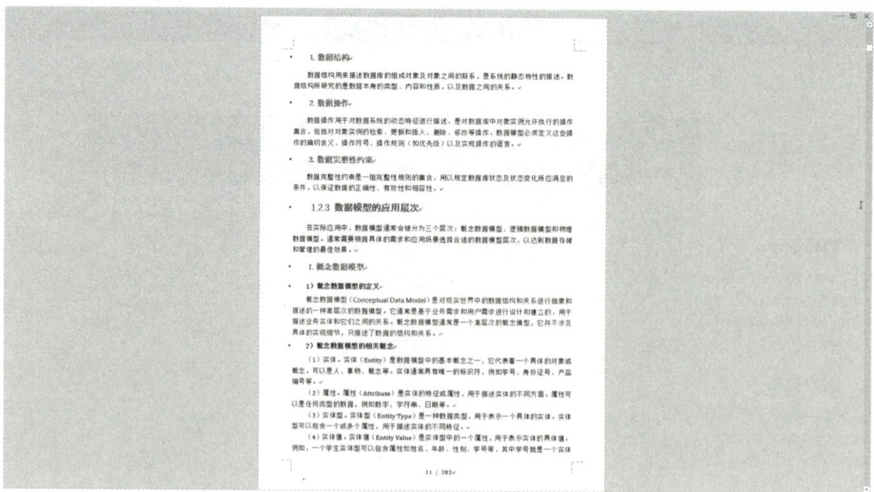

1. 数据结构

数据结构用来描述数据库的组成对象及对象之间的联系，是系统的静态特性的描述。数据结构所研究的是数据本身的类型、内容和性质，以及数据之间的关系。

2. 数据操作

数据操作用于对数据系统的动态特征进行描述，是对数据库中对象实例允许执行的操作集合，包括对对象实例的检索、更新和插入、删除、修改等操作。数据模型必须定义这些操作的确切含义、操作符号、操作规则（如优先级）以及实现操作的语言。

3. 数据完整性约束

数据完整性约束是一组完整性规则的集合，用以规定数据库状态及状态变化所应满足的条件，以保证数据的正确性、有效性和相容性。

1.2.3 数据模型的应用层次

在实际应用中，数据模型通常会被分为三个层次：概念数据模型、逻辑数据模型和物理数据模型。通常需要根据具体的需求和应用场景选择合适的数据模型层次，以达到数据存储和管理的最佳效果。

1. 概念数据模型

1）概念数据模型的定义

概念数据模型（Conceptual Data Model）是对现实世界中的数据结构和关系进行抽象和描述的一种高层次的数据模型。它通常是基于业务需求和用户需求进行设计和建立的，用于描述业务实体和它们之间的关系。概念数据模型通常是一个高层次的概念模型，它并不涉及具体的实现细节，只描述了数据的结构和关系。

2）概念数据模型的相关概念

（1）实体。实体（Entity）是数据模型中的基本概念之一，它代表着一个具体的对象或概念，可以是人、事物、概念等。实体通常具有唯一的标识符，例如学号、身份证号、产品编号等。

（2）属性。属性（Attribute）是实体的特征或属性，用于描述实体的不同方面。属性可以是任何类型的数据，例如数字、字符串、日期等。

（3）实体型。实体型（Entity Type）是一种数据类型，用于表示一个具体的实体。实体型可以包含一个或多个属性，用于描述实体的不同特征。

（4）实体值。实体值（Entity Value）是实体型中的一个属性，用于表示实体的具体值。例如，一个学生实体型可以包含属性如姓名、年龄、性别、学号等，其中学号就是一个实体

11 / 203

图 1-75

05 如果用户对 Office 的快捷键操作不熟悉，需要使用功能选项（例如，选择设置文字的样式）时，只需将鼠标移动到屏幕顶端，就会出现一个蓝色的长条，在其上单击即可显示功能区，如图 1-76 所示。

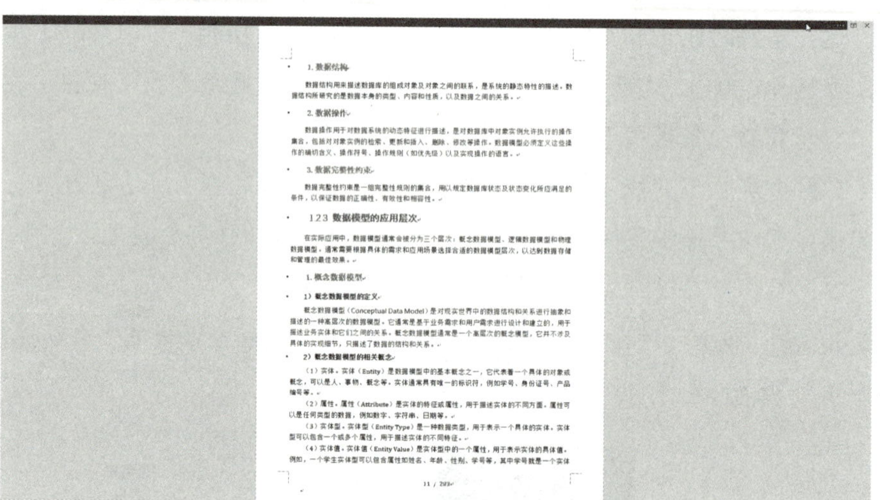

1. 数据结构

数据结构用来描述数据库的组成对象及对象之间的联系，是系统的静态特性的描述。数据结构所研究的是数据本身的类型、内容和性质，以及数据之间的关系。

2. 数据操作

数据操作用于对数据系统的动态特征进行描述，是对数据库中对象实例允许执行的操作集合，包括对对象实例的检索、更新和插入、删除、修改等操作。数据模型必须定义这些操作的确切含义、操作符号、操作规则（如优先级）以及实现操作的语言。

3. 数据完整性约束

数据完整性约束是一组完整性规则的集合，用以规定数据库状态及状态变化所应满足的条件，以保证数据的正确性、有效性和相容性。

1.2.3 数据模型的应用层次

在实际应用中，数据模型通常会被分为三个层次：概念数据模型、逻辑数据模型和物理数据模型。通常需要根据具体的需求和应用场景选择合适的数据模型层次，以达到数据存储和管理的最佳效果。

1. 概念数据模型

1）概念数据模型的定义

概念数据模型（Conceptual Data Model）是对现实世界中的数据结构和关系进行抽象和描述的一种高层次的数据模型。它通常是基于业务需求和用户需求进行设计和建立的，用于描述业务实体和它们之间的关系。概念数据模型通常是一个高层次的概念模型，它并不涉及具体的实现细节，只描述了数据的结构和关系。

2）概念数据模型的相关概念

（1）实体。实体（Entity）是数据模型中的基本概念之一，它代表着一个具体的对象或概念，可以是人、事物、概念等。实体通常具有唯一的标识符，例如学号、身份证号、产品编号等。

（2）属性。属性（Attribute）是实体的特征或属性，用于描述实体的不同方面。属性可以是任何类型的数据，例如数字、字符串、日期等。

（3）实体型。实体型（Entity Type）是一种数据类型，用于表示一个具体的实体。实体型可以包含一个或多个属性，用于描述实体的不同特征。

（4）实体值。实体值（Entity Value）是实体型中的一个属性，用于表示实体的具体值。例如，一个学生实体型可以包含属性如姓名、年龄、性别、学号等，其中学号就是一个实体

11 / 203

图 1-76

06 要恢复功能区的正常显示，可以单击右上角的“功能区显示选项”按钮，在弹出的菜单中选择“显示选项卡”或“显示选项卡和命令”选项，如图 1-77 所示。

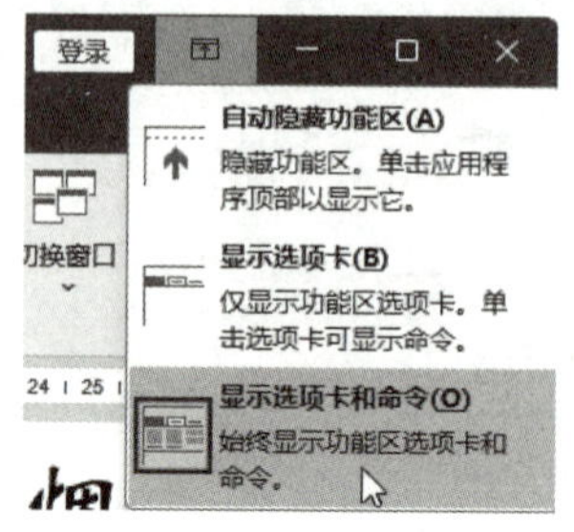

图 1-77

1.6　帮助功能

Microsoft Office 2019软件提供了强大的帮助功能，方便用户对不了解的问题进行查询。下面介绍如何在 Word 2019 中运用帮助功能来查询问题，操作步骤如下。

01 启动 Word 2019，在打开的 Word 窗口中单击“操作说明搜索”按钮，然后输入要寻求帮助的关键字，例如“朗读文本”，Word 会弹出一个列表，允许用户选择自己想要的操作，如图 1-78 所示。

02 在该列表中可以看到“操作”和“帮助”这两类与输入的关键字相关的选项，用户可以选择自己感兴趣的操作，也可以选择自己要了解的帮助内容，如图 1-79 所示。

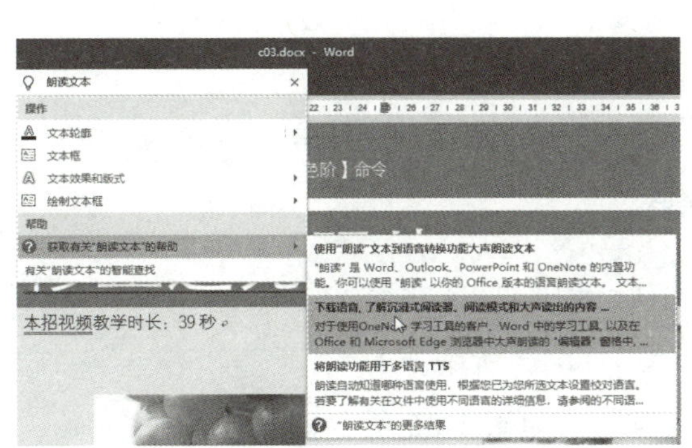

图 1-78

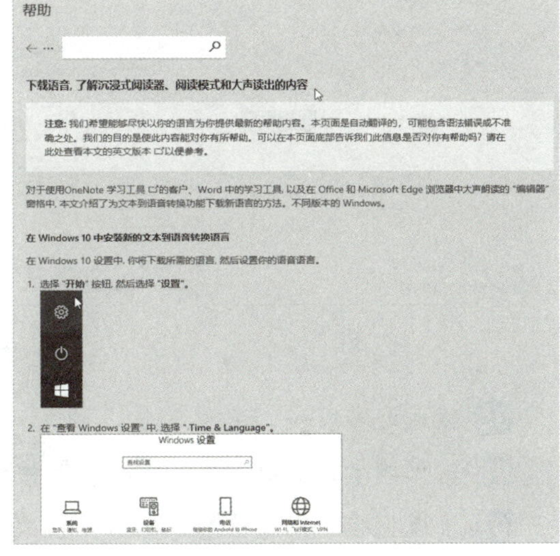

图 1-79

1.7　使用 OneDrive 协同办公

OneDrive 是 Microsoft 公司新一代的网络存储工具，是方便用户共享文件的利器。OneDrive 通过 Microsoft 账号和 Word 2019 集成在一起，这意味着用户可以使用它更方便地协同办公。要在 Word 2019 中使用 OneDrive 协同办公，可以按以下 3 个阶段操作。

1.7.1　登录 Microsoft 账号

在 Word 2019 中登录 Microsoft 账号的操作步骤如下。

01 启动 Word 2019，单击右上角的“登录”按钮，如图 1-80 所示。

02 此时将出现 Microsoft“登录”对话框。如果用户目前还没有该账号，则可以单击“创建一个”链接，如图 1-81 所示。

03 在“创建帐①户”对话框中，单击“改为使用电话号码”链接，如图 1-82 所示。

04 输入用于注册的手机号码，如图 1-83 所示。

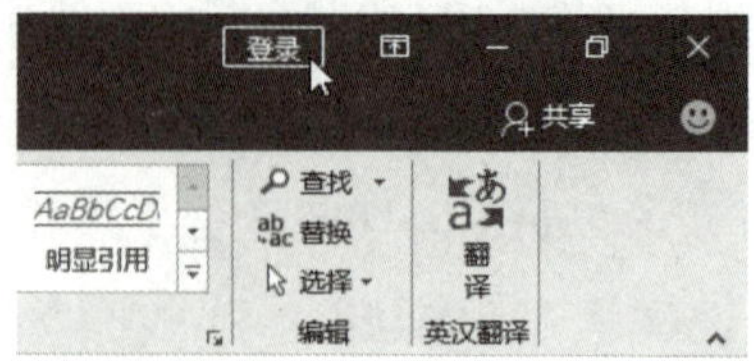

图 1-80

图 1-81

图 1-82

图 1-83

05 输入账号密码，然后单击“下一步”按钮，如图 1-84 所示。

06 输入姓名，然后单击“下一步”按钮，如图 1-85 所示。

07 设置出生日期等信息，然后单击“下一步”，如图 1-86 所示。

图 1-84

图 1-85

图 1-86

08 此时手机会收到一个验证码，填写该验证码，然后单击“下一步”按钮，如图 1-87 所示。

---

① 按照《现代汉语词典》（第 7 版），“帐户”应写作“账户”。由于 Word 2019 软件中使用了“帐户”，故此处为了与软件保持一致，有关软件功能说明部分保留了“帐户”这一用法，特此说明。

09 在“添加电子邮件”界面中，填写用于验证的电子邮件地址，如图 1-88 所示。

10 该邮箱会立即收到一封验证邮件，填写验证码，如图 1-89 所示。

图 1-87

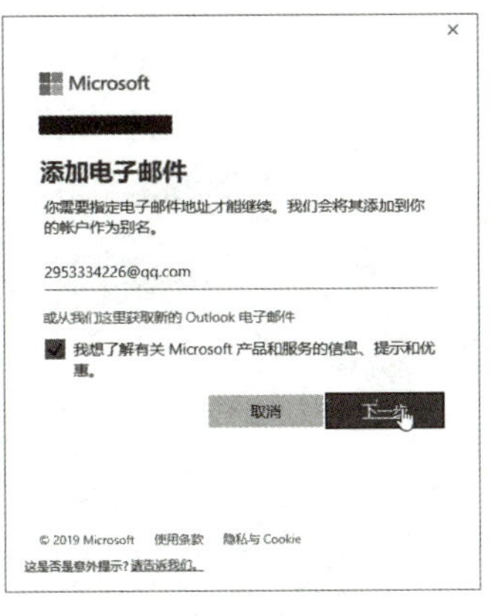

图 1-88

图 1-89

11 注册成功之后，即可登录 Microsoft 账号。回到 Word 界面，可以看到右上角已经显示了登录的账号，如图 1-90 所示。

图 1-90

1.7.2 启用 OneDrive

在 Word 2019 中登录 Microsoft 账号之后，用户还可以启用 OneDrive，以保存和同步文档到云端，从而实现在任何地方访问和编辑文档。其操作步骤如下：

01 启动 Word 2019，在打开的 Word 窗口中（假定已经编辑了一篇文档），单击“文件”选项卡，然后选择“另存为”命令，在出现的界面中，单击“添加位置”下的 OneDrive，如图 1-91 所示。

02 在出现的“设置 OneDrive”对话框中，输入已注册的 Microsoft 账号，单击“登录”按钮，如图 1-92 所示。

03 输入密码，然后单击“登录”按钮，如图 1-93 所示。

04 在出现默认 OneDrive 文件夹指示对话框时，可以单击“更改位置”，将 OneDrive 文件夹移动到其他驱动器（因为 C 盘容易因为重做系统的原因被格式化而导致文件丢失）。这里仅作为示例，所以未做改变，如图 1-94 所示。

05 当出现“你的 OneDrive 已准备就绪”窗口时，表明已经可以在 Office 2019 中使用 OneDrive 保存和共享数据了，如图 1-95 所示。在此之前，可以单击“打开我的 OneDrive 文件夹”进行查看。

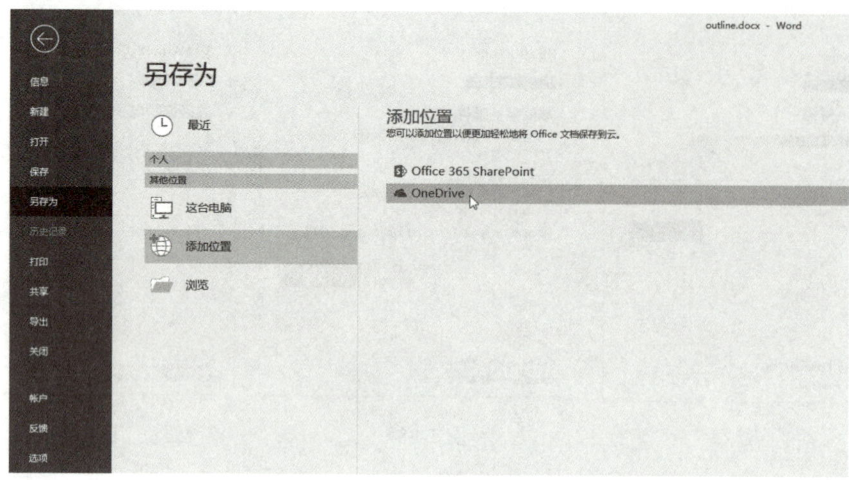

图 1-91

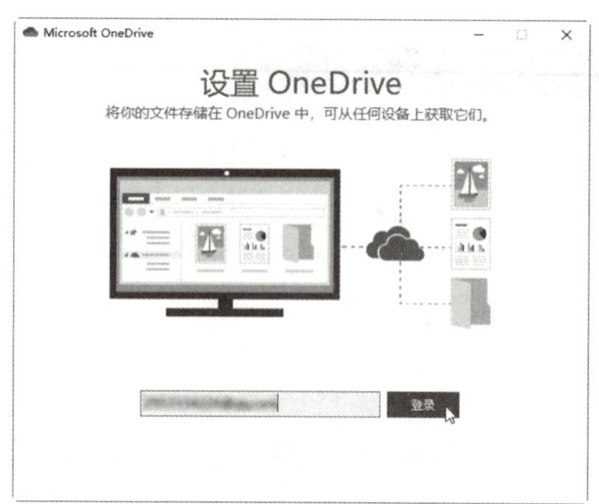

图 1-92

图 1-93

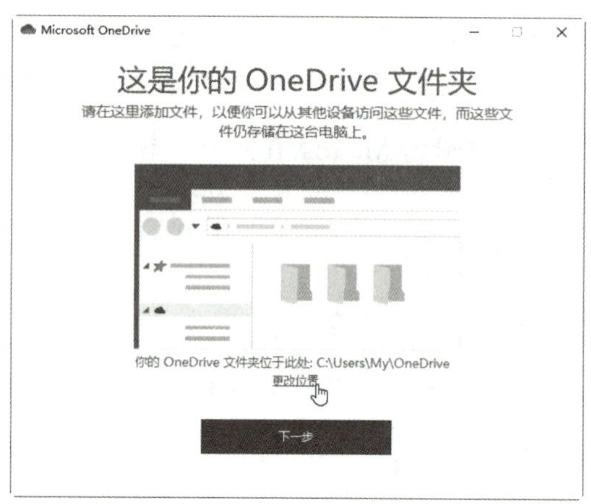

图 1-94

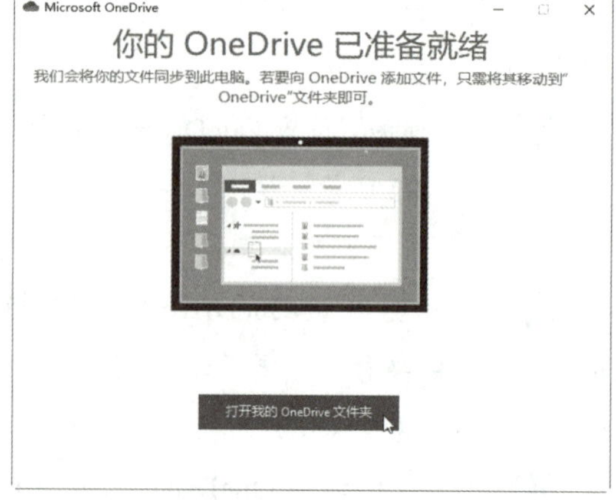

图 1-95

06 可以看到此时的 OneDrive 包含了 3 个文件夹和 1 个“OneDrive 入门 .pdf”文件，如图 1-96 所示。

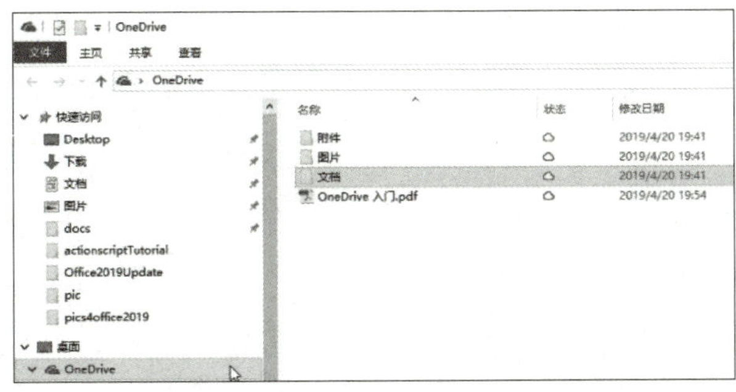

图 1-96

1.7.3 使用 Word 2019 协同办公

在启用 OneDrive 之后，即可通过使用 Word 2019 协同办公。其操作步骤如下。

01 在共享文档之前，必须将文档上传到 OneDrive，所以，第一步需要在打开文档之后单击“文件”选项卡，然后在“信息”窗口中单击“上传”按钮，如图 1-97 所示。

02 此时 Word 2019 将打开“共享”面板，单击“保存到云”按钮，将文档保存到 OneDrive 云端，如图 1-98 所示。

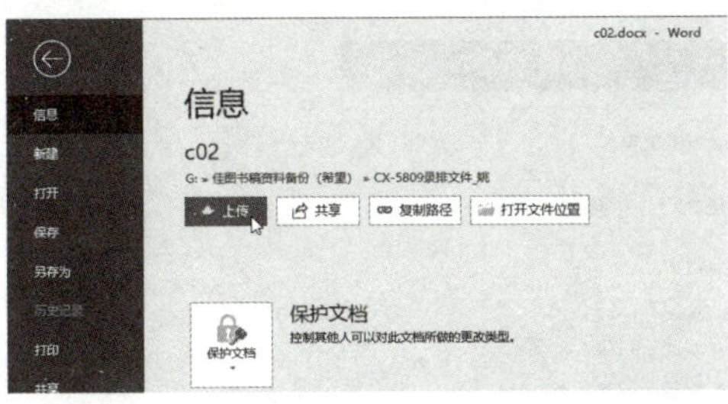

图 1-97

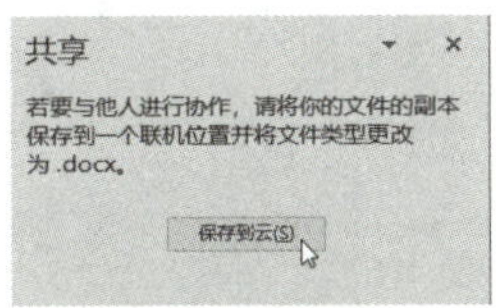

图 1-98

03 Word 2019 将启动连接 OneDrive，并且要求选择共享文档在 OneDrive 中的保存位置，以便同步到云端服务器，如图 1-99 所示。

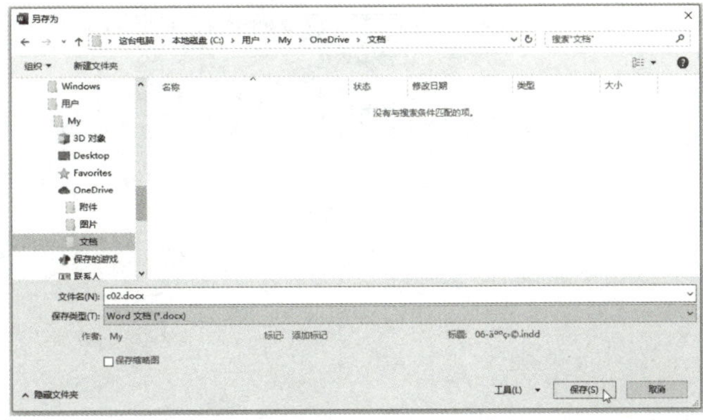

图 1-99

04 在同步成功之后，意味着 OneDrive 云端已经有用户要共享的文档了。接下来即可在“共享”面板中输入“邀请人员”的电子邮箱，邀请对方协同修改，如图 1-100 所示。

05 用户可以邀请多人进行修改。Word 2019 会自动给邀请者发送电子邮件。如果想要通过其他方式通知协作者，则可以单击底部的“获取共享链接”，如图 1-101 所示。

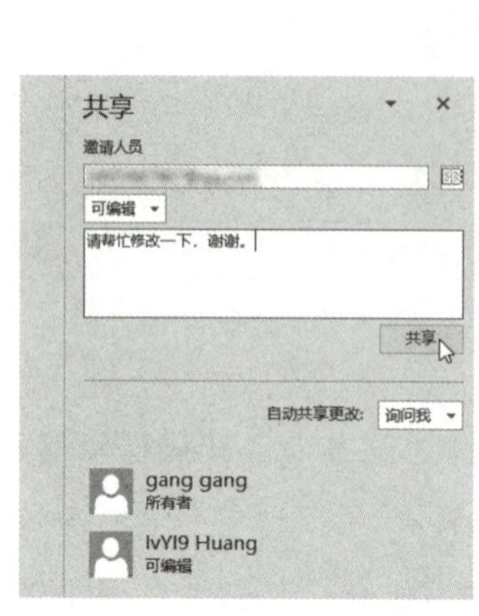

图 1-100

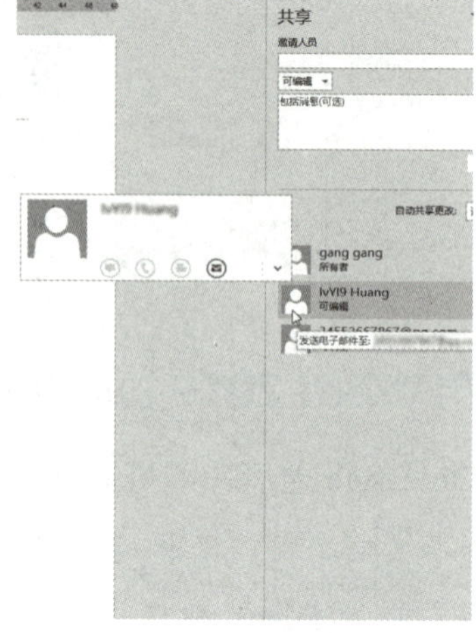

图 1-101

06 当其他用户编辑此文档时，共享者将收到通知，查看更改结果，如图 1-102 所示。

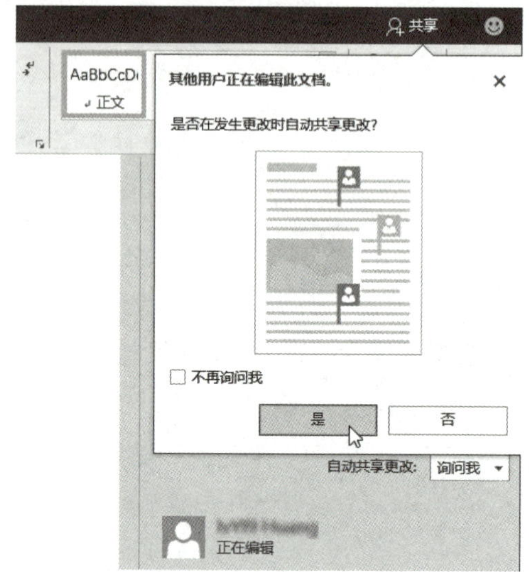

图 1-102

课后习题

一、单项选择题

1. 下列（　　）项不是 Word 2019 新增的功能。

A. 阅读模式

B. 全息影像插入

C. 3D 模型

D. 沉浸式阅读器

2. 在 Word 2019 中，（　　）组件用于隐藏或显示文档的特定部分。

A. 标题栏

B. 导航窗格

C. 状态栏

D. 快速访问工具栏

3. 能够集中注意力阅读文档、减少视觉干扰的功能是（　　）。

A. 添加视觉效果

B. 阅读模式

C. 翻译功能

D. 多显示器显示优化

4. 通过（　　）可以调整 Word 2019 文档的显示大小。

A. 使用“缩放”滑块

B. 更改字号

C. 调整屏幕分辨率

D. 缩放页面布局

5. 通过（　　）组件可以快速访问常用命令。

A. 文档编辑区

B. 功能区

C. 状态栏

D. 快速访问工具栏

6. 若要在 Word 2019 中启用云协作，需要使用（　　）服务。

A. Google Drive

B. OneDrive

C. iCloud

D. Dropbox

二、填空题

1. 在 Word 2019 中，通过 ___________ 可以查看文档的大纲结构或仅显示文本格式。

2. 若要快速访问频繁使用的命令，可以在 ___________ 中添加这些命令。

3. 在 Word 2019 中，通过 ___________ 可以查看文档的实时字数统计。

4. 在 Word 2019 中，___________ 提供了无干扰的阅读环境，隐藏了大部分界面元素。

5. 为了便于多用户同时编辑同一份文档，需借助 ___________ 服务。

6. 若想自定义功能区的布局和内容，应进入“文件”菜单下的 ___________ 选项。

三、实操题

1. 在 Word 2019 中，创建一个名为“正文 - 斜体”的自定义样式，将正文文本设置为斜体，字号为 12 磅。

2. 在文档中插入一个 3D 模型，调整其大小、旋转角度，并为其添加适当的光照效果。

3. 在 OneDrive 上创建一个新的共享文档，邀请至少一位同事加入编辑，并在文档中插入一个批注，与同事进行讨论。

4. 将“拼写检查”命令添加到快速访问工具栏，并移除其中一个默认的不常用命令。

5. 将当前文档依次切换至阅读模式、大纲视图和草稿视图，并描述每个视图的特点。

6. 在 Word 2019 中配置自动保存功能，使其每隔 5 分钟保存一次文档。

模块 2　Word 文档的基础操作

本模块介绍了 Word 2019 的基础操作，帮助读者熟练掌握文档的创建、打开、保存和关闭等基本流程。通过学习这些核心技能，读者能够高效地管理和维护文档，确保数据的安全性和完整性，为后续的高级编辑和格式化操作打下坚实的基础。这些基础知识是每一位 Word 用户不可或缺的起点。

本模块学习内容

- Word 2019 的启动与退出
- 新建文档
- 打开和关闭文档
- 保存文档

2.1 Word 2019 的启动与退出

在开始使用 Word 2019 之前，了解如何正确启动和退出该程序是非常重要的。接下来，分别讲解如何启动和退出 Word 2019。

2.1.1 启动 Word 2019

安装完 Word 2019 之后，就可以在操作系统中启动了。启动 Word 2019 的常用方法有以下 4 种。

- 从“开始”屏幕启动：单击桌面任务栏的“开始”按钮■，然后在弹出的“开始”屏幕中单击 Word 应用程序图标，即可启动 Word 2019，如图 2-1 所示。
- 通过桌面快捷方式图标启动：从“开始”屏幕找到“所有应用”列表中的 Word 应用程序图标，然后按住鼠标左键将其拖曳到桌面上，松开鼠标左键，即可在桌面上创建 Word 应用程序的快捷方式图标。双击桌面上的 Word 2019 应用程序快捷方式图标，即可启动 Word 2019，如图 2-2 所示。

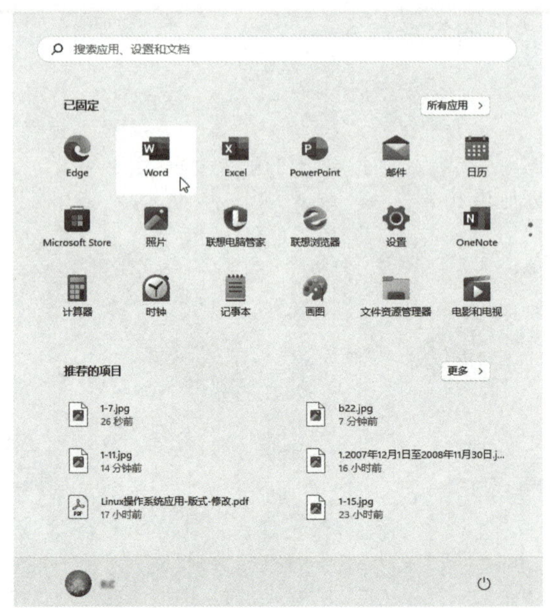

图 2-1

图 2-2

- 从任务栏启动：从“开始”屏幕找到“所有应用”列表中的 Word 应用程序图标并右击，然后在弹出的右键快捷菜单中选择“更多”→“固定到任务栏”命令，即可在任务栏上添加 Word 应用程序图标。单击任务栏上的 Word 2019 应用程序图标，即可启动 Word 2019，如图 2-3 所示。

图 2-3

- 通过 Word 文档启动：双击 .doc、.docx 等后缀名的文件，即可启动 Word 2019 打开该文档。

启动完成后的开始界面如图 2-4 所示。

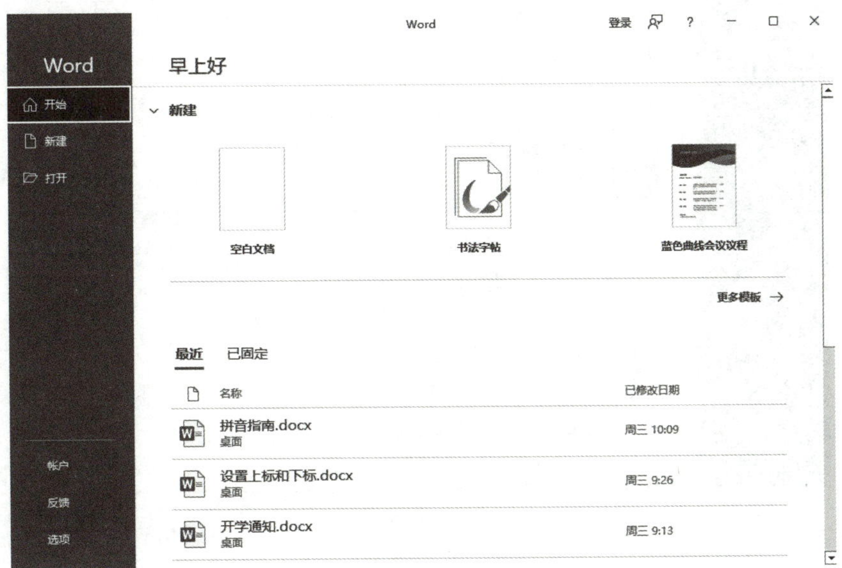

图 2-4

2.1.2　退出 Word 2019

完成并保存相应的文档编辑和修改后，即可退出 Word 2019。退出 Word 2019 的常用方式有以下 4 种。

- 按 Alt+F4 组合键。
- 单击 Word 2019 窗口右上角的关闭按钮。
- 右击标题栏，从弹出的快捷菜单中选择“关闭”命令。
- 选择“文件”→“关闭”命令。

2.2　新建文档

在 Word 中，所有的操作都是基于文档进行的，要使用 Word 2019 对文档进行编辑处理，首先要学会如何新建文档。

2.2.1 新建空白文档

新建空白文档有以下 4 种方法。

1. 通过开始界面新建

启动 Word 2019，在开始界面中单击“空白文档”按钮，即可新建一个空白 Word 文档，如图 2-5 所示。

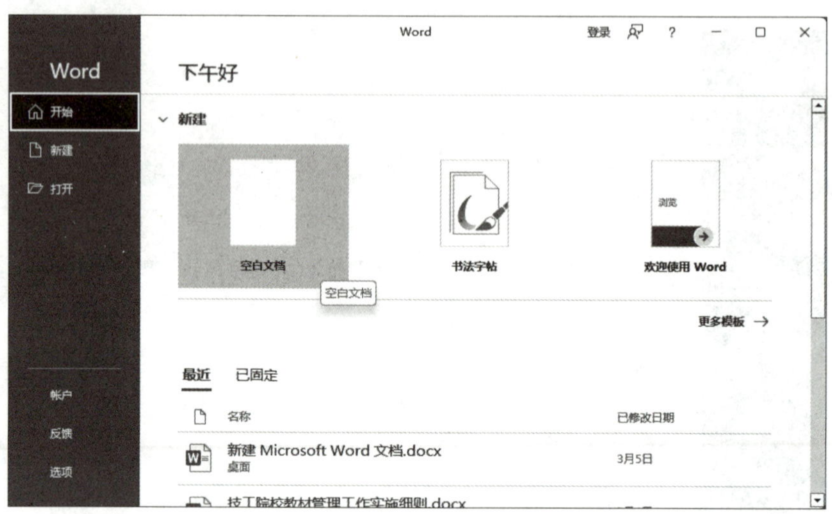

图 2-5

2. 通过“新建”界面新建

在打开的 Word 文档中打开“文件”菜单，选择“新建”选项切换到“新建”操作界面中，单击“空白文档”按钮，即可新建一个空白 Word 文档，如图 2-6 所示。

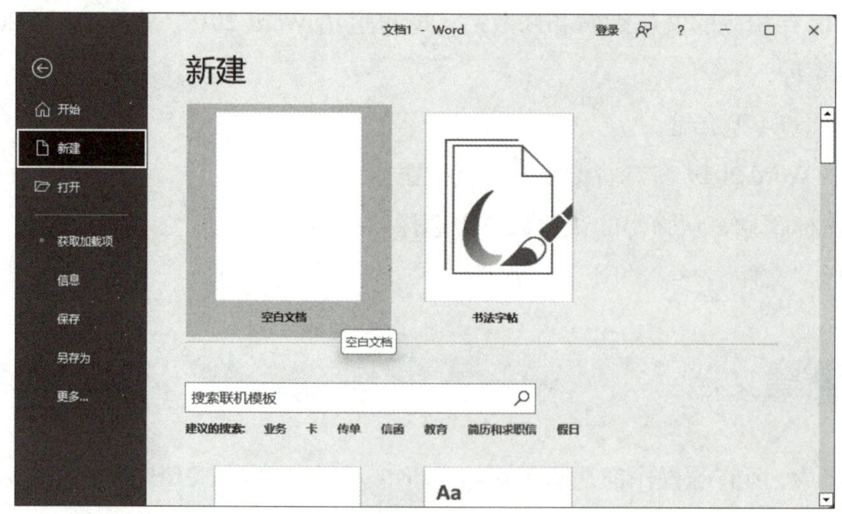

图 2-6

3. 通过右键快捷菜单新建

在操作系统桌面上右击，然后在弹出的快捷菜单中选择“新建”命令，再在弹出的子菜单中选择“Microsoft Word 文档”命令（见图 2-7），也可以新建一个空白 Word 文档。

图 2-7

4. 通过其他方法新建

打开 Word 文档后可以按 Ctrl+N 组合键创建新的空白文档，也可以直接在快速访问工具栏中单击“新建”按钮进行创建。

2.2.2 使用模板创建文档

Word 2019 不仅提供通用空白文档以供用户从零开始创作，还内置了一系列预设的专业模板，例如新闻报道模板、各式报告模板等。不仅如此，用户还可以通过访问 Office 官方网站获取更多特定用途的模板，如证书、奖状、名片及简历模板等，以便制作出更加规范且专业的文档。

在实际操作中，用户在启动 Word 之初，便可在开始界面直接挑选合适的模板进行文档创建。除此之外，另一种途径是在已打开的 Word 窗口中单击顶部菜单栏的“文件”选项，接着选择“新建”命令，此时会弹出一个包含丰富模板选项的任务窗格，在这里也能轻松选取并应用所需模板以快速生成文档。

1. 套用样本模板

Word 提供了多种内置的文档模板，用户可以直接套用，操作步骤如下。

01 启动 Word 2019，打开“文件”菜单，在“新建”操作界面中选择需要的模板，这里选择“蓝球约会日程表”，如图 2-8 所示。

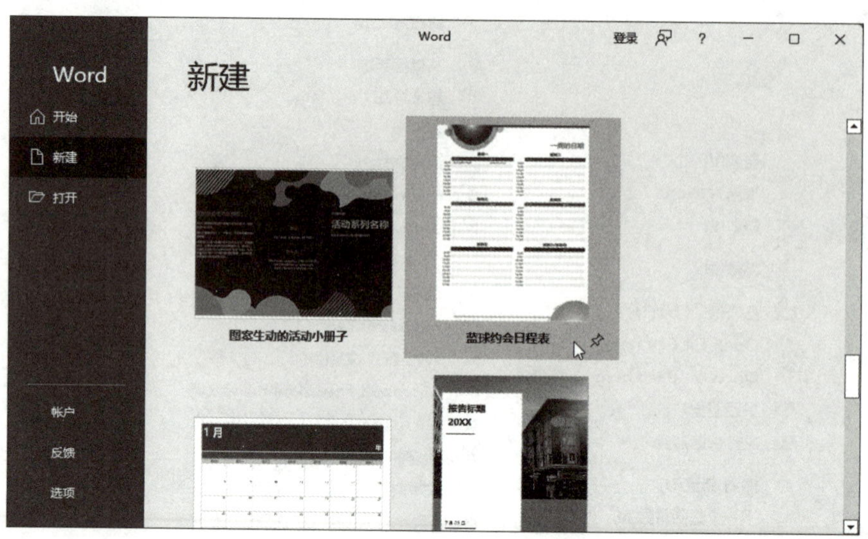

图 2-8

02 单击选择模板后，会弹出该模板的预览窗口，直接单击“创建”按钮即可，如图 2-9 所示。

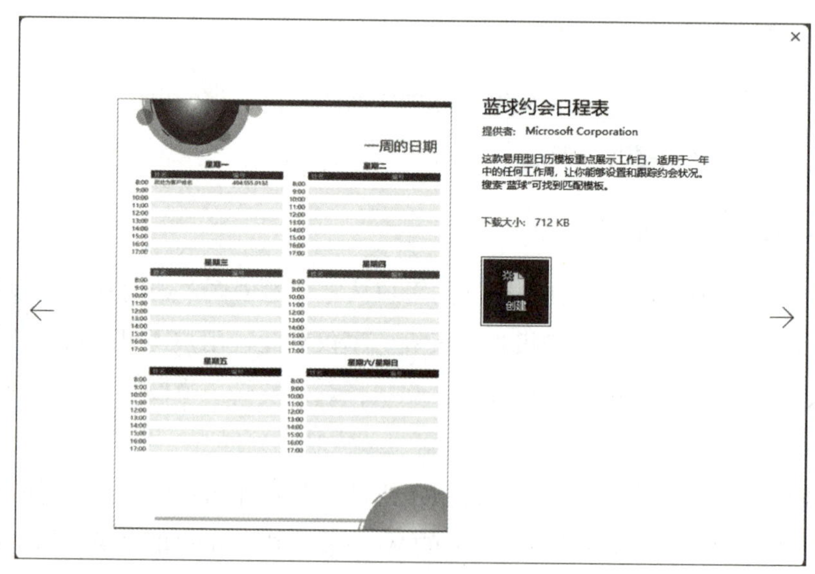

图 2-9

03 创建生成的文档如图 2-10 所示，可以直接使用。

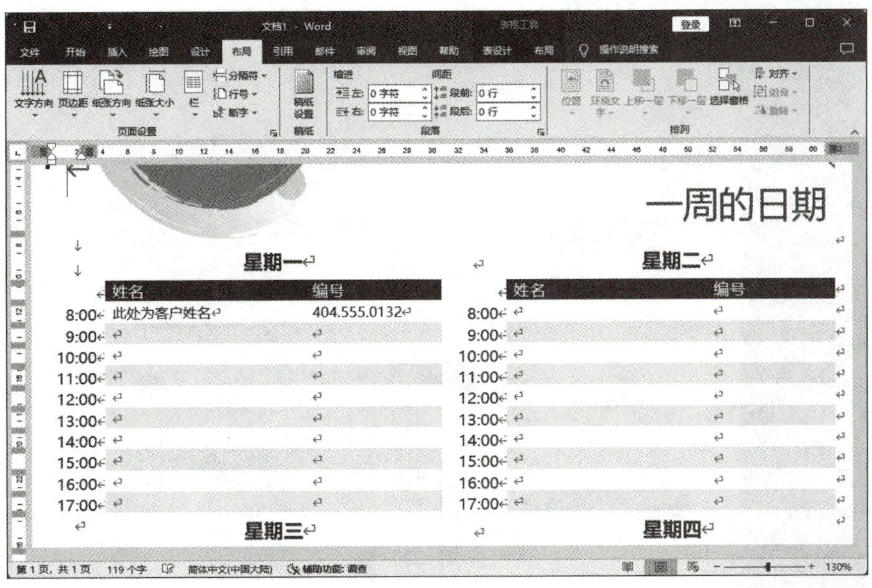

图 2-10

2. 套用联机模板

Office 网站提供了许多模板，如果用户对 Word 内置的模板不满意，还可以联网搜索更多模板，操作步骤如下。

01 打开“文件”菜单，在“新建”操作界面顶部的搜索框内输入“日程”二字，然后单击🔍按钮进行搜索，如图 2-11 所示。

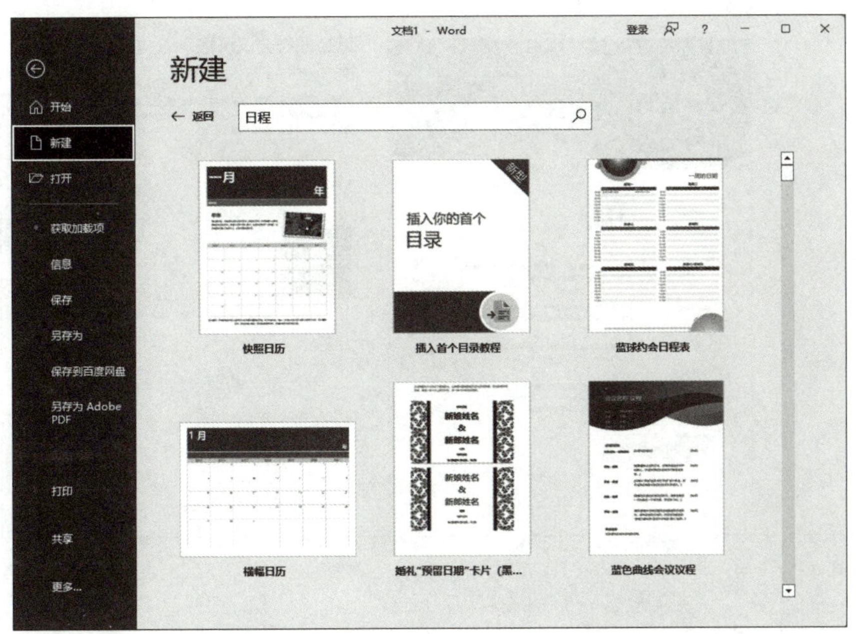

图 2-11

02 搜索完成后，在众多的搜索结果中选择一款自己喜欢的日程模板，如图 2-12 所示。

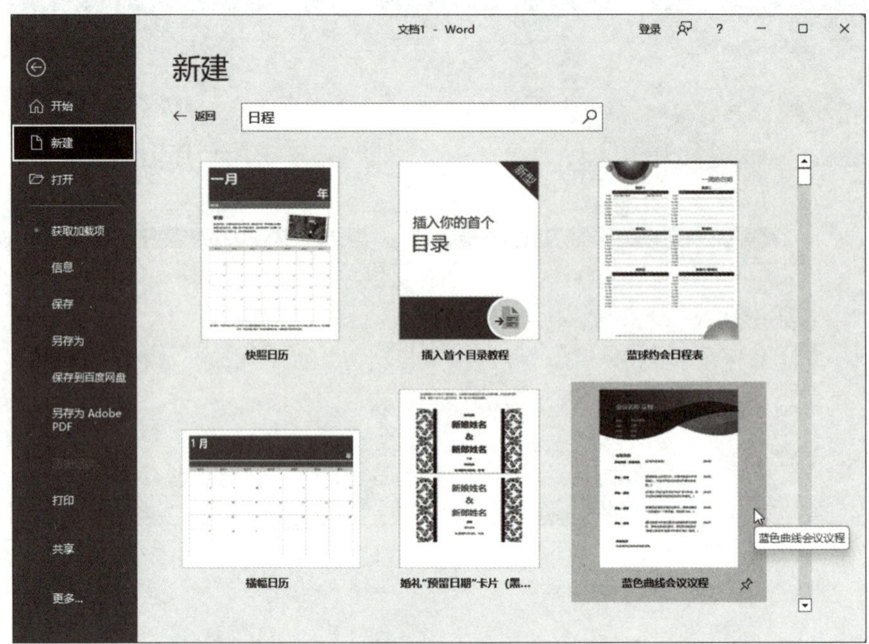

图 2-12

03 在弹出的模板预览窗口中单击“创建”按钮，如图 2-13 所示。

04 创建完成之后，一个新的日程模板就出现了，如图 2-14 所示。

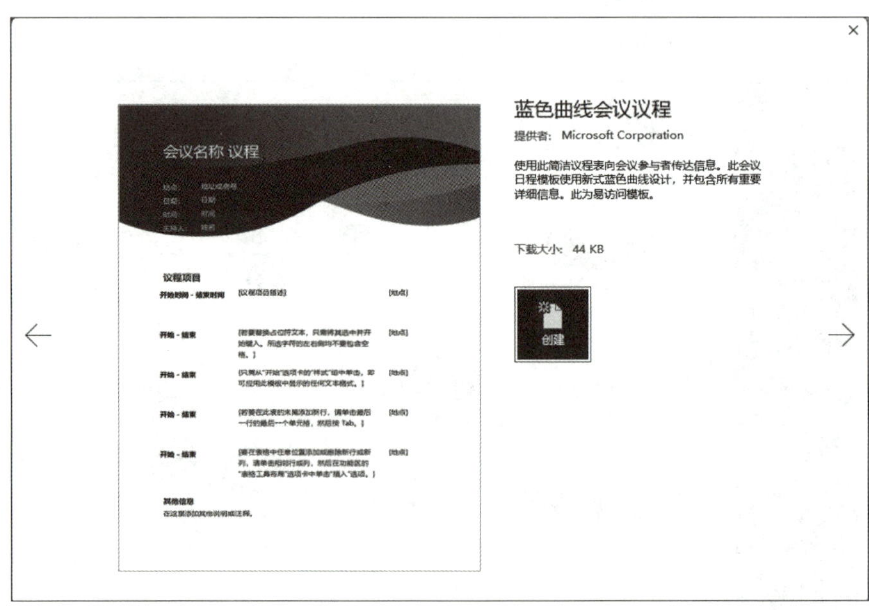

图 2-13

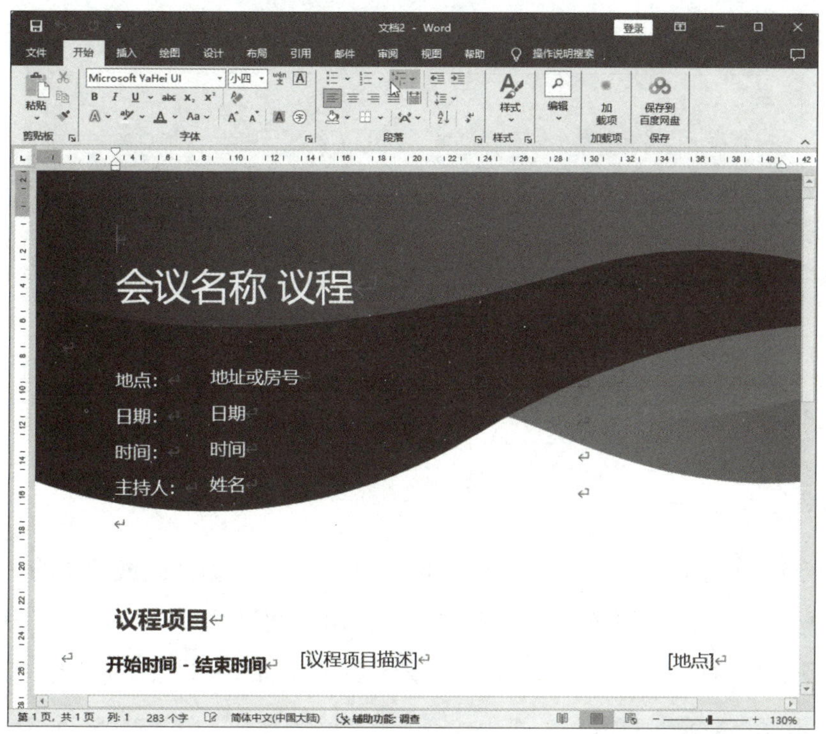

图 2-14

提示： 除了利用 Word 2019 自带的模板资源，用户还可以自行设计并保存个性化模板。然而，对于 Office 官方网站上的模板资源，只有正版 Word 2019 用户才能顺利下载并享用这些由 Office Online 提供的模板服务。换句话说，在尝试获取并应用 Office 网站上的模板时，系统会进行正版授权验证；若用户的 Word 2019 并非正版授权版本，则无法成功下载该网站上的模板内容。

2.3　打开和关闭文档

在 Word 中，开启文档进行编辑是一项基础操作流程。若要对存储在计算机中的文档实施修改，首要步骤便是启动该文档。完成编辑之后，确保文档改动得以保存，并适时关闭文档，是这一过程不可或缺的后续环节。

2.3.1　打开文档

1. 直接打开

要打开一个存储在计算机硬盘的 Word 文档，只需依照以下步骤进行操作：首先导航至该文档所在的存储路径，接着双击文档图标，文档便会自动在 Word 程序中打开。另外，还有一种替代方法，即右击 Word 文档图标，从弹出的右键快捷菜单中选择“打开”命令（见

图 2-15），同样能达到打开文档的目的。

图 2-15

2. 从启动界面打开

启动 Word 2019 后，界面左侧栏会自动展示近期用户频繁访问或编辑的一系列文档清单，如图 2-16 所示。这一清单依据文档的最近使用时间进行排序，列出了用户最近处理过的文档标题。只需单击所需文档名称，系统便会即时加载并打开对应的文档内容。

图 2-16

3. 从“打开”界面打开

如果在 Word 2019 启动界面左侧栏显示的最近使用文档列表中未能找到所需打开的文档，用户可按以下步骤操作：单击左侧栏的“打开”选项，进入“打开”界面，此处可按照文件存储路径进行检索与选择，如图 2-17 所示。

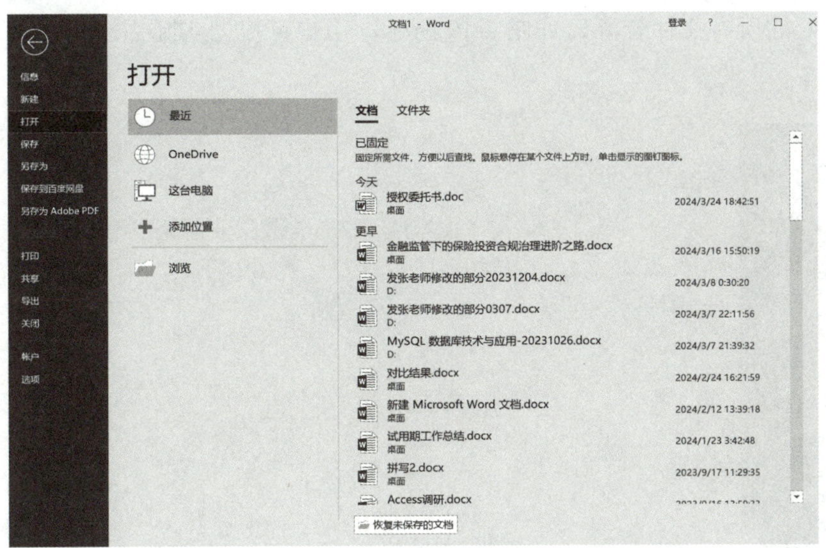

图 2-17

在“打开”界面中，有“最近”“One Drive”“这台电脑”“添加位置”和“浏览”5 个位置选项可供选择。

（1）“最近”选项：单击“最近”选项，会在“打开”界面的右侧列出最近使用过的文档或文档所在的文件夹，如果用户想打开最近使用过的文档，可以直接单击此选项。

（2）“OneDrive”选项：单击“OneDrive”选项，可以打开存储在 OneDrive 中的文档，如图 2-18 所示。

图 2-18

（3）“这台电脑”选项：单击“这台电脑”选项，系统会在右侧区域展示存放在计算机全盘各处的所有文件资源，如图 2-19 所示。用户可根据实际需求，从显示的文件列表中进行选择。

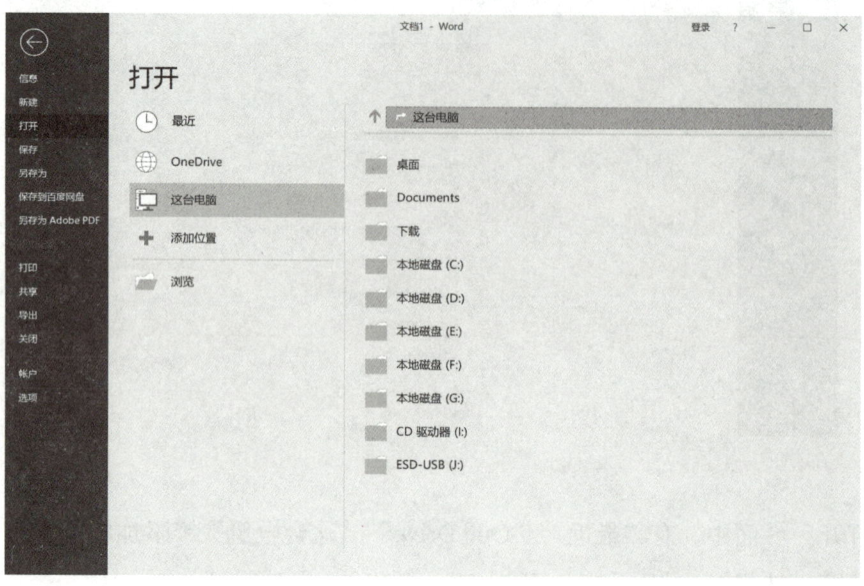

图 2-19

（4）“添加位置”选项：单击“添加位置”选项会在右侧显示 OneDrive 和 OneDrive for Business 两个选项（见图 2-20），用户可以根据需要选择使用。

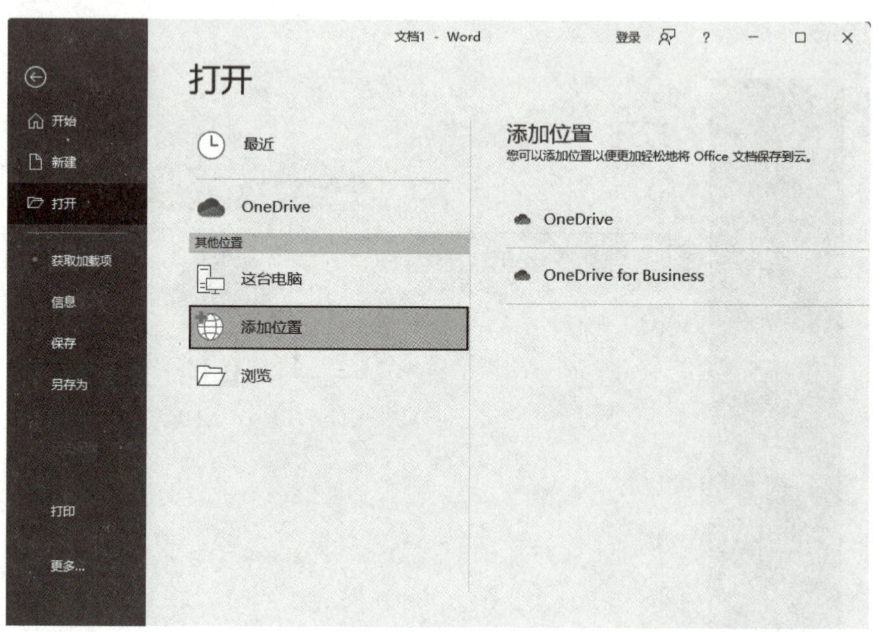

图 2-20

> **提示：** Office 365 SharePoint 或 OneDrive 是微软提供的云存储服务，用户注册后可以获得免费的存储空间，用于保存文件，以便在多个设备上同时使用。

（5）“浏览”选项：单击“浏览”选项会弹出“打开”对话框，如图 2-21 所示。在“打开”对话框中可以设置保存路径、文件名称和打开方式。在“打开”对话框中单击“打开”按钮右侧的下拉按钮，会弹出如图 2-22 所示的下拉列表，可以从中选择所需的打开方式。该下拉列表中的各个选项说明如下。

图 2-21

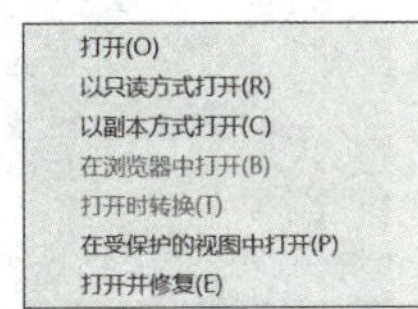

图 2-22

- 打开：以默认方式将文档打开。
- 以只读方式打开：以该种方式打开文档后，只允许浏览阅读，禁止对文档进行修改。为了防止无意中对文档进行修改，可以使用这种方式将其打开，此时该文档的标题栏中会显示“只读”字样。
- 以副本方式打开：直接以选定文档的复制版本进行打开，且这个副本文档和原文档存放在同一个位置。以副本方式打开的文档的标题栏中会显示“副本 (1)”字样，在副本文档中删除或修改内容对原文档没有影响。
- 在浏览器中打开：用来打开网页类型的文件，并在浏览器中显示。
- 打开时转换：如果使用常规方式打开文件时出错，可以使用该选项启动文本恢复转换器打开文件。
- 在受保护的视图中打开：主要用来打开存在安全隐患的文档，在受保护视图模式下打开文档后，大多数编辑功能都将被禁用，功能区下方将显示警告信息，提示文件已在受保护的视图中打开。如果用户信任该文档并需要编辑，可单击“启用编辑”按钮获取编辑权限。
- 打开并修复：与直接打开文档相似，可以检测并尝试修复受损文档，可以对文档进行修改等编辑操作。

下面介绍如何从启动界面以只读方式打开已有文档，并熟悉“打开”对话框中“打开”下拉列表框中的多种打开文档的方式。

01 启动 Word 2019，在打开的 Word 程序界面左侧单击“打开其他文档”选项，如图 2-23 所示。

02 在弹出的界面中选择“打开”命令，在右侧的“打开”选项区域中选择“浏览”选项，如图 2-24 所示。

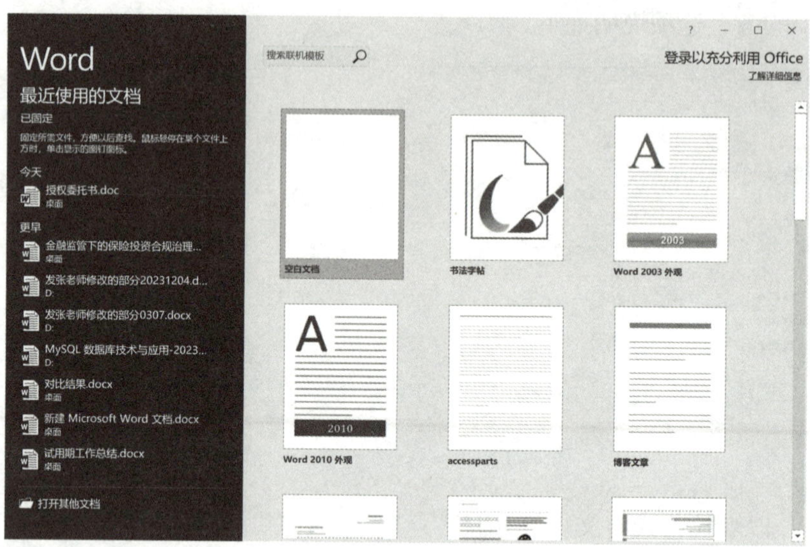

图 2-23

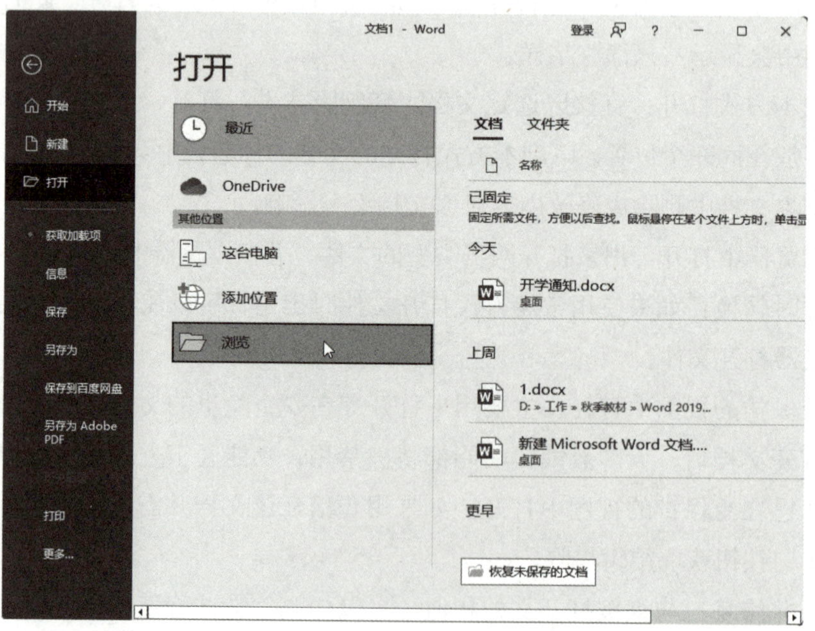

图 2-24

03 在弹出的“打开”对话框中，选择文件路径，选择“开学通知 .docx”文档，单击“打开”下拉按钮，从下拉菜单中选择“以只读方式打开”命令，如图 2-25 所示。

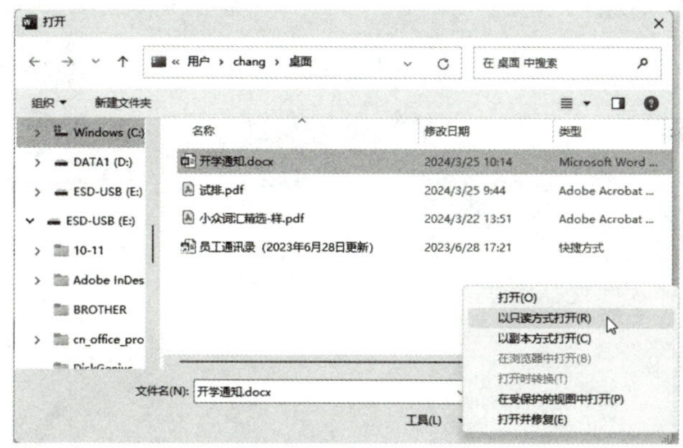

图 2-25

04 此时将以只读方式打开“开学通知 .docx”文档，并在标题栏的文件名后显示“只读”二字，如图 2-26 所示。

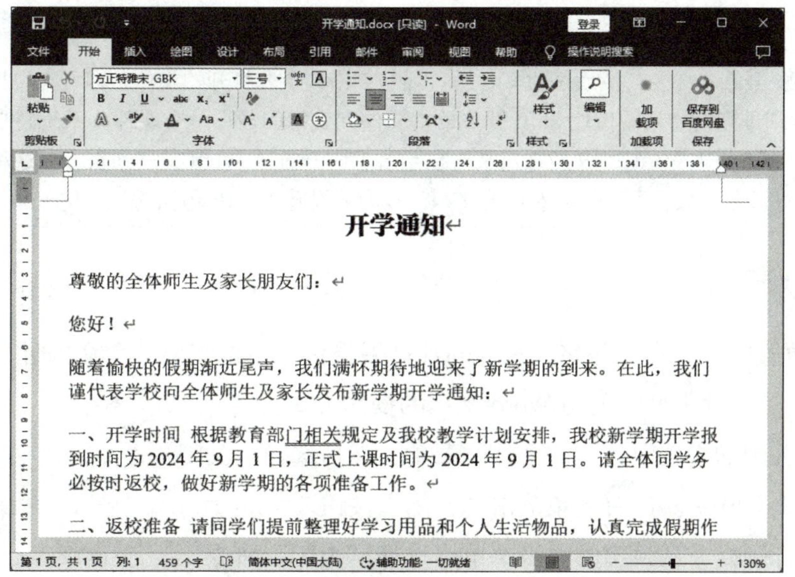

图 2-26

4. 打开多个文档

在 Word 2019 中，用户在编辑一个文档的同时，也能便捷地打开另一个文档，操作如下：单击“文件”选项，打开“开始”界面，在该界面左侧选择“打开”选项（见图 2-27），切换至“打开”界面；或直接按下 Ctrl+O 组合键，也可打开“打开”界面。在“打开”界面中，用户可根据个人需求单击打开所需的文档。

图 2-27

> **提示：** 在 Word 2019 中，若需要同时打开多个文档，可采取以下方法：在“打开”对话框中，首先单击首个欲打开的文件名，然后按住 Ctrl 键，逐一单击其余要打开的文件，即可实现批量选择。若这些文件是连续排列的，只需按住 Shift 键并单击文件列表中的最后一个文件，系统将自动选择所有相邻文档。此外，启动 Word 2019 后，通常会显示最近打开过的 Word 文档列表。在这种情况下，用户直接单击这些文档链接，即可打开对应的文档，极大地提升了操作效率。

2.3.2　关闭文档

为了有效管理内存资源并防止意外的数据丢失，当不再需要某个文档时，应当及时关闭。下面列举了 4 种常见的关闭 Word 文档的操作方式。

- 在要关闭的文档中打开“文件”菜单，然后选择“关闭”命令。
- 在 Word 2019 窗口右上角单击“关闭”按钮。
- 右击标题栏，从弹出的快捷菜单中选择“关闭”命令。
- 按 Alt+F4 组合键。

当用户关闭未经保存的 Word 2019 文档时，系统会自动显示如图 2-28 所示的提示对话框，提醒用户文档内尚存未保存的编辑和修改。此时，用户可根据实际情况进行如下操作。

- 单击“保存”按钮：可保存当前文档，同时关闭该文档。
- 单击“不保存”按钮：将直接关闭文档，且不会对当前文档进行保存，即文档中的所有编辑和修改都会被放弃。
- 单击“取消”按钮：将关闭该提示框并返回文档，此时用户可继续进行编辑和修改操作。

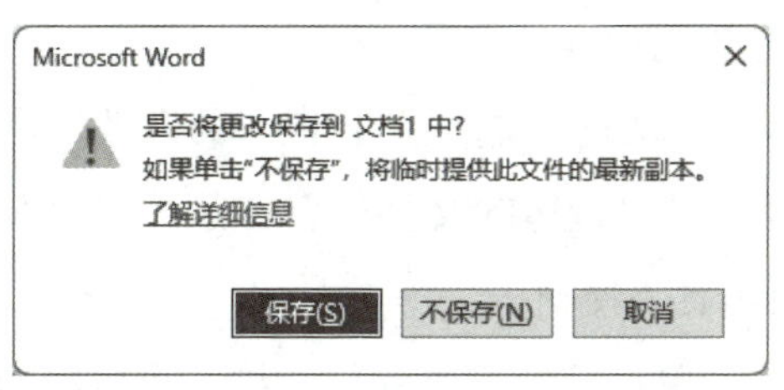

图 2-28

2.4 保存文档

在使用 Word 2019 进行文档编辑的过程中，定期保存文档是至关重要的环节。这是因为，只有经过保存操作的文档内容，才能够被永久记录在计算机硬盘中或云端的指定存储位置，便于用户在日后随时查阅或进一步编辑。反之，倘若未对文档进行保存，一旦意外退出程序或发生其他不可预见的情况，对文档所做的所有改动都将无法保留。

2.4.1 保存新建文档

创建新的 Word 文档时，默认会将其命名为“文档 1”，但这并不意味着 Word 已经自动在计算机硬盘上为此文档指定了一个具体的文件名。因此，在保存这份新建文档之前，用户有必要亲自为文档设置一个专属的文件名，以便在硬盘上确切地存储和识别该文档。保存新建文档的操作步骤如下。

01 启动 Word 2019，打开“文件”菜单，从弹出的界面中选择“保存”命令，或者单击快速访问工具栏上的“保存”按钮，还可以使用 Ctrl+S 组合键，这时会出现“另存为”界面（见图 2-29），用户可以根据需要选择保存的位置选项。

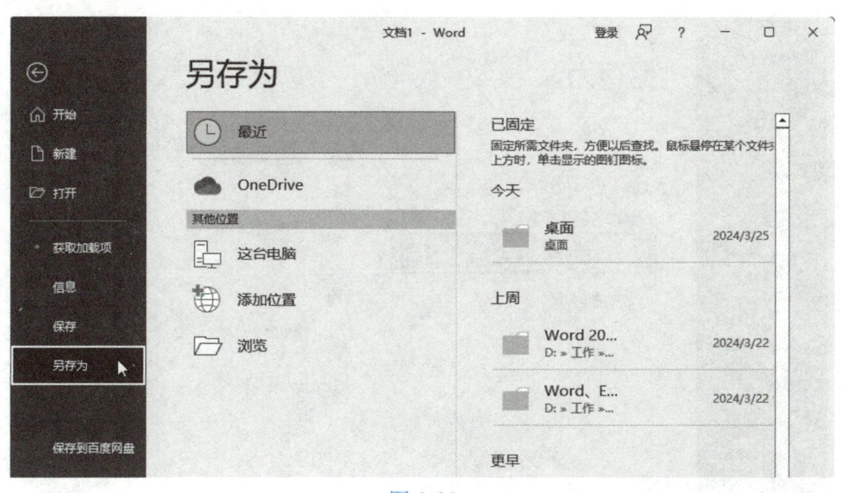

图 2-29

“另存为”界面中的主要选项介绍如下。

- “最近”选项：单击“最近”选项，会在“另存为”界面的右侧列出最近使用过的文件夹，如果用户想把新建的文档保存在最近刚刚使用过的文件夹中，可以单击选择此选项，操作更为便捷。
- “OneDrive”选项：单击“OneDrive”选项，可以将新建的文档存储到 OneDrive 中，如图 2-30 所示。将文件保存到“OneDrive”后，可以与他人共享和协作，也可从任何位置（计算机、平板电脑或手机）访问文档。即使用户不在计算机旁，只要连接到 Web，同样可以处理文档。

图 2-30

- “这台电脑”选项：单击“这台电脑”选项，会在右侧显示最近使用过的文件夹列表以及一个文档文件夹，供用户选择适当的文件保存路径，如图 2-31 所示。

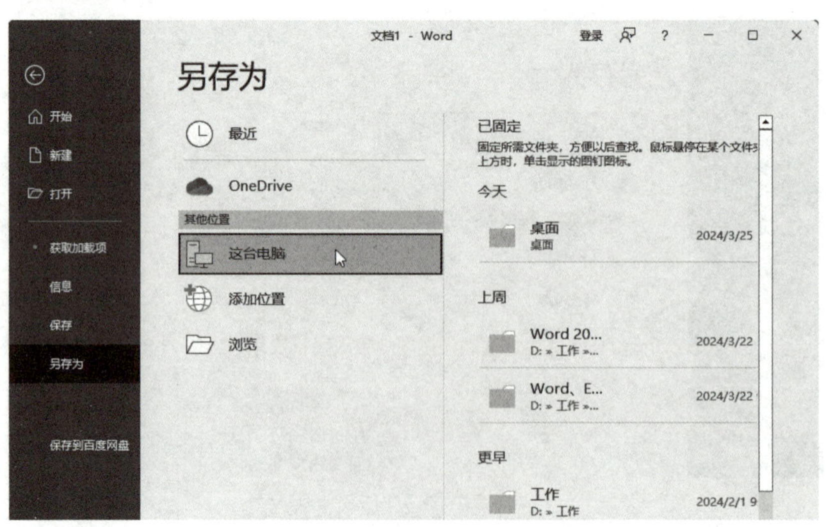

图 2-31

- “添加位置”选项：单击“添加位置”选项会在右侧显示 OneDrive 和 OneDrive for Business 两种选项（见图 2-32），用户可以将文件保存到云端。

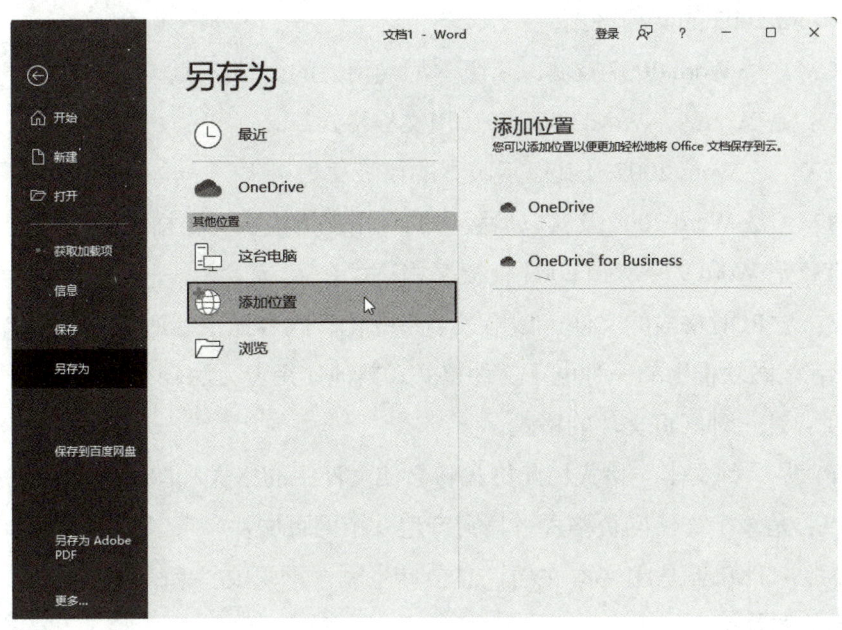

图 2-32

- “浏览”选项：单击“浏览”选项会直接弹出“另存为”对话框。在“另存为”对话框中可以设置保存路径、名称及保存格式。在“保存类型”下拉列表框中提供了多种文档保存的类型，用户可根据需要选择使用，如图 2-33 所示。

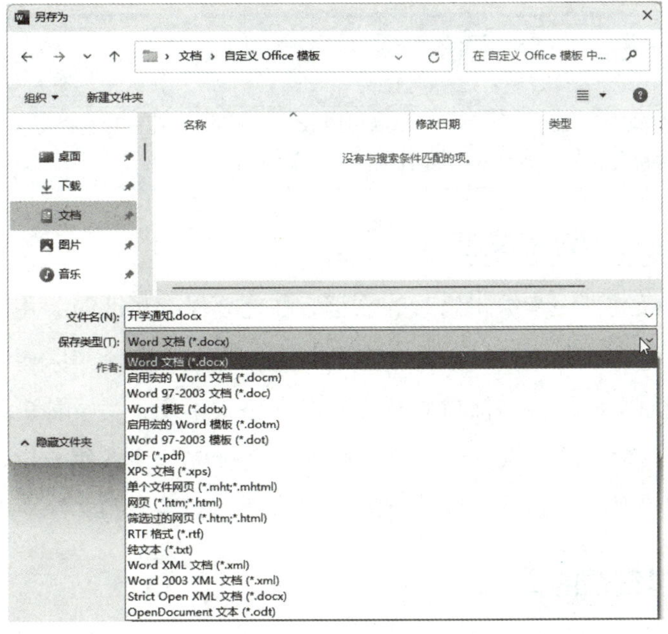

图 2-33

各保存类型说明如下。

- DOCX：是 Word 2007 及其以后版本的文档格式。Word 2007 也兼容 Word 97~Word 2003 的文档格式。
- DOCM：是 Word 2007 及其以后版本的启用宏的文档格式。
- DOC：是 Word 97~Word 2003 的通用文档格式。
- DOTX：是 Word 2007 及其以后版本的模板文档格式。
- DOTM：是 Word 2007 及其以后版本的启用宏的模板文档格式。
- DOT：是 Word 97~Word 2003 模板文档格式。
- PDF：是 PDF 格式的文件，该格式不易变化，内容稳定，适合用于传输。
- XPS：是微软推出的一种电子文件格式，其他使用者无法轻易修改文件中的数据。
- XML：是一种网页文件的格式。
- TXT：是“纯文本”格式，此格式将会使文件中的格式和图片等全部丢失。
- MHT：是单个文件网页格式，只会产生一个网页文件，可以保存文档内所有信息。
- HTM、HTML：是超文本文档，它会产生一个网页文件和一个文件夹，适合把文档内的图片提取出来。
- RTF：即多文本格式，是一种类似 DOC 格式的文件，有很好的兼容性。
- ODT：是一种基于 XML 的开放文档格式。

02 将文档的名称、保存格式以及保存路径设置完以后，单击“另存为”对话框中的“保存”按钮即可保存文档。

> **提示：**在 Word 2019 中，新建空白文档时系统默认赋予的文件名为“文档 1”。然而，当用户在新建文档的首行输入了具体内容后，进行保存操作时，Word 将会尝试根据首行信息在“另存为”对话框中生成一个默认的文件名。当然，用户完全可以在“文件名”文本框中自定义输入全新的文件名，这个新输入的文件名将会替换掉原本对话框中显示的临时文件名。

2.4.2 保存已经保存过的文档

对于已保存并经过进一步编辑修改的文档，在需要保存更改时，用户可采用两种方法实现保存操作：一种方法是在 Word 文档的“文件”菜单中选择“保存”命令，这样就可以保存当前版本到原文件路径并保持原有文件名和格式不变；另一种更为便捷的方法是直接单击快速访问工具栏上的“保存”按钮。此外，直接按 Ctrl+S 组合键，同样能达到迅速保存文档的目的，确保所有修改依据原有的存储路径、文件名和文件格式得到更新保存。

2.4.3 保存经过编辑的文档

对已保存过的文档进行编辑后，为了既能保存当前的编辑成果，又能保留原始文档版

本，这时就需要执行“另存为”操作。具体步骤如下：先在 Word 文档中打开“文件”菜单，然后选择“另存为”命令，在弹出的“另存为”界面中，用户可以自主决定文档新的保存位置，从而实现将当前编辑后的文档以另一个文件名或路径保存，以区别于原有的文档版本。

2.4.4　设置自动保存文档

为了防止因忘记手动保存而丢失文档内容，用户可在 Word 2019 中启用自动保存功能。Word 2019 默认启用了这一功能，用户可以根据实际需求个性化设置自动保存的参数，例如保存格式、定时保存的时间间隔以及文档的保存路径等。一旦开启了自动保存，系统将按照预先设定的规则，无论文档是否有过编辑改动，都会按时自动执行保存操作，确保文档内容始终处于最新的保存状态。自动保存文档的操作步骤如下。

01 启动 Word 2019，打开“文件”菜单，从弹出的界面中单击“选项”命令，如图 2-34 所示。

02 在打开的“Word 选项”对话框中单击“保存”选项，在“保存文档”区域可以自定义文档保存的格式、时间间隔以及自动恢复文件的位置，如图 2-35 所示。

03 完成设置后，单击“确定”按钮即可。

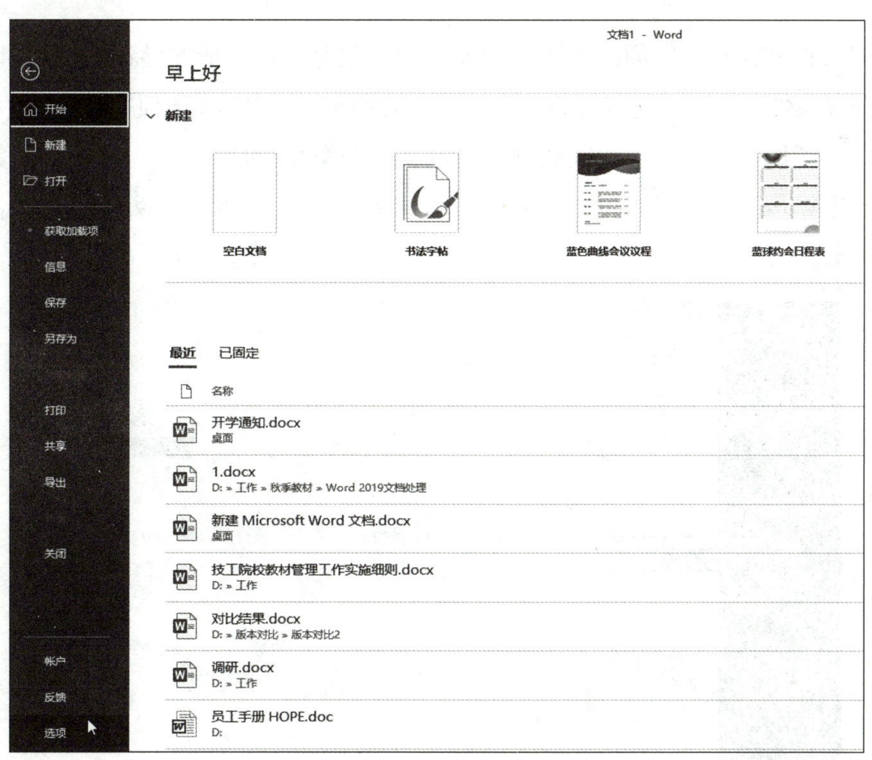

图 2-34

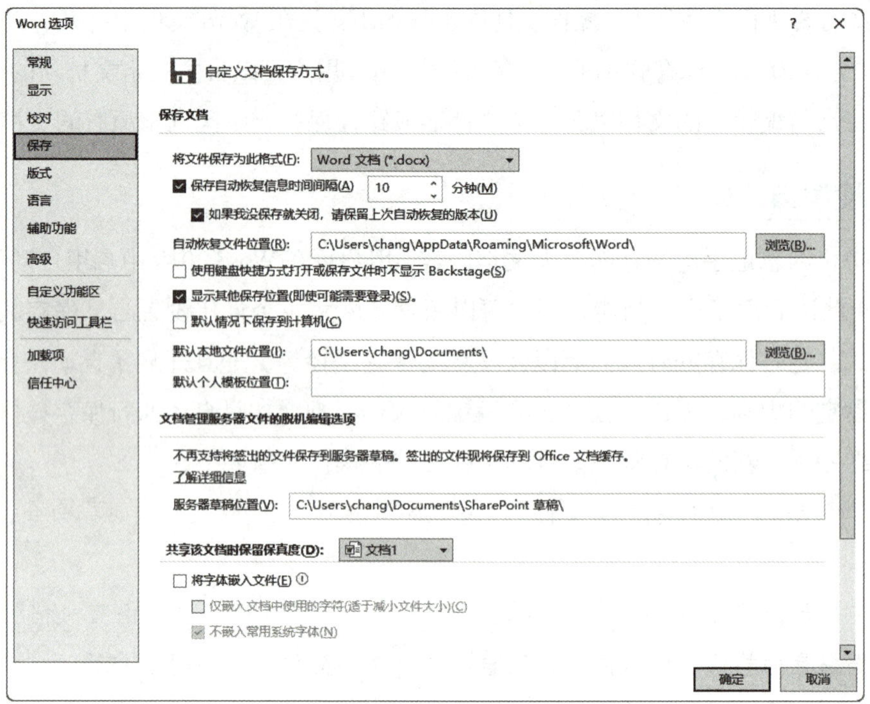

图 2-35

自定义文档的保存时间间隔，可以最大限度地避免因意外情况导致当前编辑文档的内容丢失。在“文件”菜单中选择“选项”命令，在打开的“Word 选项”对话框中选择“保存”选项，在“保存文档”选项区域可以自定义自动保存的时间。

01 启动 Word 2019，进入 Word 编辑界面，单击“文件”菜单，从弹出的界面中单击“选项”命令，如图 2-36 所示。

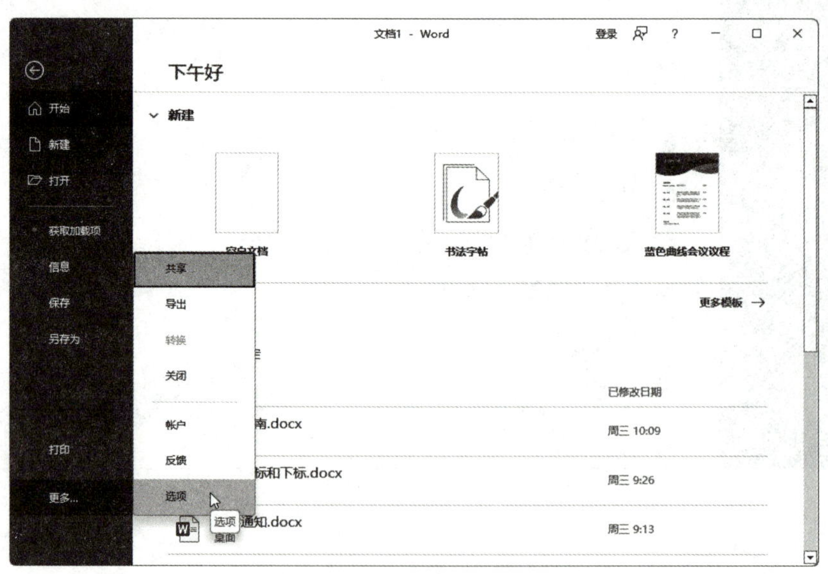

图 2-36

02 在打开的“Word 选项”对话框中选中“保存自动恢复信息时间间隔”复选框，在其右侧的微调框中输入“5”，如图 2-37 所示。

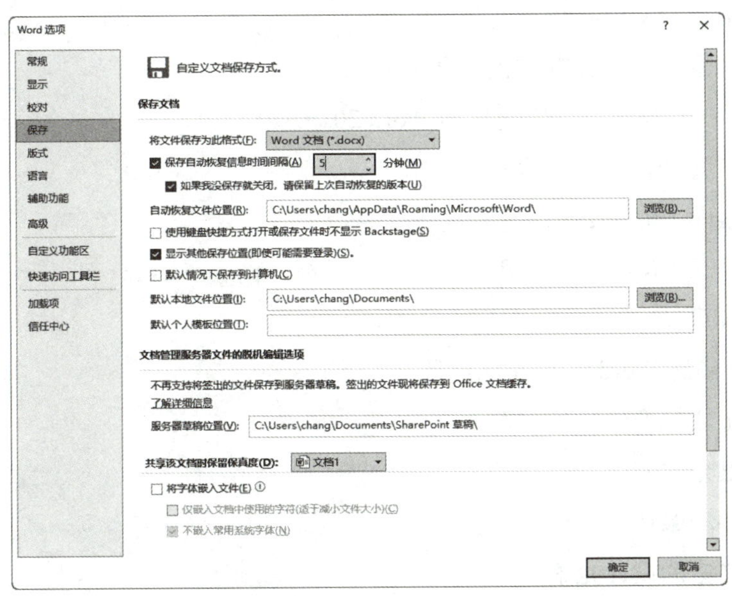

图 2-37

03 单击“确定”按钮即可完成设置。

> **提示：** 建议在设置 Word 2019 的自动保存功能时，将保存间隔设定在 5 ~ 10 分钟，这是一个较为理想的区间。时间间隔过长可能导致突发情况发生时来不及保存重要的文档更新；过短的间隔虽能确保数据安全性，却可能由于频繁保存的动作而影响文档编辑的连贯性，同时可能对计算机运行性能产生一定拖累。在启用自动保存功能之际，用户最好创建一个专用于存放这类自动保存的文档的独立文件夹，这样做不仅便于今后快速定位和检索文件，也有利于文档管理。值得注意的是，为了避免系统盘空间占用过多或影响系统性能，一般不推荐将自动保存的文档保存在系统安装盘上。

课后习题

一、单项选择题

1. 在 Word 2019 中，下列（　　）方式不能新建文档。

   A. 使用 Ctrl + N 组合键

   B. 通过“文件”菜单新建

   C. 右键单击桌面快捷方式选择“新建”命令

   D. 通过邮件附件打开模板

2. 关于 Word 2019 文档的保存，以下错误的说法是（　　）。

A. 新建文档首次保存时需要输入文件名

B. 已保存过的文档可直接单击“保存”按钮更新内容

C. 经过编辑的文档必须先关闭再保存

D. 可以设置自动保存以防止数据丢失

3. 以下（　　）操作可以快速启动 Word 2019。

A. 打开“开始”菜单，搜索“Word”

B. 双击桌面上的 Word 快捷方式图标

C. 使用 Win + R 组合键打开“运行”对话框，输入“winword”

D. 以上皆可

4. 使用模板创建 Word 文档的优点是（　　）。

A. 快速生成标准化格式文档

B. 自动填充内容

C. 无需手动保存

D. 提供丰富的设计元素

5. 在 Word 2019 中，（　　）操作可以关闭当前文档。

A. 单击标题栏上的“关闭”按钮

B. 按 Ctrl + W 组合键

C. 选择“文件”→“关闭”选项

D. 以上皆可

6. 下列（　　）操作无法实现文档自动保存。

A. 设置“文件”→“选项”→“保存”中的自动保存间隔

B. 启用 OneDrive 同步功能

C. 使用 Ctrl + S 组合键

D. 将文档保存到本地硬盘

二、填空题

1. 在 Word 2019 中，通过按 ______ 组合键可以快速新建文档。

2. 使用 __________ 创建文档，可以快速获得专业的设计布局和预先设定的内容结构。

3. 为避免意外情况导致数据丢失，可在 Word 2019 中设置 ___________ 功能。

4. 在 Word 2019 中，_______ 是保存文档的快捷键。

5. 通过 __________ 菜单，可以找到“新建”“打开”和“保存”等文档操作命令。

6. 在 Word 2019 中，关闭所有文档后，通常会 ______Word 程序。

三、实操题

1. 在 Word 2019 中创建一个空白文档，并为其命名。

2. 从内置模板库中选择一款合适的模板，创建一份报告文档，然后适当修改模板中的内容。

3. 在 Word 2019 中配置自动保存功能，使其每隔 5 分钟保存一次文档。

4. 从指定文件夹中打开一份之前保存的 Word 文档，并检查其内容是否完整。

5. 打对现有文档进行若干编辑（如添加文本、插入图片等），然后保存更新后的文档。

6. 正常关闭当前正在编辑的 Word 文档，确认文档已成功保存且未出现任何错误提示。

模块 3　输入和编辑文本

在文档编辑过程中，高效输入和编辑文本是构建内容的基础。本模块将引导读者掌握文本输入、导航和编辑的基本技巧。通过撤销和恢复功能，读者可以轻松修正错误。拼写和语法检查功能提升了文档的专业性，而多窗口编辑技术则让读者在不同文档间自如切换，提高编辑效率。这些技能将帮助读者更加自信和高效地处理各种文档编辑任务。

本模块学习内容

- 输入文本
- 在文档中导航
- 选择文本
- 复制与剪切文本
- 查找与替换文本
- 撤销、恢复和重复操作
- 拼写和语法检查
- 统计文档字数
- 多窗口编辑

3.1　输入文本

为文档输入文本内容时，可能会涉及字符、符号等多种内容，可以通过不同的方法完成输入。下面将以字符、特殊符号、日期和时间的输入为例，介绍在文档中输入文本的操作。

3.1.1　输入普通文本

在文档中输入普通文本时，只需要切换到要使用的输入法，就可以进行输入操作。

输入普通文本的操作步骤如下。

01 启动 Word 2019，单击“文件”选项卡，然后在“新建”界面中选择“简洁清晰的简历”模板，如图 3-1 所示。

> **提示：** Word 2019 提供了大量的文档模板，用户可以在线搜索获取自己需要的文档模板。

02 选定的模板为在线模板，需要下载，单击“创建”按钮即可，如图 3-2 所示。

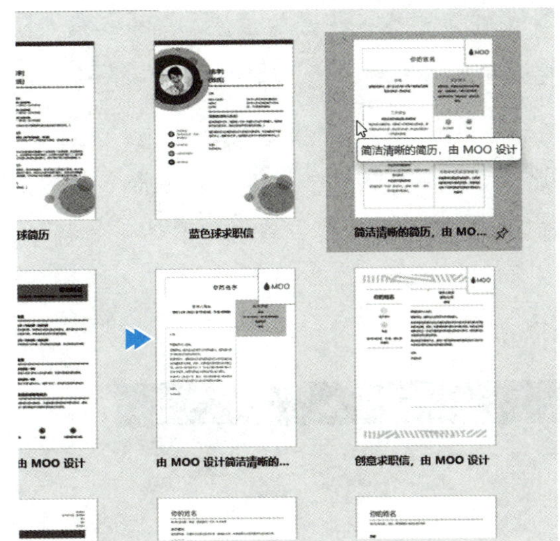

图 3-1

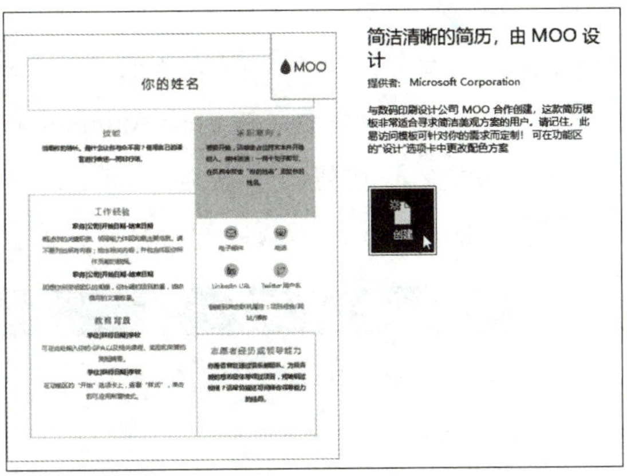

图 3-2

03 在新建文档的窗口中，按照模板提示输入文本，例如，双击顶部页眉，输入姓名为“JASON”，如图 3-3 所示。

04 继续按照提示输入求职者技能、求职意向和个人信息等，如图 3-4 所示。

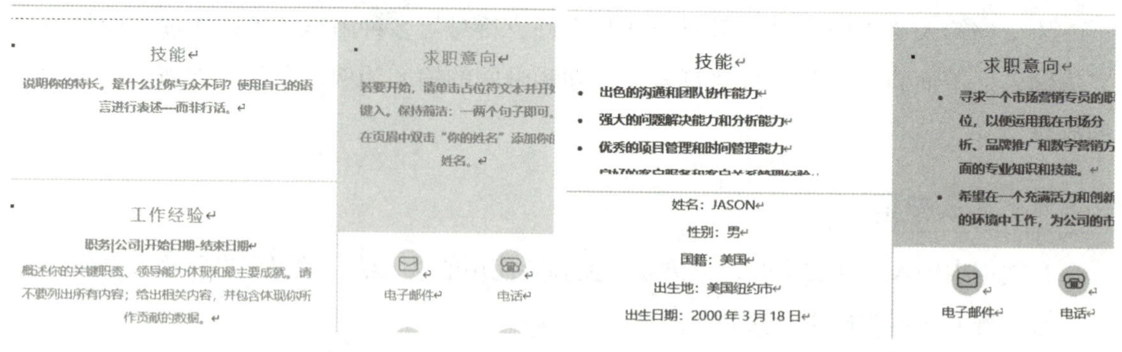

图 3-3　　　　图 3-4

3.1.2 插入特殊符号

虽然键盘上设置了一些特殊符号，但是如果需要在文档中输入键盘上没有的符号，则可以通过 Word 中的“符号”对话框在文档中插入特殊字符。

插入特殊符号时，其操作步骤如下。

01 启动 Word 2019，打开文档，将插入点定位在需要插入符号的位置，单击“插入”选项卡下“符号”选项组中的“符号”按钮，在弹出的菜单中选择“其他符号”命令，如图 3-5 所示。

02 在弹出的“符号”对话框中，在“符号”选项卡中单击“字体”文本框右侧的下拉按钮，在展开的下拉列表中选择“Wingdings”选项，在符号列表框中单击需要使用的符号，然后单击“插入”按钮，如图 3-6 所示。

03 重复上述步骤插入所需的符号，如图 3-7 所示。

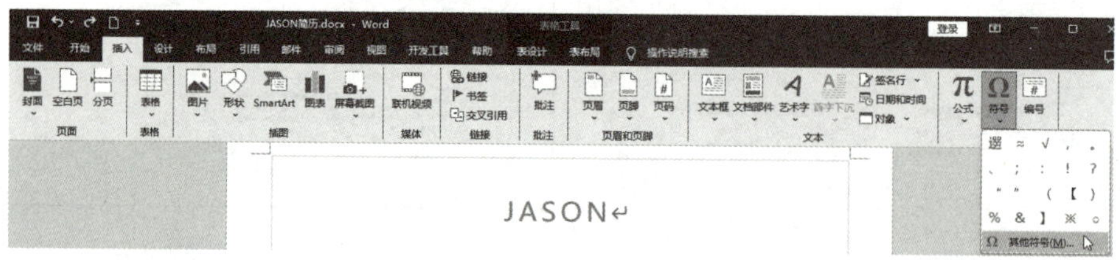

图 3-5

04 需要为文档插入更多符号时，在插入第一个符号后不要关闭对话框，继续选择文档中的位置，然后插入其他特殊符号即可，如图 3-8 所示。

05 所有符号插入完毕后，单击“关闭”按钮，即可关闭“符号”对话框。此外，在“特殊字符”选项卡中可以看到一些特殊字符（例如注册符号）的快捷键输入方式，如图 3-9 所示。

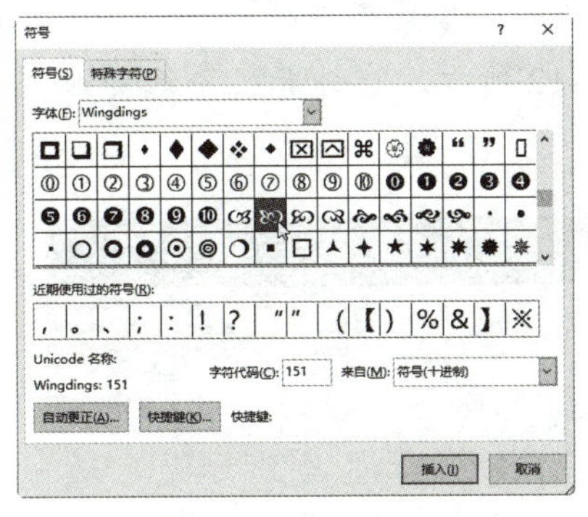

图 3-6

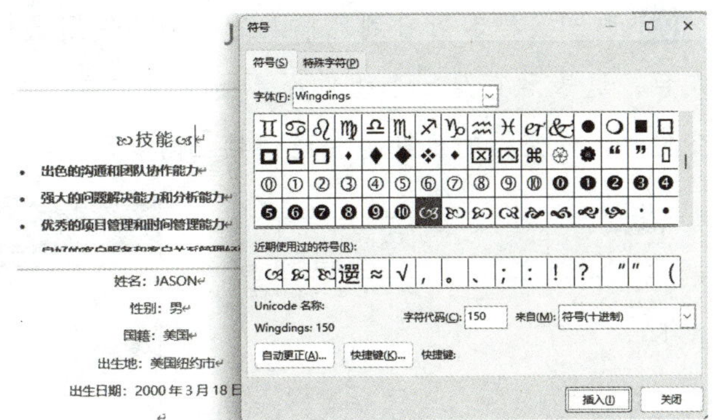

图 3-7

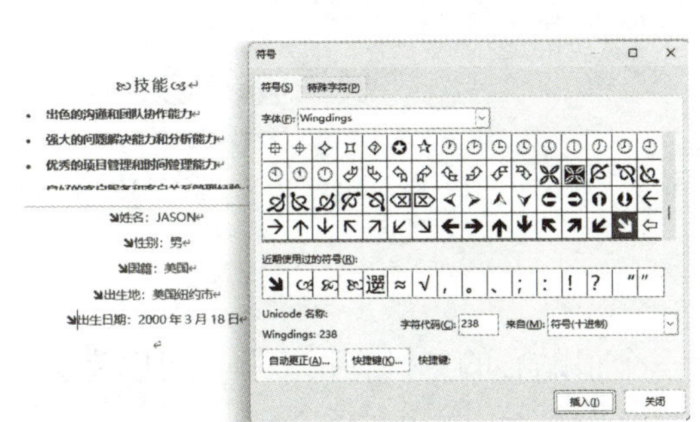

图 3-8

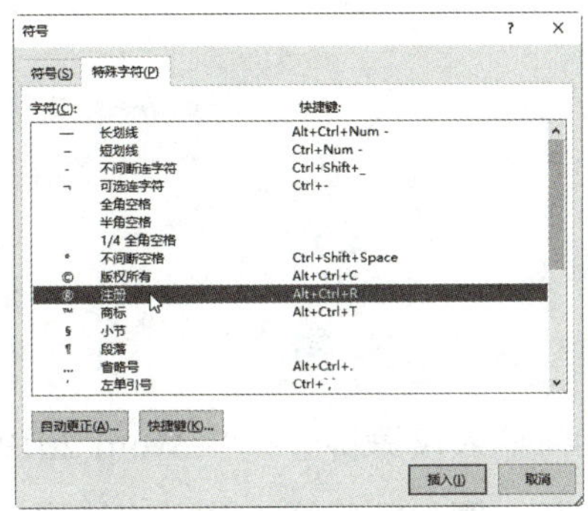

图 3-9

通过键盘输入是最常见的输入方式，但并不是唯一的方式。用户还可以通过粘贴或使用“插入”菜单中的命令进行输入。

3.1.3 插入自动更新的日期和时间

在文档中手动输入日期和时间后，其内容不会随着时间的变化而改变；需要插入到文档中的时间有不断更新的功能，可以直接插入“日期和时间”组件。

要插入自动更新的日期和时间，操作步骤如下。

01 启动 Word 2019，打开文档，将插入点定位在需要插入日期和时间的位置，单击“插入”选项卡下“文本”选项组中的“日期和时间”按钮，如图 3-10 所示。

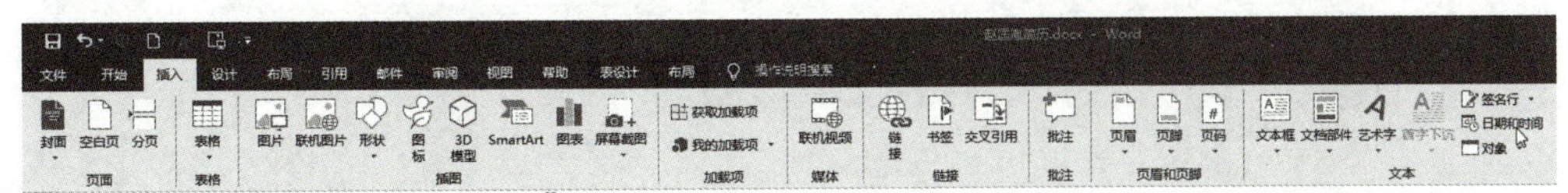

图 3-10

02 在弹出的“日期和时间”对话框中，在“可用格式”列表框中选择合适的日期格式，注意选中“自动更新”复选框，然后单击“确定”按钮，如图 3-11 所示。

03 返回文档即可看到已插入的日期。使用鼠标单击时，它在未选定的情况下也会变成灰色，这表示它是一个组件而不是普通文本，如图 3-12 所示。当计算机系统的时间发生变化时，该文档的日期也会进行相应的更改。

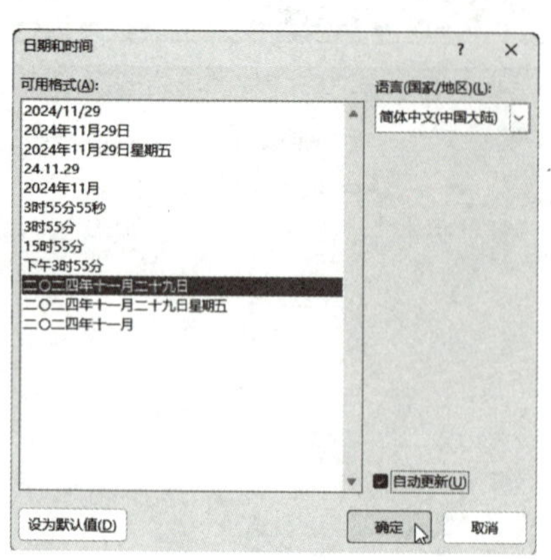

图 3-11

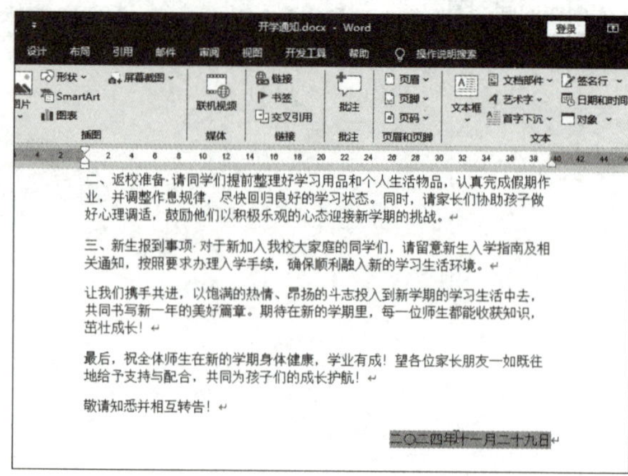

图 3-12

3.1.4 输入汉语拼音

如何输入汉语拼音呢？Word 2019 中有一个很贴心的“拼音指南”，可以完美地解决这个问题。例如，要给一首古诗标注拼音，可以按如下步骤操作。

01 启动 Word 2019，在 Word 编辑窗口中输入一首古诗，并且选中它们。然后单击“开始”选项卡“字体”工具组中的“拼音指南”按钮，如图 3-13 所示。

02 在出现的“拼音指南”对话框中，选择“对齐方式”为“居中”，字体为一种适合英文显示的字体（因为这里设置的是拼音的字体），如图 3-14 所示。

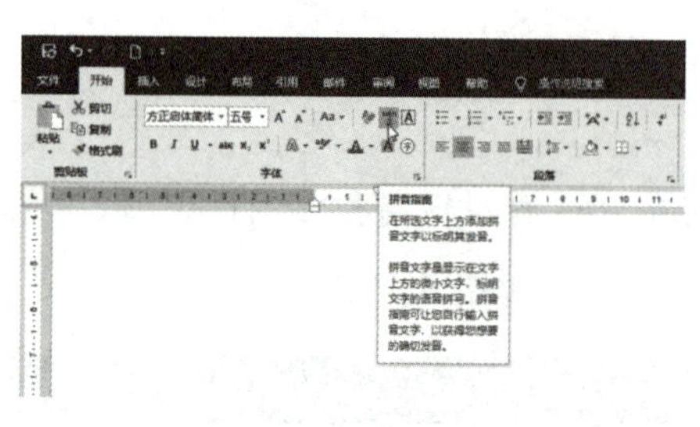

图 3-13

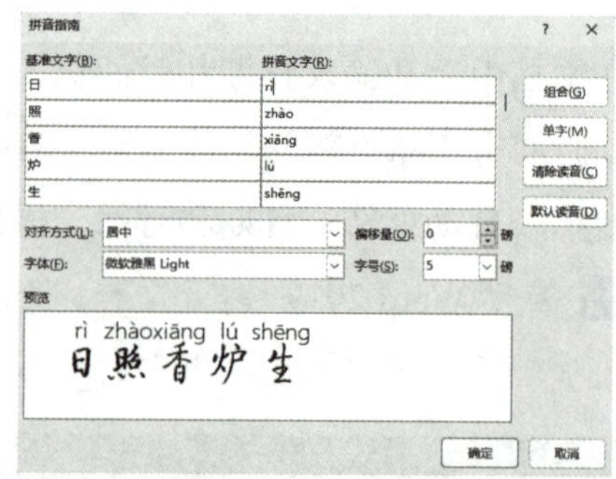

图 3-14

03 在“偏移量”框中输入磅值可以设置拼音和汉字的距离；在“字号”框中输入磅值可以设置拼音字母的字号大小；单击“组合”可以将拼音组合在一起；单击“单字”则按单个字的拼音进行标注。单击“确定”按钮关闭对话框，拼音将出现在文字的上方，如图 3-15 所示。

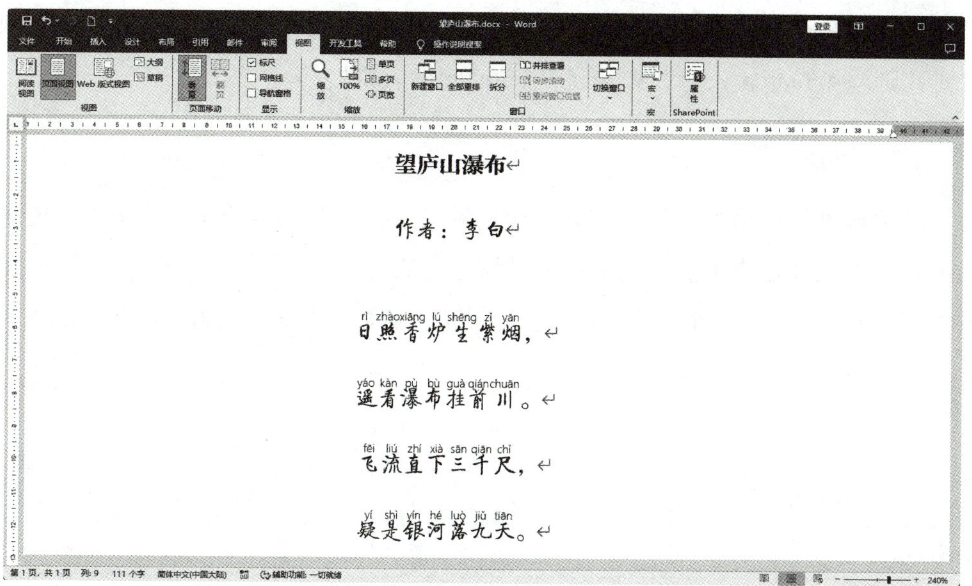

图 3-15

3.2　在文档中导航

在编辑文档的过程中，用户可能需要浏览文档的不同部分。文档窗口中的滚动条可以直观地帮助用户在文档中进行导航。当然，用户也可以使用键盘、一些特殊的导航按钮和“定位”命令来进行此操作。

3.2.1　滚动

使用滚动条和滚动按钮是常用的在文档中导航的方法。每个滚动条都有滚动块，在滚动条的两端还各有一个箭头按钮。此外，用户还可以使用键盘来滚动文档。

使用鼠标控制滚动条来滚动文档的方法有多种，具体采用哪种方法需要视在文档中移动的距离而定。

- 使用鼠标滚轮进行短距离的上下滚动是最方便的。
- 如果只滚动很短的距离，可单击滚动条两端的箭头按钮。如果想加速滚动，可以一直按住鼠标左键。
- 如果要向上或向下滚动一屏，可单击滚动条中滚动块上方或下方的任何位置。
- 如果要按比例在文档中滚动，可拖动滚动块上下移动。例如，要滚动到文档的中部，可将滚动块拖动到滚动条的中部。在拖动滚动块时，旁边将弹出一个提示框，显示当前页码。

滚动时，插入符并不随之移动。在滚动到文档的其他部分后，如果想要在新位置输入文字，必须先用鼠标单击一下要输入文字的位置，然后才能在新位置进行输入。如果忽略了这一点，则当用户想输入时，Word 将自动回到插入符处。

3.2.2 使用键盘进行导航

如果熟悉键盘的快捷键操作，那么，使用键盘进行浏览的效率是非常高的，专业的录入排版人员基本上都是使用键盘在文档中导航定位的。

使用键盘在滚动文档的同时，插入符也将随之滚动。表 3-1 说明了可使用的按键和按键组合。

表 3–1 键盘导航快捷键

按键	效果
上箭头或下箭头	向上或向下移动一行
左箭头或右箭头	向左或向右移动一个字符
Ctrl +左箭头或 Ctrl +右箭头组合键	向左或向右移动一个单词
Home 或 End 键	当前行的开始或结尾
Ctrl + Home 或 Ctrl + End 组合键	文档的开始或结尾
PageUp 或 PageDown 键	上下滚动一屏
Ctrl + PageUp 或 Ctrl + PageDown 组合键	上下滚动一页
Shift + F5 组合键	回到上次编辑的位置

3.2.3 使用“定位”命令进行导航

如果要跳转到文档中的特定位置，那么“定位”命令通常更为有效，对于长文档来说尤其如此。“定位”命令能够查找某些文档元素。使用此命令，可以跳转到文档中特定的页、脚注、图形、审阅者的批注等位置。要使用“定位”命令，可以按以下步骤进行操作。

01 启动 Word 2019，打开文档，单击“开始”选项卡，找到“编辑”工具组，然后单击“查找”右侧的下拉按钮，在弹出的菜单中选择“转到”命令，或者直接按 Ctrl + G 组合键，将显示“查找和替换”对话框，并打开“定位”选项卡。

02 选择“定位目标”中的某个项目，例如，“页”，然后输入页号，按 Enter 键或单击“定位”按钮，如图 3-16 所示。

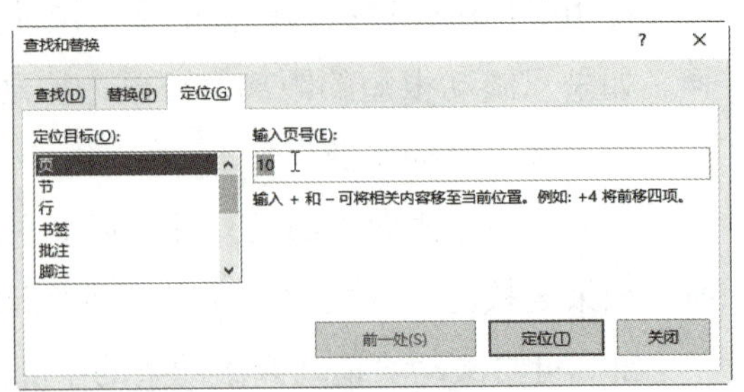

图 3-16

03 当前文档将立即定位到目标行。单击“关闭”按钮，可关闭“查找和替换”对话框。

3.2.4 快速返回上次编辑的位置

打开文档时，Word 总是将插入符置于文档的起始部位。如果要迅速回到上次打开该文档进行编辑的位置，可按 Shift + F5 组合键。

Word 2019 有一个新功能，那就是提供书签定位。当打开上次编辑的文档时，在 Word 文档编辑区右上角会出现一个书签图标气泡，如图 3-17 所示。

使用鼠标移动到书签图标气泡上，会出现“欢迎回来”提示，鼠标单击即可回到上次离开的位置，如图 3-18 所示。

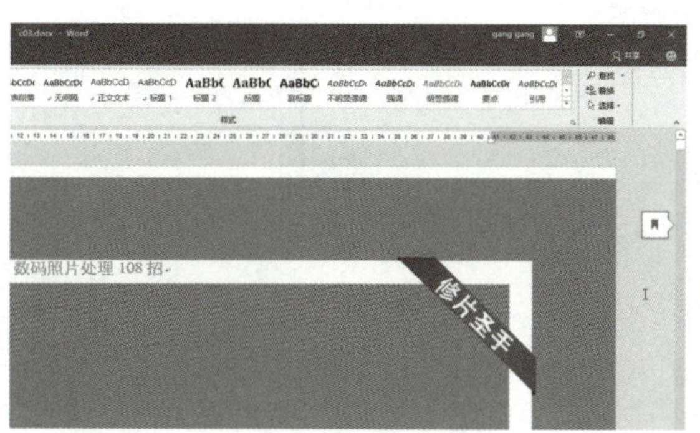

图 3-17

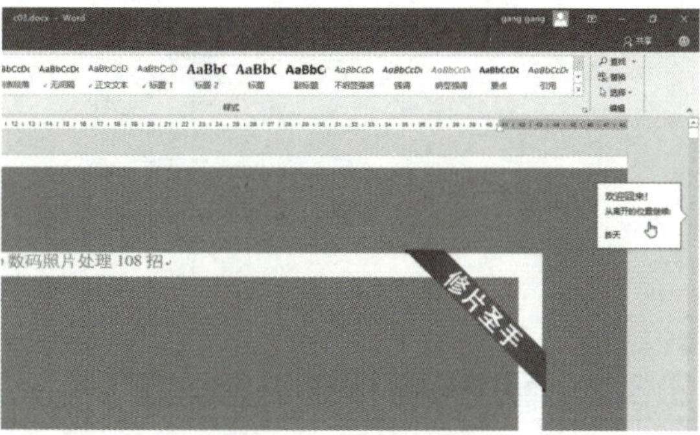

图 3-18

3.3 选择文本

在完成文字输入后，用户可以对文档进行编辑或格式设置。无论进行哪种操作，用户都必须先选定想进行操作的文字。通过选定，Word 便知道了用户的工作对象。

3.3.1 通过拖动进行选定

指向并拖动是选定文字最直观的方法。小到一个字符，大到整篇文档，都可以使用这种方法进行选定。

用户也可以上下或横向拖动，以选定行、段落以至整篇文档。当拖动到文档窗口的顶部或底部时，文档将自动滚动以扩展选定范围。

如果要取消选定，则可以单击突出显示的选定区域外的任何位置。

用户还可以改变 Word 进行选定的方式，这样就可以在拖动时自动选定整个单词。操作步骤如下。

01 启动 Word 2019，单击“文件”选项卡，然后选择“选项”命令。

02 单击“高级”选项，切换到“高级”选项界面，然后选中右侧的“选定时自动选定整个单词”复选框，如图 3-19 所示。

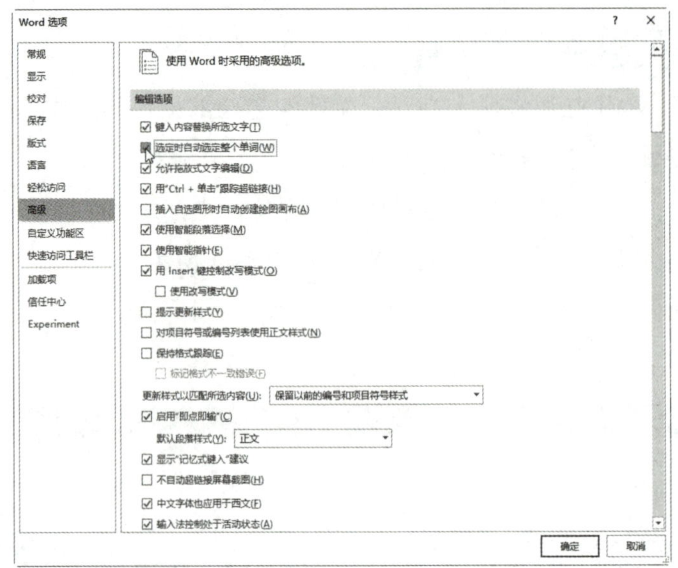

图 3-19

3.3.2 通过鼠标单击进行选定

Word 还提供了一些通过鼠标单击选定特定文字的快捷方式。用户可以在文档的文字中单击，或通过在左页边距中单击来选定整行、整段或整篇文档。表 3-2 说明了如何通过单击选定文档中的不同部分。

表 3-2 通过鼠标单击选定文字

要选定的对象	方　法
一个单词	双击单词
一个句子	按住 Ctrl 键，然后单击句子
一个段落	三次单击段落（间隔时间要短，连续单击）
一行	在此行左侧的页边距中单击
整篇文档	在左页边距中三击；或按住 Ctrl 键，然后在左页边距中单击

用户也可以通过结合使用单击和拖动，使选定操作更为快速。例如，可以在左页边距中单击以选定一行，然后按住鼠标左键，通过上下拖动，选定其他行。

3.3.3 通过键盘进行选定

如果用户不喜欢使用鼠标，那么 Word 也为用户提供了通过键盘执行所有命令的方法，

包括选定操作在内。表 3-1 中已列出了通过键盘进行导航的快捷键。要使用键盘进行选定，可以按以下步骤操作。

01 使用箭头键将光标移到选定区域的起始位置。

02 按下 Shift 键，同时使用箭头键将光标移动到选定区域的结束位置。

03 松开 Shift 键。

> **提示：快速选定大段文字**
>
> 如果要快速选定大段文字，则可以在使用键盘快捷键进行导航的同时，按住 Shift 键。例如：
>
> - 如果要选定当前段落，可按 Alt ＋ Shift 组合键和上箭头或下箭头键。
> - 如果要选定从插入符到行首或行尾的内容，可按 Shift ＋ Home 或 Shift ＋ End 组合键。
> - 如果要选择屏幕上显示的所有内容，可将插入符移至屏幕顶端，然后按 Shift ＋ PageDown 组合键。
> - 按 Ctrl ＋ A 组合键可选定整篇文档。
> - 如果要加速文字的选定，可以使用“Shift ＋单击”，即在单击鼠标时按下 Shift 键。如果要扩展已有的选定区域，或者要选定的区域范围很大，跨越了多个屏幕时，Shift ＋单击将是十分方便的方法。

3.4 复制与剪切文本

如果需要重复使用文档中的内容或对内容进行移动时，可以使用 Word 中的复制与剪切功能完成操作。

3.4.1 复制文本

复制文本就是将某些内容再重复制作一份，可以通过多种方法完成复制文本操作，下面介绍 3 种比较常用的方法。

方法 1：使用快捷菜单命令进行复制。

打开 Word 文档，选中需要复制的文本，然后单击鼠标右键，在弹出的快捷菜单中选择“复制”命令（见图 3-20），即可完成文本的复制操作。

方法 2：使用命令按钮进行复制。

选中需要复制的文本，然后单击“开始”选项卡下“剪贴板”选项组中的“复制”按钮（见图 3-21），即可将该文本复制到剪贴板中。

方法 3：使用快捷键进行复制。

选中需要复制的文本，然后按 Ctrl+C 组合键。这实际上是最快速的方法，也是本书提倡的方法。

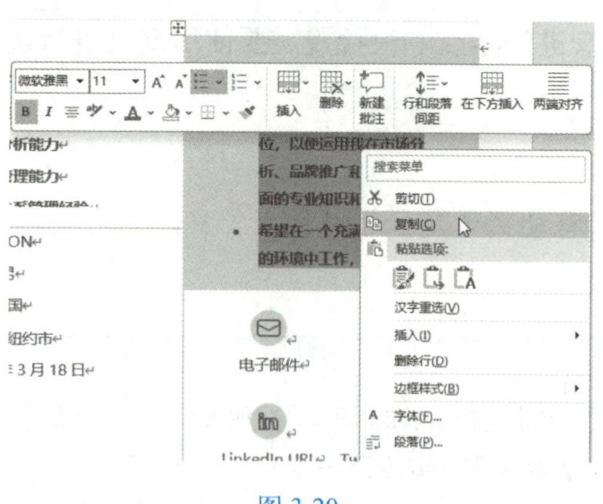

图 3-20

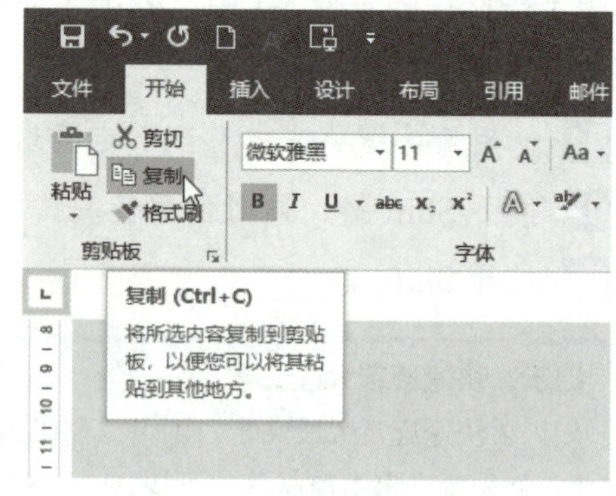

图 3-21

3.4.2 剪切文本

剪切文本是将文本从一个位置移动到另一个位置（注意，在剪切之后原位置的内容将不复存在），执行该操作时也有 3 种方法可以使用，在图 3-20 和图 3-21 中分别可以看到与“复制”命令相邻的“剪切”命令，说明剪切操作的前两种方法和复制的方法是一样的，而第 3 种方法则是 Ctrl+X 组合键。

3.4.3 粘贴文本

将文本复制或剪切后只是将文本转移到剪贴板中，要想将其移动到文档中还需要执行粘贴操作。粘贴时可以根据所选的内容选择适当的粘贴方式。

执行粘贴操作时，根据所选的内容格式，程序会提供 3 种粘贴方式，分别为保留源格式、合并格式以及只保留文本。用户可以根据需要选择相应的粘贴方式。下面以只保留文本为例来介绍 3 种粘贴文本的方法。

方法 1：通过快捷菜单命令进行粘贴。

打开文档，选择需要复制的文本，单击鼠标右键，在弹出的快捷菜单中选择“复制”命令，然后在需要粘贴到的位置右击，在弹出的快捷菜单中单击“粘贴选项”区域中的“只保留文本”按钮，如图 3-22 所示。

经过以上操作，即可完成只保留文本的粘贴操作。

方法 2：使用选项组进行粘贴。

打开文档，选择一段文本进行复制后，单击“开始”选项卡下“剪贴板”选项组中“粘贴”按钮下方的下拉按钮，在展开的菜单中单击“粘贴选项”区域中的“只保留文本”按钮，如图 3-23 所示。

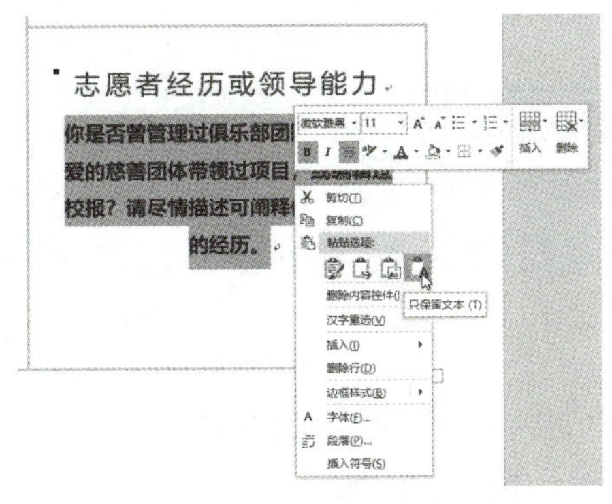

图 3-22

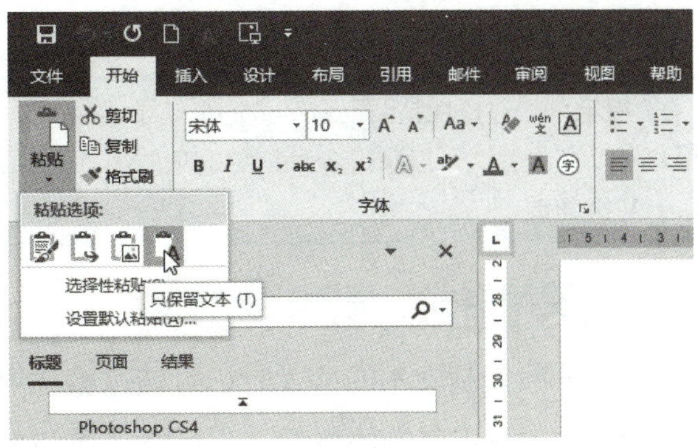

图 3-23

经过以上操作，同样可以完成只保留文本的粘贴操作。

方法 3：使用“选择性粘贴”命令。

使用普通的“粘贴”命令，可将剪切或复制到剪贴板上的副本原封不动地复制到插入符处。根据所复制的内容的不同，还会出现不同的粘贴选项，如图 3-24 所示。

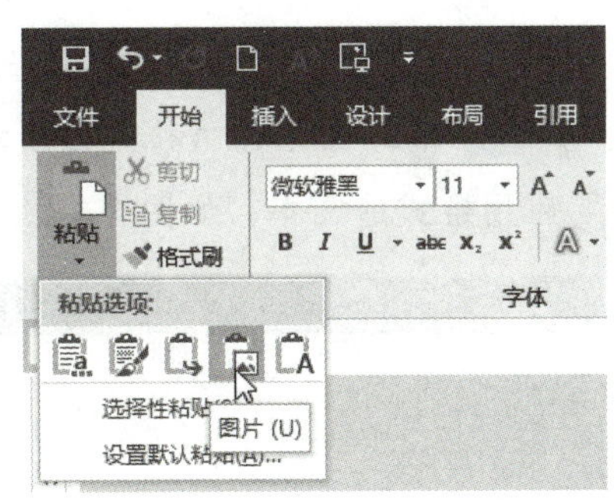

图 3-24

比较图 3-23 和图 3-24 可以发现，前者只有 4 个粘贴选项，而后者有 5 个粘贴选项，这就是由于复制或剪切的内容不同而造成的。那么，这些选项究竟是什么呢？我们可以通过“选择性粘贴”命令来清晰地看到它们，操作步骤如下。

01 从当前文档或其他应用程序中剪切或复制文字、图形或其他对象。

02 将插入符移动到相应位置。

03 单击“开始”选项卡，然后单击“剪贴板”工具组中的“粘贴”按钮下方的下拉按钮，在展开的菜单中单击“选择性粘贴”按钮，如图 3-25 所示。

04 在出现的“选择性粘贴”对话框中可以看到多种粘贴选项（它们对应于前面提到的粘贴选项按钮）。选择“无格式文本”，则粘贴的结果和前两种方法是一样的，如图 3-26 所示。

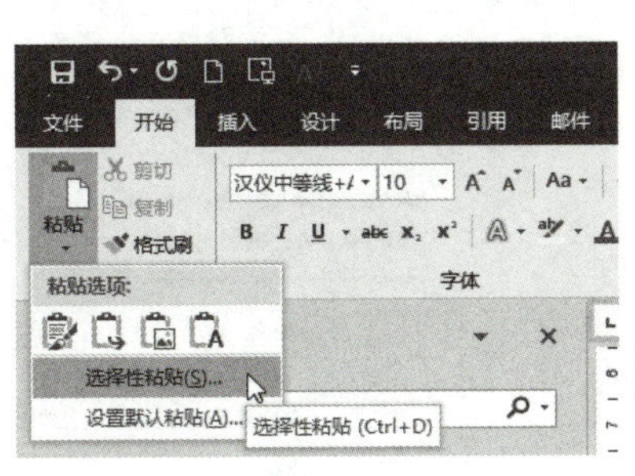

图 3-25

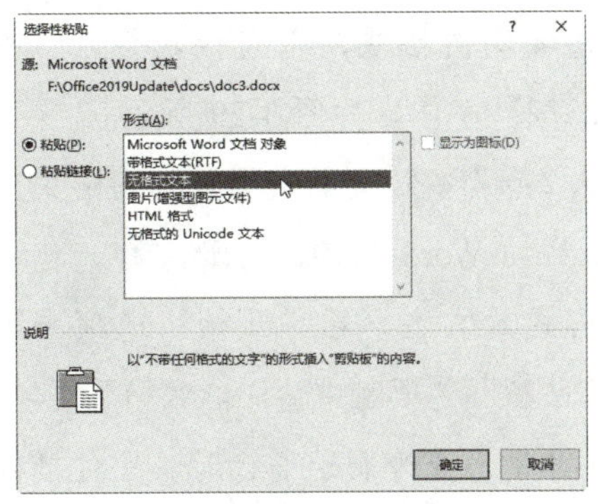

图 3-26

05 单击“确定”按钮，完成粘贴。

> **提示：**“选择性粘贴”命令是一个非常实用的命令，善用它可以解决许多内容复制方面的问题。用户可以多次尝试，以掌握各种粘贴选项的区别。如果要直接粘贴复制的内容（包括格式），可以按 Ctrl+V 组合键。

3.4.4 使用格式刷复制文本格式

需要单独复制文本的格式时，可通过格式刷来完成操作。为文本复制格式时，可以一次为一处文本应用复制的格式，也可以一次为多处文本应用复制的格式。

方法 1：为一处文本应用复制的格式。

01 启动 Word 2019，打开文档，选中要复制格式的文本（这里选择的源格式文本是“JASON”，它应用了“楷体 _GB2312”字体），然后在“开始”选项卡下单击“剪贴板”选项组中的“格式刷”按钮，如图 3-27 所示。

02 格式刷光标（在光标左边显示了一把小刷子）出现后，按住鼠标左键拖动经过需要应用格式的文本，如图 3-28 所示。

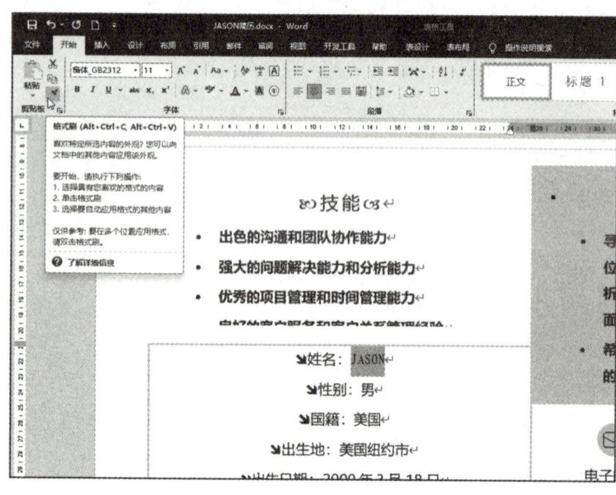

图 3-27

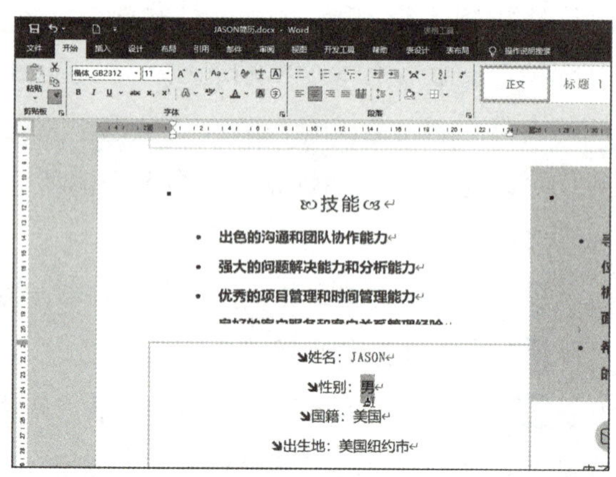

图 3-28

03 此时拖动鼠标经过的文本（“男”）就会应用复制的格式，它同样获得了“楷体 _GB2312”字体，如图 3-29 所示。

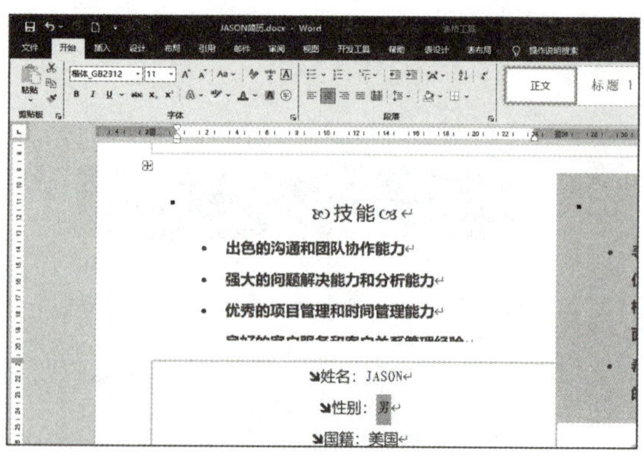

图 3-29

方法 2：为多处文本应用复制的格式。

01 启动 Word 2019，打开文档，选中具有源格式的文本，在“开始”选项卡下双击“剪贴板”选项组中的“格式刷”按钮。

02 当光标变为刷子形状时，按住鼠标左键依次拖动经过需要应用格式的文本。

提示：双击（而不是单击）“剪贴板”选项组中的“格式刷”按钮时，为第一处文本应用格式后光标仍为刷子形状，即可为下一处文本应用格式。

3.5 查找与替换文本

在文档中查找某一特定内容，或在查找到特定内容后将其替换为其他内容，可以说是一件十分烦琐的工作。使用 Word 2019 提供的文本查找与替换功能，用户可以轻松、快捷地完成文件的查找与替换操作。

3.5.1 查找文本

要在 Word 2019 中查找文本，可以按以下步骤进行。

01 启动 Word 2019，打开文档，在“开始”选项卡下单击“编辑”选项组中的“查找”按钮，如图 3-30 所示。

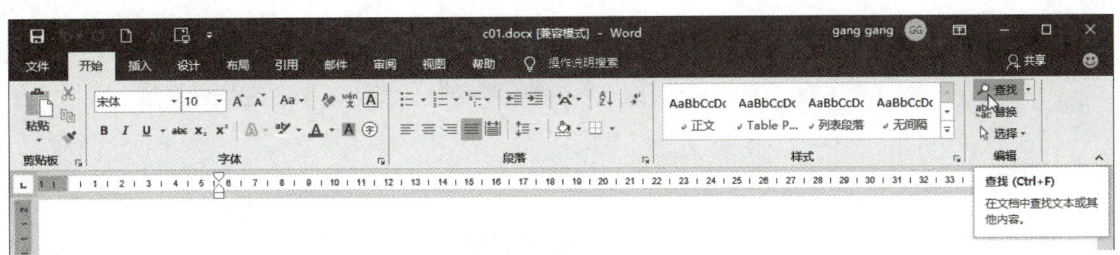

图 3-30

02 此时 Word 将在左侧窗格中打开“导航”面板。“查找”功能和“导航”共享这个“导航”面板。在该面板中，用户可以输入要查找的关键字，例如“Photoshop”，如图 3-31 所示。

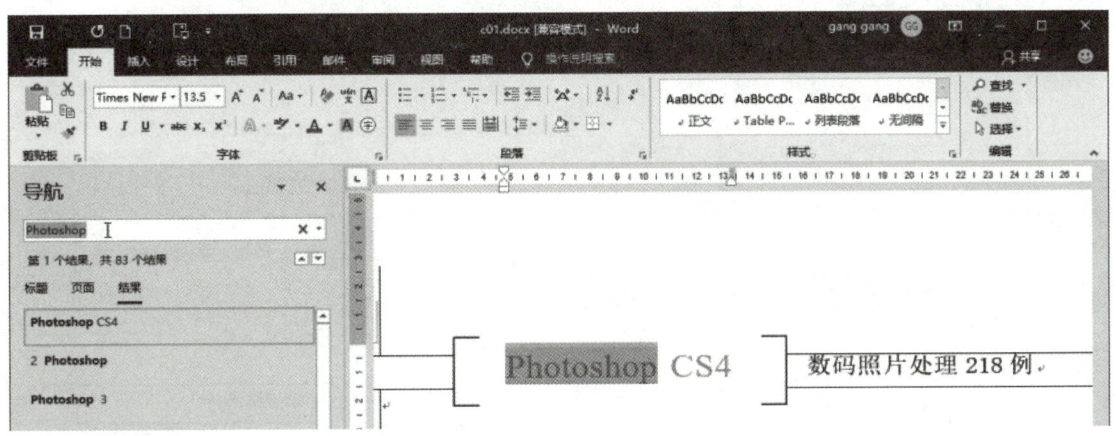

图 3-31

提示：查找文本的快捷键是 Ctrl+F。

3.5.2 替换文本

查找和替换是一对关联性很强的功能。在文档中替换文本内容时，可直接通过“查找和替换”对话框来完成。设置好查找和替换的内容后，即可执行替换操作。要替换文本，可以按以下步骤进行。

01 启动 Word 2019，打开文档，在“开始”选项卡下单击“编辑”选项组中的“替换”按钮，如图 3-32 所示。

图 3-32

02 此时将打开“查找和替换”对话框，在“替换”选项卡下的“查找内容”和“替换为”文本框中分别输入相关内容，然后单击“查找下一处”按钮，如图 3-33 所示。

03 被查找的内容会被选中并显示出来，需要查找下一处时可以再次单击“查找下一处”按钮，当需要替换的内容出现后，单击“替换”按钮，如图 3-34 所示。

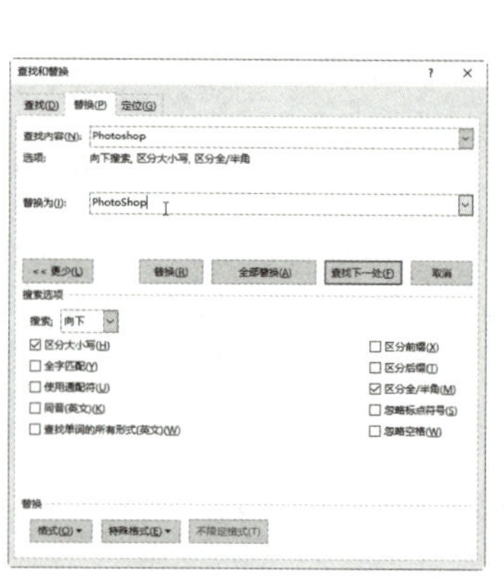

图 3-33

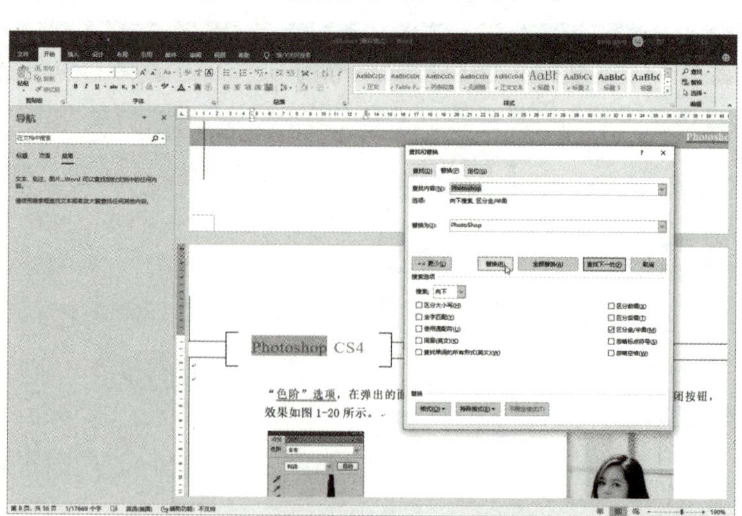

图 3-34

04 单击“全部替换”按钮，即可完成快速替换文本的操作。

> **提示：**由于文本存在多种组合的可能性，所以在使用“全部替换”功能时可以先通过“查找”功能了解匹配情况，否则可能出现难以预料的情况，把不该替换的内容替换掉了。

3.5.3 使用查找和替换选项

单击位于“查找和替换”对话框底部的“高级”按钮，用户将看到一些附加的选项和按钮，使用它们，用户能更为精确地设置 Word 查找的方式。如图 3-35 所示，“查找内容”和“替换为”中填写的内容其实是一样的，只是修改了一个字母“s”的大小写。要实现这样的替换，就必须选中“区分大小写”选项。

> **提示：**“更多”按钮在单击之后就变成了“更少”按钮。

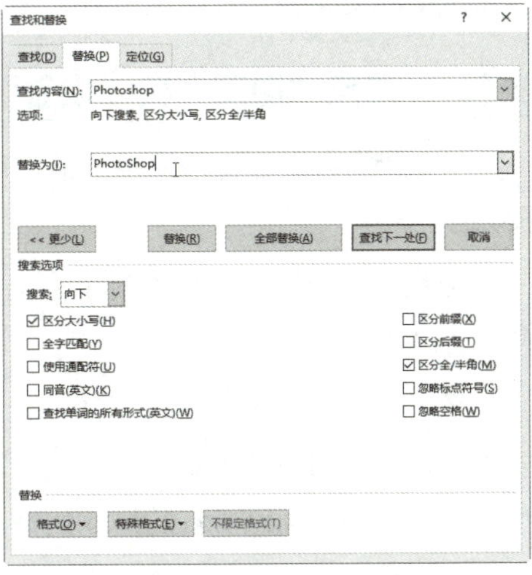

图 3-35

下面将介绍这些选项的使用。

- “搜索范围”：设置 Word 对哪部分文档进行搜索。其默认设置为“全部”，即从插入点开始，搜索整篇文档。用户也可以选择“向上”或“向下”，即从插入点开始，搜索到文档的开始部分或结束部分。

> **提示：**如果要搜索文档中的某一部分，可在搜索前先选定该部分。

- “区分大小写”：Word 查找到的文字必须同“查找内容”框中的输入文字大小写形式相同。通常，Word 将查找输入文字的各种大小写形式，如大写、小写和大小写混合忽略，但如果选中此选项，Word 将只查找与输入项大小写完全匹配的文字。
- “全字匹配”：如果键入的单词只是其他单词中的一部分，那么 Word 在查找时将忽略它们。例如，如果选中了此选项，那么在搜索单词“Word”时，Word 将忽略“Words”或“password”这样的单词。如果用户查找的单词是许多其他单词的一部分，那么该选项对于准确找出目标文本将非常有用。
- “使用通配符”：让 Word 识别“*”“?”“!”或其他通配符（通配符可替代文字中的一个或几个字符），而不是将通配符处理为普通文字。例如，如果搜索“7*GT”，那么可以查找到如“7300GT”“7600GT”和“7900GT”这样的匹配结果。

3.6 撤销、恢复和重复操作

Word 会自动记录一段时间内用户对文档的每一个修改，并可让用户任意撤销这些改动，只要没有退出 Word，用户甚至可以把文档恢复到几个小时前的状态，而且格式上的改动也可以撤销。Word 同时提供了“恢复”命令，可恢复已撤销的更改。此外，如果希望将以前的文字或格式上的改动，使用于文档中的其他多个位置，则还可以重复操作。

3.6.1 使用“撤消”和“恢复”命令

“撤消”命令是文档编辑中最常用的命令之一，位于“快速访问工具栏”上，如图 3-36 所示。

但是，对于编辑文档的高手来说，这样方便的按钮利用率并不高，因为他们更习惯于使用 Ctrl+Z 组合键。

按 Ctrl+Z 组合键只能一次撤销一步操作。用户还可以使用“撤消”列表，一次完成多步改动。使用这些列表的方法是：单击“快速访问工具栏”上“撤消”按钮旁边的箭头按钮，用户将看到已进行的操作的列表，如图 3-37 所示。

单击最近的操作，便可以完成“撤消”命令；用户也可以拖动鼠标，或在菜单中滚动，来选择多个操作，完成“撤消”命令。在列表底部的批注将显示要进行“撤消”操作的内容。

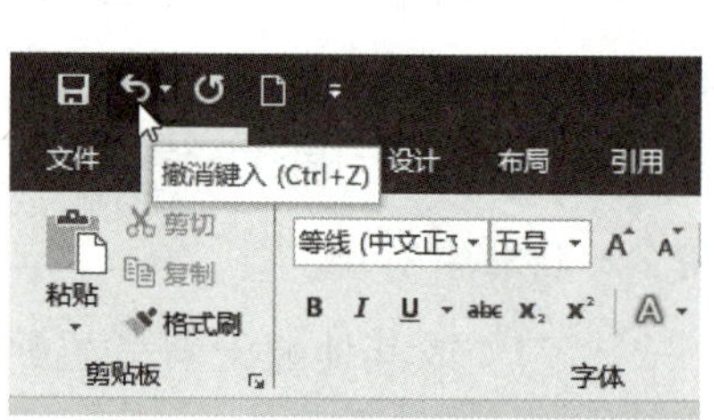

图 3-36

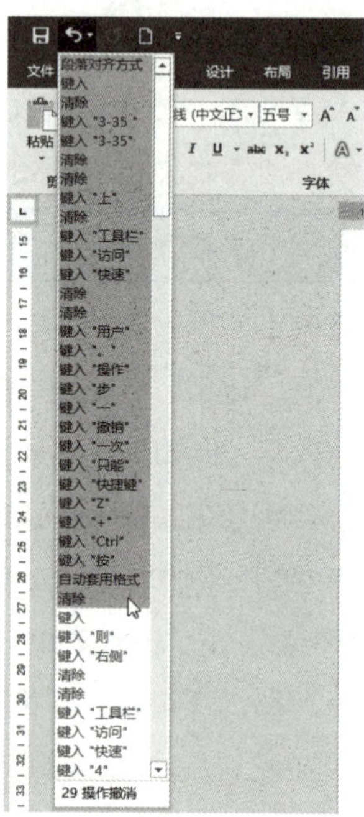

图 3-37

3.6.2　使用“重复”命令

“撤消”命令与“重复”命令（快捷键是 Ctrl+Y）位于快速访问工具栏中的同一位置。当没有进行“撤消”操作时，“重复”命令将重复用户上一个操作，即最后的键入或格式设置。当要多次添加文字或在文档中多处应用某种格式设置时，“重复”命令便显得非常方便，如图 3-38 所示。

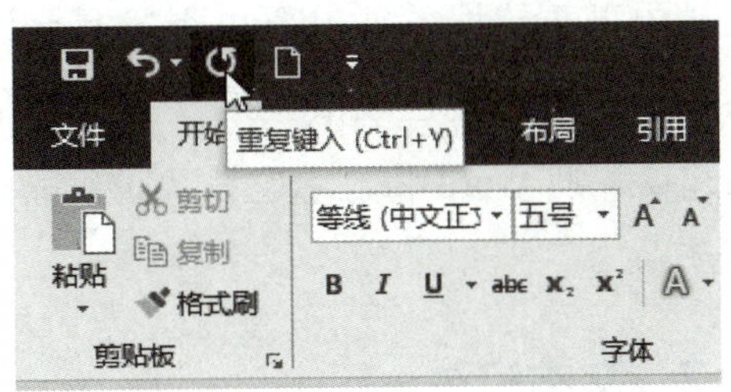

图 3-38

3.7　拼写和语法检查

Microsoft Word 包含了许多写作工具，这些工具可以检查拼写、语法和文档可读性，帮助用户查找同义词或反义词，甚至自动添加或修改文字。

Word 既可以在输入文本时进行拼写和语法的检查，也可以在某一特定时间完成这些工作。Word 能标出拼写和语法中存在的问题，把它们显示出来，用户还可以设置其他组选项来自定义拼写或语法检查。例如，可以让 Word 忽略首字母缩略词或包含数字的单词的拼写检查。

3.7.1　自动进行拼写和语法检查

启动 Word 打开文档后，用户可能会看到有些单词或部分文本的下面出现红色或绿色的波浪线。这些是 Word 在工作时使用的拼写和语法工具。单词下的红色波浪线表示该单词拼写有误。段落中间的红色波浪线表示词组搭配有问题或标点符号错误，而在结尾处的波浪线，则可能表示断句错误，如图 3-39 所示。

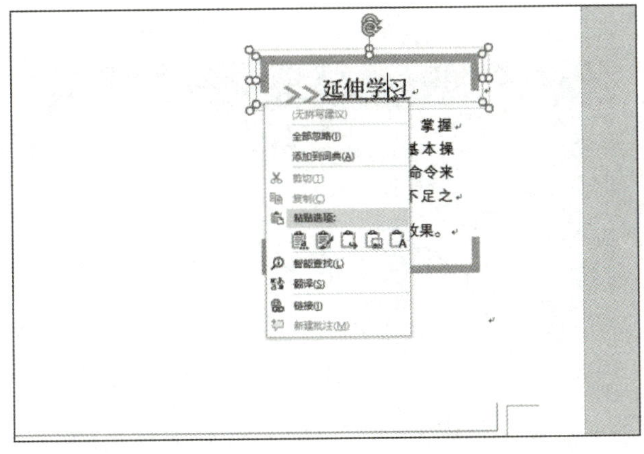

图 3-39

Word 不但能在键入时进行拼写检查，而且可以在文档中更正错误。如果要更正拼写错误，可用鼠标右键单击标有红色波浪线的文本。如果有可以更正的建议，则 Word 将显示它认为正确的拼写，如图 3-40 所示。

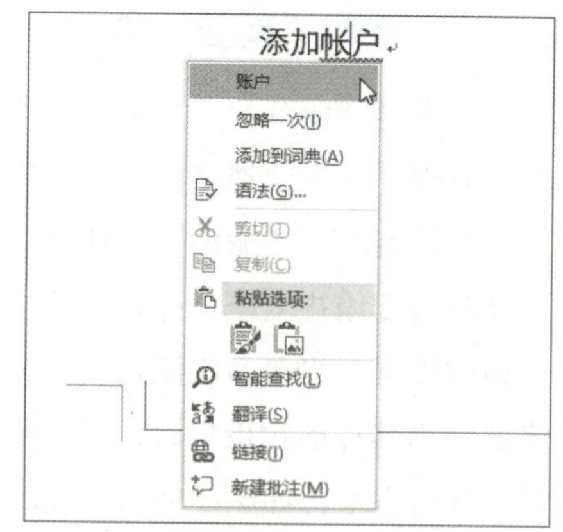

图 3-40

3.7.2 文本校对

要进行文本校对工作，可按以下步骤操作。

01 将光标停留在要校对的文本中，单击“审阅”选项卡，然后单击“拼写和语法”按钮，如图 3-41 所示。

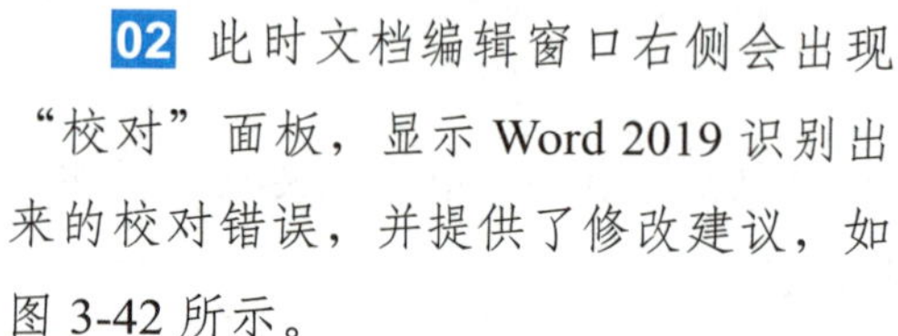

02 此时文档编辑窗口右侧会出现“校对”面板，显示 Word 2019 识别出来的校对错误，并提供了修改建议，如图 3-42 所示。

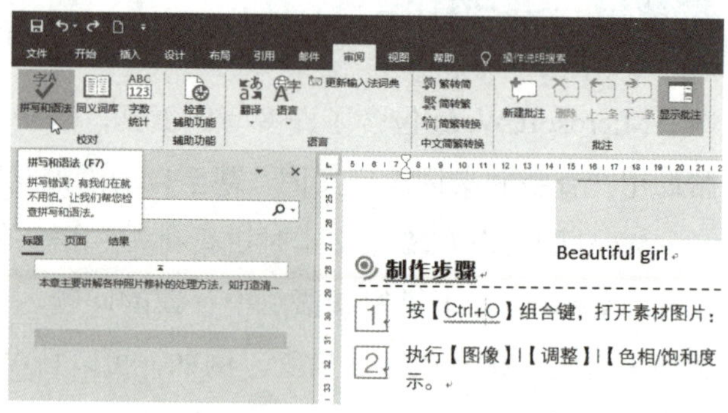

图 3-41

03 拼写确实有疑问时 Word 2019 会将它标记为红色波浪线。要解决该问题，可以选中加号，然后单击“开始”选项卡，选择“字体”工具组中的“更改大小写”右侧的下拉按钮，最后在弹出菜单中选择“全角”，这样，“Ctrl + O”就不再被标记为红色波浪线了，如图 3-43 所示。

04 如果拼写确认无误，是 Word 2019 的校对功能误报，则可以单击“添加到字典”，如图 3-44 所示。这样，以后再次出现同类拼写时，Word 就不会将其标记为红色波浪线了。

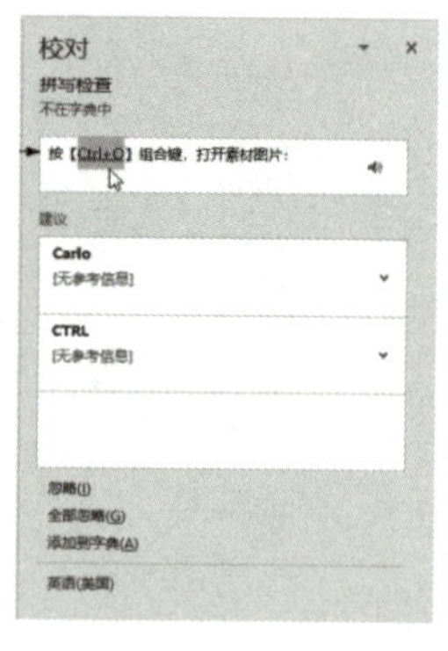

图 3-42

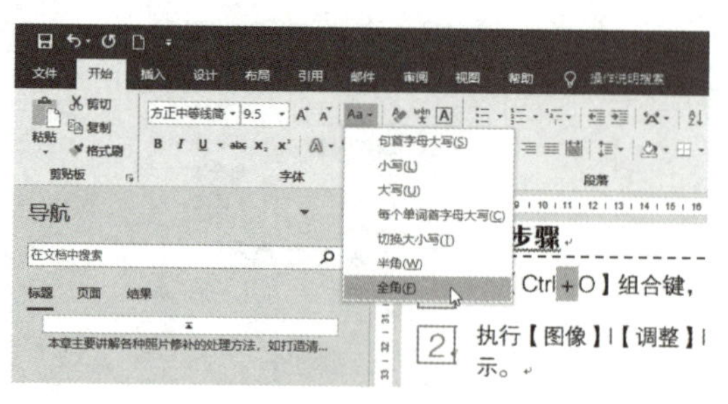

图 3-43

图 3-44

总之，校对功能对于检查文档中的拼写错误还是有很大帮助的，善用它可以显著提升文档的质量。

3.7.3 禁用“自动更正”选项

Word 的“自动更正”是一个很好的功能，或者说，它是一个出发点很好的功能，但是，有时候它也会产生一些麻烦。例如，如果用户想模拟一些出错的情况，Word 总会自动更正“自动更正”对话框中列出的错误，或者，当用户输入网址时，Word 会自动给该网址添加对应的网络链接，而这些可能并不是用户所需要的。在这种情况下，用户可以考虑关闭此功能，操作步骤如下。

01 启动 Word 2019，单击“文件”选项卡，选择“选项”命令。

02 在出现的“Word 选项”对话框中，单击“校对”分类。

03 在右侧窗格中找到并单击“自动更正选项”按钮。

04 在出现的“自动更正”对话框中，单击“自动更正”选项卡，然后清除所有复选框，如图 3-45 所示。连续单击“确定”按钮，关闭“自动更正”对话框和“Word 选项”对话框。

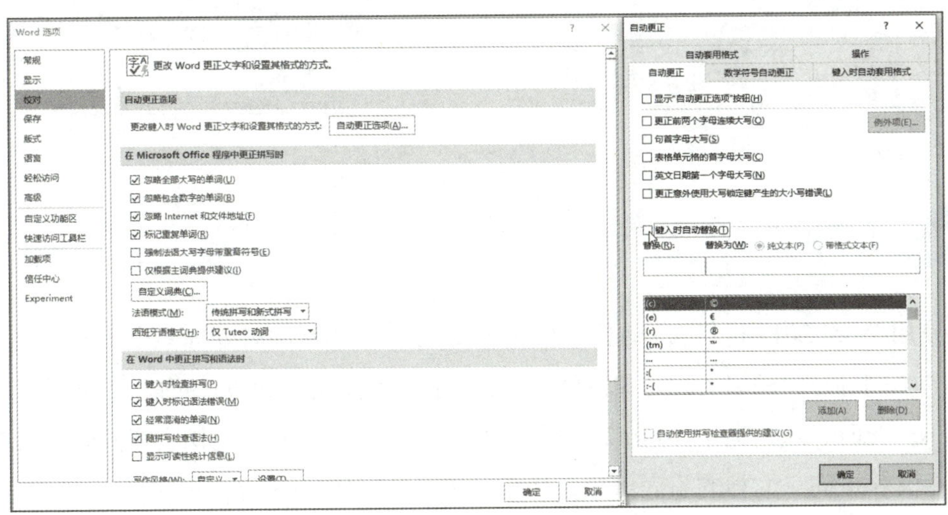

图 3-45

3.8 统计文档字数

如果用户要撰写有字数要求的文档，或者只是想了解文档的大小，那么可以使用 Word 的“字数统计”功能，操作步骤如下。

01 启动 Word 2019，打开要统计字数的文档。

02 单击“审阅”选项卡，然后再单击“字数统计”按钮。Word 将统计文档中的所有中英文字数，并显示“字数统计”对话框，如图 3-46 所示。

在“字数统计”对话框中显示了文档中的字数、字符数、行数、段落数和其他元素统计值。

通常，Word将对包括页眉和页脚在内的所有文本进行统计。勾选“包括文本框、脚注和尾注”复选框后，Word将在统计时将包含文本框、尾注和脚注中的文本。

Word 不会统计图形中的单词，但它会统计图题中的文字。

提示： 另外还有一种快速查看文档字数的方法，即单击 Word 2019 状态栏左下角的“文档的字数”统计项。用户将看到同样的字数统计数字，如图 3-47 所示。

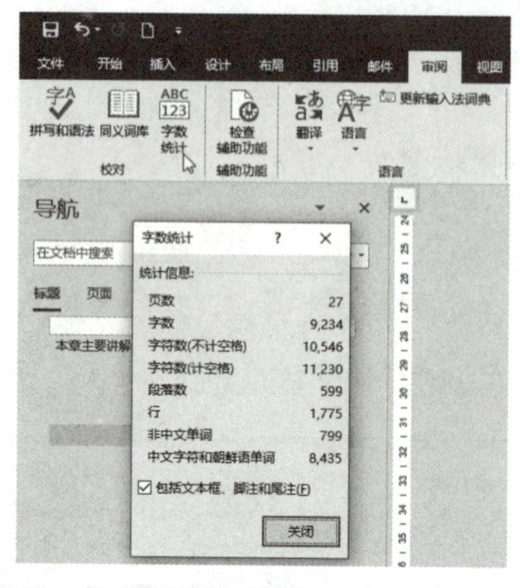

图 3-46

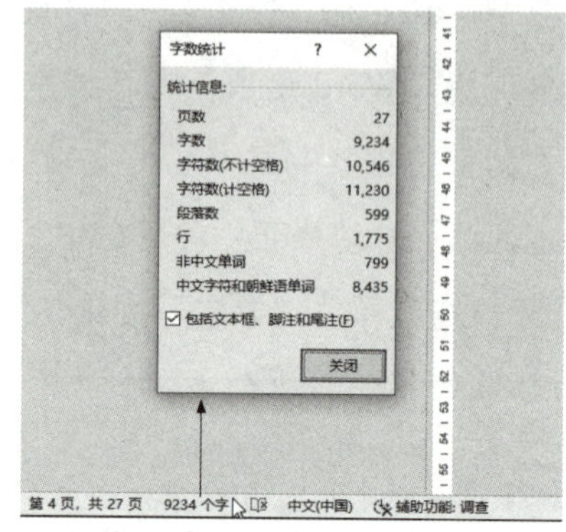

图 3-47

3.9 多窗口编辑

在使用 Word 2019 进行文档编辑的过程中，经常会遇到同时处理多个不同文档或在同一文档的不同部分间频繁对照编辑的情形，单纯依靠切换文档的方式可能会导致操作烦琐、效率低下。此时，通过运用 Word 2019 的多窗口功能，用户能够轻松实现同时并行查看与编辑多个文档或同一文档的不同部分，从而显著提升工作效率。

3.9.1 显示同一文档的不同部分

在编辑 Word 文档时，时常会遇到需要频繁查看同一文档内部相距较远的不同内容的情况。尤其在处理长篇文档时，仅依赖滚动条滚动至不同位置的做法无疑会严重影响工作效率。此时，运用文档窗口拆分功能不失为一种有效的解决方案。文档窗口拆分实际上是将当前的工作界面一分为二，形成上下两个独立显示相同文档内容的部分。

在这两个子窗口中，用户可以独立地进行各项编辑操作，并且由于两者共享同一文档源，彼此均处于激活状态。通过这种方式，能够在文档的不同部分之间迅速切换和同步信息，相比于打开文档的多个副本窗口，不仅节省了屏幕空间，也无须进行窗口间的切换操作，从而极大地提升了工作效率，操作步骤如下。

01 打开需要拆分的 Word 2019 文档窗口，在“视图”选项卡的“窗口”选项组中单击“拆分”按钮，如图 3-48 所示。

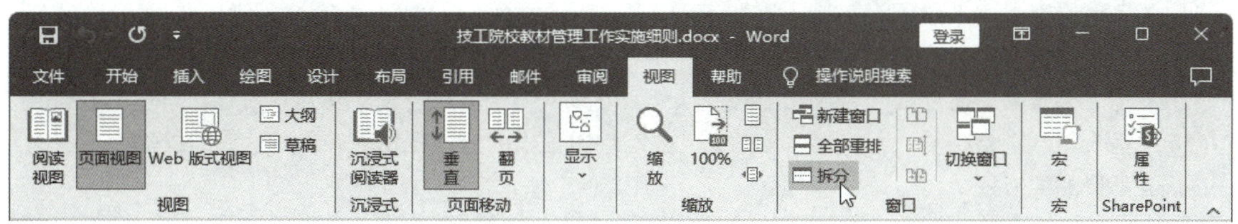

图 3-48

02 此时文档中会出现一条拆分线，文档窗口被拆分为上下两个子窗口，并独立显示文档内容，如图 3-49 所示。用户可以在这两个窗口中分别通过拖动滚动条调整显示的内容。拖动拆分线，可以调整两个窗口的大小。同时可以对上下两个子窗口进行编辑操作。

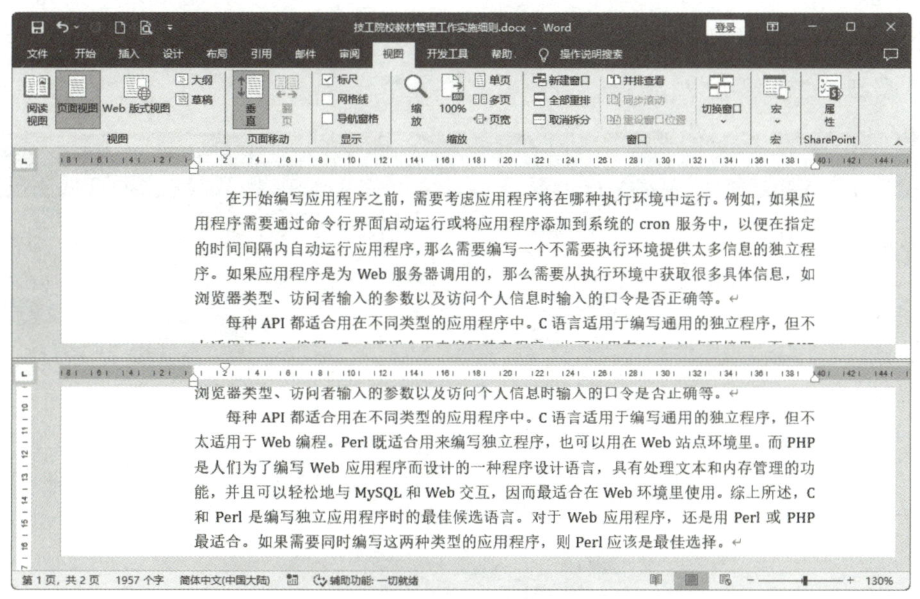

图 3-49

03 不再需要拆分显示窗口时，可在“窗口”选项组中单击“取消拆分”按钮取消拆分，如图 3-50 所示。取消拆分窗口之后，文档窗口将恢复为一个独立的整体窗口，同时可以发现上下两个子窗口中进行的编辑操作都同步更新了。

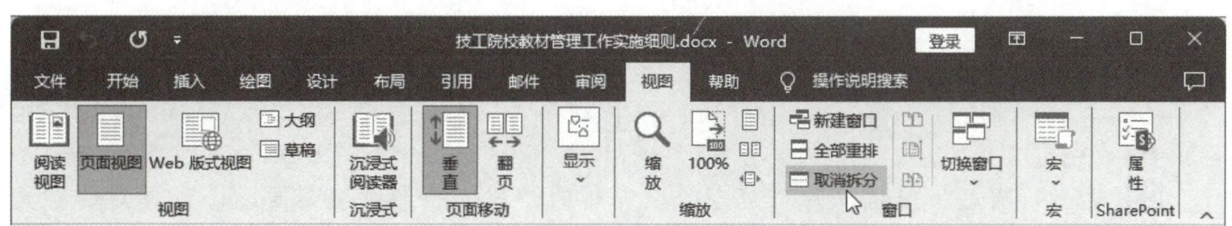

图 3-50

提示：拆分文档窗口这一功能并非将文档实体分割成两个独立的部分，而是将单一的 Word 窗口界面划分为两个互相关联的视图区域，它们只是同一份文档的不同部分。在对文档进行编辑时，不论在哪一个窗口中进行改动，都会实时更新到文档本身。

在处理篇幅较长的文档时，若需对比前后内容或在相距较远的页面间进行内容迁移，拆分窗口功能的应用尤为重要。通过这一方式，用户可以在一个窗口中定位并查看待复制的内容，同时在另一个窗口中精准地找到粘贴的目标位置，从而大大提高编辑工作的流畅性和准确性。这样的操作技巧有助于提升整体的编辑效率。

3.9.2 并排查看文档

运用并排查看窗口功能，可以在两个独立的窗口中同时展现不同的文档内容，便于进行直观对比和分析。若当前打开的文档数量超过两个，则在进行并排查看操作时，系统会提示用户从众多打开的文档中选择要进行并排比较的文档，操作步骤如下。

01 启动 Word 2019，打开文档，切换到“视图”选项卡下的“窗口”选项组，单击“并排查看”按钮，如图 3-51 所示。

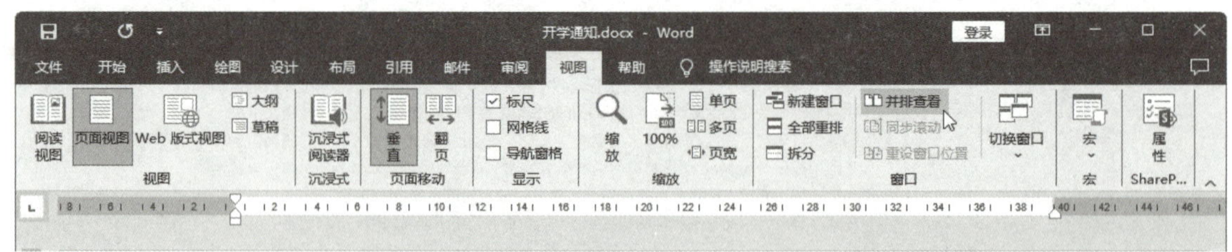

图 3-51

02 此时会打开“并排比较”对话框，从中选择一个准备进行并排比较的 Word 文档，如图 3-52 所示。

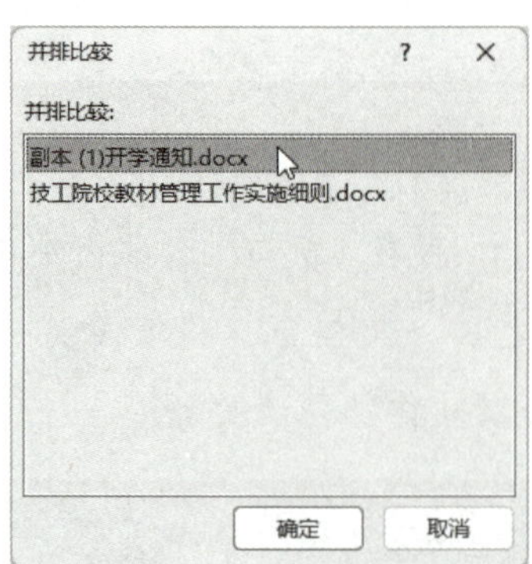

图 3-52

03 单击“确定”按钮，两个文档会以并排的形式分布显示在屏幕上，以便对两个文档进行对比和查看，如图 3-53 所示。

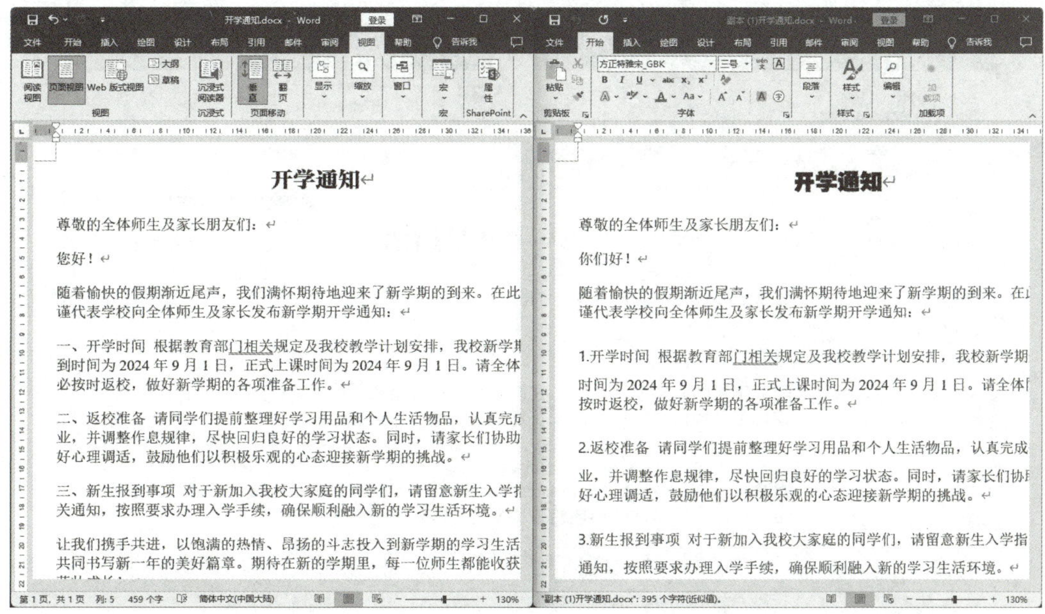

图 3-53

04 对两个 Word 文档进行并排查看时，滚轮是同步翻页的。也就是说，滚动“开学通知”文档工作区窗口时，“副本 (1) 开学通知”文档工作区窗口也跟着滚动，有利于文档间的观察和比较。如果不需要同时滚动查看两个文档，可单击“窗口”选项组中的“同步滚动”按钮，取消该按钮的激活状态，如图 3-54 所示。

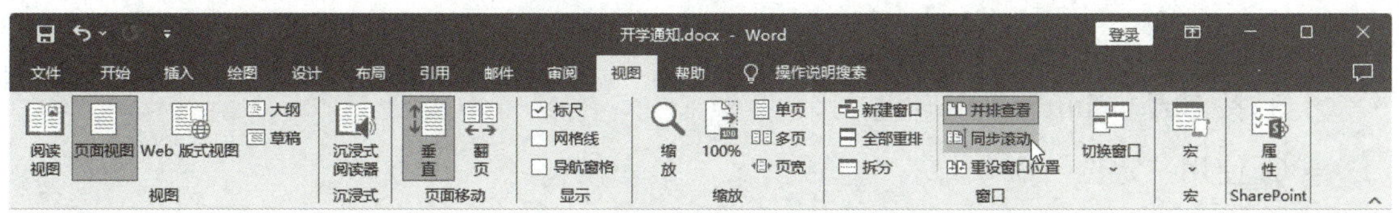

图 3-54

3.9.3　多文档切换

面对多个同时打开的文档时，多数用户倾向于通过任务栏中的窗口标签进行切换。若任务栏上堆积的窗口过多，切换起来则十分不便。为解决这一问题，Word 2019 提供了一个内置的“切换窗口”功能，能够实现简洁高效的窗口切换操作。

多文档切换的操作步骤为：在 Word 2019 的“视图”选项卡下，找到并单击“窗口”选项组内的“切换窗口”按钮，打开如图 3-55 所示的下拉列表。该列表中清晰罗列了当前所有已打开的文档名称，用户只需直接单击列表中想要切换到的文档名称，即可快速切换至该文档。当打开的文档数量众多且文档名称相似时，运用“切换窗口”按钮切换文档将带来更高的便利性和准确性。

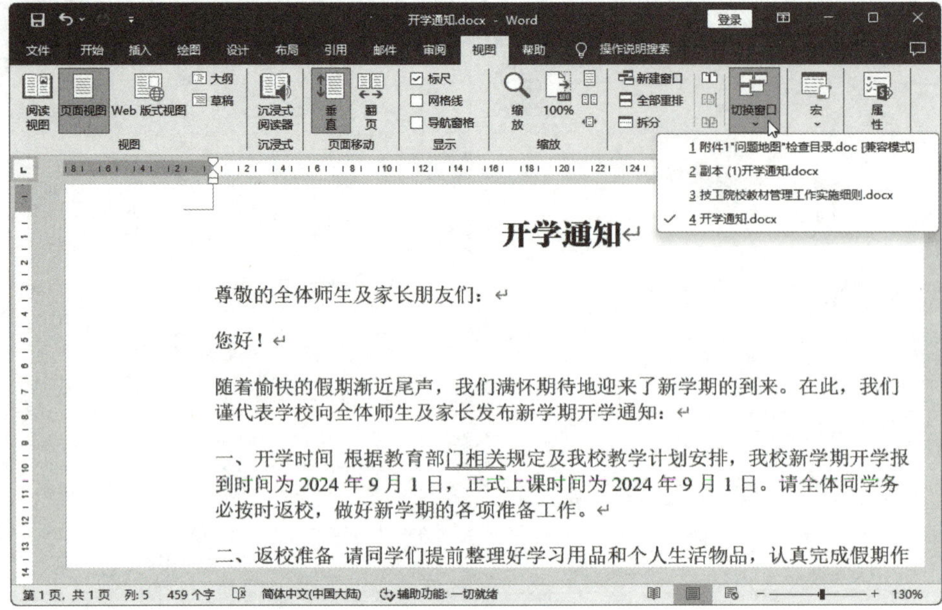

图 3-55

课后习题

一、单项选择题

1. 在 Word 2019 中，使用（　　）操作可以快速返回上次编辑的位置。

A. 按 Ctrl + F5 组合键

B. 按 Ctrl + Shift + Z 组合键

C. 使用“定位”命令

D. 单击状态栏的“上次编辑位置”按钮

2. 若要在 Word 文档中插入当前日期，应使用（　　）组合键。

A. Alt + Shift + T

B. Alt + Shift + D

C. Ctrl + Alt + T

D. Alt + F5

3. 下列（　　）操作无法实现文本的复制。

A. 使用 Ctrl + C 组合键

B. 右键点击文本选择“复制”命令

C. 通过拖动鼠标进行选定后按 Ctrl + V 组合键

D. 使用“格式刷”复制格式

4. 在 Word 2019 中，使用（　　）操作可以并排查看两个文档。

A. 使用“窗口”选项卡中的“并排查看”命令

B. 使用“视图”选项卡中的“新建窗口”命令

C. 使用“开始”操作界面中的“打开”命令

D. 使用“审阅”选项卡中的“比较”命令

5. 若要在 Word 中查找特定文本并替换为其他内容，应使用（　　）命令。

A.“编辑”→“查找”

B.“开始”→“替换”

C.“插入”→“搜索”

D.“文件”→“搜索”

6. 使用（　　）操作可以在 Word 2019 中禁用“自动更正”功能。

A.“文件”→“选项”→“校对”→“自动更正选项”

B.“开始”→“段落”→“拼写和语法”→“自动更正选项”

C.“审阅”→“拼写和语法”→“自动更正选项”

D.“视图”→“校对”→“自动更正选项”

二、填空题

1. 在 Word 2019 中，通过按 ________ 组合键可以复制文本。

2. 若要在文档中插入特殊符号，应选择 ____________ 菜单下的“符号”选项。

3. 使用 ________ 命令可以快速跳转到文档中的特定位置。

4. 若要撤销上一步操作，可按 _______ 组合键。

5. 在 Word 2019 中，通过 __________ 功能可以检查并纠正拼写和语法错误。

6. 若要在同一窗口中显示文档的不同部分，可以使用 _________ 功能。

三、实操题

1. 在文档中插入一个版权符号（©）和一个注册商标符号（®）。

2. 复制一段带有特定格式的文本，然后将其格式应用到另一段文本上。

3. 查找文档中所有出现的“旧产品”字样，将其替换为“新产品”。

4. 打开两个文档，设置并排查看模式，对比文档内容。

5. 在文档中进行多次编辑后，使用快捷方式返回最后一次编辑的位置。

6. 进入 Word 选项，关闭某个特定的自动更正规则（例如，关闭英文单词首字母大写的自动修正）。

模块 4　格式化文档

在文档中，文字是组成段落的基本内容，任何一个文档都是从段落文本开始进行编辑的，当输入所需的文本内容后即可对相应的段落文本进行格式化操作，从而使文档层次分明，便于阅读。

本模块学习内容

- 设置文本格式
- 设置段落格式
- 项目符号与编号的应用
- 设置边框和底纹
- 设置其他格式

4.1 设置文本格式

在 Word 中，文档格式设置分为 5 个层次，即：对于字符、对于段落、对于节、对于页面和对于整个文档。

设置文本格式有两种方式：一是首先选中文字，然后选择相应选项，将已有文字设置为任何格式；二是先选择格式选项，再输入文字，这样所输入的文字就会被设置为所选择的格式。

如果要选中已有的字符、段落或节，可在相应文字上拖动鼠标。选中后即可选择格式设置选项。如果要设置单个段落或节的格式，可在任意位置单击鼠标，然后选择格式选项。如果要设置文档的格式，则可以选择“页面主题”中的格式选项。

设置文本格式包括对文字的字体、字形、大小、外观效果、字符间距等方面的设置，对于有特殊需要的字符，还可以为其应用带圈字符、上标、下标、艺术字以及首字符下沉等格式。通过对这些方面的设置，文本将会展现出全新的面貌。

在 Word 2019 中，文本格式的设置主要通过“开始”选项卡下的“字体”选项组来完成，该功能区中所包括的内容如图 4-1 所示。

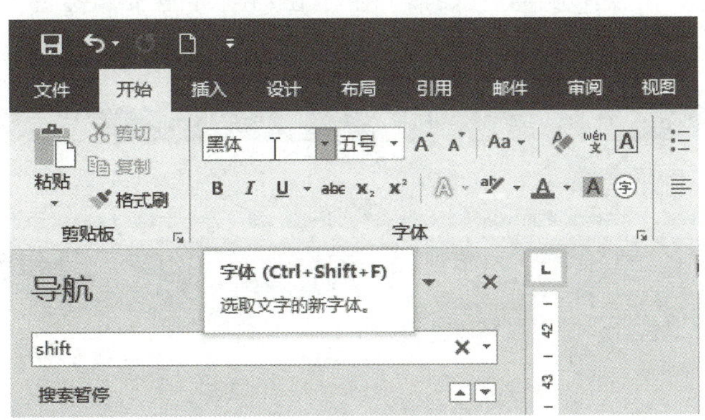

图 4-1

4.1.1 设置文本的字体、字形和大小

通常情况下，一个文档中不同的内容对文本格式的要求会有所不同，例如标题与正文就会有明显的区别，这些区别可以体现在字体、字形、大小等方面。一般情况下标题都会比正文显眼一些。下面就来介绍标题文本格式的设置操作。

01 启动 Word 2019，打开文档，选中需要设置格式的标题文本，如图 4-2 所示。

02 在“开始”选项卡中，单击“字体”选项组中“字体”文本框右侧的下拉按钮，展开“字体”下拉列表后，单击需要使用的字体“方正琥珀简体”。

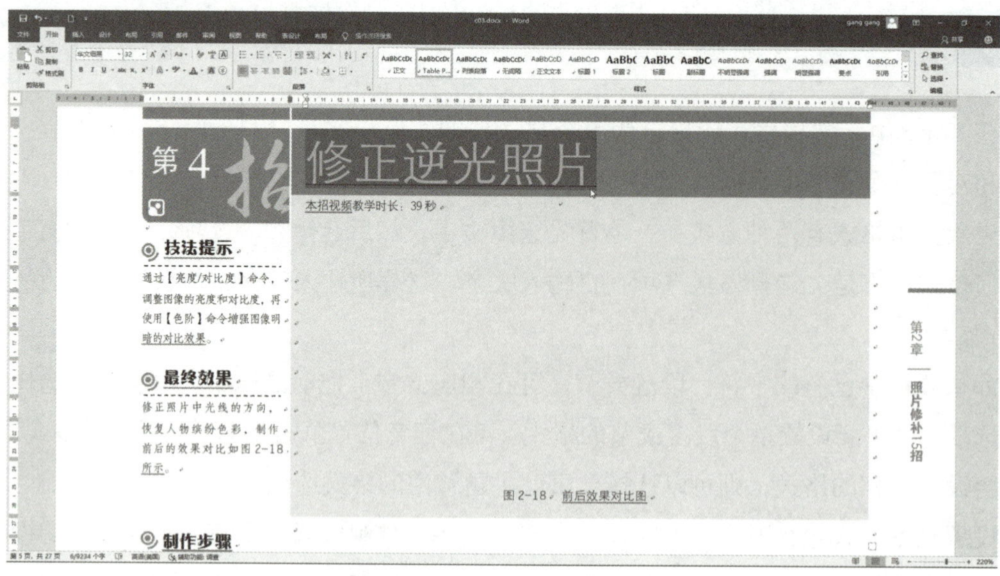

图 4-2

03 设置了标题的字体后，单击“字体”选项组中“字号”文本框右侧的下拉按钮，在展开的下拉列表框中单击“二号”选项。

04 单击“字体”选项组中的“下划[①]线”按钮右侧的下拉按钮，在弹出菜单中选择并设置文本的下画线，完成对标题的文本字体、字形、大小的设置操作，如图 4-3 所示。

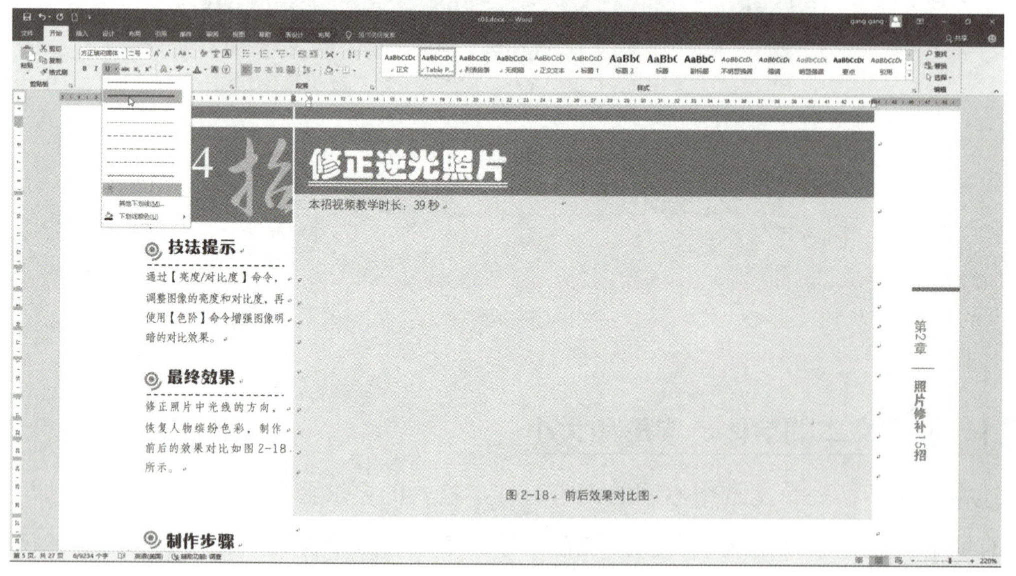

图 4-3

① 按照《现代汉语词典》（第 7 版），“下划线”应写作“下画线”。由于 Word 2019 软件中使用了“下划线”，故此处为了与软件保持一致，有关软件功能说明部分保留了“下划线”这一用法，特此说明。

提示： 为文本设置格式后，如果需要清除全部格式，可以选中目标文本，在“开始”选项卡中单击“样式”选项组下的“其他”按钮，在弹出的菜单中选择“清除格式”命令，即可清除之前设置的所有文本格式，如图 4-4 所示。

图 4-4

4.1.2　设置文本的外观效果

通过设置文本的外观效果，可以使文本变得更加多样美观。外观包括文本颜色、填充、发光、映像等效果，设置时可以直接使用 Word 2019 中预设的外观效果，也可以自定义制作渐变填充的文本效果。

1. 使用预设样式设置文本外观效果

Word 2019 中预设了 20 种文本效果，在选择预设样式后，还可以再根据需要对文本的发光、映像等效果进行自定义设置。

01 启动 Word 2019，打开文档，选择需要设置外观效果的文本，在“开始”选项卡下单击“字体”选项组中的“文本效果”按钮，弹出文本效果库后，单击需要使用的效果“渐变填充 - 水绿色，主题色 5，映像”图标，如图 4-5 所示。

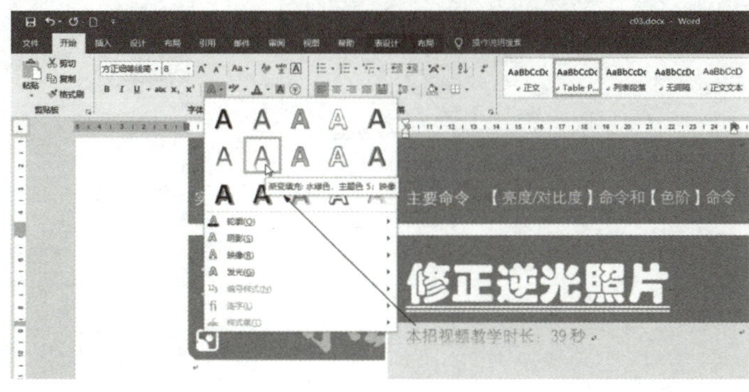

图 4-5

02 选择文本样式后，再次单击“文本效果”按钮，在弹出的文本效果库中指向“映像”选项，在级联列表中单击“映像变体”区域内的“半映像：4 磅 偏移量”图标，如图 4-6 所示。

03 再次单击“文本效果”按钮，在弹出的文本效果库中指向“阴影”选项，在级联列表中单击“偏移：右”图标，如图 4-7 所示。

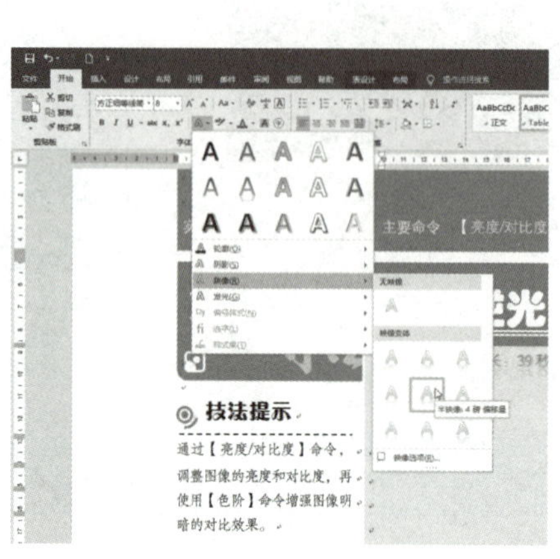

图 4-6

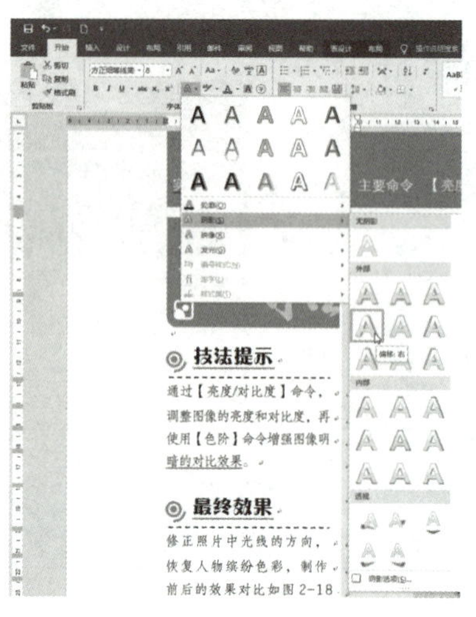

图 4-7

用户可以自己尝试更多的文本外观效果设置选项，直至满意。

2. 自定义制作渐变色彩的文本效果

除了使用预设的文本效果，还可以自定义文本的填充方式，对文字效果进行设置。

01 启动 Word 2019，打开文档，选中需要设置效果的文本，单击“开始”选项卡下“字体”选项组中的“字体”按钮，如图 4-8 所示。

02 弹出“字体”对话框，单击“文字效果”按钮，如图 4-9 所示。

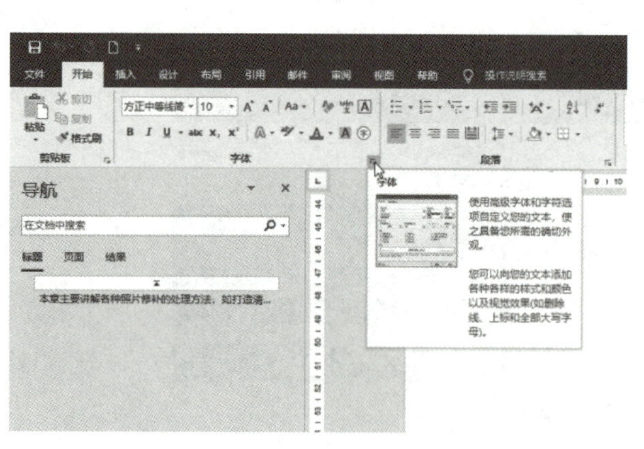

图 4-8

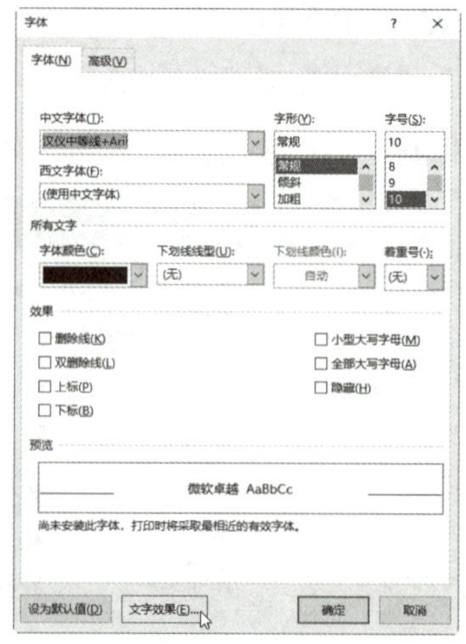

图 4-9

03 弹出“设置文本效果格式”对话框，单击“文本填充”展开按钮，在弹出的选项中选中“渐变填充”单选按钮，如图 4-10 所示。

04 单击对话框下方的“颜色”按钮，在展开的颜色列表中单击“红色”选项，如图 4-11 所示。

05 单击“渐变光圈”色条中的第 2 个滑块，然后单击“颜色”按钮，在弹出的下拉列表中单击“橙色”选项，如图 4-12 所示。

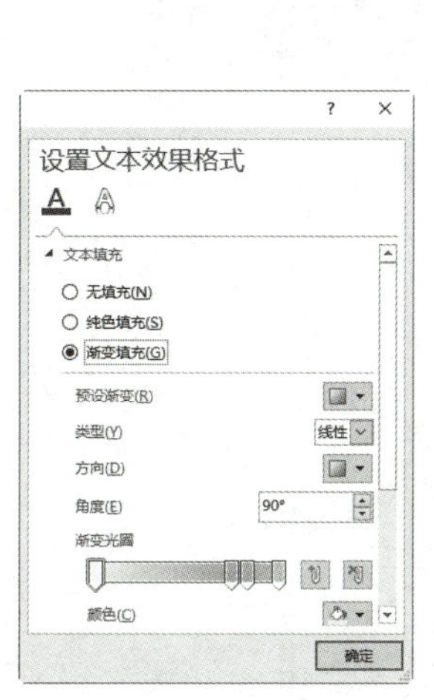

图 4-10

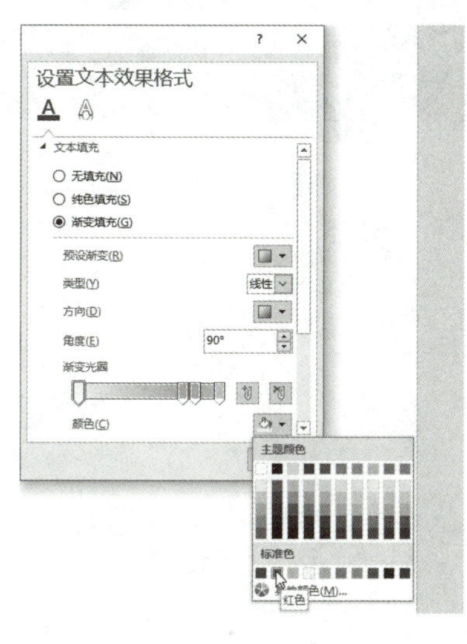

图 4-11

图 4-12

06 单击第 4 个滑块，然后单击“颜色”按钮，在弹出的下拉列表中单击“深蓝”选项，如图 4-13 所示。

07 单击“方向”按钮，在展开的方向样式库中单击“线性向右”图标，如图 4-14 所示。最后单击“关闭”按钮返回“字体”对话框，单击“确定”按钮。

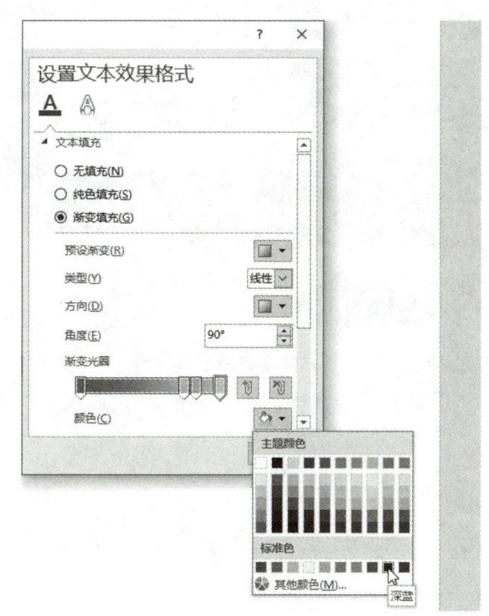

图 4-13

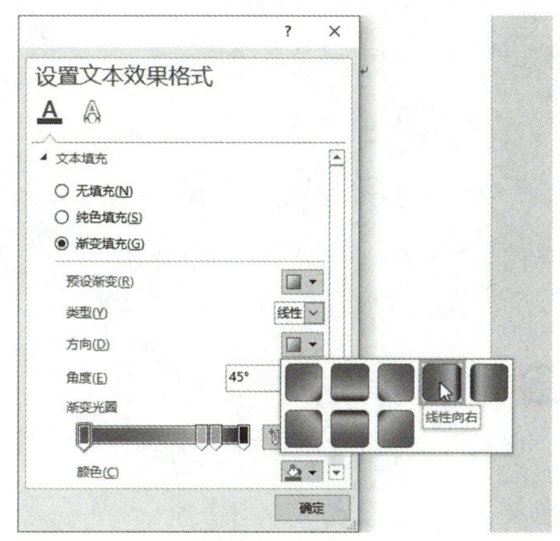

图 4-14

按照以上的操作步骤，就完成了自定义制作渐变填充文本效果的操作，最终效果如图 4-15 所示。

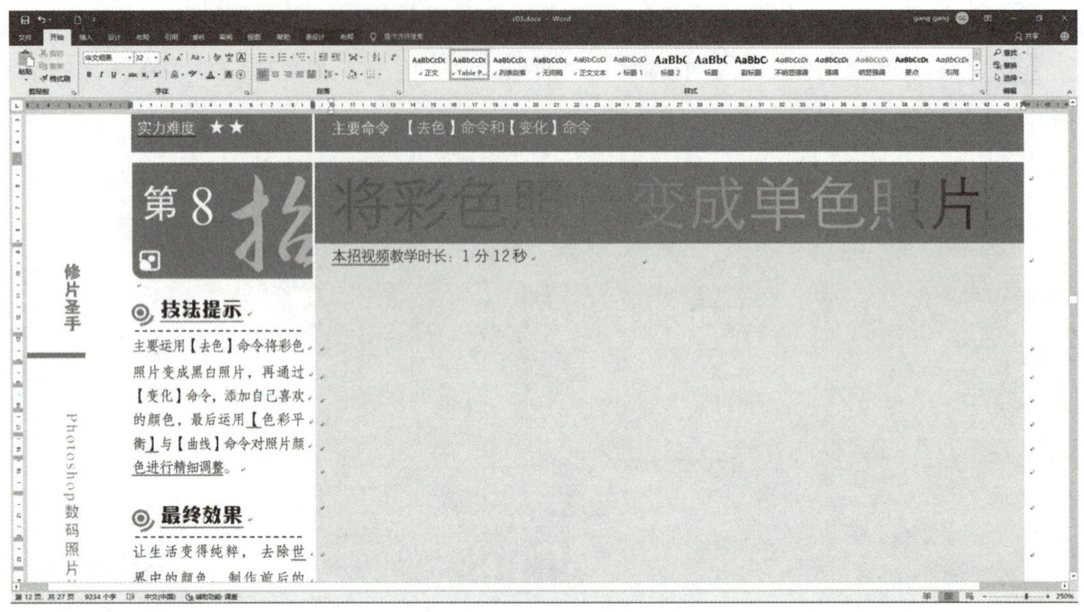

图 4-15

4.1.3 设置字符间距

字符间距是指字符与字符之间的距离，字符的间距主要有加宽和紧缩两种类型，下面以加宽字符间距为例介绍设置字符间距的操作步骤。

01 启动 Word 2019，打开文档，选中需要设置字符间距的文本（例如，本示例中的“技法提示”），单击“开始”选项卡下“字体”选项组中的“字体”按钮，如图 4-16 所示。

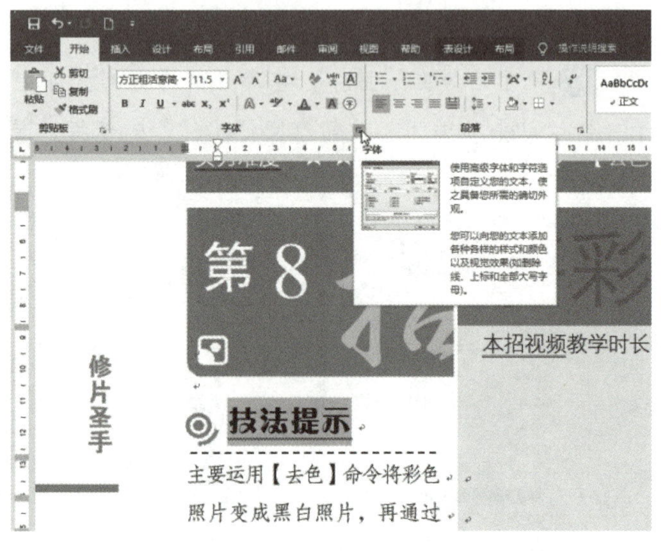

图 4-16

02 弹出“字体”对话框，切换到“高级”选项卡，单击“间距”下拉列表框右侧的下拉按钮，在展开的下拉列表中选择“加宽”选项，如图 4-17 所示。

03 选择间距类型后单击“磅值”数值框右侧的上调按钮，将数值设置为“3 磅”，

最后单击“确定”按钮，如图 4-18 所示。

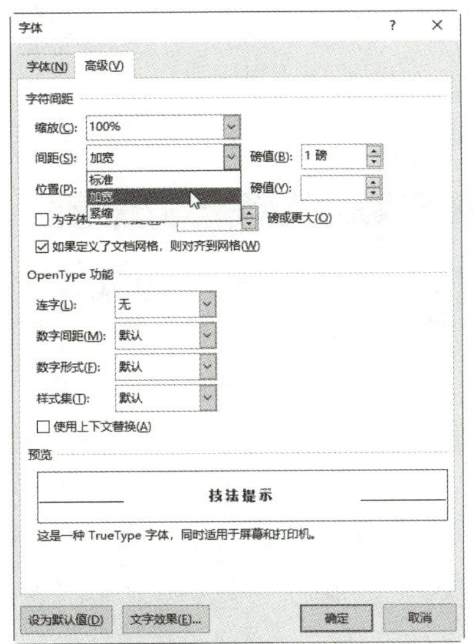

图 4-17

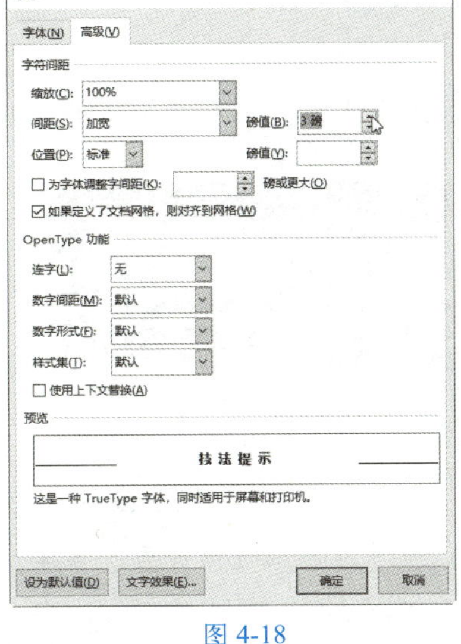

图 4-18

04 完成以上操作后返回文档，可以看到文字“技法提示”在加宽字符间距后的效果（和下面未加宽字符间距的文字“最终效果”相比，差异非常明显），如图 4-19 所示。

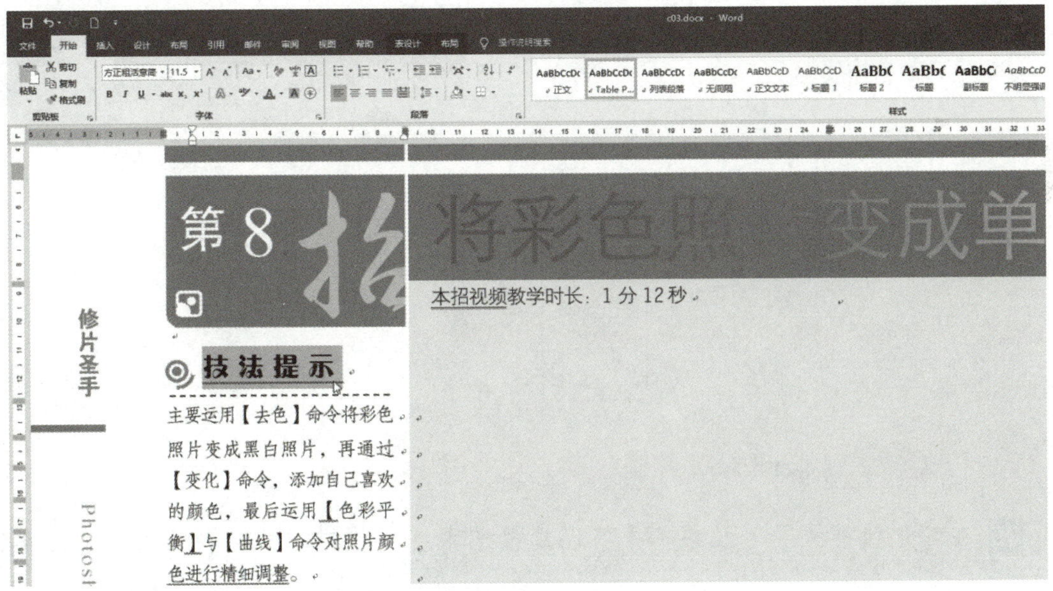

图 4-19

4.1.4　制作艺术字

艺术字就是具有艺术效果的字，在 Word 2019 文档中为文本添加艺术字效果，可以使文档更加美观和富于变化。Word 2019 对艺术字的效果进行了多方面改进，使其效果更加丰富。选择艺术字样式后，用户还可以根据需要对样式进行自定义，操作步骤如下。

01 启动 Word 2019，打开文档，选中需要设置为艺术字的文本（仍然以“技法提示”为例），切换到“插入”选项卡，单击“文本”选项组中的“插入艺术字”按钮，如图 4-20 所示。

02 在弹出的“艺术字”库中单击如图 4-21 所示的图标。

图 4-20

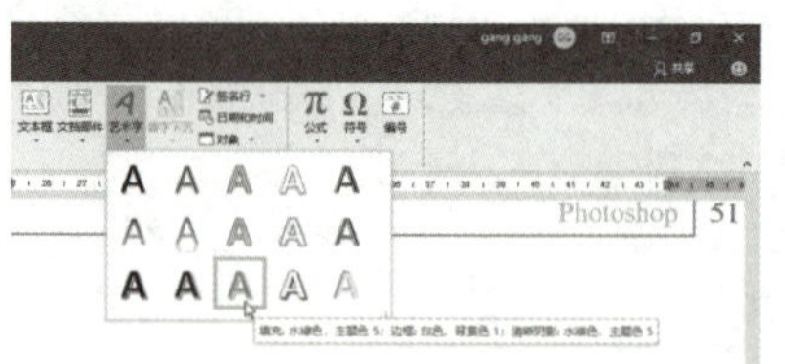

图 4-21

03 添加艺术字后，在它旁边会显示一个“布局选项”按钮，单击它即可显示一个“布局选项”菜单，通过该菜单可以设置艺术字的文字环绕格式，例如“上下型环绕”，如图 4-22 所示。

04 在添加艺术字之后，会出现一个“形状格式”选项卡，在该选项卡中可以对艺术字进行更多的设置。例如，可以单击“编辑形状”按钮，在弹出菜单中选择“更改形状”，然后选择一个形状。本示例中选择的是“卷形：水平”，如图 4-23 所示。

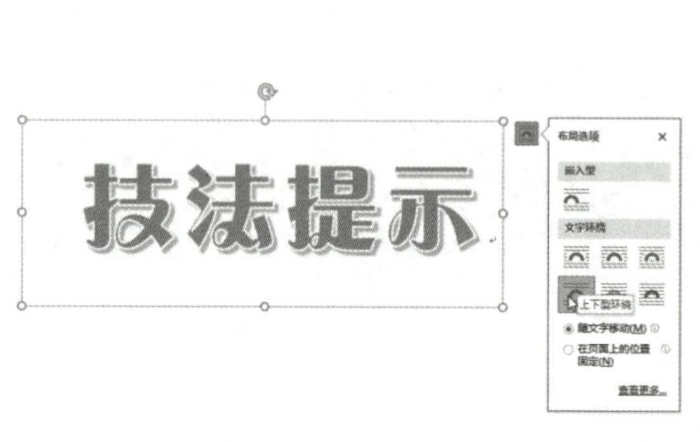

图 4-22

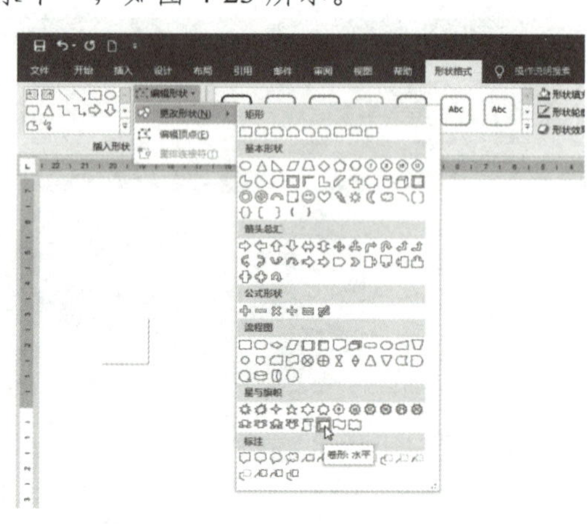

图 4-23

05 在“形状样式”下拉菜单中可以选择艺术字形状样式的一种效果，如图 4-24 所示。

06 艺术字本身也可以选择和设置不同的样式，如图 4-25 所示。

07 可以对艺术字本身做转换变形处理，方法是从“转换”下拉菜单中选择一种样式（本示例选择的是“朝鲜鼓”），如图 4-26 所示。

总之，在 Word 2019 中，艺术字可以变化和设置的样式是非常丰富的，用户可以不断尝试，以选择自己认为合适的外观效果。

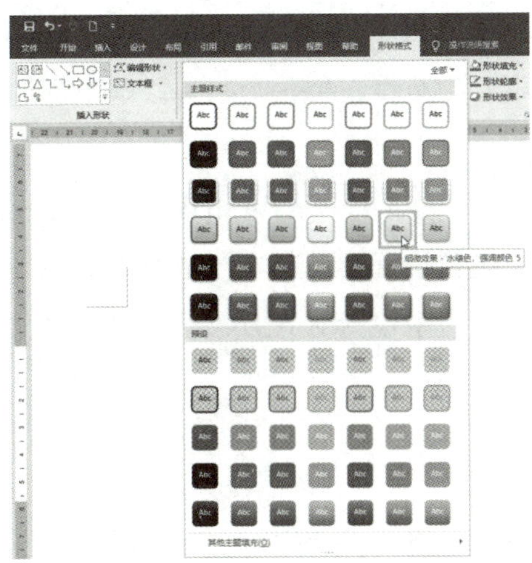

图 4-24

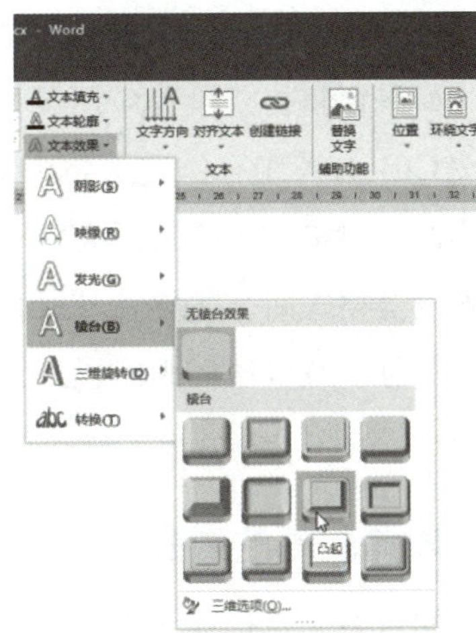

图 4-25

图 4-26

4.2 设置段落格式

段落的格式设置选项包括缩进、制表位、文字对齐方式和行距等。可以使用标尺来设置缩进和制表位，或单击“格式”工具栏上的按钮来设置文字对齐方式，或通过“段落”对话框，完成段落的所有格式设置。

因为段落格式设置选项的对象是整个段落，所以只需单击段落中任意位置，即可选中该段落。如果要将格式设置应用于多个段落，则必须至少在每一个目标段落中都选择一部分，或按 Ctrl ＋ A 组合键选中整个文档。

段落标记对格式设置是很有帮助的，它可使用户看清段落结束和开始的位置。

设置段落格式时，主要在“段落”选项组中进行设置，最基本的是段落对齐方式、段落大纲、缩进以及段落间距的设置。“段落”选项组中包括对齐方式、项目符号、增加缩进量等按钮。

4.2.1 设置段落的对齐方式

段落的对齐方式包括文本左对齐、居中对齐、右对齐、两端对齐和分散对齐 5 种，用户可以根据文本的内容和具体要求对段落的对齐方式进行设置。

要设置段落对齐方式，可按以下步骤操作。

01 启动 Word 2019，打开文档，将插入点定位在需要设置对齐方式的文本（例如，图题）中，在“开始”选项卡下单击“段落”选项组中的“居中”按钮，如图 4-27 所示。

02 大多数情况下，Word 默认的文本段落对齐方式都是“两端对齐”，如图 4-28 所示。

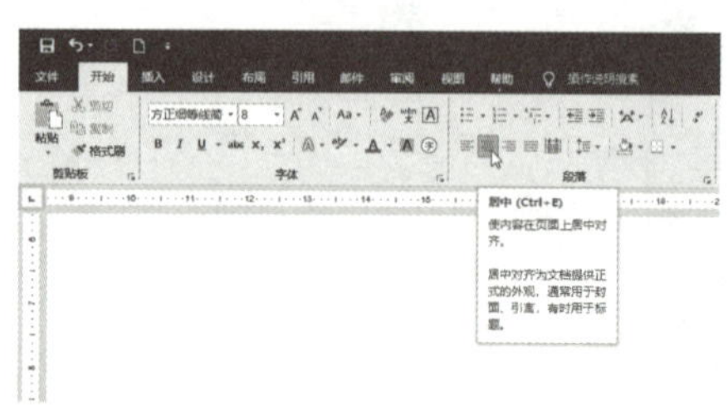

图 4-27

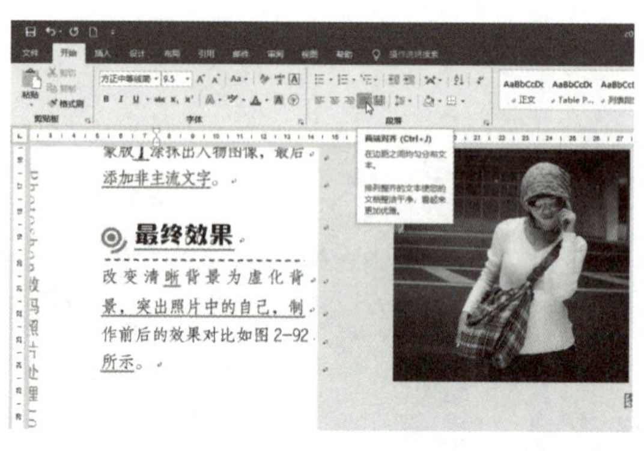

图 4-28

> **提示：**设置段落左对齐的快捷键为 Ctrl+L，右对齐为 Ctrl+R，居中对齐为 Ctrl+E，两端对齐为 Ctrl+J。这些都是需要牢记和经常运用的快捷键。

4.2.2 设置段落的大纲和缩进间距格式

设置段落的大纲、缩进以及间距时，可在“段落”对话框中一次性完成设置，具体操作步骤如下。

01 启动 Word 2019，打开文档，选中需要设置段落格式的段落，单击“开始”选项卡下“段落”选项组中的“段落设置”按钮，如图 4-29 所示。

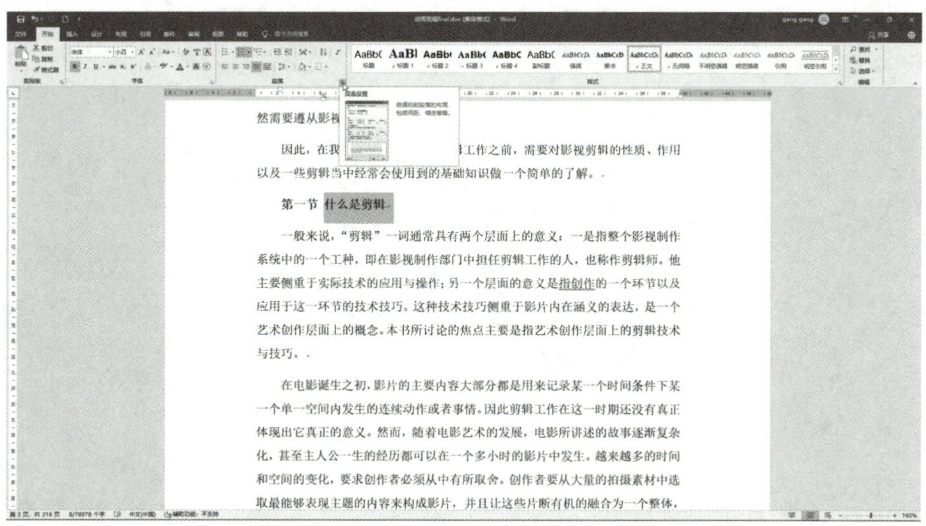

图 4-29

02 在打开的“段落”对话框中，在“缩进和间距”选项卡下，单击“常规”选项组中“大纲级别”文本框右侧的下拉按钮，在展开的下拉列表中选择“3 级”选项，如图 4-30 所示。

03 单击“缩进”选项组中“特殊”格式文本框右侧的下拉按钮，在弹出的下拉列表中选择“首行”缩进选项，如图 4-31 所示。

04 输入“缩进值”为 1。单击“间距”选项组中“段前”数值框右侧的上调按钮，将数值设置为“1 行”，将“段后”设置为“0.5 行”，选择“行距”为“1.5 倍行距”（见图 4-32），最后单击“确定”按钮。

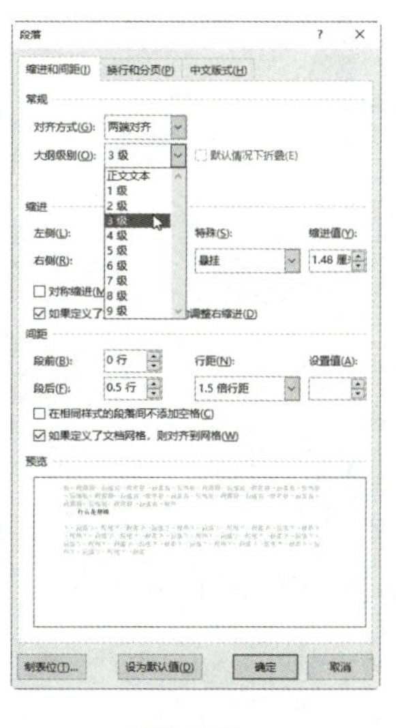

图 4-30

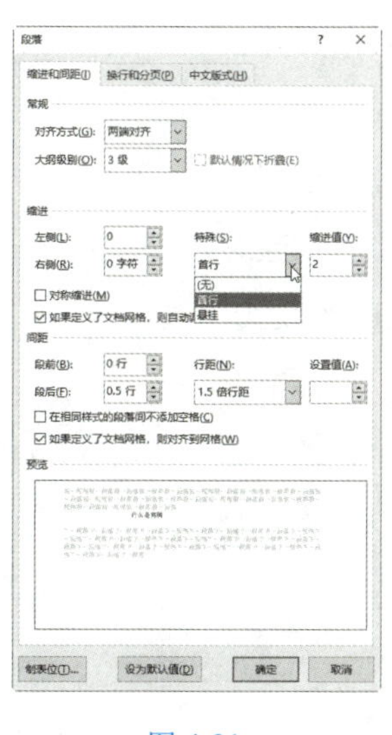

图 4-31

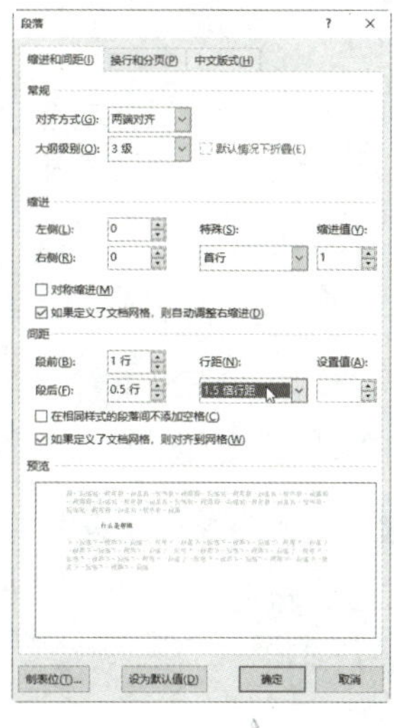

图 4-32

完成以上操作后返回文档，此时在文档的正文中即可看到设置了缩进和段落间距的效果，如图 4-33 所示。

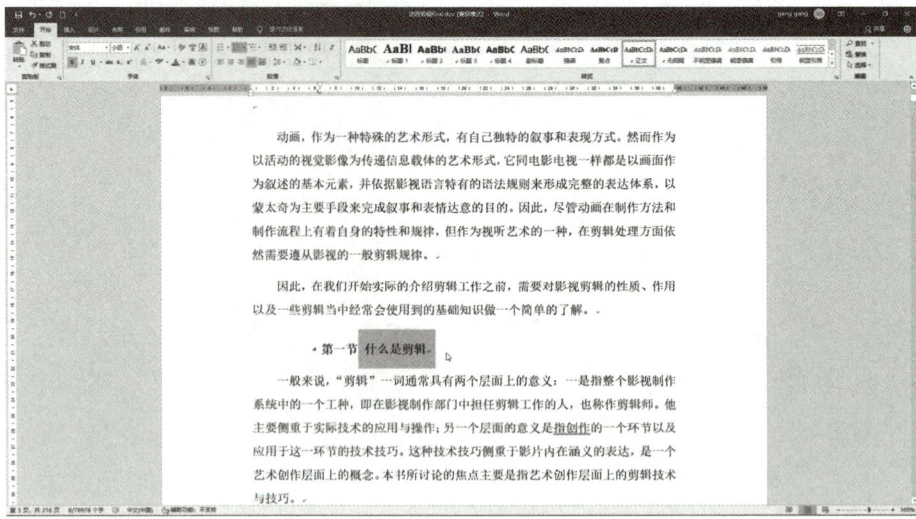

图 4-33

4.2.3 设置段落的垂直对齐格式

设置段落的垂直对齐方式有时非常有用，下面通过一个操作示例来说明这个问题。

01 启动 Word 2019，输入一段图文混排的文本，并且它们在同一行上，如图 4-34 所示。

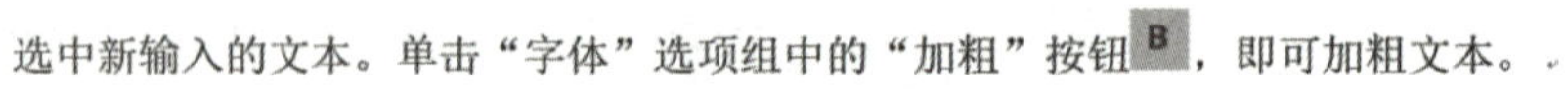

选中新输入的文本。单击“字体”选项组中的“加粗”按钮 **B**，即可加粗文本。

图 4-34

02 可以看到，由于该行中既有图片又有文字，导致了段落的垂直对齐不太协调。要解决这种情况，可以单击“开始”选项卡下“段落”选项组中的“段落设置”按钮，在出现的“段落”对话框中，单击“中文版式”选项卡，然后从“文本对齐方式”下拉菜单中选择“居中”，如图 4-35 所示。

03 单击“确定”按钮，现在可以看到图标已经很好地实现了和文本的垂直对齐，如图 4-36 所示。

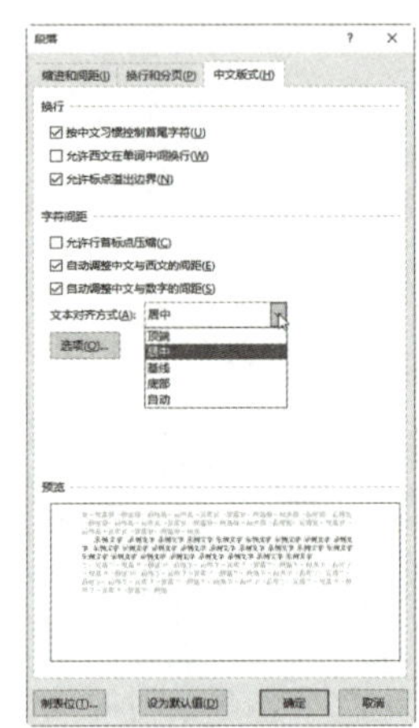

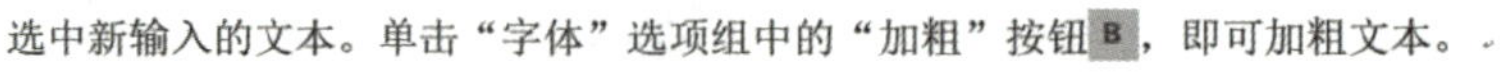

图 4-35

选中新输入的文本。单击“字体”选项组中的“加粗”按钮 **B**，即可加粗文本。

图 4-36

4.2.4 通过标尺设置缩进

位于文档窗口顶部的标尺显示了文档的行宽，以及制表位和缩进的设置。在默认状态下，标尺度量单位是厘米。如果在文档窗口顶部没有看到标尺，则可以单击“视图”选项卡，然后选择“显示”工具组中的“标尺”复选框，如图 4-37 所示。

用户可以将标尺的度量单位设置为英寸、厘米、毫米、磅或派卡等。如果要更改度量单位，可以单击“文件”选项卡，然后选择“选项”命令，在出现的“Word 选项”对话框中，单击“高级”分类，然后在右面的窗格中找到“显示”栏，再从“度量单位”列表中选择另一个选项，如图 4-38 所示。

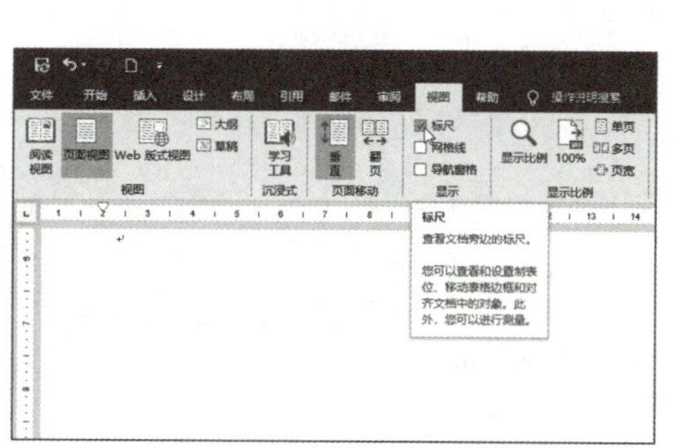

图 4-37

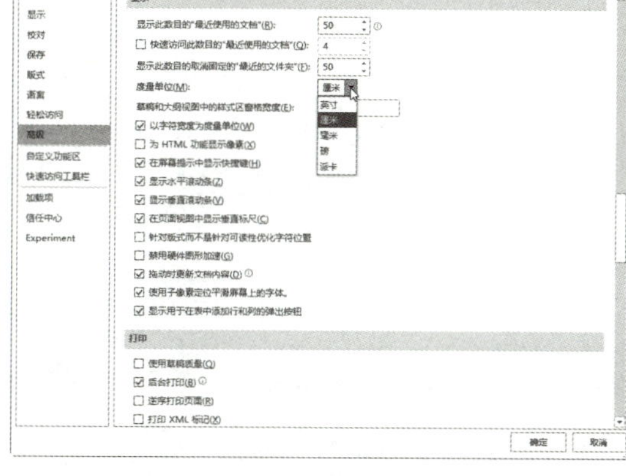

图 4-38

标尺由两部分组成：白色区域代表文档中的文字区域，而阴影区域代表页边，如图 4-39 所示。

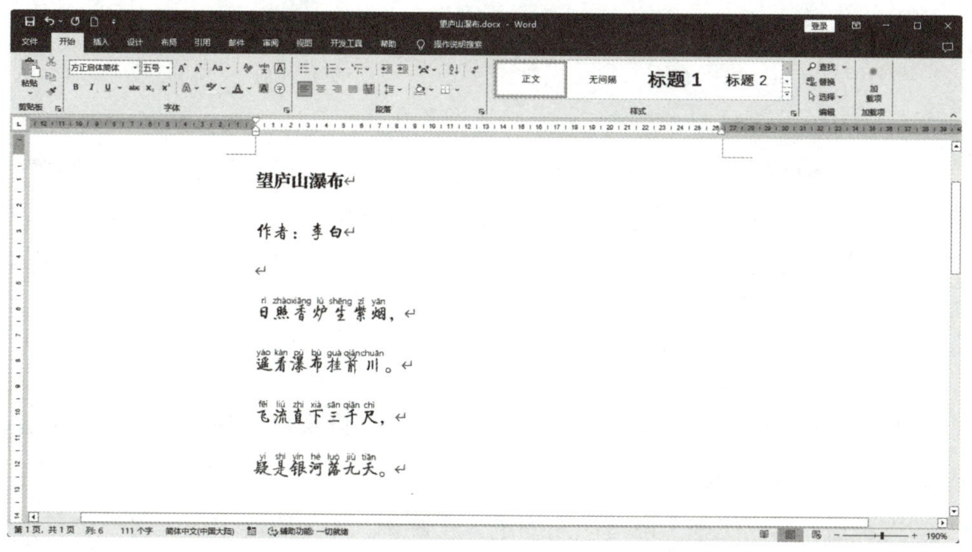

图 4-39

用户可以将缩进标记拖动到标尺的任何位置，甚至拖动到页边区域。例如，对于诗歌名（望庐山瀑布），如果要让它居中显示，则可以将光标停放在该行，然后直接拖动标尺中的“首行缩进”标记，如图 4-40 所示。

页边距的大小由“页面设置”对话框控制，双击标尺的阴影区域，即可显示该对话框，如图 4-41 所示。

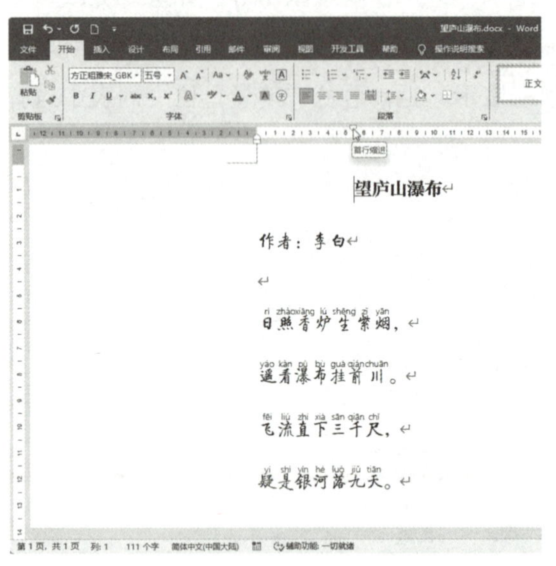

图 4-40

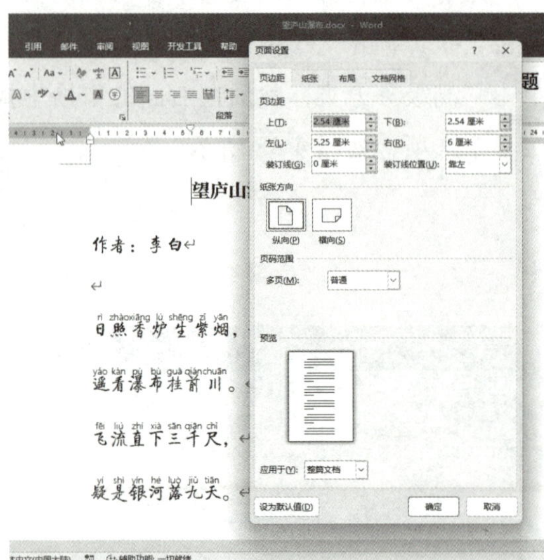

图 4-41

标尺的 4 种缩进标记代表了段落的 4 种缩进形式，每一个标记的位置说明了当前段落的缩进方式。如果要设置缩进，可将标记拖动到标尺的其他位置，如图 4-42 所示。

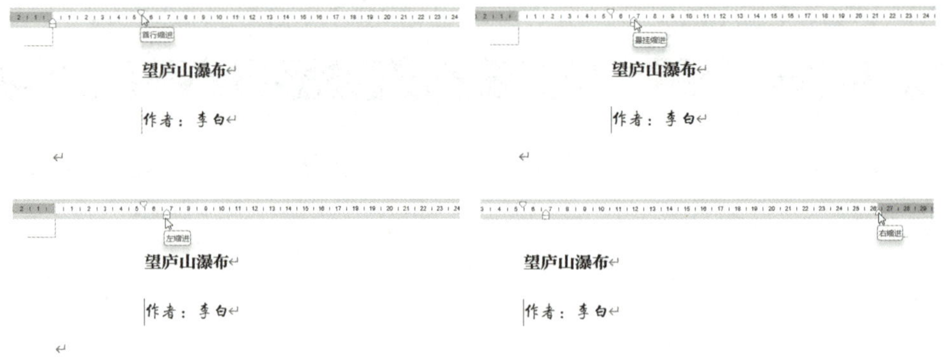

图 4-42

用户可以尝试选中一个段落，然后拖动这些标记，再观察这些标记的效果。这 4 种缩进标记对文字各有不同的作用。

- “左缩进”标记使整个段落向左缩进一个距离。如果段落中还包含一个首行缩进，则“首行缩进”标记将随“左缩进”标记的移动而相应移动，以保持第一行与段

落中其他行的相对位置不变。

- “首行缩进”标记仅作用于段落的第一行。通过它，可以创建普通缩进或悬挂缩进。悬挂缩进是指段落第一行的缩进量小于其他行。如果要在第一行设置悬挂缩进，则可将“首行缩进”标记拖到“左缩进”标记的左方。
- 通过“悬挂缩进”标记，也可以创建悬挂缩进，它控制除首行外的其他行的缩进。如果要通过“悬挂缩进”标记设置缩进，可将它拖动到“首行缩进”标记的右侧。
- “悬挂缩进”与“左缩进”的效果不同：“左缩进”会使整个段落的所有行都向右移动相同的距离；“悬挂缩进”仅使段落中的第二行及之后的行向右移动，第一行位置不变。
- 当用户移动“左缩进”标记时，“首行缩进”标记也随之移动，以保证第一行与其他行之间的相对位置不变。
- 当用户移动“悬挂缩进”标记时，“首行缩进”标记保持不动，第一行与其他行之间的相对位置发生了改变。

使用缩进控制有两个优点：

- 用户可以轻而易举地合并段落，而不必考虑段落之间多余的空格字符。
- Word 将对每个段落自动缩进，因为，每当用户按 Enter 键时，新段落将自动继承前面段落的缩进方式。

4.3 项目符号与编号的应用

项目符号与编号用于对文档中带有并列性的内容进行排列，使用项目符号可以使文档更加美观，有利于阅读文档，而编号是使用数字形式对并列的段落进行顺序排号，使其具有一定的条理性。

4.3.1 使用项目符号

为文档添加项目符号时，用户可以直接使用项目符号库中的符号，也可以在程序的符号库中选择已有符号，自定义新项目符号。

1. 使用符号库中的符号

在 Word 2019 的项目符号库中预设了圆形、矩形、棱形等 7 种项目符号，应用时可在符号库中直接选取目标符号。可以按以下步骤操作。

01 启动 Word 2019，打开文档，选择需要添加项目符号的段落，在“开始”选项卡下单击“段落”选项组中“项目符号”按钮右侧的下拉按钮，如图 4-43 所示。

02 在弹出的下拉菜单中，选择项目符号库中的项目符号，如图 4-44 所示。

03 完成以上操作后就为文档添加了预设项目符号，如图 4-45 所示。

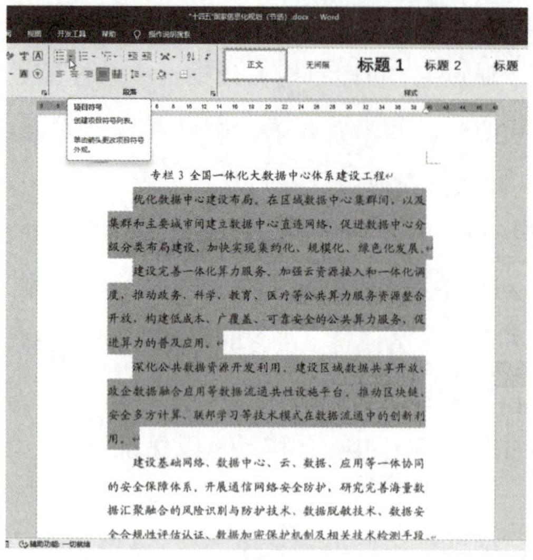

图 4-43

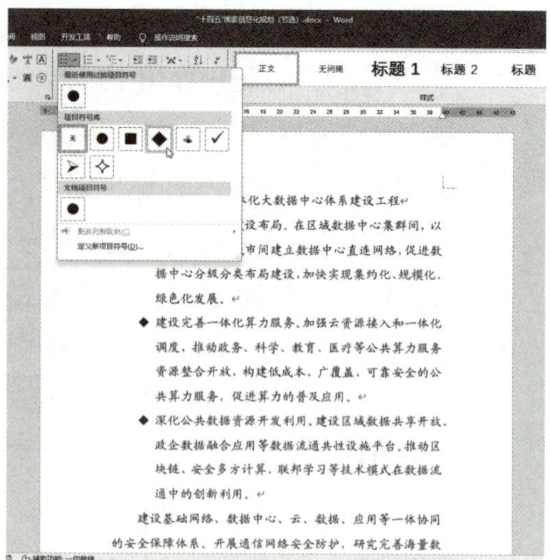

图 4-44

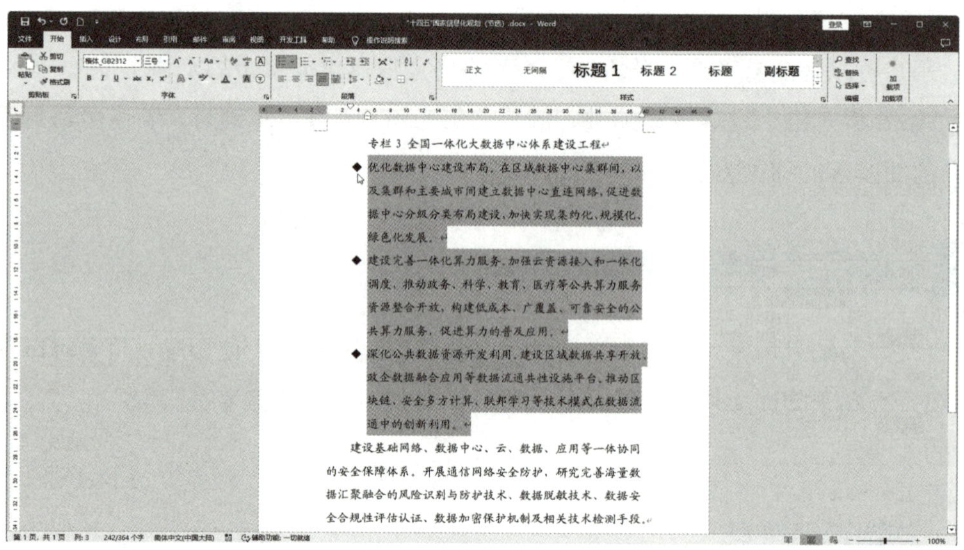

图 4-45

2. 定义新项目符号

Word 2019 中预设的项目符号数量有限，如果用户希望使用更精彩的项目符号，可以根据需要定义新的项目符号，操作步骤如下。

01 启动 Word 2019，打开文档，选中目标段落，在“开始”选项卡下，单击“段落”选项组中“项目符号”按钮右侧的下拉按钮，如图 4-46 所示。

02 弹出项目符号库，单击“定义新项目符号”选项，如图 4-47 所示。

03 弹出“定义新项目符号”对话框，单击“符号”按钮，如图 4-48 所示。

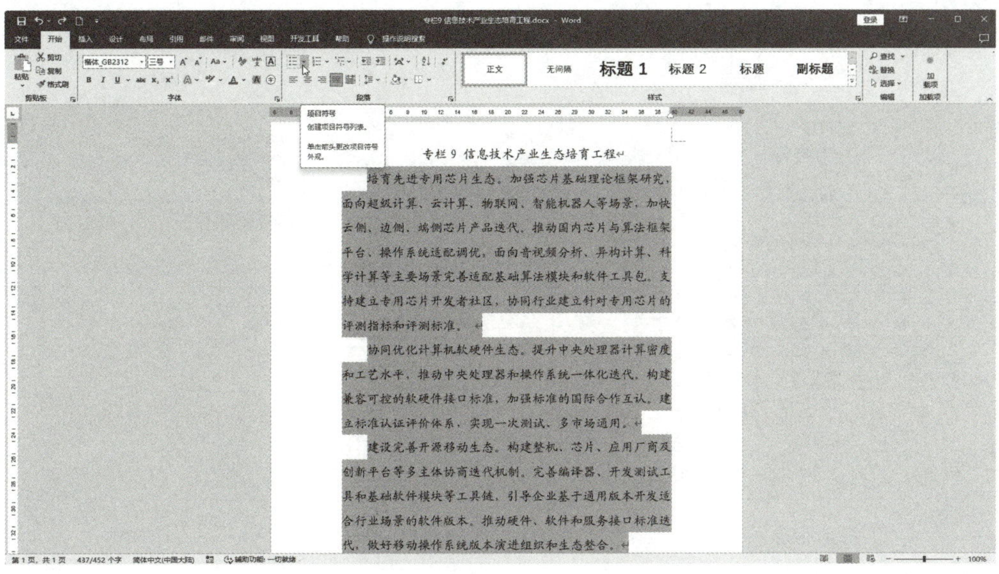

图 4-46

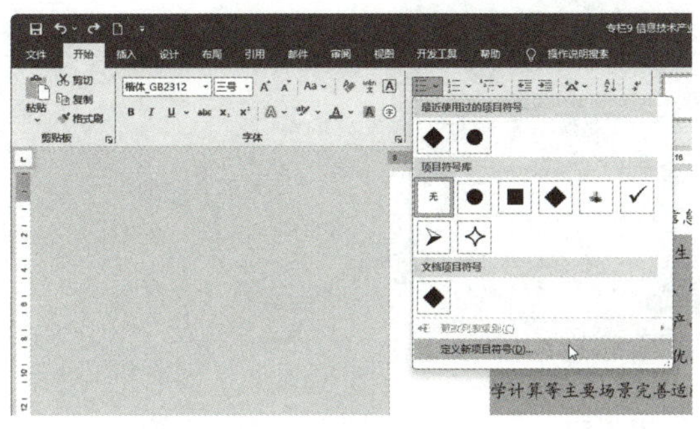

图 4-47

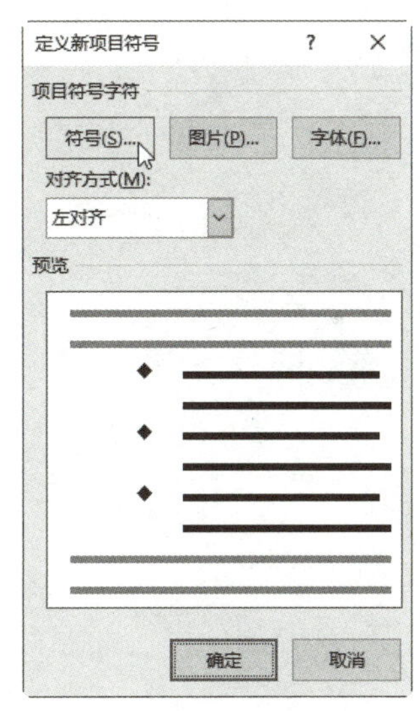

图 4-48

04 弹出“符号”对话框，将“字体”设置为 Wingdings，单击需要作为项目符号的符号，最后单击“确定”按钮，如图 4-49 所示。

05 返回“定义新项目符号”对话框，单击“字体”按钮，如图 4-50 所示。

06 弹出“字体”对话框，将“字体颜色”设置为“蓝色”，在“字号”列表框中单击“四号”选项，如图 4-51 所示。最后依次单击对话框中的“确定”按钮。

07 返回文档后，可以看到所选择的文档已经应用了新定义的项目符号，效果如图 4-52 所示。

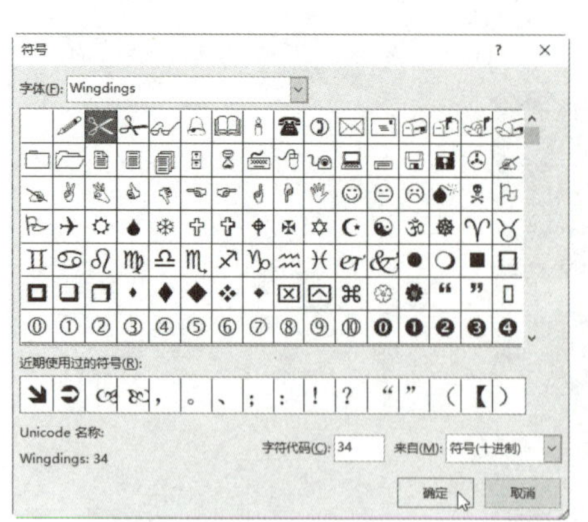
图 4-49

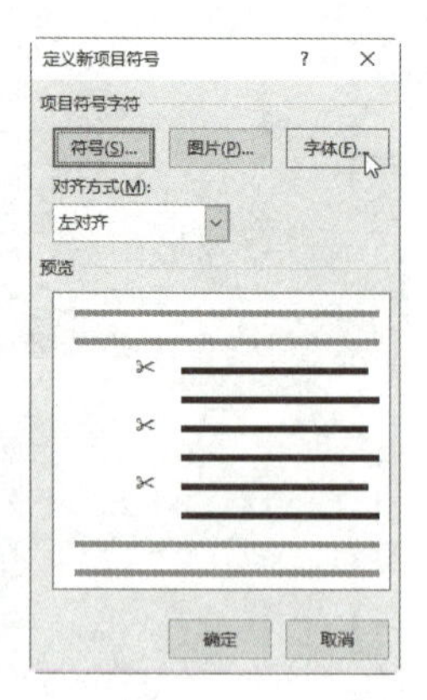
图 4-50

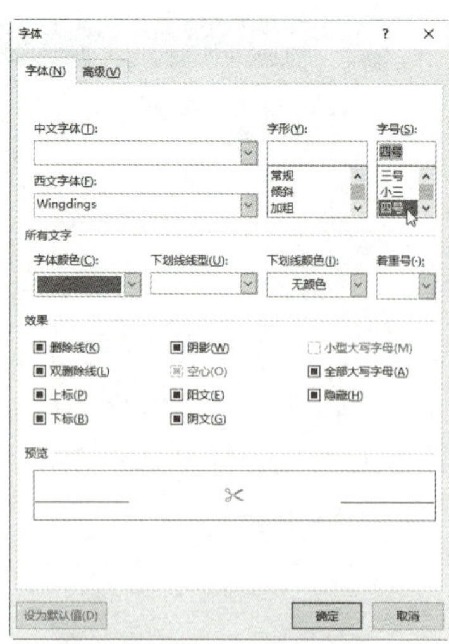
图 4-51

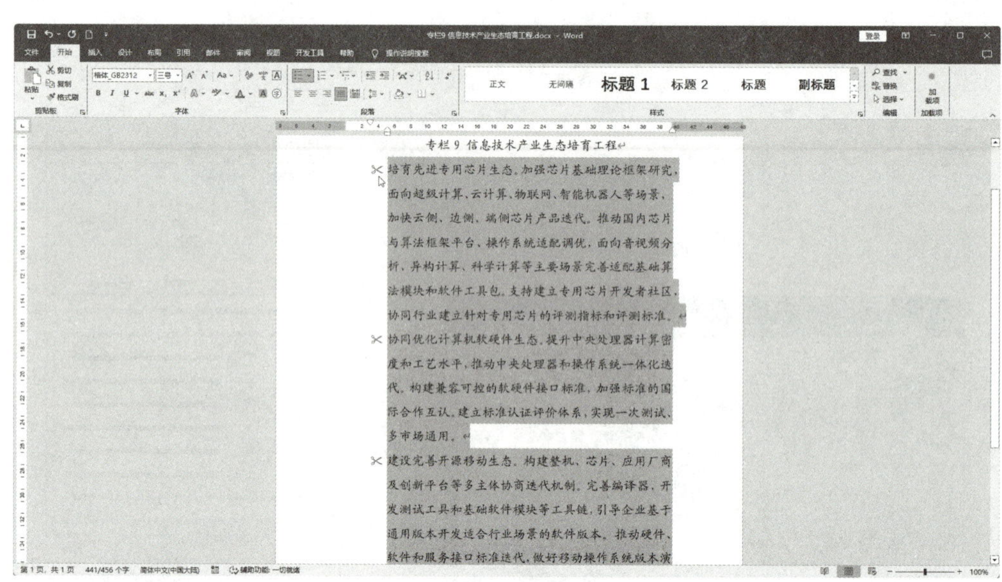
图 4-52

4.3.2 编号的应用

对文本使用编号是按照一定的顺序使用数字对文本内容进行编排，使用编号时可以使用预设的编号样式，也可以定义新的编号样式。由于使用预设编号的操作与使用预设项目符号的操作相似，所以接下来只介绍定义新编号样式的操作步骤。

01 启动 Word 2019，打开文档，选中需要应用编号的段落，在“开始”选项卡下单击“段落”选项组中“编号”按钮右侧的下拉按钮，在弹出的菜单中选择“定义新编号格式”命令，如图 4-53 所示。

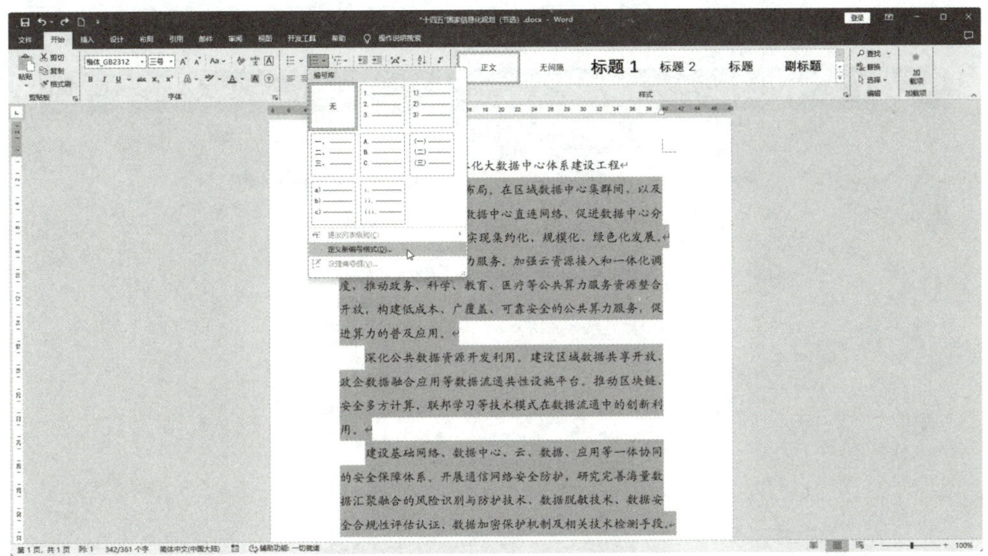

图 4-53

02 弹出“定义新编号格式”对话框，单击“编号样式”按钮右侧的下拉按钮，在弹出的下拉列表中选择“1st，2nd，3rd...”选项，如图 4-54 所示。

03 选择编号样式后单击“字体”按钮，如图 4-55 所示。

04 弹出“字体”对话框，在“字体”选项卡中将“西文字体”设置为“Century”，在“字形”列表框中单击“加粗”选项，设置“字号”为“小四”，选择“字体颜色”为绿色，“下划线线型”为双线（见图 4-56），最后单击“确定”按钮。

05 字体格式设置完毕后，返回“定义新编号格式”对话框，将“对齐方式”设置为“左对齐”，最后单击“确定”按钮，如图 4-57 所示。

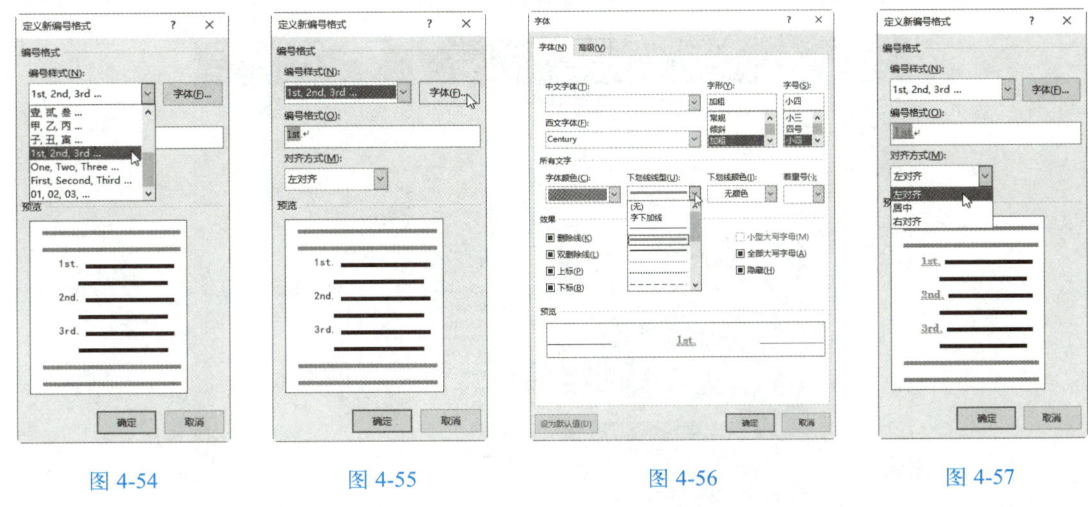

图 4-54　　图 4-55　　图 4-56　　图 4-57

06 完成定义新编号样式的操作，返回文档中，即可看到文本应用新编号样式后的效果，如图 4-58 所示。

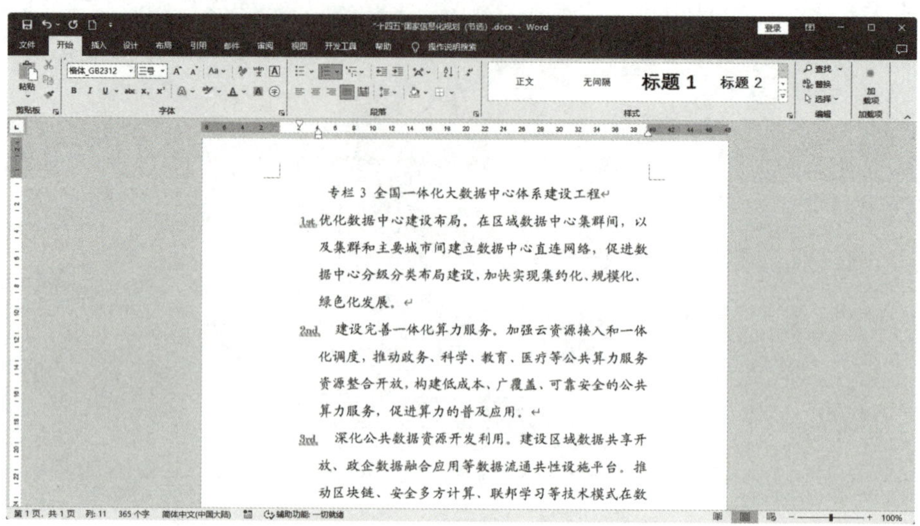

图 4-58

4.3.3 多级列表的使用

在 Word 2019 文档中，通过调整项目符号或编号列表的级别设置，用户能够构建具备多层次复杂结构的列表，这种功能支持创建多达 9 级的嵌套列表层级。

1. 使用内置多级列表

运用 Word 中的多级列表功能进行编排，操作步骤如下。

01 启动 Word 2019，打开文档，选中需要添加列表的段落，在“开始”选项卡的“段落”选项组中单击“多级列表”按钮，在弹出的下拉列表中选择需要的列表样式，如图 4-59 所示。

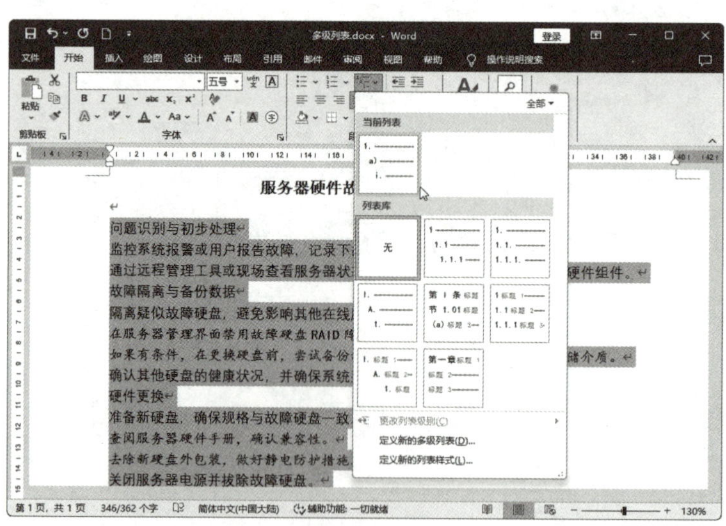

图 4-59

02 此时所有段落的编号级别为 1 级，效果如图 4-60 所示。

03 选中需要调整级别的段落，单击“多级列表”按钮，在弹出的下拉列表中选择“更改列表级别”选项，再从弹出的列表中选择“2 级”选项，如图 4-61 所示。

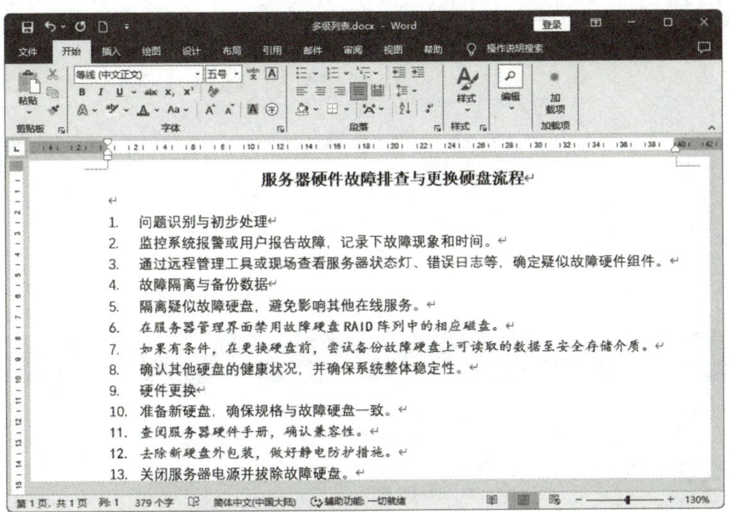

图 4-60

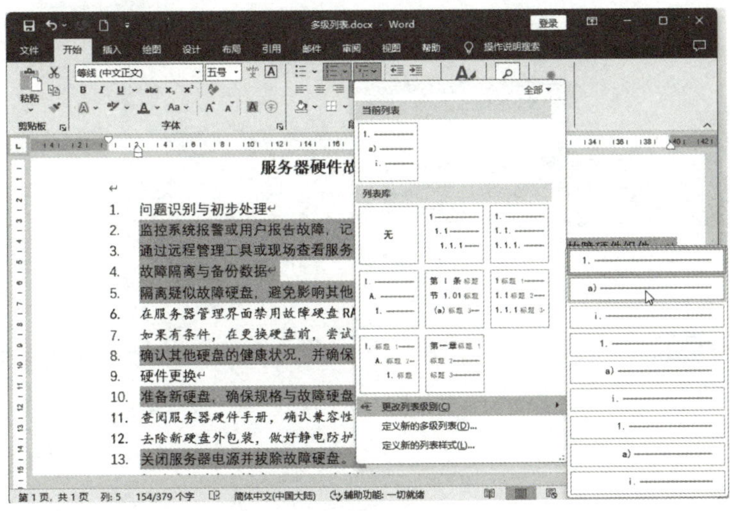

图 4-61

04 此时，所选段落的级别调整为 2 级，其他段落的编号也随之发生更改，效果如图 4-62 所示。

05 继续选中需要调整级别的段落，单击“多级列表”按钮，在弹出的下拉列表中选择“更改列表级别”选项，再从弹出的列表中选择“3 级”选项，如图 4-63 所示。

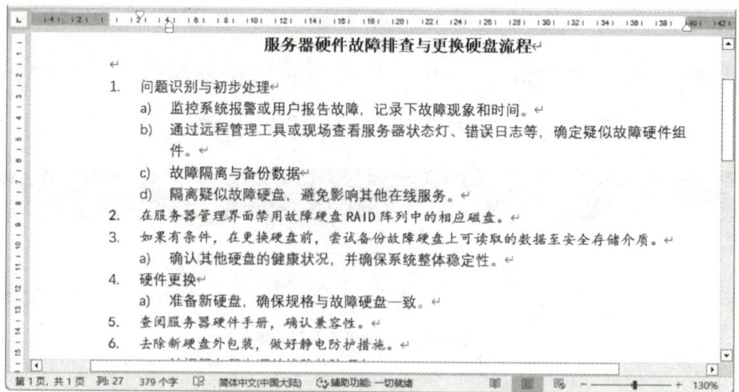

图 4-62

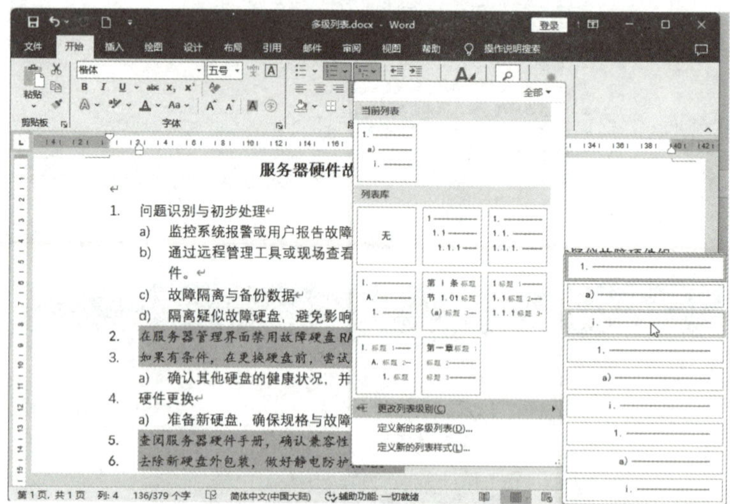

图 4-63

06 完成步骤**05**操作后，所选段落的级别调整为 3 级，其他段落的编号也随之发生变化，效果如图 4-64 所示。

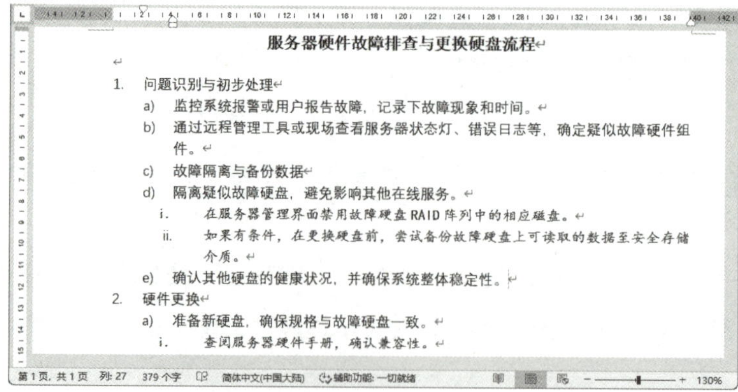

图 4-64

2. 自定义新多级列表

除了可以使用 Word 内置的列表样式，还可以自定义新的多级列表，操作步骤如下。

01 启动 Word 2019，打开文档，选中要添加列表的段落。

02 在“开始”选项卡的“段落”选项组中，单击“多级列表”按钮，在弹出的下拉列表中选择“定义新的多级列表”选项，打开如图 4-65 所示的“定义新多级列表”对话框。

03 单击“定义新多级列表”对话框左下角的“更多”按钮，展开对话框的更多选项设置区域，如图 4-66 所示。

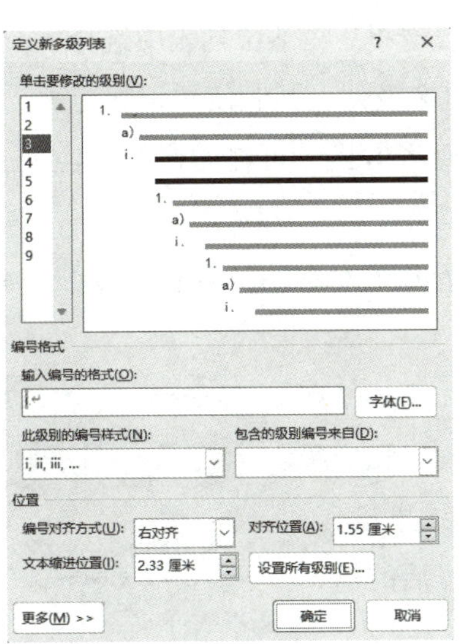

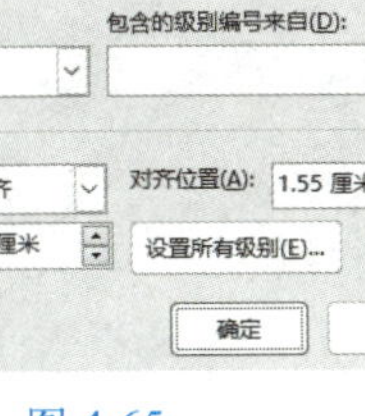

图 4-65

图 4-66

用户可以根据需要自定义新的多级列表，“定义新多级列表”对话框中主要选项的功能介绍如下。

- “单击要修改的级别”列表框：可以从中选择要更改的列表级别，共有 9 个级别可供选择，默认的列表级别为“1”。
- “将更改应用于”下拉列表：可以选择需要应用更改的位置，共有“整个列表”“插入点之后”“当前段落”3 个位置可供选择。
- “将级别链接到样式”下拉列表：如果要将 Word 中的现有样式应用于列表中的每个级别，可从此下拉列表中进行选择。
- “要在库中显示的级别”下拉列表：选择要在库中显示的编号，默认显示“级别 1”。
- “ListNum 域列表名”文本框：用于为多级列表指定一个 ListNum 字段列表名称中的名称。此名称会在看到 ListNum 字段时显示。
- “输入编号的格式”文本框：保持灰色阴影编号代码不变，根据实际需要在代码前面或后面输入必要的字符。例如，在前面输入“第”，在后面输入“类”，并将默认添加的小点删除，或者为编号列表添加括号或其他值。

- “字体”按钮：单击该按钮，会打开“字体”对话框，可以根据需要设置编号的字体、字号、颜色等格式。还可以在“高级”选项卡中更改编号的字符间距和设置 OpenType 功能。
- “此级别的编号样式”下拉列表：若要更改样式，可单击下拉按钮，选择数字、字母或其他按时间排序的格式。
- “起始编号”微调框：选择列表开始的编号，默认值为1。若要在特定级别之后重新开始编号，则勾选“重新开始列表的间隔”复选框，在下拉列表中选择一个级别。
- “正规形式编号”复选框：勾选此复选框，对多级列表强制使用正规形式。
- “编号对齐方式”下拉列表：若要更改编号对齐方式，可在右侧的下拉列表中选择“左对齐”“居中”或“右对齐”。
- “对齐位置”和“文本缩进位置”微调框：为开始对齐的位置和文本缩进分别指定一个值。
- “设置所有级别”按钮：单击此按钮会打开如图 4-67 所示的“设置所有级别”对话框，可以在其中设置相应级别的项目符号 / 编号、文字的位置，以及附加缩进量。
- “编号之后”下拉列表：用于选择应跟在编号后的值，包括“制表符”“空格”“无”3 个选项。
- “制表位添加位置”复选框：勾选此复选框并输入一个值，用以添加制表位。

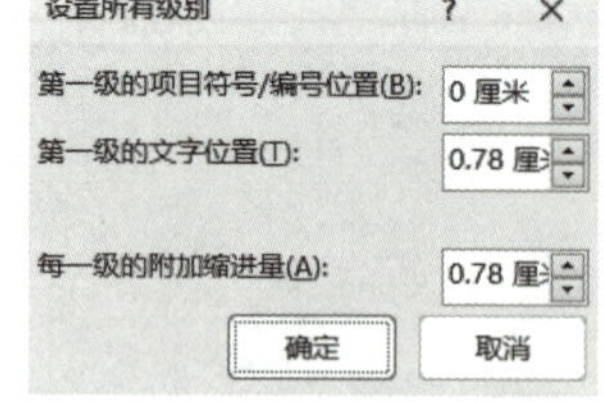

图 4-67

04 设置完成后，可以通过预览框进行预览，确认无误后单击“确定”按钮，完成新多级列表的自定义设置。

> **提示：**如果不慎误删了“输入编号的格式”文本框内的数字，切勿自行手动输入诸如“1.1”这样的格式。正确的操作步骤如下。
>
> **01** 选择级别来源：应当在相关设置中将“包含的级别编号来自”选项设定为“级别 1”，这意味着设置当前级别的编号样式继承自文档中定义的第一级编号。
>
> **02** 指定编号样式：接下来，对于“此级别的编号样式”，应选择标准的阿拉伯数字序列，即“1，2，3，…”。这将确保编号遵循常规的递增整数格式。
>
> **03** 添加分隔符：至于编号与正文内容之间的点号（或者其他所需的分隔符），不应在“输入编号的格式”文本框内直接键入。通常情况下，系统会提供专门的位置或选项供用户指定分隔符。用户可在相应设置区域内自行输入或选择点号（.），以确保其正确地与编号相连，形成“1. 文本”这样的格式。

4.4 设置边框和底纹

在进行文字处理时，可以在文档中添加多种样式的边框和底纹，以增加文档的生动性和实用性。

4.4.1 设置边框

边框不同设置方法也不同，Word 2019 提供了多种边框类型，用来强调或美化文档内容。

1. 设置段落边框

01 启动 Word 2019，打开文档，选择需要进行边框设置的段落，单击“开始”选项卡下“段落”选项组中的“边框”按钮右边的下拉按钮，在弹出的菜单中选择“边框和底纹”命令，如图 4-68 所示。

02 打开“边框和底纹”对话框，选择“边框”选项卡。

- 在“设置”选项组中有 5 种边框样式，从中可选择所需的样式；本示例选择的是“阴影”。
- 在“样式”列表框中列出了各种不同的线条样式，从中可选择所需的线型。本示例选择的是斜线。
- 在“颜色”和“宽度”下拉列表中可以为边框设置所需的颜色和宽度。本示例颜色选择蓝色，宽度选择“3.0 磅”。

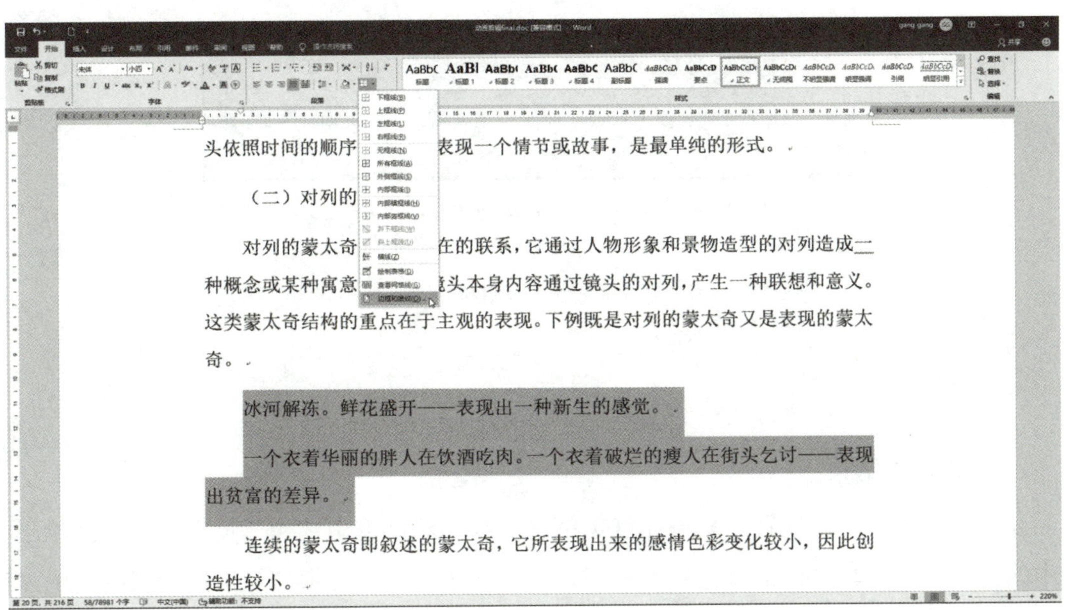

图 4-68

- 在“应用于”下拉列表中可以设定边框应用的对象是文字或是段落。本示例选择的是“段落”，如图 4-69 所示。

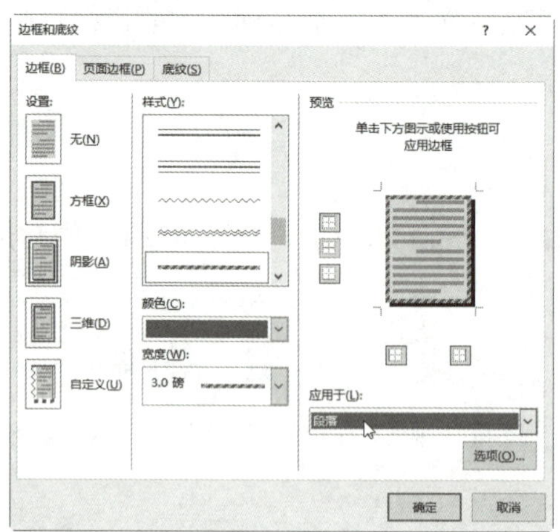

图 4-69

03 单击“确定”按钮，完成设置，效果如图 4-70 所示。

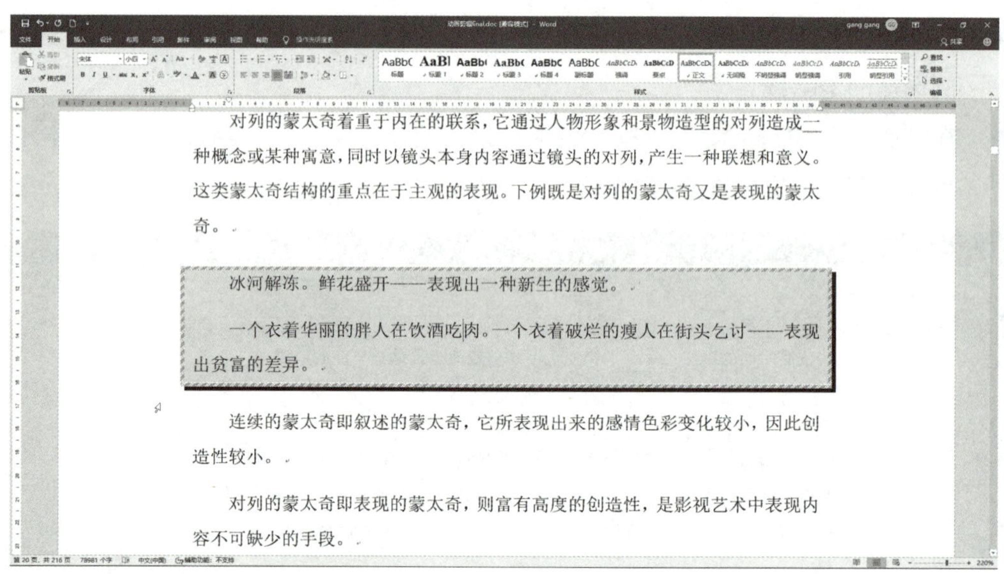

图 4-70

2. 设置页面边框

要对页面进行边框设置，只需在“边框和底纹”对话框中选择“页面边框”选项卡，其中的设置基本上与“边框”选项卡相同，只是多了一个“艺术型”下拉列表框，通过该列表框可以定义页面的边框。

为页面添加艺术型边框时，操作步骤如下。

01 启动 Word 2019，打开文档，选择“开始”选项卡，在“段落”选项组中单击“边框”按钮后面的下拉按钮，在弹出的菜单中选择“边框和底纹”命令，打开“边框和底纹”对话框。

02 切换到“页面边框”选项卡，在“设置”选项组中选择“方框”选项，在“艺术型”下拉列表中选择艺术型样式，注意在“应用于”下拉列表中选择页面边框的应用范围。本示例选择的是“整篇文档”，如图 4-71 所示。

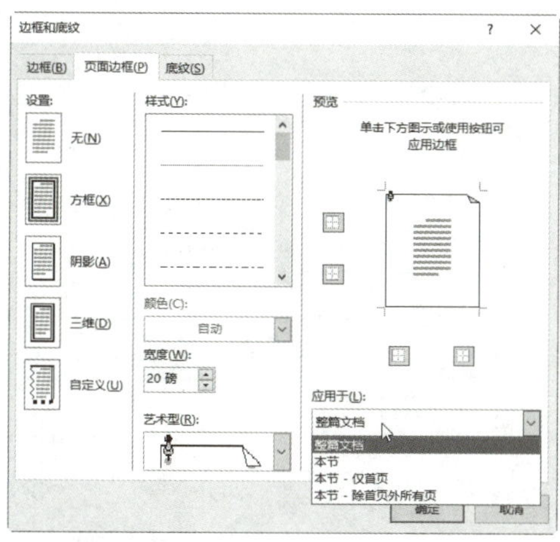

图 4-71

03 单击“确定”按钮，完成设置，效果如图 4-72 所示。可以看到，该文档的所有页面都添加了一个页面边框。

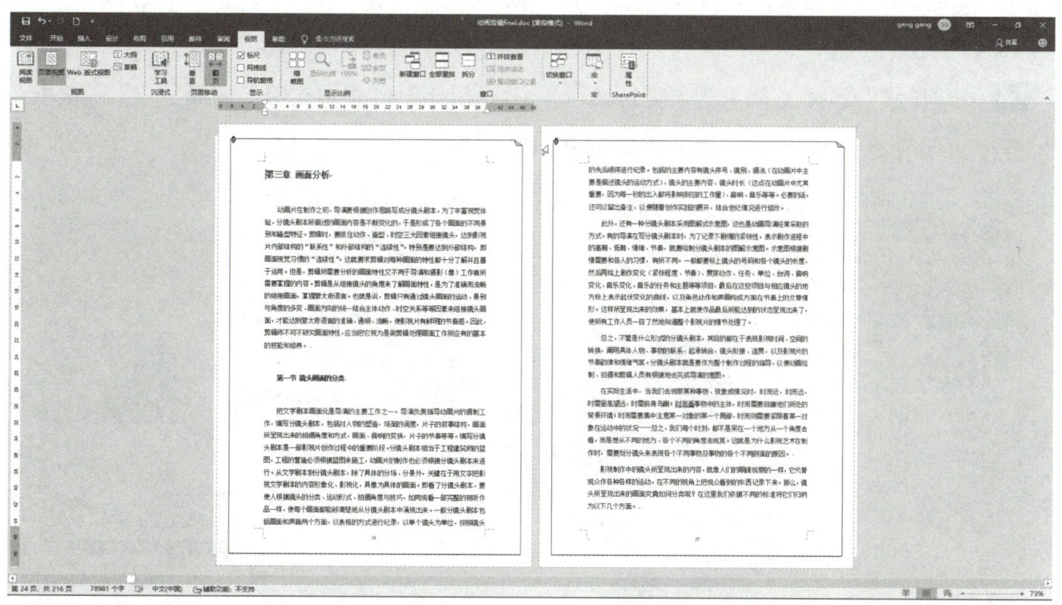

图 4-72

4.4.2 设置底纹

要为文档设置底纹，只需在“边框和底纹”对话框中选择“底纹”选项卡，对填充的颜色和图案等进行设置即可。

为文字设置底纹时，操作步骤如下。

01 启动 Word 2019，打开文档，选择需要设置底纹的文本，在“开始”选项卡下，单击“段落”选项组中“边框”按钮后面的下拉按钮，在弹出的菜单中选择“边框和底纹”命令，打开“边框和底纹”对话框。

02 在“边框”选项卡中，选择“设置”为“阴影”，如图 4-73 所示。

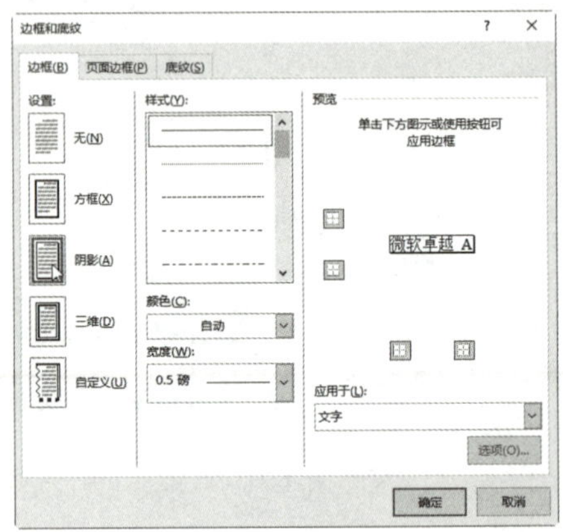

图 4-73

03 选择“底纹”选项卡，在“填充”下拉列表中选择“蓝色，个性色 1，单色 60%”色块，如图 4-74 所示。

04 在“样式”下拉菜单中选择“10%”，从“应用于”列表中选择“段落”，然后单击“确定”按钮，即可为文本添加底纹效果，如图 4-75 所示。

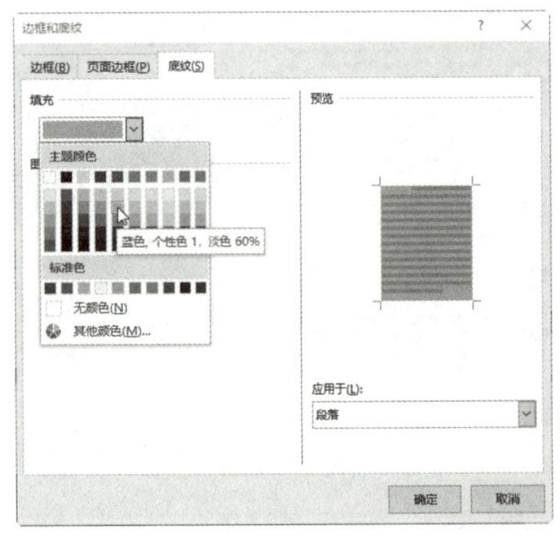

图 4-74

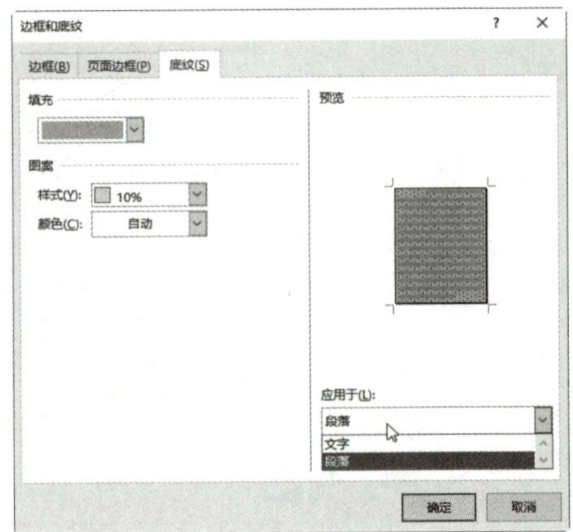

图 4-75

按照以上的操作步骤，最终效果如图 4-76 所示。

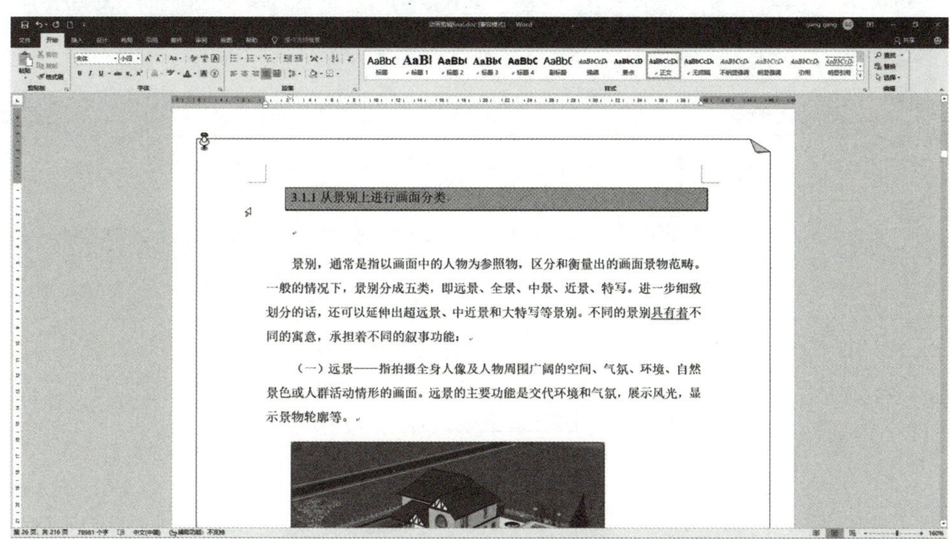

图 4-76

4.5 设置其他格式

在文本编辑中，可以灵活运用多种格式化选项，比如添加下画线、使用着重号以突出重点，插入删除线来表示删减或修订的部分，以及运用上标、下标功能以展现数学公式、化学方程式或其他特定含义的文字，这些都能帮助用户按照各自需求更丰富多样地编排文本内容。

4.5.1 设置下画线和着重号

在纸质文档的编撰与阅读过程中，人们常通过在关键词句下方画线或点缀小圆点的方式来凸显重要信息。与此类似，在使用 Word 编辑文档时，同样具备下画线添加和着重号标注的功能，以满足对文本内容进行强调和突出显示的需求。

1. 设置下画线

在 Word 中，可以给文本增加下画线，并设置下画线的线型和颜色。下面给文档添加红色、波浪线型下画线，操作步骤如下。

01 启动 Word 2019，打开文档，选定要添加下画线的文本，如图 4-77 所示。

02 单击“开始”选项卡下“字体”选项组中“下划线”按钮右侧的下拉按钮，从弹出的线型下拉列表中选择“波浪线”，如图 4-78 所示。

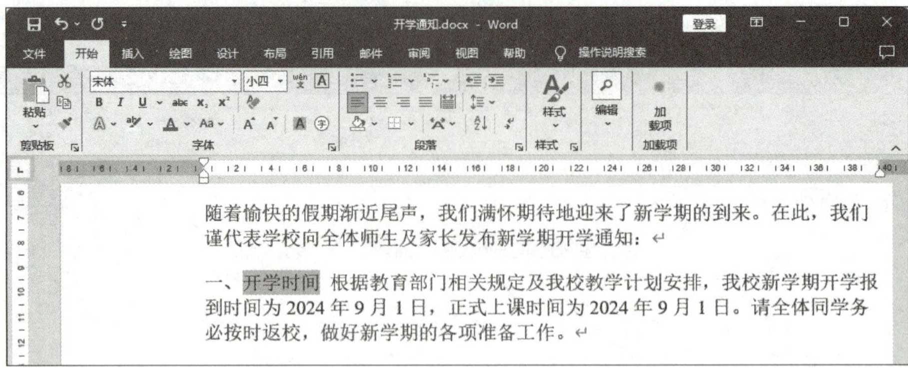

图 4-77

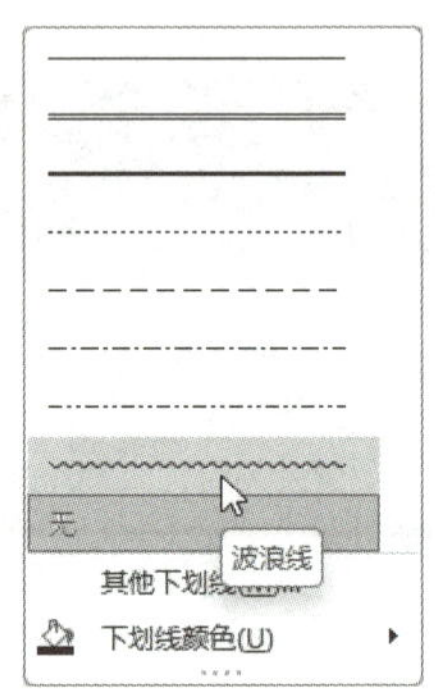

图 4-78

03 在步骤**02**弹出的下画线线型下拉列表中选择“下划线颜色”选项，然后从右侧弹出的级联列表的调色板中单击所需要的红色，如图 4-79 所示。最终设置效果如图 4-80 所示。

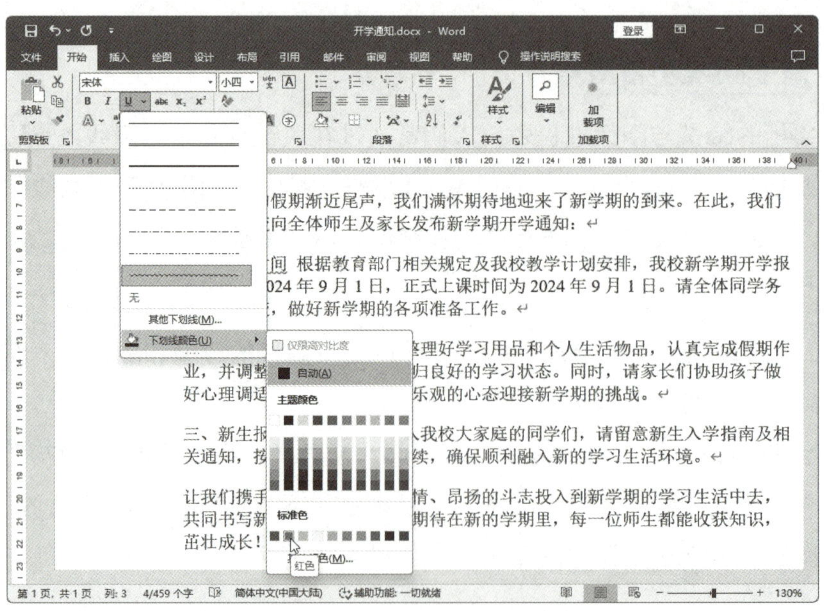

图 4-79

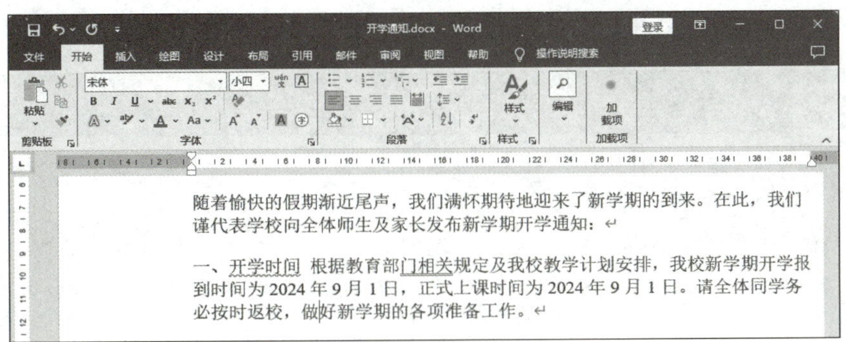

图 4-80

04 这时“下划线”按钮变成按下状态，当再次单击“下划线”按钮时又恢复为原来弹起的状态，同时选定的文本也恢复为原来的格式。

> **提示：** 按 Ctrl+B 组合键可以加粗选定的文本，按 Ctrl+I 组合键可以倾斜选定的文本，按 Ctrl+U 组合键可以快速为选定的文本添加单横线线型的下画线。

05 如果“下划线颜色”列表的调色板中没有想用的色块颜色，则可以选择“其他颜色”选项，打开如图 4-81 所示的“颜色”对话框，然后在对话框中自行设置颜色。

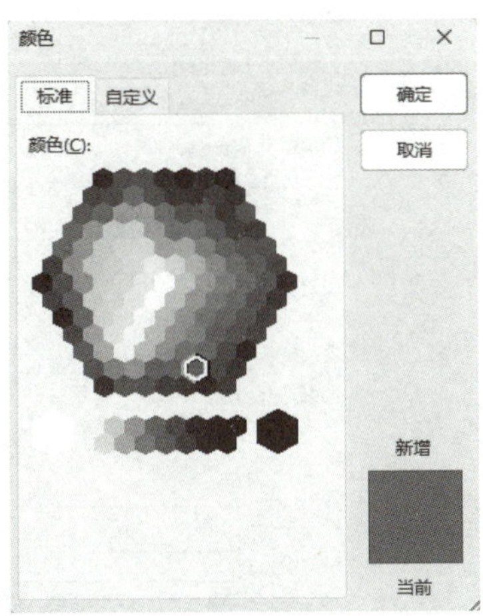

图 4-81

2. 设置着重号

在编辑重要文档的过程中，为了凸显部分内容的重要性，常常会选择在关键信息下方附加着重号，也就是在文字正下方布置一组黑色小圆点作为标记，以此彰显这部分内容的显著地位。添加着重号的操作步骤如下。

01 启动 Word 2019，打开文档，选定要添加着重号的文本，如图 4-82 所示。

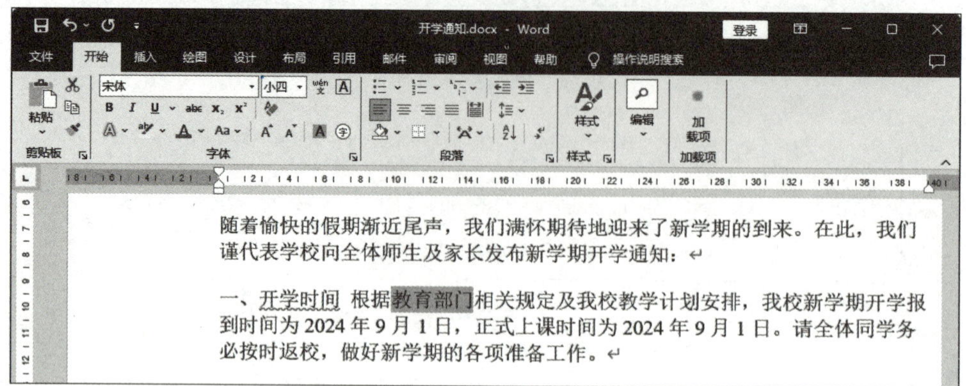

图 4-82

02 右击鼠标，在弹出的快捷菜单中选择“字体”命令，如图 4-83 所示。

03 在弹出的“字体”对话框的“字体”选项卡中，单击“着重号”文本框右侧的下拉按钮，选择“.”选项，单击“确定”按钮，即可为选定的文本添加着重号，如图 4-84 所示。

04 最终效果如图 4-85 所示。

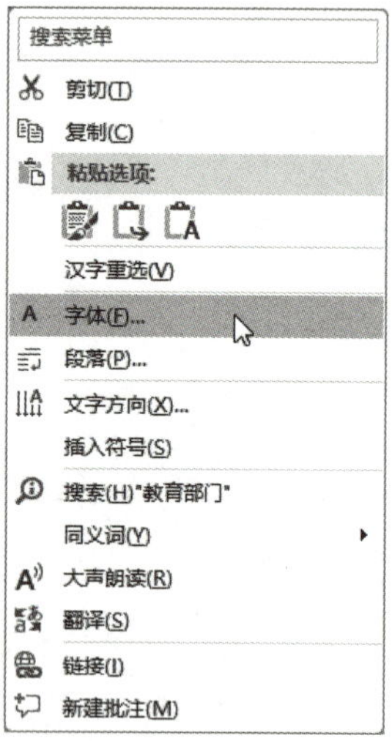

搜索菜单
剪切(T)
复制(C)
粘贴选项:
汉字重选(V)
字体(F)...
段落(P)...
文字方向(X)...
插入符号(S)
搜索(H)"教育部门"
同义词(Y)
大声朗读(R)
翻译(S)
链接(I)
新建批注(M)

图 4-83

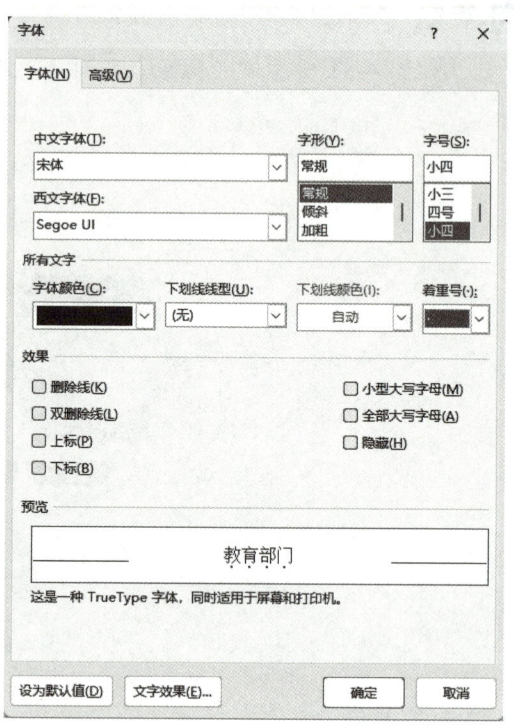

图 4-84

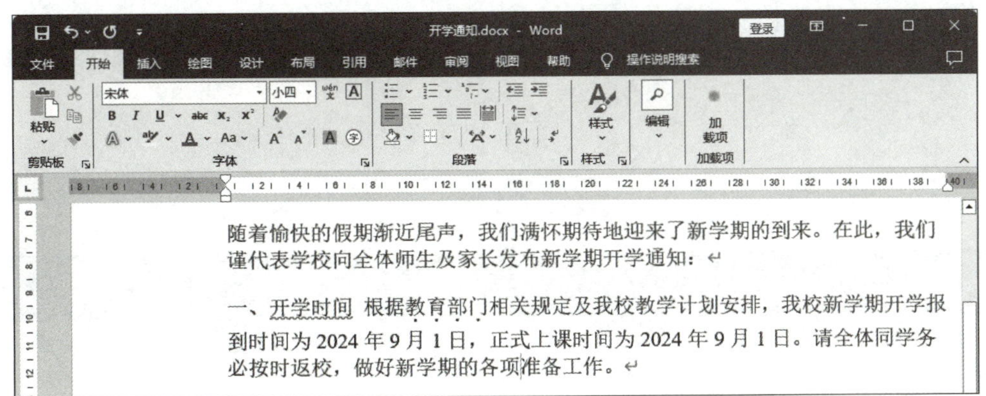

图 4-85

4.5.2　设置删除线和双删除线

在使用 Word 编辑文档时，为了清晰地标记出准备删除的内容而又暂时保留原文，可以采用添加单删除线或双删除线的方式，对这部分文本进行视觉上的标识，以体现其待删除的状态。

1. 设置删除线

设置删除线的操作步骤如下。

01 启动 Word 2019，打开文档，选定要设置单删除线的文本，如图 4-86 所示。

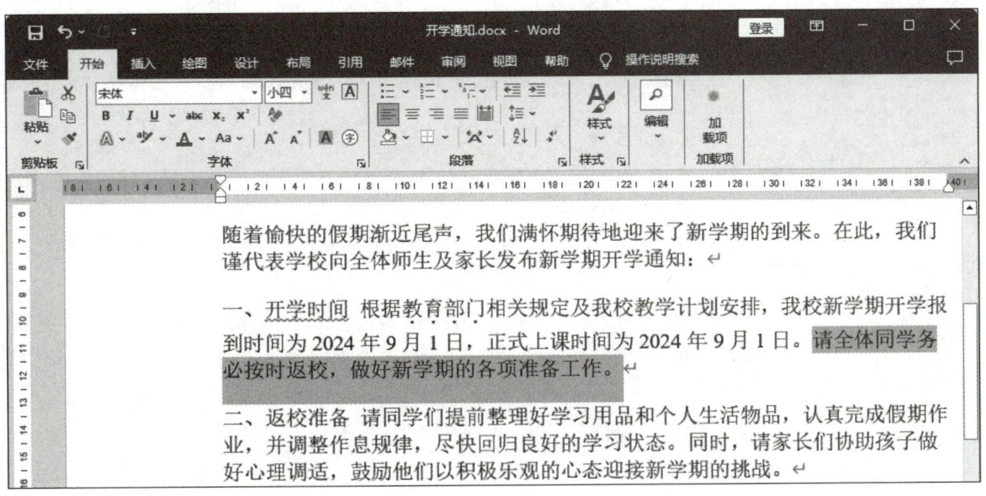

图 4-86

02 在“开始”选项卡中切换到“字体”选项组，单击“删除线”按钮（见图 4-87），即可对选定的文本设置删除线，如图 4-88 所示。

03 这时“删除线”按钮变成按下状态，当再次单击“删除线”按钮时又恢复为原来弹起的状态，同时选定的文本也恢复为原来的格式。

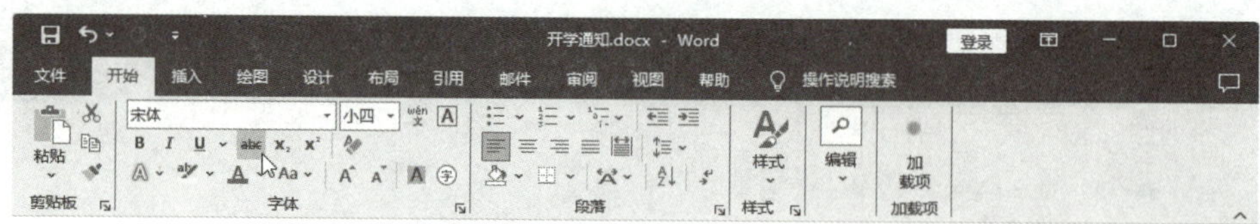

图 4-87

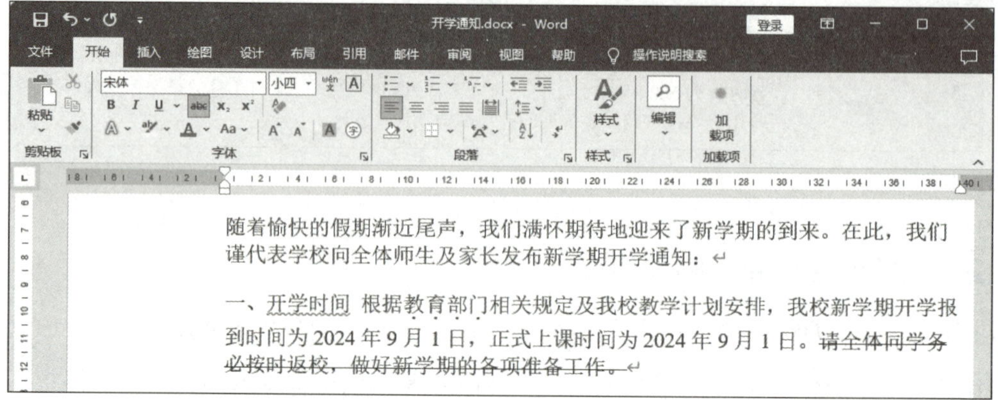

图 4-88

2. 设置双删除线

设置双删除线的操作步骤如下。

01 启动 Word 2019，打开文档，选定要设置双删除线的文本，如图 4-89 所示。

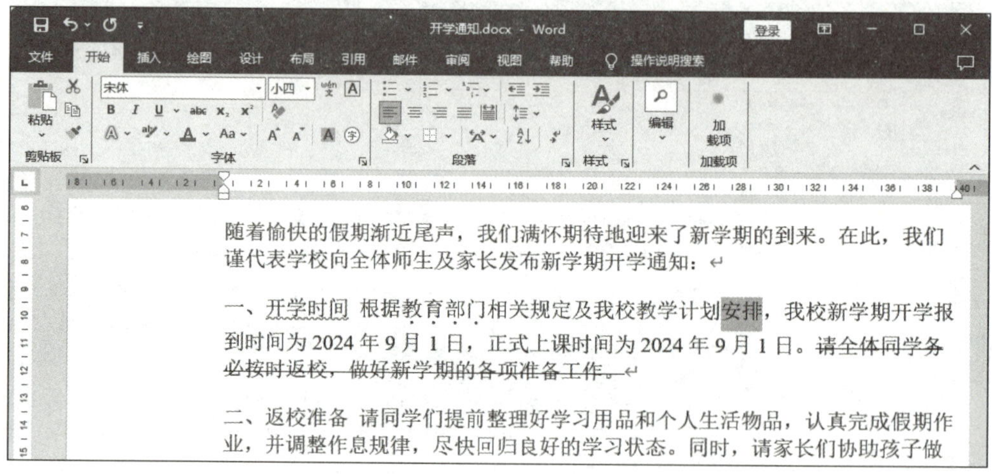

图 4-89

02 右击鼠标，在弹出的快捷菜单中选择“字体”命令，打开“字体”对话框，在“效果”选项区域中勾选“双删除线”复选框。此时，在“预览”框中可以预览目前所设置的双删除线效果，如图 4-90 所示。

03 单击“确定”按钮返回，效果如图 4-91 所示。

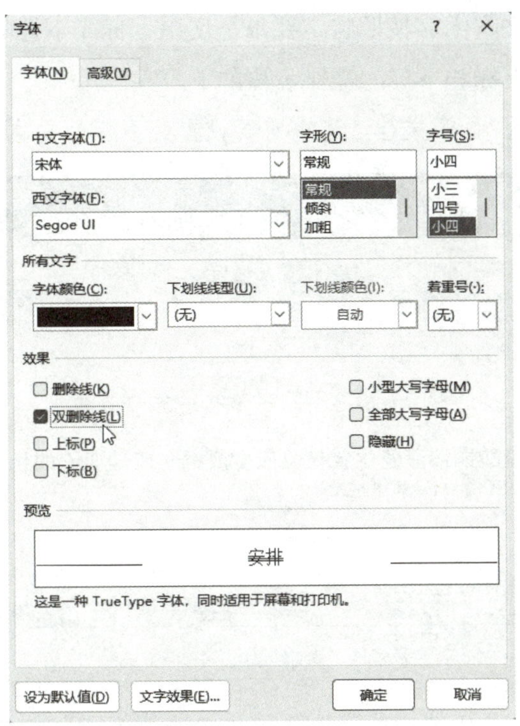

图 4-90

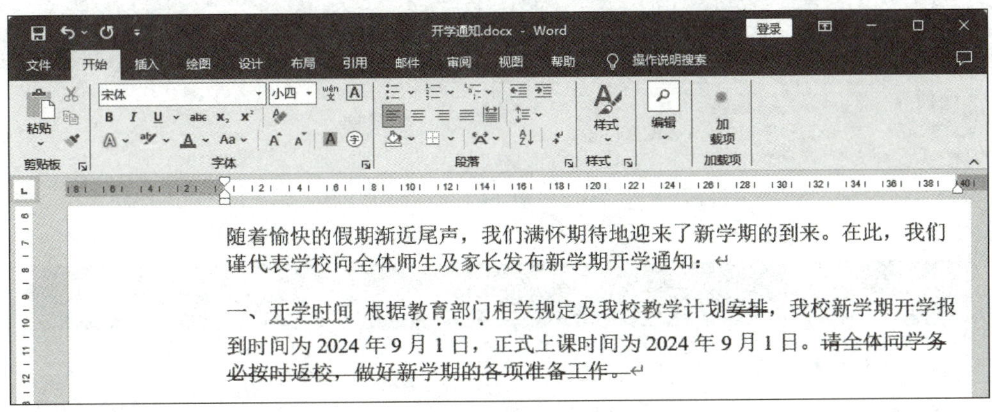

图 4-91

4.5.3　设置上标和下标

上标和下标在文本编辑场合中扮演着重要角色。上标文字通常高于同一行的其他常规字符，常见于表示上角标识符，如平方米（m^2）和立方米（m^3）等计量单位符号的标注，即采用了上标形式。下标是低于同排文本基准线的文字，尤其在科学公式撰写中不可或缺，用于特定的变量指数、化学元素的下角标等情境。

在 Word 文档编辑过程中，不仅可以输入标准的汉字和英文字符，还可以灵活运用上

标和下标格式功能，将文本内容按照特定要求呈现出上标或下标的形式，以满足不同领域的专业表达需求。添加上标和下标的操作步骤如下。

01 启动 Word 2019，打开文档，选中需要设置为下标的文本，如图 4-92 所示。

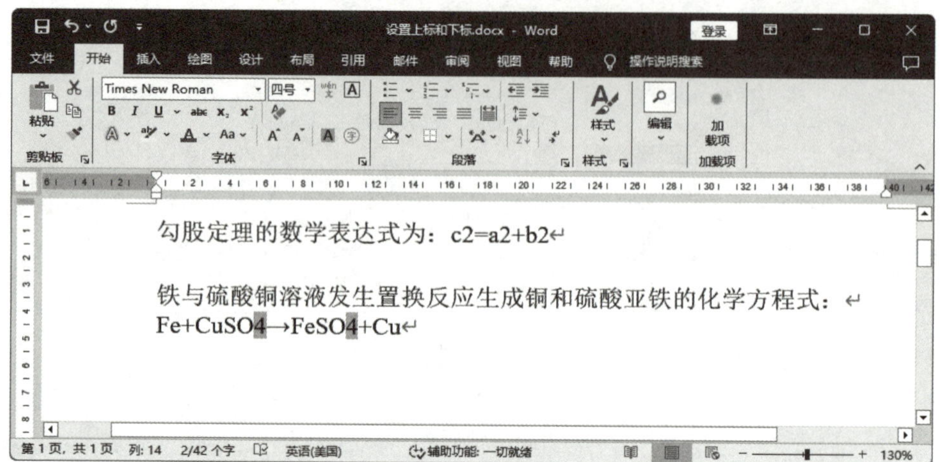

图 4-92

02 在“开始”选项卡的“字体”选项组中单击“下标”按钮 x_2（见图 4-93），即可将选定文本调整成下标格式。调整后的效果如图 4-94 所示。

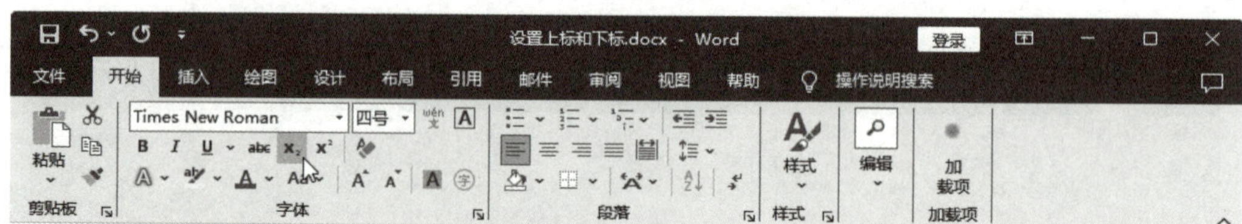

图 4-93

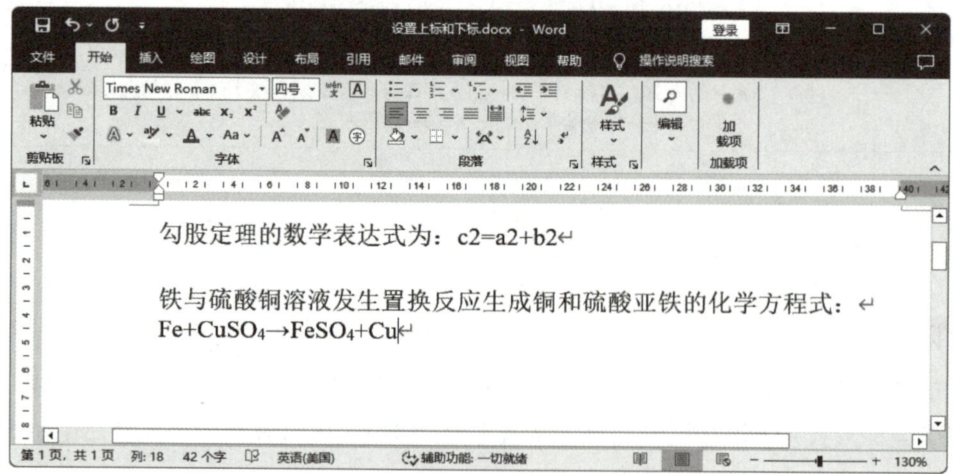

图 4-94

03 选中需要设置为上标的文本，如图 4-95 所示。

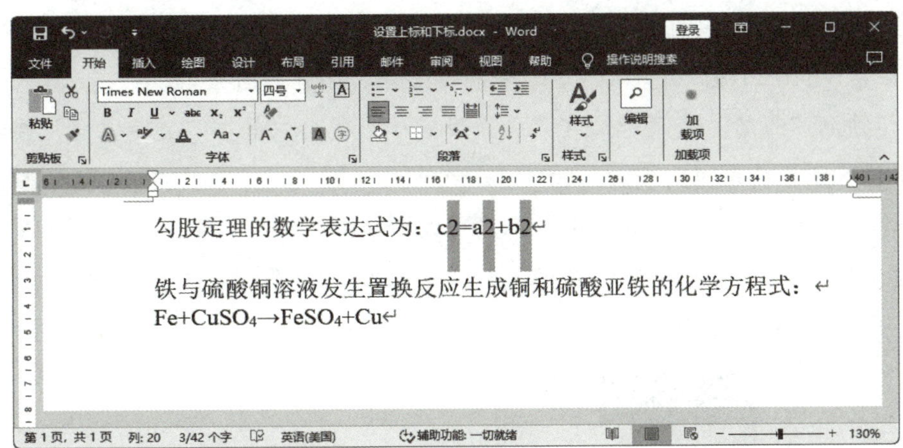

图 4-95

04 在“开始”选项卡的“字体”选项组中单击“上标”按钮（见图 4-96），即可将选定文本调整成上标格式。调整后的效果如图 4-97 所示。

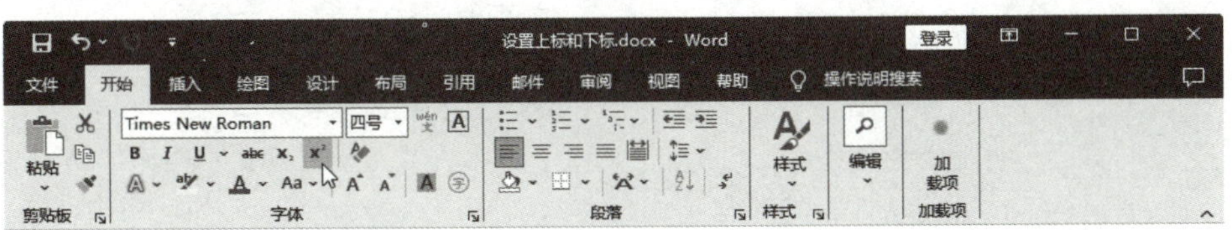

图 4-96

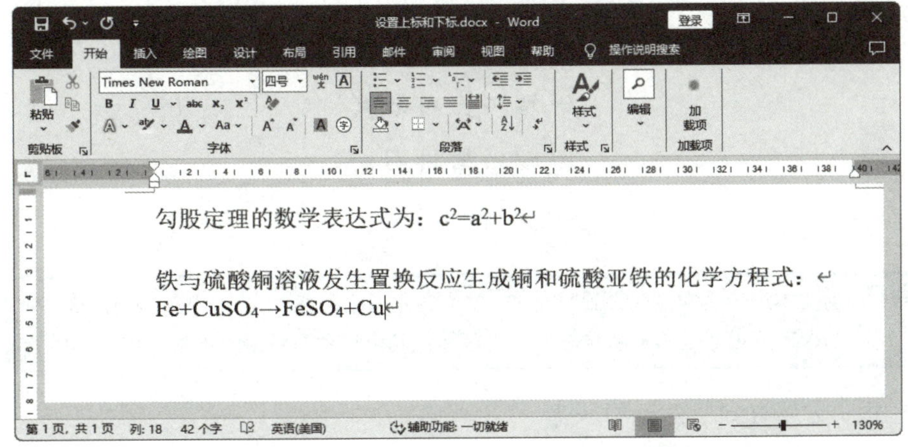

图 4-97

4.5.4　更改文字方向

利用 Word 2019 中的更改文字方向功能，可以实现竖向排版或横竖混排。这一功能允许用户根据需要灵活地调整文本的方向，操作步骤如下。

1. 通过选项组中的“文字方向”下拉列表设置

通过“页面设置”选项组中的“文字方向”下拉列表可以更改文字方向，操作步骤如下。

01 启动 Word 2019，打开文档，选中需要更改文字方向的文本。

02 切换到“布局”选项卡，在“页面设置”选项组中单击“文字方向”按钮，会展开如图 4-98 所示的下拉列表。

03 在“文字方向”下拉列表中，用户可以根据需要进行选择。例如，选择“垂直”选项时，会以竖排方式从右向左来显示文档，如图 4-99 所示；选择“将中文字符旋转 270°”选项时，会将文字旋转 270°后显示，如图 4-100 所示。

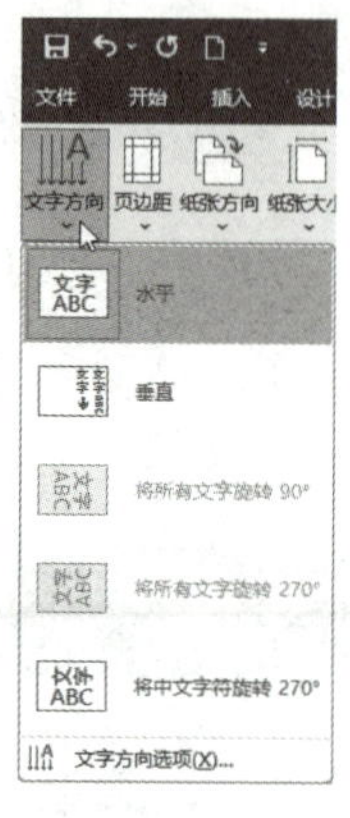

文件
开始
插入
设计
文字方向
页边距
纸张方向
纸张大小
水平
垂直
将所有文字旋转 90°
将所有文字旋转 270°
将中文字符旋转 270°
文字方向选项(X)...

图 4-98

日照香炉生紫烟，
遥看瀑布挂前川。
飞流直下三千尺，
疑是银河落九天。

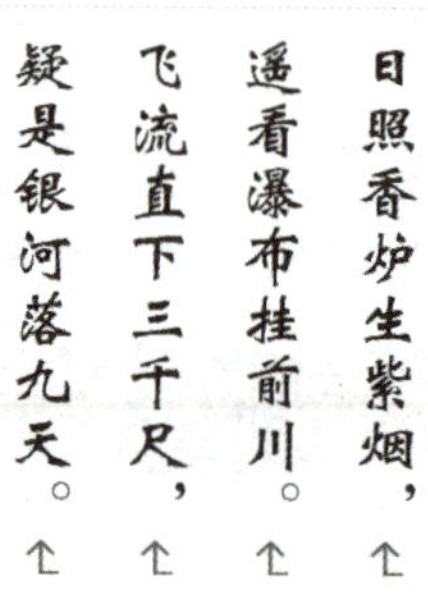

图 4-99

日照香炉生紫烟，
遥看瀑布挂前川。
飞流直下三千尺，
疑是银河落九天。

图 4-100

> **提示：** 在对文本进行文字方向设置时，“文字方向”下拉列表中的“将所有文字旋转 90°”和“将所有文字旋转 270°”选项处于不可用状态，这是因为这两个选项只针对文本框、图形等中的文本。

2. 通过“文字方向”对话框设置

也可以通过“文字方向”对话框更改文字方向，操作步骤如下。

01 启动 Word 2019，打开文档，选中需要更改文字方向的文本。

02 切换到“布局”选项卡，在“页面设置”选项组中单击“文字方向”按钮，在展开的下拉列表中选择“文字方向选项”，如图 4-101 所示。

03 此时将打开“文字方向 - 主文档”对话框（见图 4-102），在“方向”选项组中

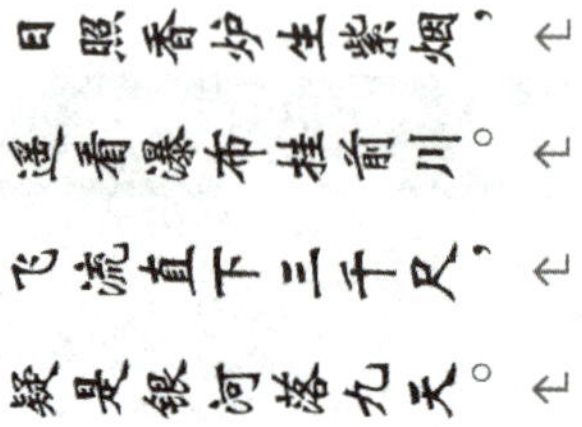

单击相应的按钮设置文字的排版方向，在“预览”选项组中可以预览设置效果，在“应用于”下拉列表中可以选择应用文字方向更改的范围。

04 设置完成后单击“确定”按钮关闭对话框。

> **提示：** 在要更改文字方向的文字上右击，从弹出的快捷菜单中选择“文字方向”选项（见图 4-103），也可以打开“文字方向 - 主文档”对话框。

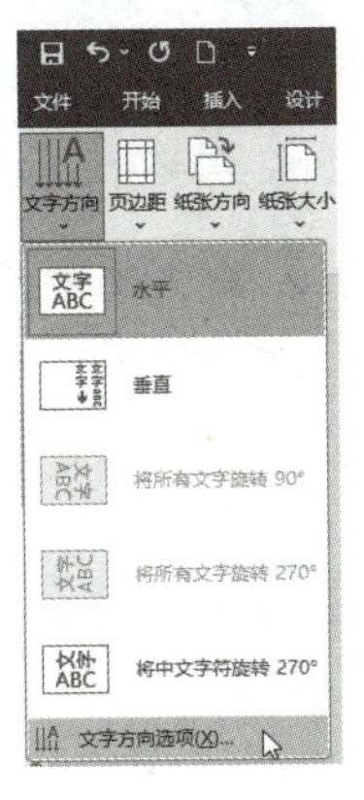

图 4-101

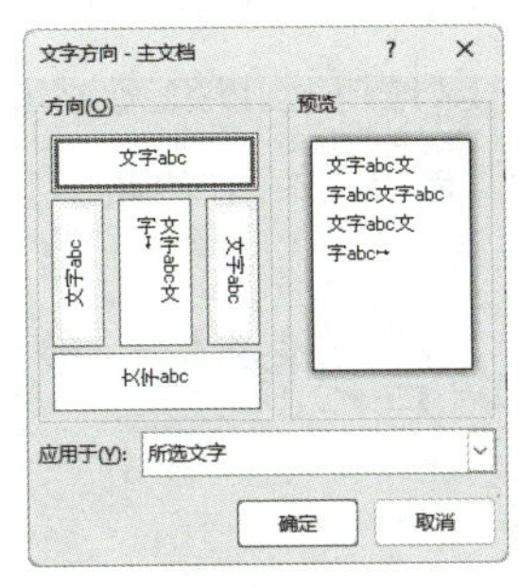

图 4-102

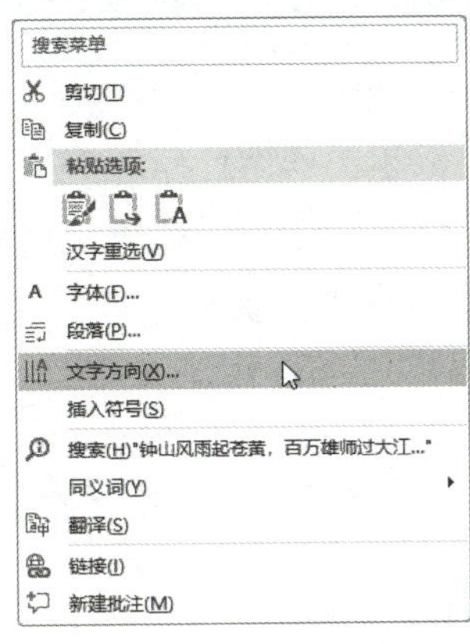

图 4-103

4.5.5　更改英文字符大小写

在 Word 2019 版本中，用户可以利用内置的英文字符大小写转换功能，针对不同需求灵活选择多种变换方式。具体操作如下。

01 启动 Word 2019，打开文档，选中需要更改文字方向的文本。选定要更改大小写的英文单词。

02 在“开始”选项卡的“字体”选项组中单击“更改大小写”命令按钮 Aa 右侧的下拉按钮，打开如图 4-104 所示的“更改大小写”下拉列表。

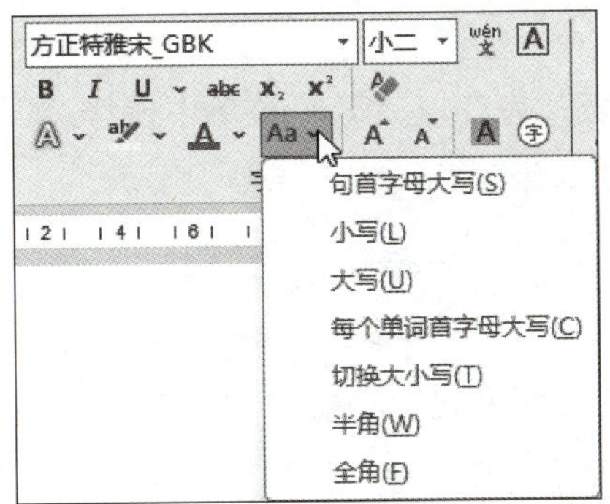

图 4-104

“更改大小写”下拉列表中的各个选项介绍如下。

- “句首字母大写”选项：选择该选项，可以把每个句子的第一个字母改为大写。
- “小写”选项：选择该选项，可以把所选字母改为小写。
- “大写”选项：选择该选项，可以把所选字母改为大写。
- “每个单词首字母大写”选项：选择该选项，可以把每个单词的第一个字母改为大写。
- “切换大小写”选项：选择该选项，可以将所选大写字母改为小写，小写字母改为大写。
- “半角”选项：选择该选项，可以把所选的英文字母或数字改为半角字符。
- “全角”选项：选择该选项，可以把所选的英文字母或数字改为全角字符。

03 选择所需的选项之后，文本随即转换成对应的格式。

课后习题

一、单项选择题

1. 在 Word 2019 中，下列（　　）选项不属于文本外观效果设置。

   A. 首行缩进

   B. 文字阴影

   C. 文字发光

   D. 文字轮廓

2. 调整段落垂直对齐方式应使用的功能区位于（　　）。

   A.“插入”选项卡

   B.“布局”选项卡

   C.“设计”选项卡

   D.“审阅”选项卡

3. 若要快速应用多级列表，应在（　　）菜单中操作。

   A.“开始”选项卡的“字体”功能组

   B.“插入”选项卡的“符号”功能组

   C.“开始”选项卡的“段落”功能组

   D.“设计”选项卡的“页面设置”功能组

4. 关于设置底纹，以下说法正确的是（　　）。

   A. 只能应用于整段文本

   B. 不能应用于表格单元格

C. 不支持自定义颜色

D. 可通过“设计”选项卡下的“页面背景”组进行设置

5. 下画线类型不包括（　　）。

A. 单实线

B. 双实线

C. 波浪线

D. 点划线

E. 虚线

6. 改变英文单词首字母大写的方式是（　　）。

A. 使用“替换”功能

B. 选中单词后按 Shift+Ctrl+U 组合键

C. 选中单词后按 Shift+F3 组合键

D. 手动逐一修改

E. 无法直接更改

F. 选中单词后按 Ctrl+Shift+A 组合键

二、填空题

1. 设置字符间距时，可调整 ______、______ 和 ______。
2. 制作艺术字时，可通过 ______ 选项卡下的“艺术字样式”选项组进行样式选择。
3. 对齐方式包括左对齐、右对齐、居中、两端对齐和 ______。
4. 多级列表常用于呈现具有 ______ 结构的内容。
5. 通过“开始”选项卡的 ______ 选项组可以快速设置边框样式。
6. 若要更改文字方向，可以在“布局”选项卡下的 ______ 选项组中找到相应功能。

三、实操题

1. 创建一份文档，使用不同的字体、大小和颜色设置三段文字，确保每段文字的格式不相同。

2. 设置一个段落的首行缩进 2 字符，悬挂缩进 1.5 厘米，且右对齐。

3. 创建一个包含三级项目的多级列表，每级项目使用不同类型的项目符号，并确保列表格式整齐。

4. 为文档中的一段文字添加双线边框，线条颜色为深蓝色，边框内部填充淡黄色底纹。

5. 为文档中的一句话添加着重号，并将其首字母设为小写，其余字母设为大写。

6. 在文档中插入一个带阴影的艺术字，内容为“Chapter 1”，艺术字样式为三维旋转，并调整其文字环绕方式为紧密型。

模块 5　Word 2019 的高级排版

为了提高文档的编辑效率，Word 2019 提供了一些高级格式设置功能来优化文档的格式编辑，还可以利用特殊的排版方式设置文档效果。

本模块学习内容

- 了解字体
- 分栏排版
- 创建和使用模板
- 使用样式和主题
- 应用特殊排版方式

5.1　了解字体

了解与字体相关的知识是一个高级排版设计人员必须掌握的基础技能。使用 Word 设置字符格式时，可以在数十种字体中选择，以便在文档中产生不同的效果。其中一些字体，如“宋体”“黑体”及“Times New Roman”等，常用于正式场合。其他一些字体，如 Ransom、Braggadocio 或 Playbill 等英文字体，则比较少用。Word 可以使用 Microsoft Windows 提供的所有字体。

在 Windows 系统中可以使用的字体有几千种之多。除了 Windows 自带的字体库，Word 在安装过程中还添加了一些自己的新字体。如果用户对可供选择的字体不满意，也可以自己安装新字体。

5.1.1　查看已安装的字体

使用 Word 2019 时，查看可用字体的最简单的方式是检查“开始”选项卡“字体”工具组中的“字体”菜单。该菜单中列出了所有可用的字体，如图 5-1 所示。要识别这些字体是 TrueType 字体还是打印机字体，操作步骤如下。

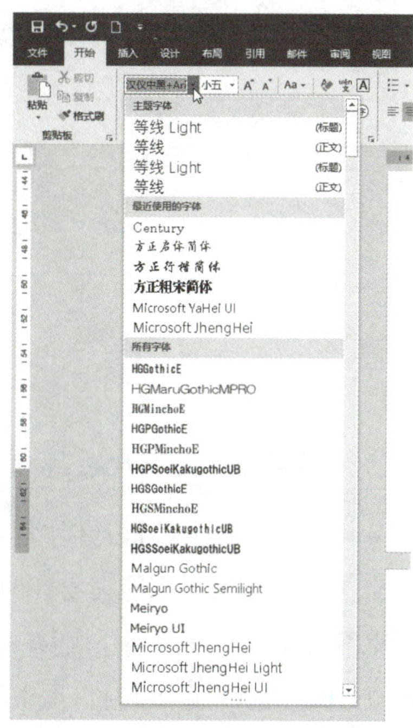

图 5-1

01 启动 Word 2019，选择“开始”选项卡，然后单击“字体”工具组右下角的“字体”对话框扩展按钮，如图 5-2 所示。

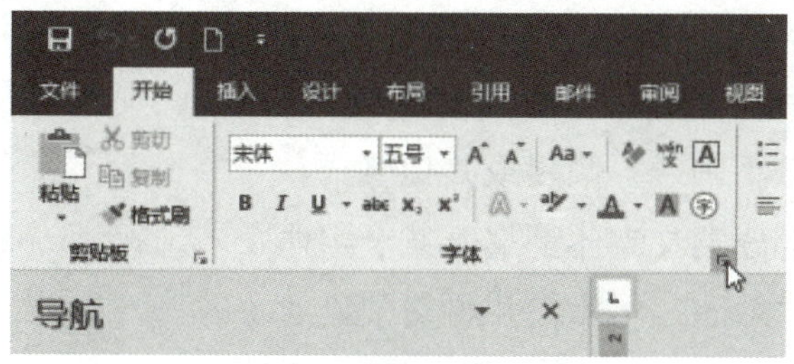

图 5-2

> **提示：**Word 2019 的“字体”菜单能以字体在文档中的实际效果显示字体名，但是并没有指明每种字体是 TrueType 字体还是打印机字体。

02 在出现的“字体”对话框中，用户可以从列表中选择一种字体，然后在“字体”

对话框下部的“预览”框中即可查看到该字体是否属于 TrueType 字体，如图 5-3 所示。

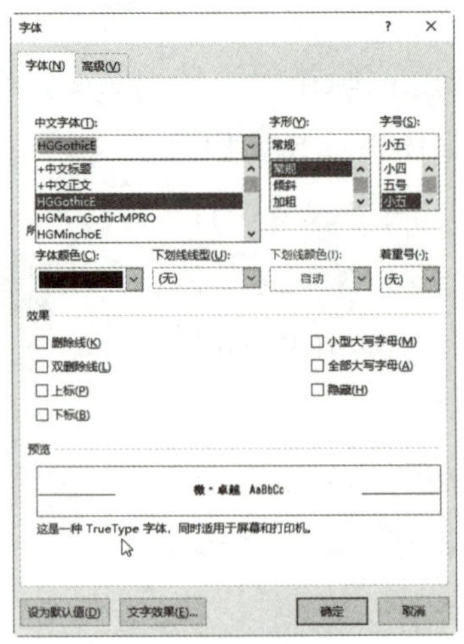

图 5-3

5.1.2 使用 TrueType 字体还是打印机字体

Word 2019 中的大部分字体都是 TrueType 字体，这意味着，屏幕上看到的格式选项，如字号、格式和间距，都能在打印时准确地再现出来。如果使用的是打印机字体，则在屏幕看到的只是一种近似效果，字符间距与打印出来的文档相比可能会略有不同。在“字体”对话框中，“预览”框下方的文字说明了字体的状况，如图 5-4 所示。

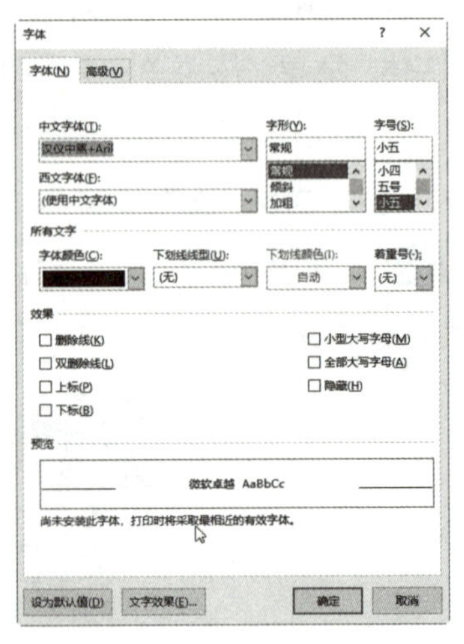

图 5-4

5.1.3 英文字体族

用户可以使用 Word 中的任意一种字符格式选项将文字设置为加粗、带下画线、倾斜或其他格式。但是，用户使用的大部分英文字体都属于某个字体族。例如，当选择了“Arial”字体，并将文字设置为“倾斜”格式时，Word 实际上使用的是保存在 Windows 的 Fonts 文件夹中的“Arial Italic”字体。另外，用户也可以直接从 Word 的“字体”菜单中选择字体族中样式更丰富的字体。例如，除了标准的 Arial 字体之外，还有 Arial Black、Arial Rounded 和 Arial Narrow 等字体。

对于大多数的 Word 任务而言，仅使用一种字体，然后使用 Word 的字符样式修改字体的显示效果就足够了。用户如果要编写用于在高质量打印机上输出的文档，则可以使用

该字体族中的其他成员来获得加粗、紧缩以及其他特殊效果。

5.1.4　使用等宽字体还是比例字体

可供选择的字体包括等宽字体和比例字体。对于 Courier 这样的等宽字体，字体中的每个字符在一行中都占据相同的宽度。对于 Arial、Bookman 或 Times New Roman 这样的比例字体，字符“I”的宽度比字符“W”要窄很多，如图 5-5 所示。

一般来说，使用比例字体时，文档的视觉效果最好。Windows 中的大部分字体都是比例字体。如果要将文字打印到预先印制好的表格上，最好使用等宽字体。预先印制好的表格一般是为打字机设计的，而大多数打字机都使用等宽字符。因此，为了使文字正确地打印在预先印制好的表格上的空白位置，使用等宽字体的可靠性更高。此外，在对源程序代码进行排版时，一般都使用等宽字体，如图 5-6 所示。

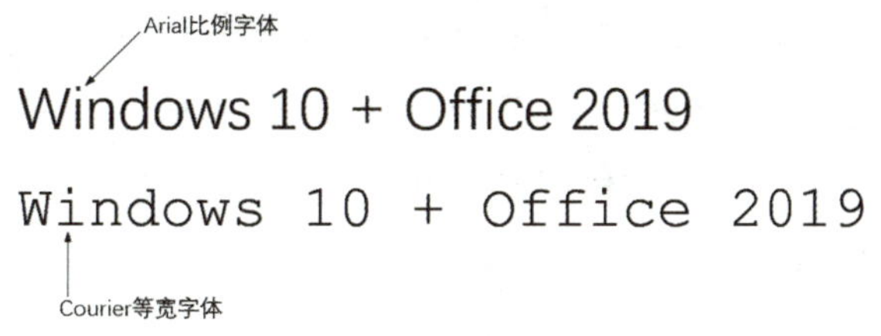

图 5-5

```
            grade = 'A';
        else if (testScore >= MIN_B_SCORE)
            grade = 'B';
        else if (testScore >= MIN_C_SCORE)
            grade = 'C';
        else if (testScore >= MIN_D_SCORE)
            grade = 'D';
        else if (testScore >= MIN_POSSIBLE_SCORE)
            grade = 'F';
        else
            goodScore = false;   // The score was below 0

        // Display the letter grade
        if (goodScore)
            cout << "The letter grade is " << grade << ".\n";
        else
            cout << "The score cannot be below zero. \n";

        // Set student to the next student
        student = student + 1;
    }
    return 0;
}
```

程序输出结果和以粗体显示的输入示例

How many students do you have grades for?　**3【按Enter键】**

Enter the numeric test score for student #1:　**88【按Enter键】**

The letter grade is B.

图 5-6

5.1.5　添加和删除字体

Word 中每种可用的字体都以文件的形式存放在 C:\Windows\Fonts（假定用户的操作系统安装在 C 盘上）文件夹中。用户可以从许多不同的来源购买新字体，在 Internet 上或从某些团体也可以获得大量可供免费使用的字体。

如果要安装新字体，应先关闭 Word 和其他应用程序，然后找到下载的字体文件（扩

展名为 *.ttf），选中之后右击，从快捷菜单中选择“安装”命令，如图 5-7 所示。

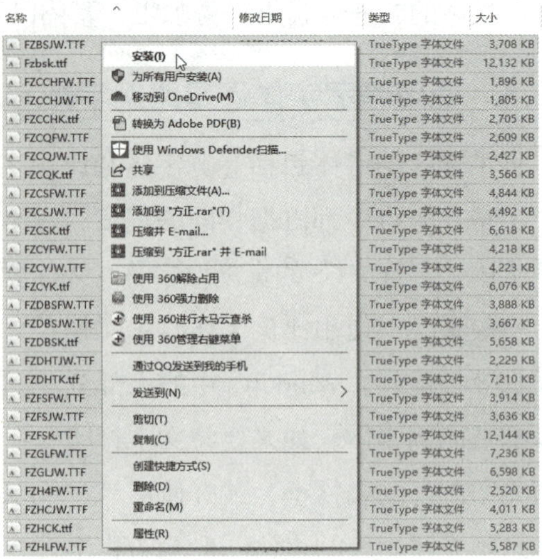

安装的字体文件将复制到 Fonts 文件夹中。Word 每次启动时都会扫描 Fonts 文件夹，所以 Fonts 文件夹中的任何变化都会在 Word 重新启动时得到注册。

如果要删除某种字体，只需将字体拖动到 Fonts 文件夹外或直接删除它。注意，删除字体时要谨慎。绝大多数字体都有其存在的理由，它们要么用于 Windows、Microsoft Office、Microsoft Edge或者其他应用程序的对话框和文字，要么用于 Word 的某些样式和主题。

图 5-7

5.2 分栏排版

分栏排版在报纸、杂志排版中应用非常普遍。在 Word 文档中，运用分栏排版可以使版面更加活泼。用户可以在整篇文档中都使用多栏版式，也可以只在其中的一节中使用多栏版式。此外，还可以调整栏与栏之间的距离。

在多栏版式下，文字先在最左边的栏中由上而下排列，然后转入右边的下一栏中由上而下排列，依此类推。

编辑页面上的文字时，每栏中的文字都会移动。但是，可以通过插入分栏符来保证某些标题或文字显示在一栏的顶部。

应用多栏版式时，Word 将自动从其他视图切换到页面视图。如果在普通视图下查看多栏版式，则在屏幕上将只能看到一栏，但是宽度与页面视图中的一栏相同。在 Web 版式视图中不能使用多栏版式。

对文档中的文本进行分栏排版时，操作步骤如下。

01 启动 Word 2019，打开文档，选择需要分栏排版的文本。

02 选择“布局”选项卡，在“页面设置”选项组中单击“栏”按钮，在弹出的菜单中选择“两栏”选项，如图 5-8 所示。

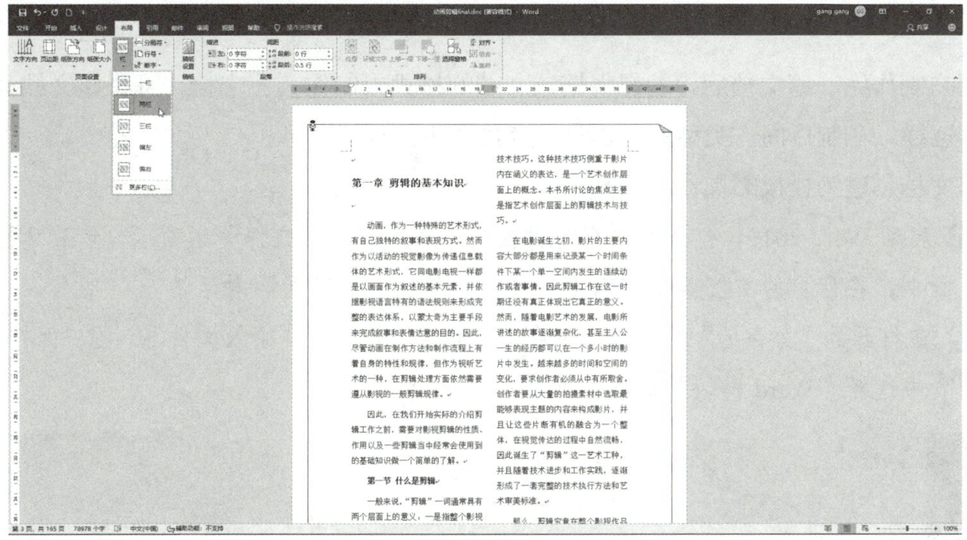

图 5-8

03 单击“更多栏”命令，可以打开“栏”对话框，设置更多的分栏选项，如图 5-9 所示。

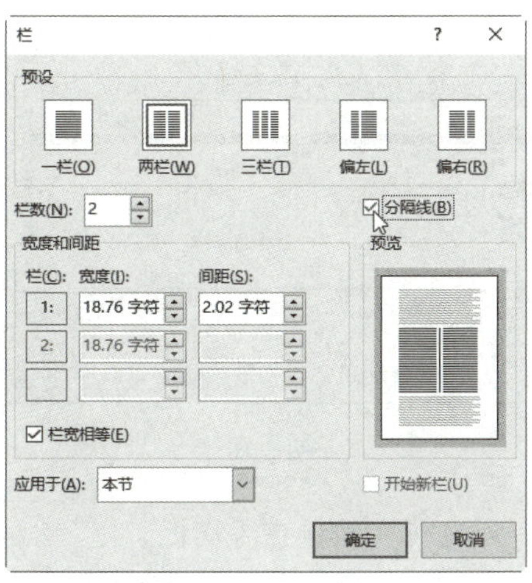

图 5-9

由于分栏设置的效果是所见即所得的，用户只需要自己尝试就可以控制分栏的结果，此处不再赘述。

5.3 创建和使用模板

模板是一种特殊的 Word 文档，它决定了文档的基本结构和文档设置，如字体、指定方案、页面设置、特殊格式和样式等。在日常办公中正确地使用模板可大大提高工作效率。

5.3.1 创建模板

用户制作完一篇文档后，若想根据该文档的格式来制作其他文档，可将该文档另存为模板。这样，在制作同一类型的文档时，直接调用该模板即可。

将文档创建为模板的操作步骤如下。

01 启动 Word 2019，打开要另存为模板的文档，单击“文件”选项卡，然后选择“另存为”命令，在窗口的右侧单击“浏览”按钮，弹出“另存为”对话框。

02 在打开的“另存为”对话框中，在“文件名”文本框中输入文件名，在“保存类型”下拉列表中选择“Word 模板”选项，如图 5-10 所示。

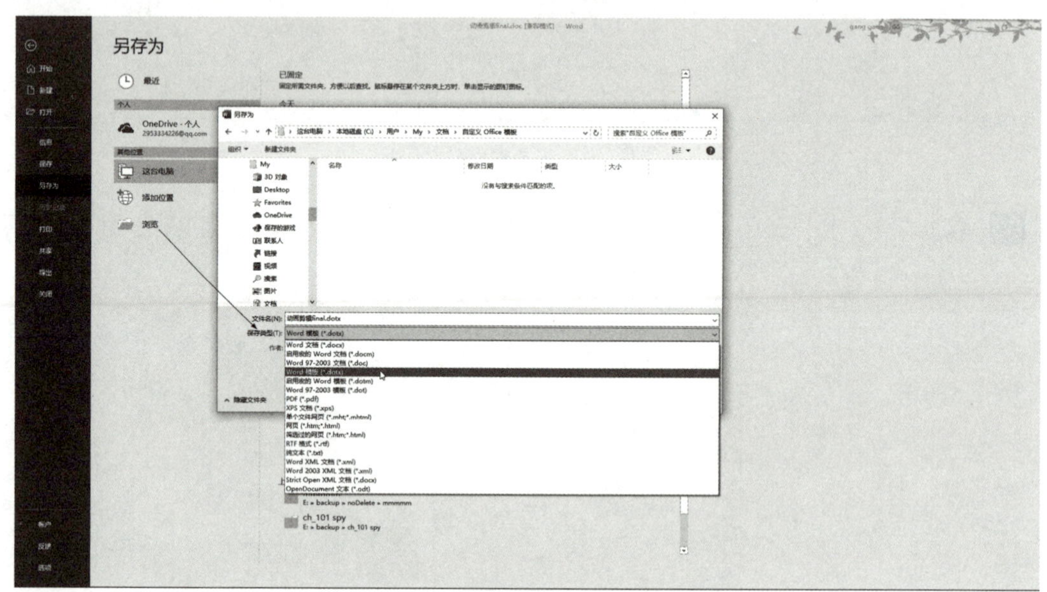

图 5-10

03 单击“确定”按钮，即可将文档保存为模板。

5.3.2 使用模板创建新文档

如果使用 Word 内置模板创建新文档，其样式就和模板文档的样式一样了，只需对文档中的内容进行修改即可。

使用创建的模板新建文档时，操作步骤如下。

01 启动 Word 2019，单击“文件”选项卡，在弹出的菜单中选择“新建”命令。

02 在窗口右侧会显示更多的模板列表。

03 要想快速访问常用模板，可单击搜索框下方的任何关键字，也可以在“特别推荐”选项中单击选中需要的模板。此例中选择“简历（彩色）”选项（见图 5-11），打开该模板并查看其详细信息，单击“创建”按钮即可使用该模板新建文档，如图 5-12 所示。

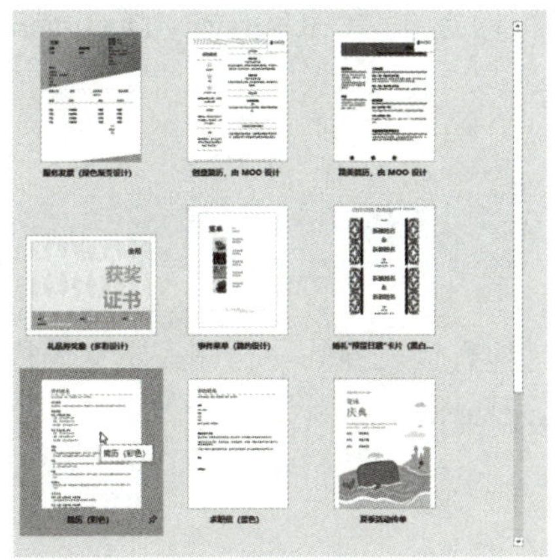

图 5-11

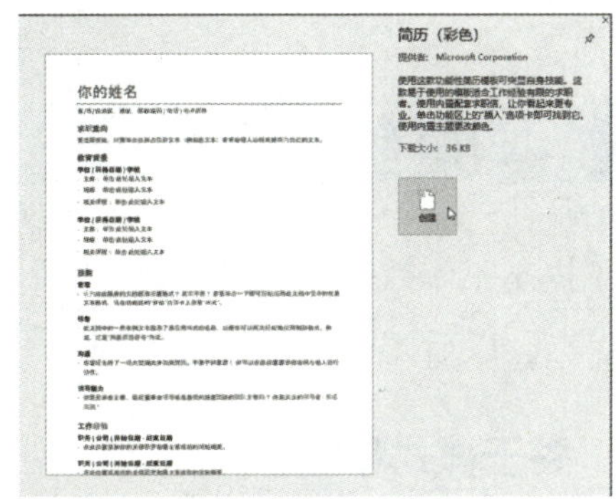

图 5-12

04 要使用自己创建的模板新建文档，可以在“新建”面板中选择“个人”分类，然后选择使用由用户自己创建的模板，如图 5-13 所示。

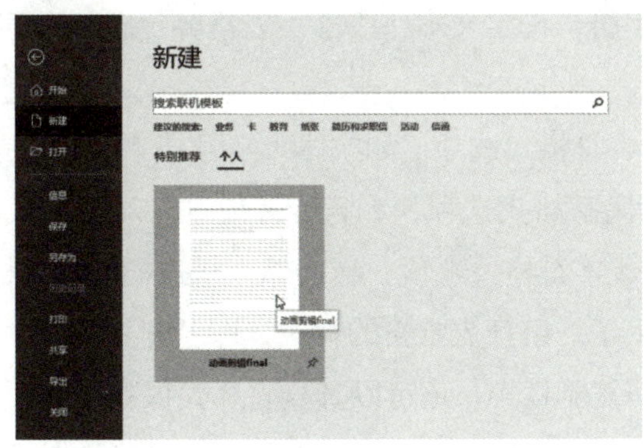

图 5-13

5.3.3 Word 保存模板的位置及方法

通过将文档保存为文档模板（.dot）可以将任何文档转化为模板。从技术角度讲，可以将模板存放在任何位置，Word 使用两个特定的文件夹存放出现在“新建”对话框“特别推荐”和“个人”中的预定义模板。

首先，Word 2019 支持在线搜索联机模板，这意味着 Microsoft Office 云服务器上存储了大量的模板。

其次，“C:\Program Files\Microsoft Office\root\Templates\2052”文件夹是 Office 存放预定义中文模板的位置。

最后，在“C:\Users\My\Documents\ 自定义 Office 模板”文件夹中可以找到用户自定义的模板，这也是 Word 存放用户自定义模板的默认位置。

在保存自己创建的模板时，可以将模板存放在任何位置。但是，如果希望该模板出现在“新建”面板的“个人”分类中，则必须将模板保存在“C:\Users\My\Documents\ 自定义 Office 模板”文件夹中。

5.4 使用样式和主题

为了提高工作效率，用户可将工作中常用的、具有代表性的文档格式定义为样式，然后进行保存，以后要创建类似的文档时，即可直接调用该类文档样式。

5.4.1 关于样式和主题

Word 2019 允许用户使用字符和段落格式选项创建美观的个性化文档，而使用样式和主题，不仅可以更快、更轻松地设置文档格式，还有助于保持文档外观上的一致性。

1. 样式工作原理

使用样式能够控制字符、选定文本、段落、表格各行以及大纲级别的格式。样式分为两类：

- 字符样式：包括字符格式选项，如字体、字号、字形、位置和间距等。
- 段落样式：包括段落格式选项，如行距、缩进、对齐方式和制表位。段落样式也可包括字符样式或字符格式选项。绝大部分样式都是段落样式。

每个文档模板都提供了一组预先定义的样式（即“样式表”），但是用户可以随时添加或更改样式、在模板间复制样式，还可以直接将样式保存在每个文档中。

在文档中输入特定类型的文字时，Word 会自动应用某些样式。例如，在文档的页眉或页脚中输入文字时，Word 会切换到“页眉”或“页脚”样式。在文档中插入批注和注释时也是如此。插入题注、标记索引和页码时 Word 也会选用相应的样式。

如果用户在开始输入文本时发现文本样式未经更改即发生了变化，那么很有可能是 Word 改变了文本的样式。

用户可以使用“开始”选项卡的“样式”工具组中的样式命令来定义或应用样式。通过查看“样式”工具组中的“样式”列表可以确定当前选定的对象所应用的样式。

2. 主题工作原理

“主题”将“样式”这一概念引入了网页的范畴。“主题”通过指定一组样式以及图形、彩色背景或者其他元素定义网页的外观。

但是，主题和样式仍有很大的区别。

- 主题主要用于网页、通过电子邮件发送的 HTML 文档，或仅仅在屏幕上浏览的文档。
- 在 Word 中不能打印主题的彩色背景或背景图片（用户可以在 Web 浏览器中打开

页面并打印）。

- 主题是 Word 内置的格式设置功能，因此，所有文档都可以应用主题。主题并没有保存在特定的文档模板中。
- 不能像创建样式那样创建主题。
- 用于修改主题的选项受到的限制比用于修改样式的选项要多。

5.4.2　预览样式

将样式应用于文档中的文本即可查看样式的效果。

在“样式”面板中可以预览文档模板中的所有样式或只预览当前正在使用的样式。在“样式”面板中查看样式，操作步骤如下。

01 启动 Word 2019，选择“开始”选项卡，然后单击“样式”工具组右下角的“样式”按钮，如图 5-14 所示。

提示：文档中选定文字正在使用的样式显示在“所选文字的格式”框中，并且提供了说明。

02 当鼠标移动到样式列表中的某个样式上时，可以看到该样式的说明信息。选中“显示预览”复选框，可以看到样式的预览效果，如图 5-15 所示。

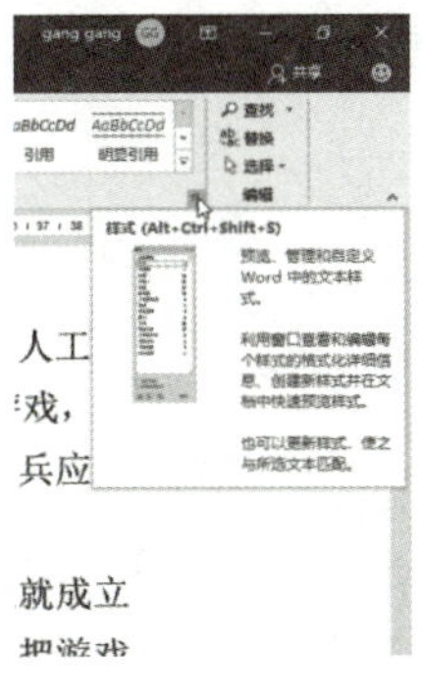

图 5-14

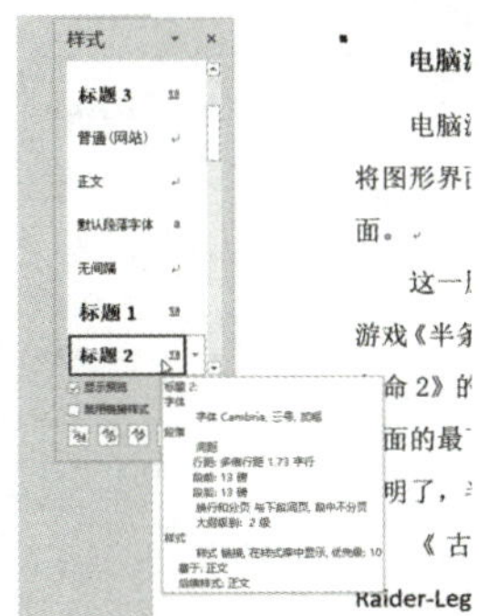

图 5-15

5.4.3　打印样式列表

模板中的样式列表及其说明是可以打印的。如果要打印一张样式列表，可以按以下步骤操作。

01 启动 Word 2019，打开使用了包含打印样式的模板的文档。

02 选择“文件”选项卡，然后选择“打印”命令或按 Ctrl + P 组合键显示“打印”对话框。

03 在“打印机”选项中选择“Microsoft Print to PDF”选项，然后再选择“打印内容”列表中的“样式”选项，如图 5-16 所示。

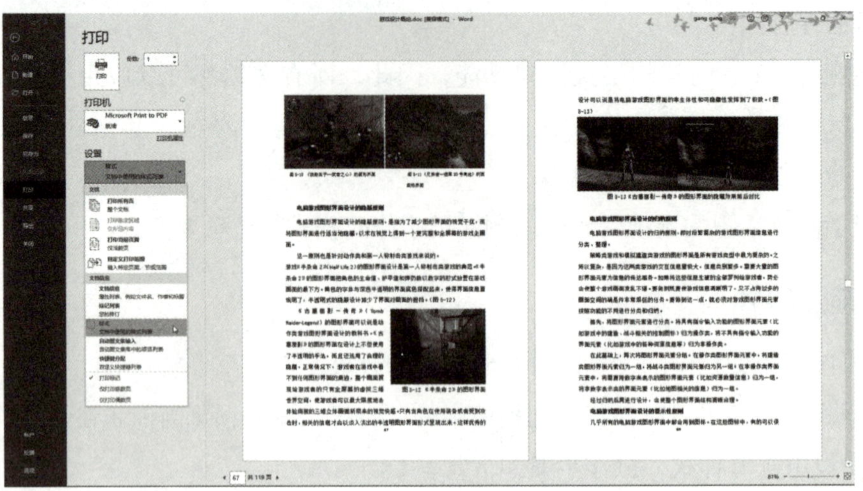

图 5-16

04 单击“确定”按钮，打印样式列表。由于在步骤**03**中选择了“Microsoft Print to PDF”，所以这里会输出为 PDF 文件。

05 找到输出的 style.pdf 文件，双击打开，可以看到样式按字母顺序打印，在每个样式名称后面还附有说明，如图 5-17 所示。

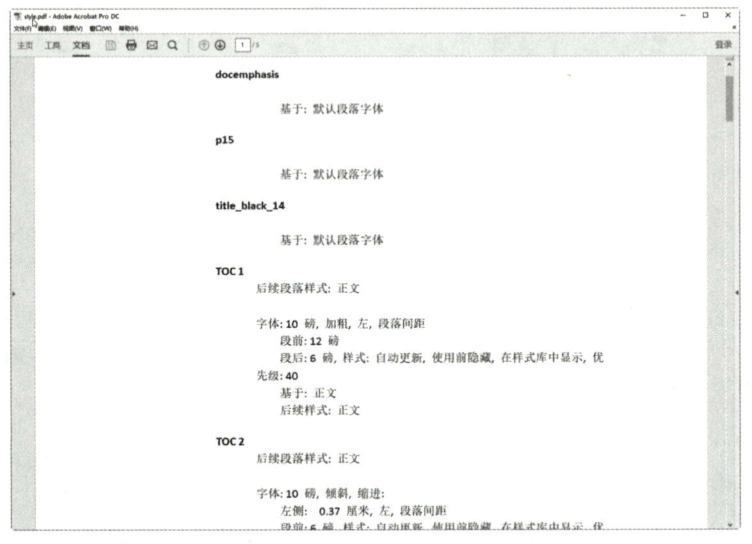

docemphasis

基于：默认段落字体

p15

基于：默认段落字体

title_black_14

基于：默认段落字体

TOC 1

后续段落样式：正文

字体：10 磅，加粗，左，段落间距
段前：12 磅
段后：6 磅，样式：自动更新，使用前隐藏，在样式库中显示，优先级：40
基于：正文
后续样式：正文

TOC 2

后续段落样式：正文

字体：10 磅，倾斜，缩进：
左侧：0.37 厘米，左，段落间距

图 5-17

5.4.4 使用不同模板中的样式表

“样式”列表只能查看保存在当前文档模板中的样式。如果用户喜欢其他模板中的一组样式，可以从该模板获取该样式表并应用于用户当前的文档。如果要选择不同模板中的样式表，可以使用“文档格式”功能，操作步骤如下。

01 启动 Word 2019，打开文档，选择“设计”选项卡。

02 单击“文档格式”工具组中的“其他”按钮，如图 5-18 所示。

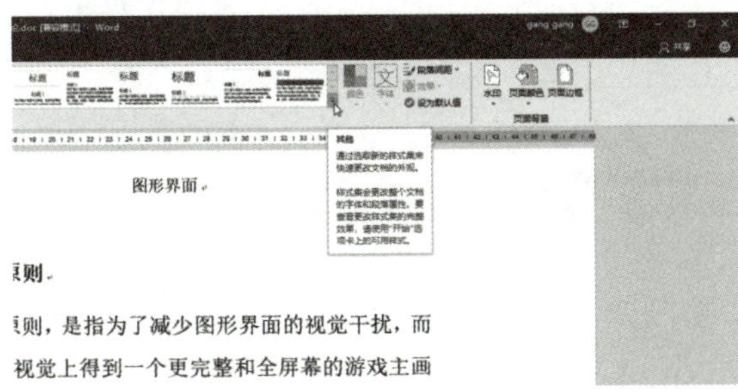

图 5-18

03 选择包含要使用样式的模板，如图 5-19 所示。

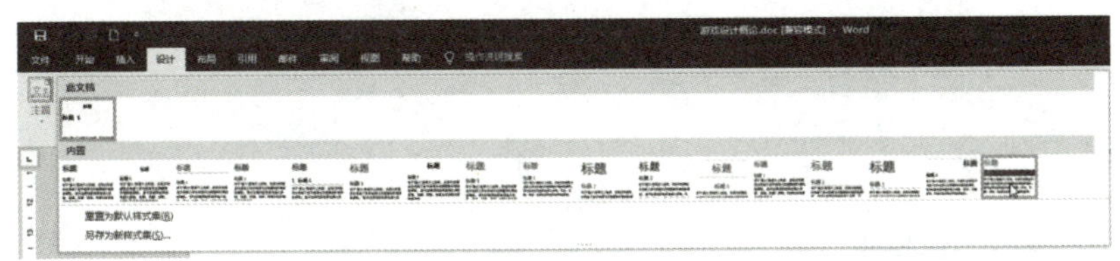

图 5-19

04 在预览满意之后，单击选定样式集，这些样式将取代当前文档中的样式。

5.4.5　应用样式

用户可以使用“样式”列表为选定的文字或在某个段落中应用样式。

在“开始”选项卡的“样式”列表中显示了当前文档的全部样式。使用“样式”列表应用样式，操作步骤如下。

01 启动 Word 2019，打开文档，选定文字（仅适用于字符样式）或单击需要应用样式的段落。如果要设置多个段落的格式，则选中每个段落的文字。

02 单击“开始”选项卡的“样式”工具组右下角的“其他”按钮，打开当前文档的“样式”面板。此时即可看到该面板的样式列表，并且当前选定文本应用的样式将被突出加框显示。如图 5-20 所示，当前选定文本已经应用的样式是“正文”。另外需要注意的是，后面有“a”标记的，表示是可以应用于选定文本的样式；后面带有段落标记的，表示是可以应用于段落（不必选定文本，只要将光标停放在段落中即可）的样式。例如，图 5-20 中的“明显强调”后面有“a”标记，表示它必须先选定文本然后才能应用。

03 单击列表中的某个样式即可应用该样式，如图 5-21 所示。

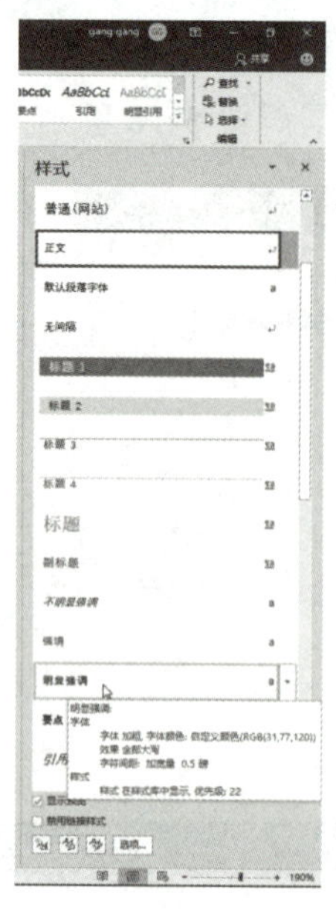

图 5-20

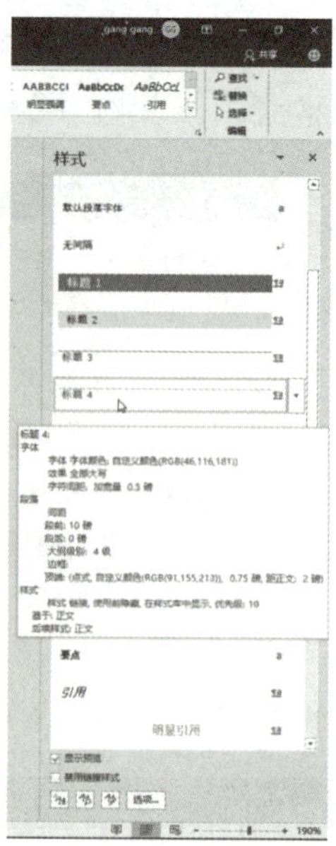

图 5-21

5.4.6 使用键盘快捷键

在 Word 2019 中可以为任何命令指定键盘快捷键，选择特定样式也不例外。Word 已经为一些预定义的样式指定了键盘快捷键（见表 5-1），用户也可以自定义快捷键。

要使用键盘快捷键应用样式，应先选定需要设置格式的文字，然后按快捷键。

表 5-1 应用样式的键盘快捷键

应 用 样 式	快 捷 键
正文	Ctrl ＋ Shift ＋ N 组合键
标题 1、标题 2 或标题 3	Ctrl ＋ Alt ＋ 1 组合键，Ctrl ＋ Alt ＋ 2 组合键，Ctrl ＋ Alt ＋ 3 组合键
“样式”列表中的样式	Ctrl ＋ Shift ＋ S 组合键，然后键入样式名称或移动上下箭头选择样式

5.4.7 定义样式

定义样式的方法有两种：根据实例定义样式、手工定义样式。分别介绍如下。

- 根据实例定义样式：即直接给样式命名，并使用当前选定的文本或段落的格式设置作为样式说明。
- 手工定义样式：即先选择基准样式，然后从菜单中选择字体、段落和其他格式选项。

要定义样式，可以使用“样式”面板，操作步骤如下。

01 启动 Word 2019，打开文档，选定要设置的文本，将文本设置为幼圆字体、三号字号、红色，加粗显示，如图 5-22 所示。

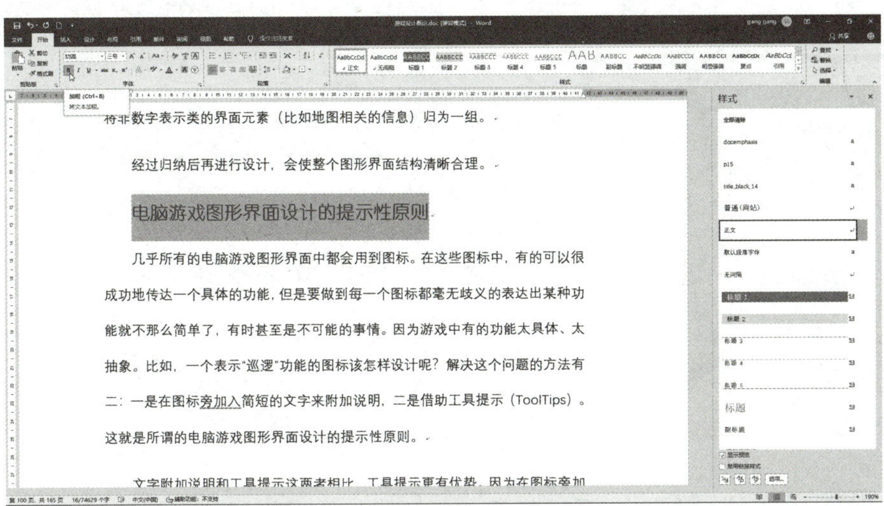

图 5-22

02 选定步骤**01**中已设置好格式的红色加粗实例文字。

03 单击“样式”面板中的“新建样式”按钮，如图 5-23 所示。

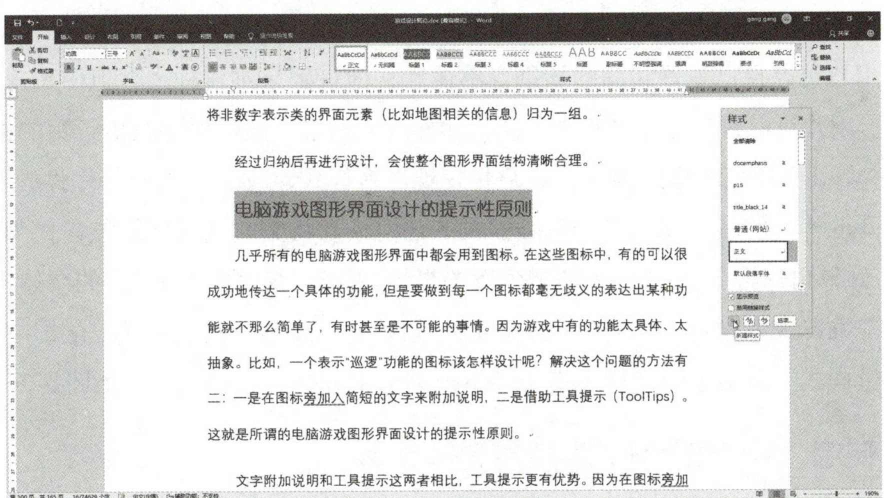

图 5-23

04 输入新样式的名称“样式 1”，新样式的名称会被添加到“样式”列表中，并且新样式将具有所选文本的基准样式和格式设置。在“样式类型”中可以设置它是字符样式还是段落样式，如图 5-24 所示。

05 新建立的“样式 1”即时有效。用户可以将它应用在当前文档的其他相似部分，如图 5-25 所示。

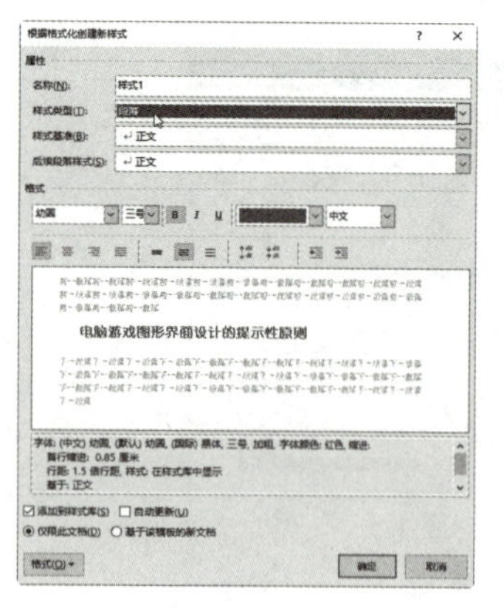

图 5-24

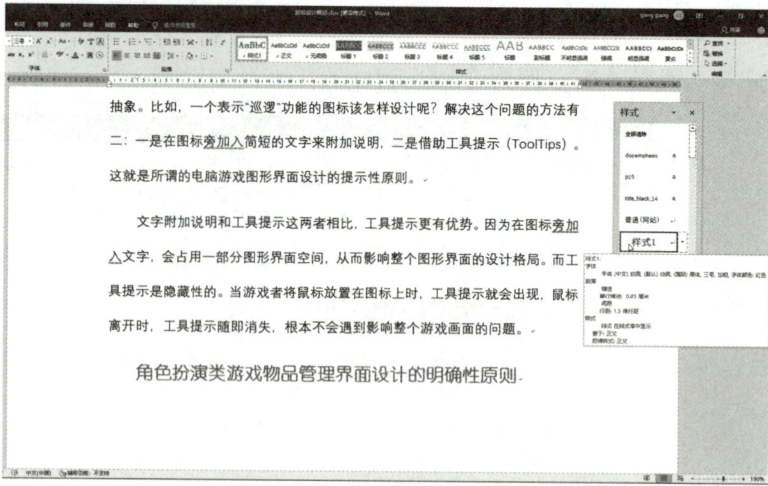

图 5-25

5.4.8 使用基准样式的优点和缺点

Word 2019 允许用户在现有样式的基础上建立新样式，这样在定义新样式时可以节省许多工作。例如，假定有一种称为“正文”的样式，它的说明部分包括字体和字号、段落缩进设置、单倍行距、孤行设置和段落前后间距。现在需为同一段落新建一种称为“双倍行距正文”的样式，仅将行距设置为双倍行距。

虽然用户可以自己设置相同的缩进、字体和其他设置来创建样式，但使用基准样式要容易得多。用户可以直接选中“正文”作为新样式的基准，然后增加双倍行距的格式设置。

浏览 Word 中模板的样式说明，用户将发现许多样式建立在“正文”样式的基础上。

使用基准样式的缺点在于对于基准样式的任何改动将影响到任何以该样式为基础的样式。例如，如果用户将“正文”样式的字体改为黑体，那么“双倍行距正文”的字体也会改变。

使用基准样式常常可以节省时间。但是，如果要创建不受其他样式变化影响的样式，应在“新建样式”对话框的“样式基于”下拉菜单中选择“无样式”，如图 5-26 所示。

5.4.9 使用“后续段落样式”提高工作效率

在 Word 2019 中，除非特别说明，否则 Word 假定用户希望为当前段落后面新建的所有段落使用相同的样式。但有时为后续段落设置不同的样式是有用处的。

例如，假定用户在一份报告中使用了“正文”样式，而且正在修改用于报告标题的“标题 2”样式。在定义“标题 2”样式时，通过将“正文”设置为后续段落样式可节省大量的工作，如图 5-27 所示。

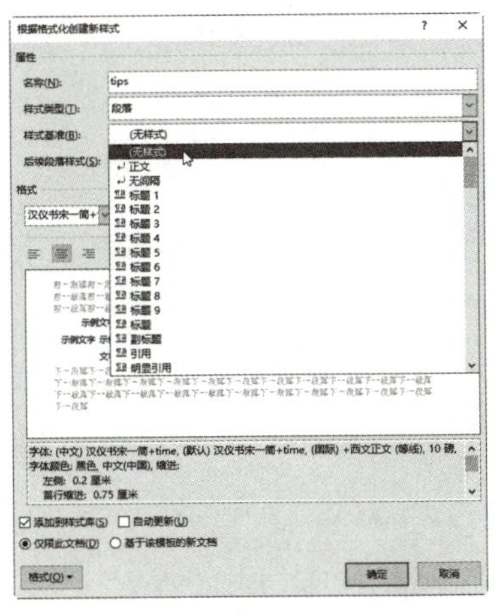

图 5-26

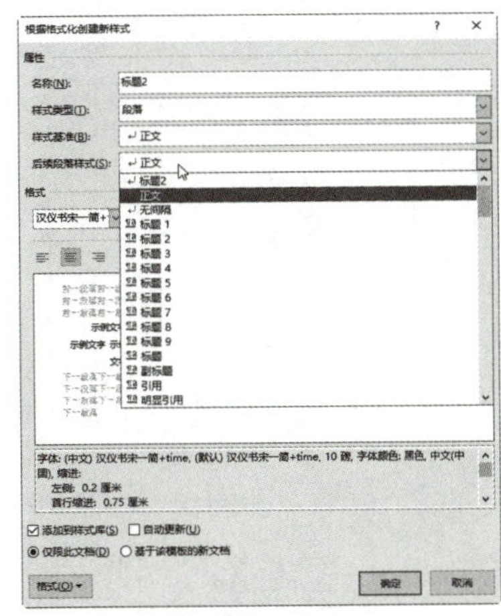

图 5-27

这样就可以在“标题 2”样式下输入标题，按 Enter 键，然后直接在“主体正文”样式下输入文字。由于用户选择“主体正文”作为“标题 2”样式的后续段落样式，Word 将自动切换到“主体正文”样式，而不需要用户自己做出选择。

5.4.10　清除格式和删除样式

用户可以删除在 Word 中创建的任何自定义样式，也可以删除某些保存在模板中的预定义样式。但是，Word 不允许删除“正文”样式，这是因为 Word 中许多其他的预定义样式是建立在“正文”样式的基础上的。

清除格式的操作步骤如下。

01 启动 Word 2019，单击“开始”选项卡，然后单击“样式”工具组“样式”列表右下角的“其他”按钮，如图 5-28 所示。

02 选择“清除格式”命令，即可将当前选定对象上的所有格式和样式都清除掉，如图 5-29 所示。

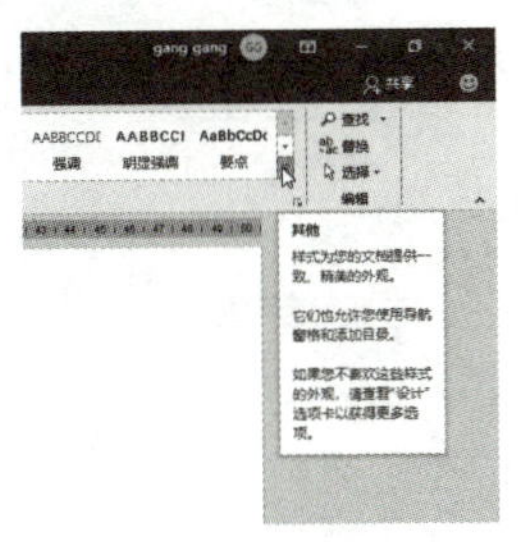

图 5-28

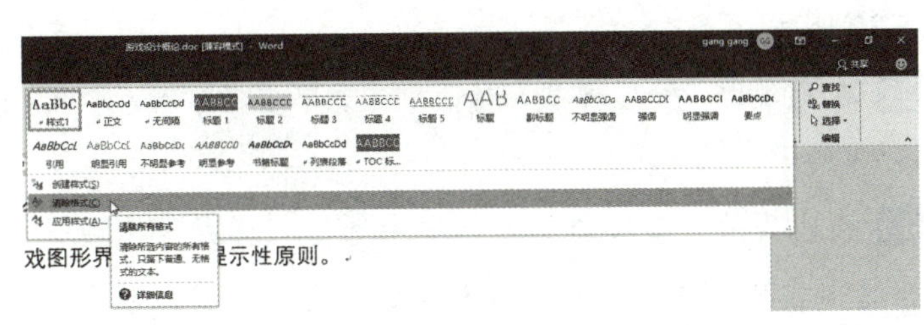

图 5-29

03 要删除样式，则可以在“样式”面板中使用鼠标右击某种样式，然后从快捷菜单中选择“删除”选项，Word 将要求用户确认删除，如图 5-30 所示。

04 单击警告信息中的“是”按钮即可删除样式，如图 5-31 所示。

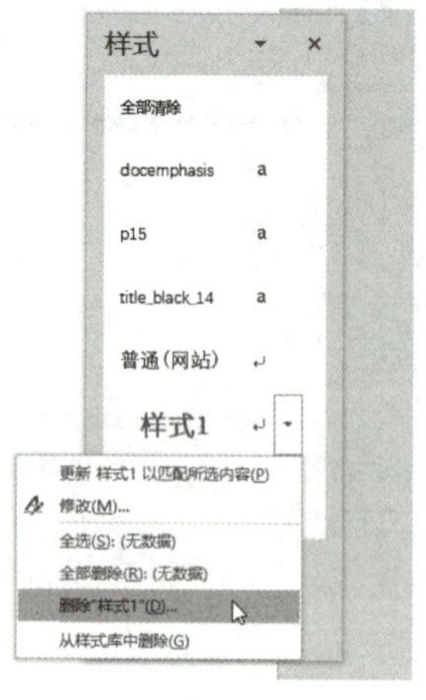

图 5-30

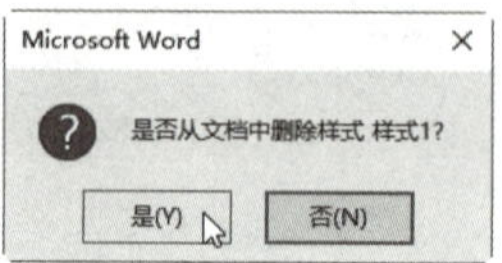

图 5-31

删除某种样式之后，任何使用了该样式的文字都将转而使用其基准样式。例如，“Cc List”是一种设置了顶边左对齐的正文样式，删除它之后，文档中所有使用“Cc List”样式的文本段落都将重设为正文样式。

如果要删除的样式是无基准样式的样式，则 Word 将提示该样式正在使用，不允许删除。要删除这种样式，必须先对所有应用该样式的文字应用另一种样式或清除其格式。

5.4.11　在模板间复制样式

创建自定义样式之后，可以在其他类型的文档中使用这些样式。利用 Word 在模板间复制样式的功能可以轻松地做到这一点。

“管理器”对话框是在模板或文档间复制样式的工具。要使用“管理器”，可按以下步骤进行。

01 启动 Word 2019，单击“样式”面板底部的“管理样式”按钮，如图 5-32 所示。

02 在出现的“管理样式”对话框中，单击“导入/导出”按钮，如图 5-33 所示。

03 在出现的“管理器”对话框中选择“样式”选项卡，在左面文档的样式列表中，选择自定义样式或全部样式，单击“复制”按钮，将该样式添加到 Normal.dotm 模板中，如图 5-34 所示。

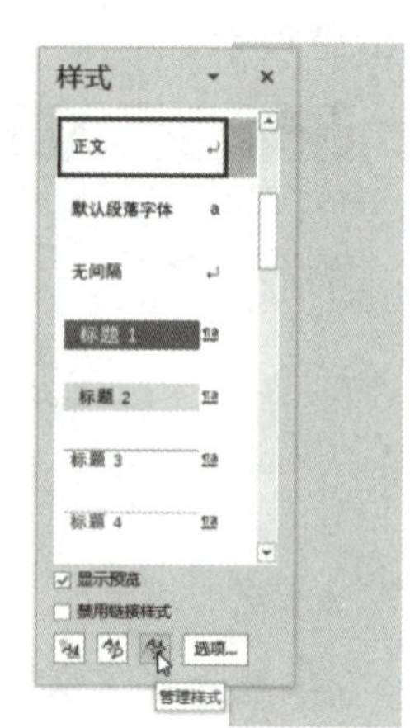

图 5-32

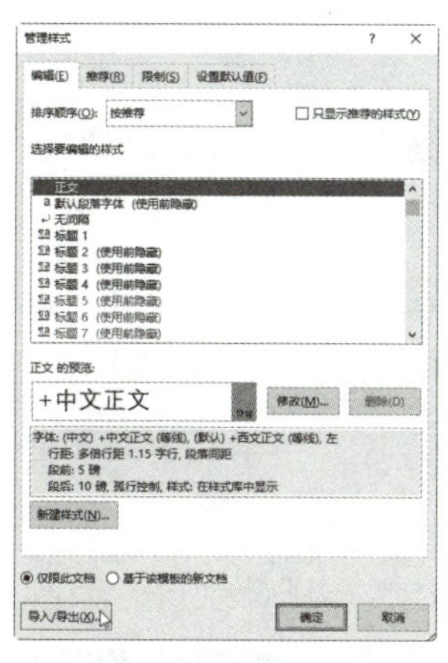

图 5-33

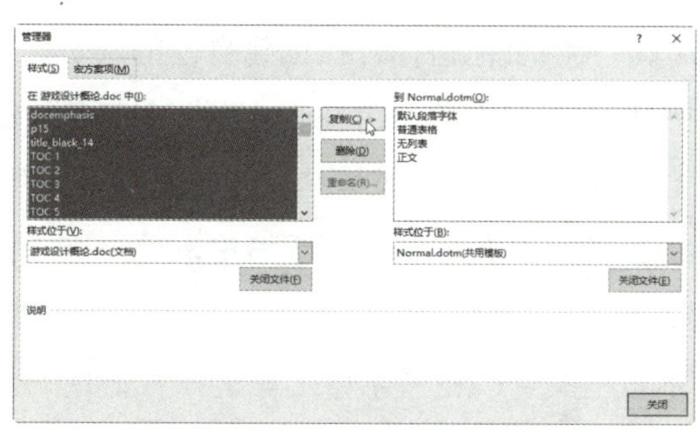

图 5-34

从图 5-34 中可以看出，“管理器”可显示两个不同位置的样式。通常，左边列表显示当前文档中的样式，右边列表显示当前文档模板中的样式。用户可以在文档和模板之间双向复制样式，“复制”按钮上的箭头会随着所选列表的不同而相应变化。

04 如果有相同名称的样式（例如“默认段落字体”），则会出现提示，询问是否覆盖模板中的原有样式，单击“全是”即可，如图 5-35 所示。

05 复制完成之后，现在可以看到 Normal.dotm 模板中已经包含了当前文档中的所有样式，如图 5-36 所示。

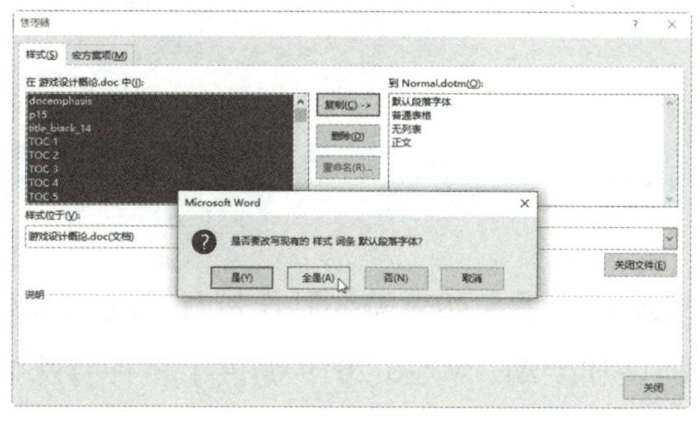

图 5-35

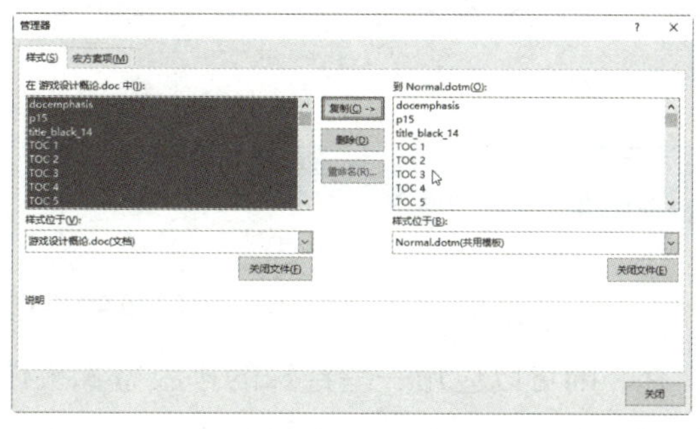

图 5-36

06 现在按 Ctrl+N 组合键新建 Word 文档，由于它使用的是 Normal.dotm 模板，所以可以看到它包含了“游戏设计概论 .doc”文档中的所有样式。在“管理器”中也可以清晰地看到这一点，如图 5-37 所示。

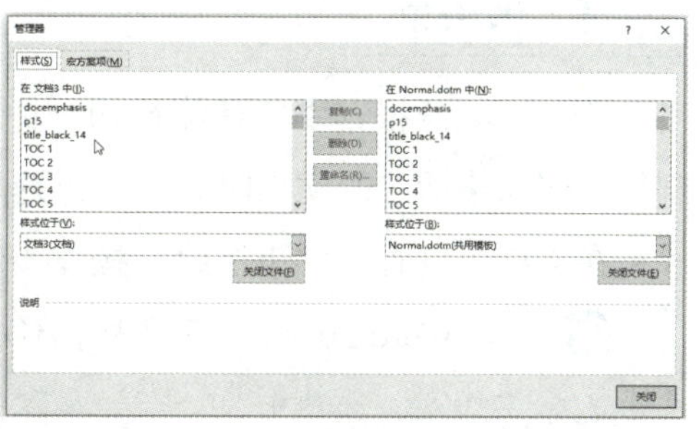

图 5-37

5.4.12 使用主题

主题是快速设计网页的工具，使用主题可以极大地提高工作效率。选择一个主题之后，用户就可以输入网页标题，轻松创建自己的网页。

要在文档中使用主题，可在“主题”对话框中进行选择，操作步骤如下。

01 启动 Word 2019，选择“设计”选项卡，然后单击最左侧“主题”的下拉按钮。

02 在出现的 Office 主题对话框中，选择一个主题。在文档编辑窗口中会直接显示其预览效果，如图 5-38 所示。

03 单击“颜色”和“字体”等选项可以进一步自定义选择的主题，如图 5-39 所示。

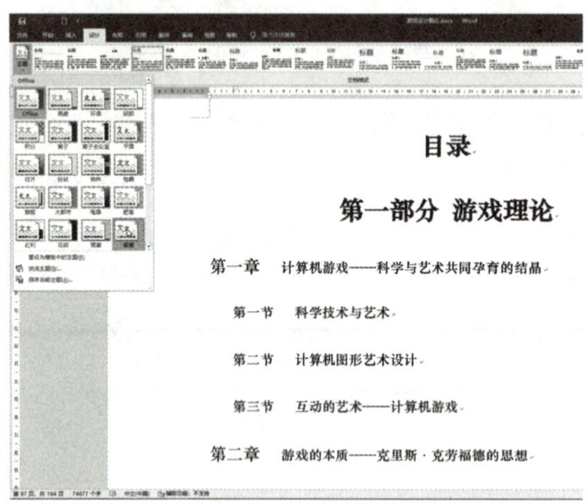

图 5-38

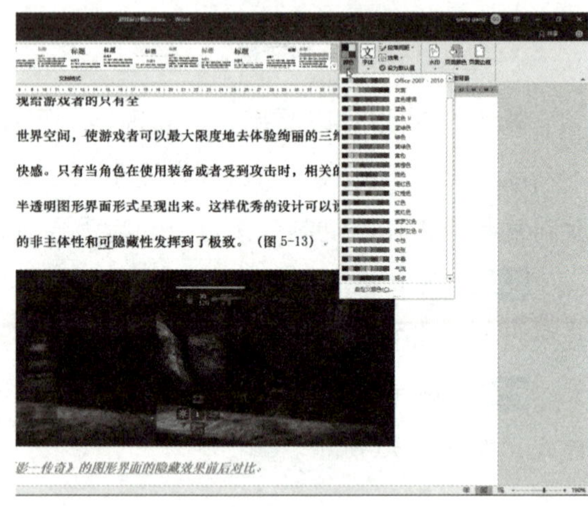

图 5-39

5.5 应用特殊排版方式

对于普通的文档，应用一些简单的排版方式就足够了。如果需要制作带有特殊效果的文档，则可以应用一些特殊的排版方式来使文档更加生动。Word 2019 提供了多种特殊排版方式，如首字下沉、带圈字符等。

5.5.1 首字下沉

首字下沉是报刊中非常流行的一种排版方式。设置首字下沉可以让文字更加醒目，在制作一些风格活泼的文档时，可以迅速地吸引读者的目光，为文档增添趣味。

在文档中设置首字下沉时，操作步骤如下。

01 启动 Word 2019，打开文档，将文本插入点定位到要设计“首字下沉”效果的文本中，然后选择“插入”选项卡。

02 在“文本”选项组中单击“首字下沉”按钮。

03 在弹出的菜单中选择“首字下沉选项”命令，如图 5-40 所示。

04 打开“首字下沉”对话框，在“位置”选项组中选择“下沉”选项。在“字体”下拉列表中选择“方正粗宋简体”选项。在“下沉行数”和“距正文”数值框中保持默认设置，距正文为“0 厘米”。单击“确定”按钮关闭对话框，如图 5-41 所示。

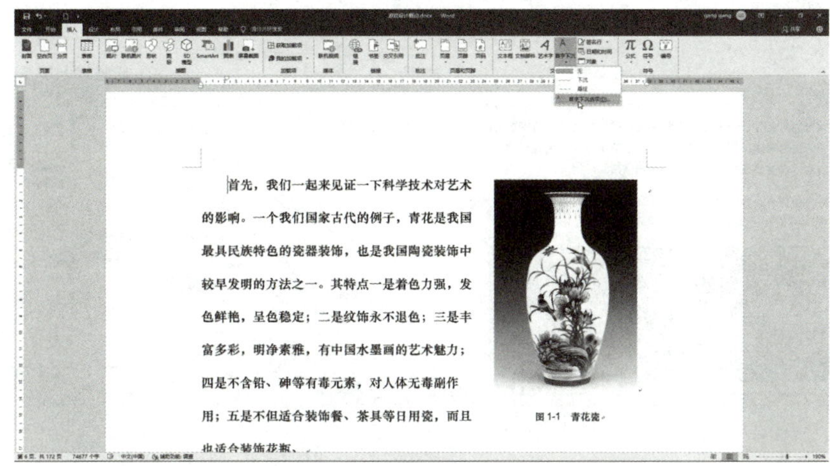

图 5-40

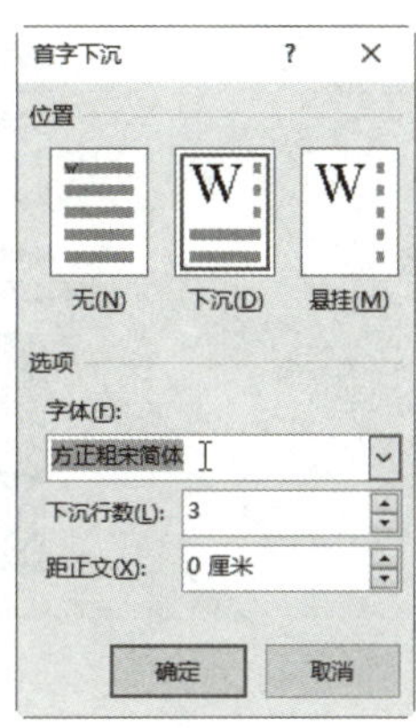

图 5-41

05 此时可以看到为文档设置首字下沉后的效果，如图 5-42 所示。

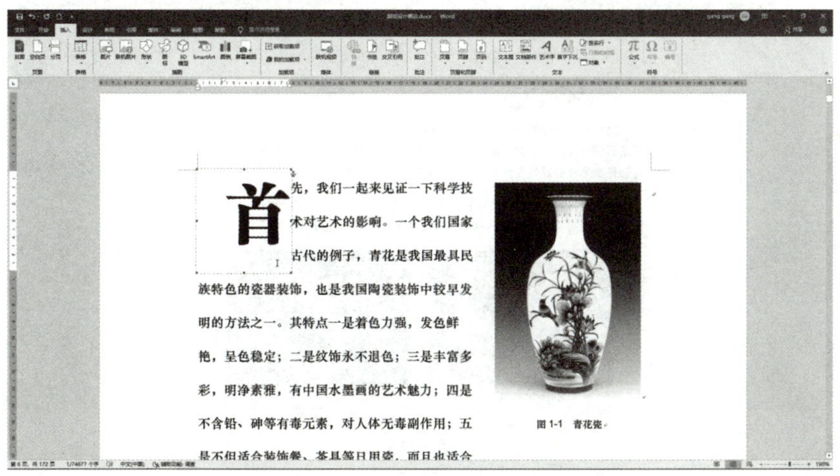

图 5-42

5.5.2　带圈字符

编辑文字时经常需要输入一些特殊的文字，如圆圈围绕的数字。Word 2019 中可以使用带圈字符功能，轻松地制作出各种带圈字符。

在文档中为字符添加带圈效果的操作步骤如下。

01 启动 Word 2019，打开文档，选择需要设置的文本。

02 选择“开始”选项卡，在“字体”选项组中单击“带圈字符”按钮，如图 5-43 所示。

03 打开“带圈字符”对话框，在“样式”选项组中选择“增大圈号”选项，在“圈号”列表框中选择符号圆圈，如图 5-44 所示。

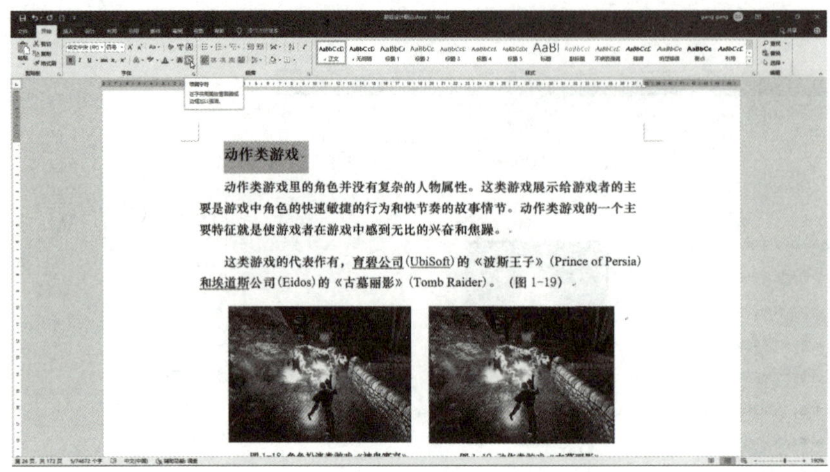

图 5-43

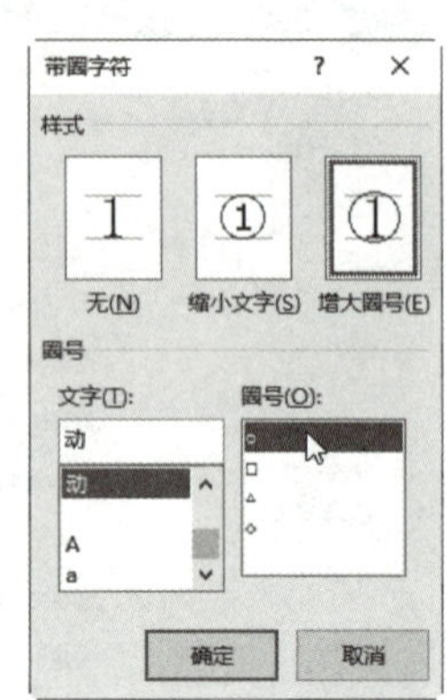

图 5-44

04 单击“确定”按钮完成设置，可以为多个文字设置带圈效果，如图 5-45 所示。

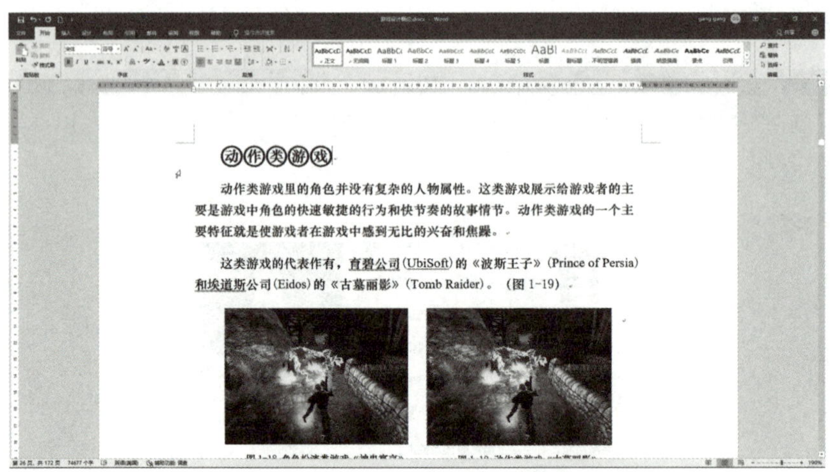

图 5-45

“带圈字符”对话框中各选项的功能介绍如下。

- 样式：可以选择“无”“缩小文字”“增大圈号”选项。如果选择“缩小文字”选项，则会缩小字符，让其适应圈的大小；若选择“增大圈号”选项，则会增大圈号，让其适应字符的大小。
- 文字：可以输入一个汉字（也可以是两个数字或字母）。
- 圈号：选择想要的圈号，有圆形、方形、三角形和菱形。

提示：在 Word 2019 中，带圈字符的内容只能是一个汉字或两个外文字母，在文档窗口中如果选择超出上述限制的字符，打开“带圈字符”对话框，Word 2019 将自动以第一个汉字或前两个外文字母作为选择对象进行设置。

课后习题

一、单项选择题

1. 在 Word 2019 中，下列（　　）字体类型通常用于屏幕显示而非打印输出。

A. TrueType

B. PostScript

C. OpenType

D. Printer Font

2. 使用“后续段落样式”功能有助于（　　）。

A. 快速切换字体

B. 提高文档编辑效率

C. 调整段落间距

D. 创建自定义样式

3. 若要在文档中实现首字下沉效果，应在（　　）选项卡中操作。

A.“插入”

B.“设计”

C.“开始”

D.“布局”

4. 关于字体管理，以下说法正确的是（　　）。

A. 无法删除已安装字体

B. 打印机字体适用于屏幕显示

C. 字体族指同一类风格相似的字体

D. 等宽字体中每个字符所占宽度相同

5. 在 Word 中，创建模板的目的是（　　）。

A. 存储常用的文本片段

B. 设定文档的默认样式

C. 快速生成标准化格式文档

D. 保存文档的修订历史

E. 以上都是

6. 应用主题可以改变文档的（　　）。

A. 字体

B. 颜色

C. 图形效果

D. 页面背景

E. 以上都是

F. 以上都不是

二、填空题

1. 查看已安装字体的路径是：________________________________。
2. 选择 ______ 字体可以保证文档在各种设备上保持一致的显示效果。
3. 若要将文档分为两栏，应在“布局”选项卡的 ______ 功能组中操作。
4. 定义新样式时，可设置 ______、______、______ 等属性。
5. 若要在文档中插入带圈字符，需使用 ______ 选项卡下的“符号”功能组。
6. 在 Word 中，______ 是用于快速应用一系列相关格式的集合。

三、实操题

1. 查看计算机上已安装的字体，并筛选出一种适合标题的衬线字体。
2. 创建一个包含两栏内容的文档，并设置合适的栏间距与分隔线。
3. 创建一个新模板，为其设置默认字体、字号、段落样式，并保存为模板文件。
4. 为文档中的某一标题应用一个自定义样式，并更改该样式的字体颜色。
5. 在文档中插入一个首字下沉的段落，并调整下沉深度与字号。
6. 为文档应用一个内置主题，并自定义其中的字体方案与颜色方案。

模块 6　Word 2019 的表格处理

在编辑文档时，为了更形象地说明问题，常常需要在文档中制作各种各样的表格，如课程表、学生成绩表等。Word 2019 提供了强大的表格功能，可以快速创建表格与编辑表格。

本模块学习内容

- 在文档中插入表格
- 编辑表格
- 美化表格
- 表格和文字的相互转换

6.1 在文档中插入表格

在 Word 2019 中插入表格可以通过 3 种方法实现，分别是使用虚拟表格插入、使用对话框插入和手动绘制表格。这 3 种方法有各自的特点，用户可以根据需要选择适当的方法插入表格。

6.1.1 使用虚拟表格插入真实表格

使用虚拟表格可以快速完成表格的插入，但是使用虚拟表格最多只能够插入 10 列 8 行的表格，需要插入更多行列的表格时可以使用其他方法。

新建一个空白的 Word 文档，切换到“插入”选项卡，单击“表格”选项组中的“表格”按钮，在弹出菜单的虚拟表格中移动光标，经过需要插入的表格行列，确定后单击鼠标左键，如图 6-1 所示。

经过以上操作，Word 就会根据光标所经过的单元格插入相应的表格，如图 6-2 所示。

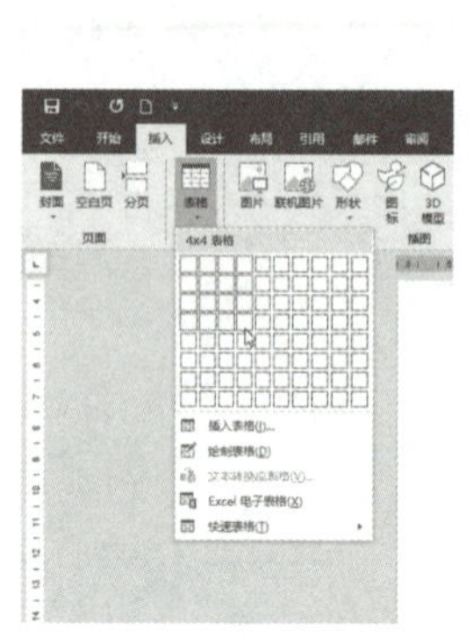

图 6-1

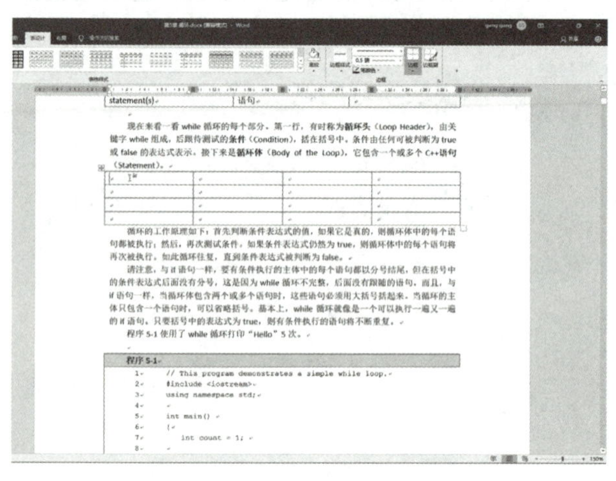

图 6-2

6.1.2 使用对话框插入表格

使用对话框插入表格时，可以插入拥有任意行列数量的表格，并可以对表格的自动调整操作进行设置，操作步骤如下。

01 启动 Word 2019，新建一个空白的 Word 文档，切换到“插入”选项卡，单击“表格”选项组中的“表格”按钮，在展开的菜单中选择“插入表格”命令，如图 6-3 所示。

02 弹出“插入表格”对话框，在“列数”与“行数”数值框中输入相应的数值，选中“‘自动调整’操作”选项组中的“根据内容调整表格”单选按钮后，单击“确定”按钮，如图 6-4 所示。

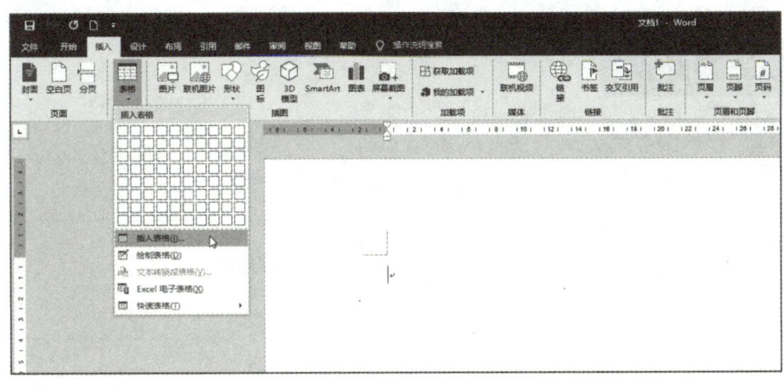

图 6-3

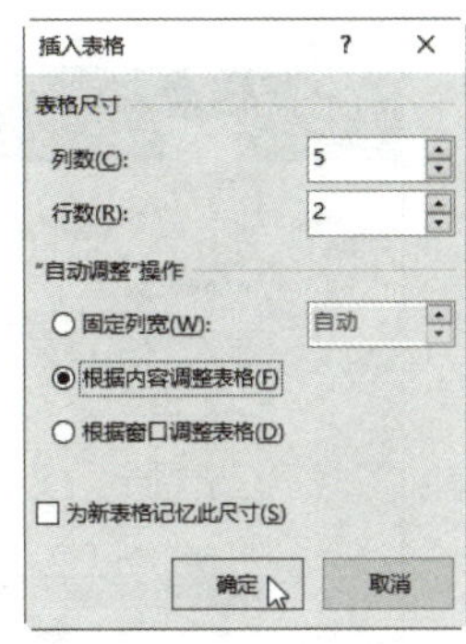

图 6-4

03 返回文档，即可看到插入的表格。此时表格中没有具体内容，所以表格处于最小状态，如图 6-5 所示。

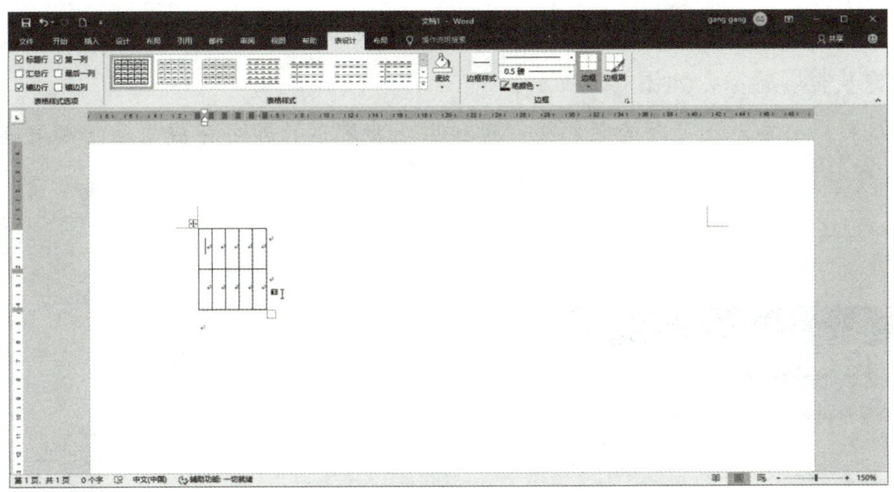

图 6-5

6.1.3 手动绘制表格

手动绘制表格可以灵活地对表格的单元格进行控制。若需要制作每行单元格数量不等的表格时，可手动绘制表格，操作步骤如下。

01 启动 Word 2019，新建一个空白的 Word 文档，切换到“插入”选项卡，单击“表格”选项组中的“表格”按钮，在弹出的菜单中选择“绘制表格”命令，如图 6-6 所示。

02 当光标变为铅笔形状时，在需要绘制表格的位置按住鼠标左键进行拖动，绘制出表格的边框，至合适大小后释放鼠标左键，如图 6-7 所示。

03 绘制表格的边框后，在框内横向拖动鼠标绘制表格的行线，如图 6-8 所示。按照同样的方法绘制表格的其他行。

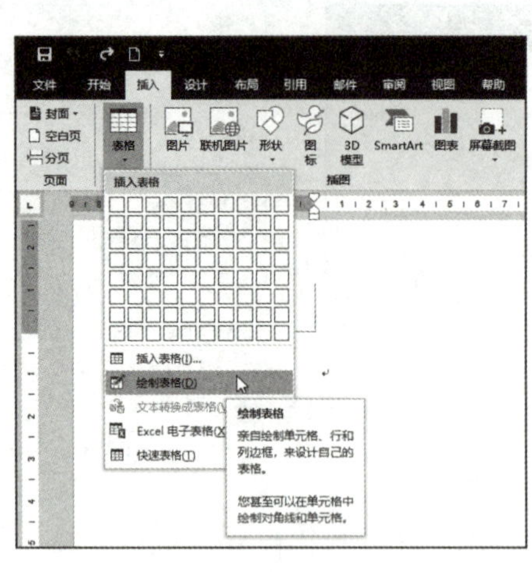
图 6-6

图 6-7

图 6-8

04 在表格框的适当位置纵向拖动鼠标，绘制表格的列线，如果有不合适的线，则可以使用“橡皮擦”擦除，如图 6-9 所示。

05 如果有必要，还可以绘制斜线。经过以上步骤后，即可完成手动绘制表格的操作，如图 6-10 所示。

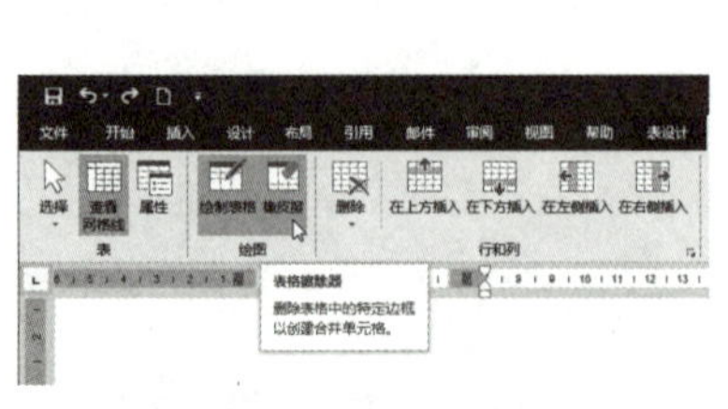
图 6-9

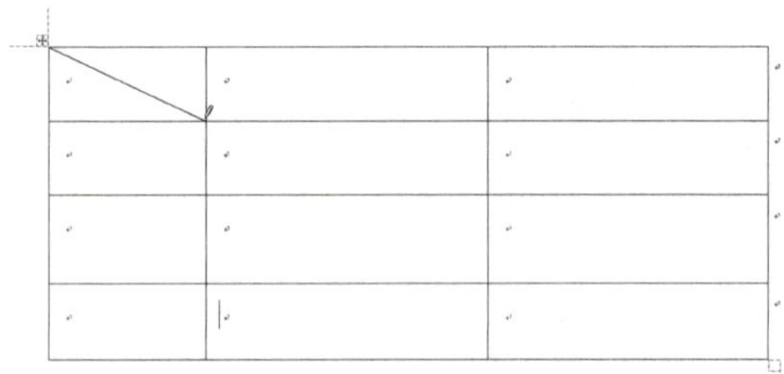
图 6-10

6.2 编辑表格

插入表格后需要为表格添加内容，由于不同的内容所对应的单元格大小会有所不同，因此在填充表格内容后还需要对表格的单元格进行拆分、删除、合并等编辑操作。

6.2.1 合并单元格

在编辑表格的过程中，可以先手工绘制一个表格，以做到对表格的大致布局（例如，需要几列几行）心里有数。本节将以图 6-11 中的“个人简历”为例，对单个单元格、整行单元格以及整列单元格的插入和合并等方法进行介绍。

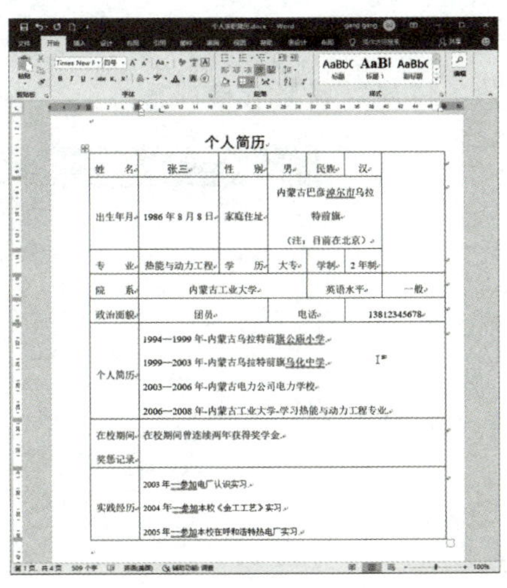

个人简历

姓　　名	张三	性　　别	男	民族	汉	
出生年月	1986 年 8 月 8 日	家庭住址	内蒙古巴彦淖尔市乌拉特前旗（注：目前在北京）			
专　　业	热能与动力工程	学　　历	大专	学制	2 年制	
院　　系	内蒙古工业大学			英语水平		一般
政治面貌	团员		电话		13812345678	
个人简历	1994—1999 年-内蒙古乌拉特前旗公庙小学 1999—2003 年-内蒙古乌拉特前旗乌化中学 2003—2006 年-内蒙古电力公司电力学校 2006—2008 年-内蒙古工业大学-学习热能与动力工程专业					
在校期间奖惩记录	在校期间曾连续两年获得奖学金					
实践经历	2003 年—参加电厂认识实习 2004 年—参加本校《金工工艺》实习 2005 年—参加本校在呼和浩特热电厂实习					

图 6-11

1. 插入表格

插入表格最为快捷的方法就是通过虚拟表格完成，但是如果要插入的表格大于 10 列 8 行，则需要通过对话框完成，操作步骤如下。

01 启动 Word 2019，新建一个空白文档，输入文字“个人简历”，按 Ctrl+E 组合键使其居中。然后按 Enter 键换行，按 Ctrl+L 组合键使光标左对齐，切换到“插入”选项卡，单击“表格”选项组中的“表格”按钮，在弹出菜单的虚拟表格中移动光标，需要插入的表格为 7 列 8 行，确定后单击鼠标左键，如图 6-12 所示。

图 6-12

02 这个 7 列 8 行是根据图 6-11 中的个人简历示例计算出来的，该例最多有 7 列 8 行，其他行列变化都可以通过合并单元格和拆分单元格获得。现在可以在表格的第一行输入一些基础文字，最后一列的图像不必着急插入，可以使用文字“头像图片”暂代，如图 6-13 所示。

03 在表格的第 1 列输入一些基本项目，如图 6-14 所示。至此，表格的基本布局已经完成，接下来需要按照简历的具体内容调整表格的行列。

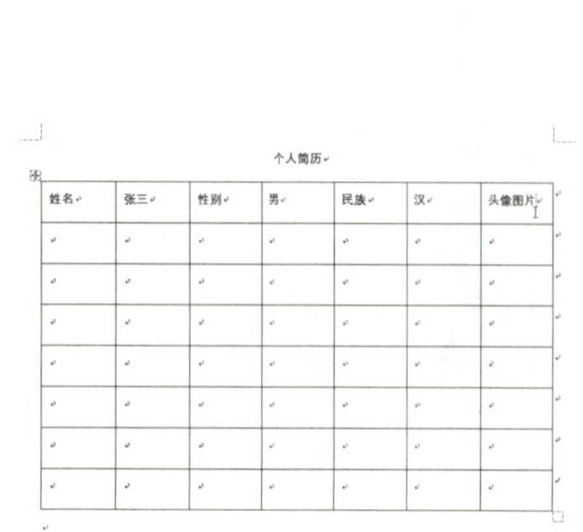

图 6-13

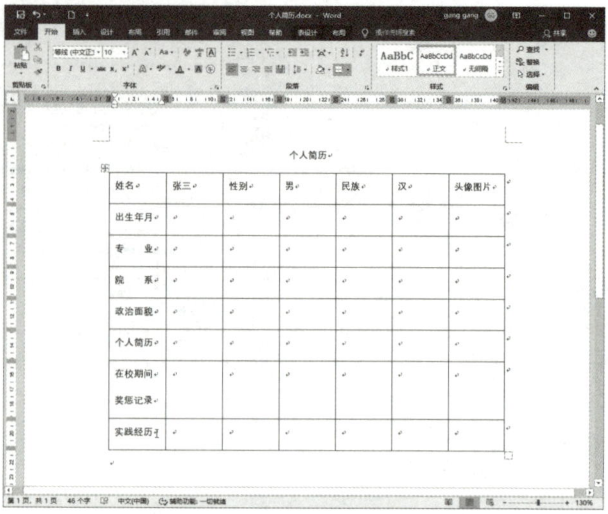

图 6-14

2. 合并单元格

按照图 6-11 示例根据需要合并单元格，操作步骤如下。

01 继续上例的操作，使用鼠标拖动选择第 2 行第 4 列到第 6 列的 3 个单元格，鼠标右击，在出现的快捷菜单中选择“合并单元格”选项，如图 6-15 所示。这是横向合并单元格操作。

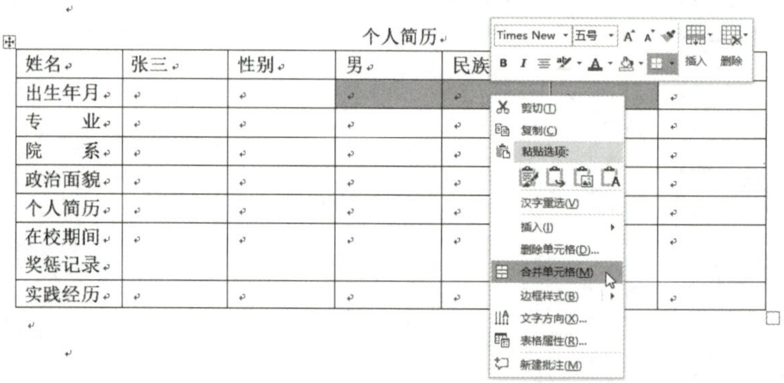

图 6-15

02 使用鼠标拖动选择第 7 列第 1 行到第 3 行的 3 个单元格，鼠标右击，在出现的快捷菜单中选择“合并单元格”选项，如图 6-16 所示。这是纵向合并单元格操作。

03 按同样的方式，选择第 4 行第 2 列到第 4 列的 3 个单元格，鼠标右击，在出现的快捷菜单中选择“合并单元格”选项，如图 6-17 所示。

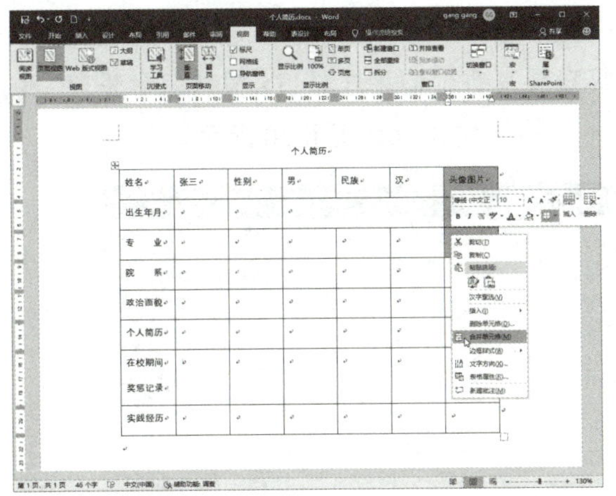

图 6-16

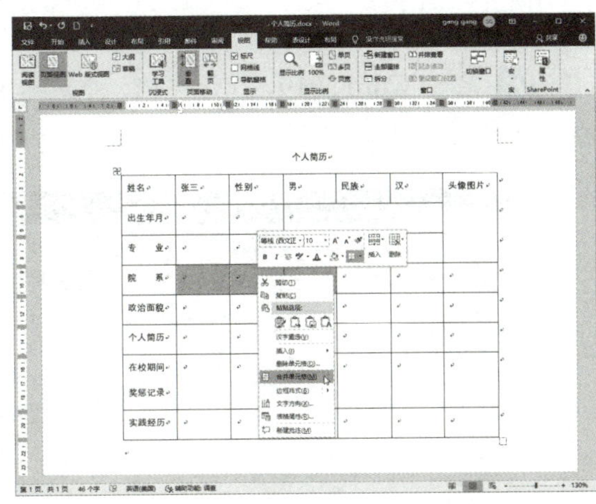

图 6-17

04 按照图 6-11 的表格布局，继续合并单元格的操作，直至完成全部表格布局，如图 6-18 所示。

05 在表格中输入其余文字内容，如图 6-19 所示。

有关插入图像的问题，后文会有专门的介绍，此处不再赘述。

图 6-18

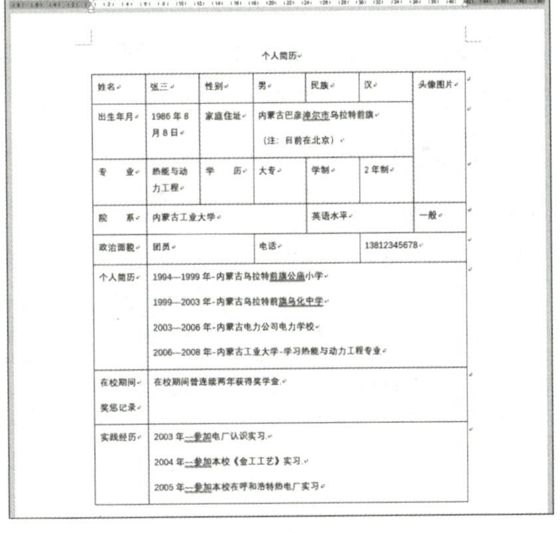

个人简历

姓名	张三	性别	男	民族	汉	头像图片
出生年月	1986 年 8 月 8 日	家庭住址	内蒙古巴彦淖尔市乌拉特前旗 （注：目前在北京）			
专　　业	热能与动力工程	学　　历	大专	学制	2 年制	
院　　系	内蒙古工业大学			英语水平		一般
政治面貌	团员		电话		13812345678	
个人简历	1994—1999 年-内蒙古乌拉特前旗公庙小学 1999—2003 年-内蒙古乌拉特前旗乌化中学 2003—2006 年-内蒙古电力公司电力学校 2006—2008 年-内蒙古工业大学-学习热能与动力工程专业					
在校期间 奖惩记录	在校期间曾连续两年获得奖学金.					
实践经历	2003 年—参加电厂认识实习. 2004 年—参加本校《金工工艺》实习. 2005 年—参加本校在呼和浩特热电厂实习					

图 6-19

6.2.2　拆分单元格与表格

与合并单元格相反，拆分单元格是将一个单元格拆分为多个单元格；拆分表格则是将一个表格拆分为两个独立的表格。接下来介绍拆分单元格与拆分表格的操作。

1. 拆分单元格

当执行拆分单元格操作之后，还可以根据需要来设置拆分后单元格行与列的数量，操作步骤如下。

01 启动 Word 2019，打开文档，将光标定位在需要拆分的单元格内，切换到表格的“布局”选项卡，单击“合并”选项组中的“拆分单元格”按钮，如图 6-20 所示。

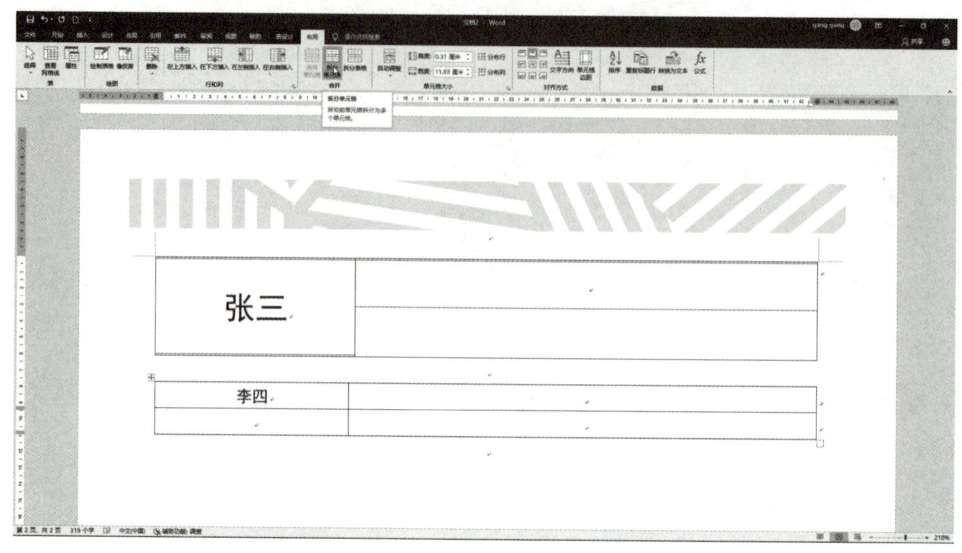

图 6-20

02 弹出“拆分单元格”对话框，在“列数”与“行数”数值框中分别输入相应的数值，然后单击“确定”按钮，如图 6-21 所示。

03 拆分后的效果如图 6-22 所示。

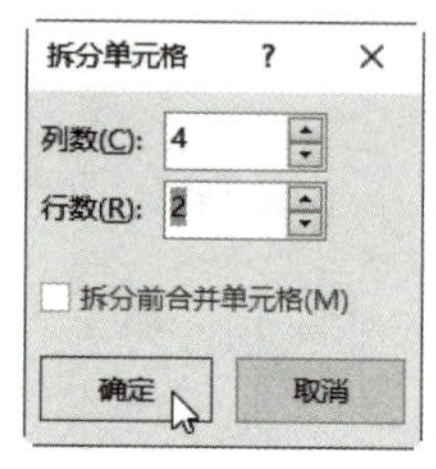

图 6-21

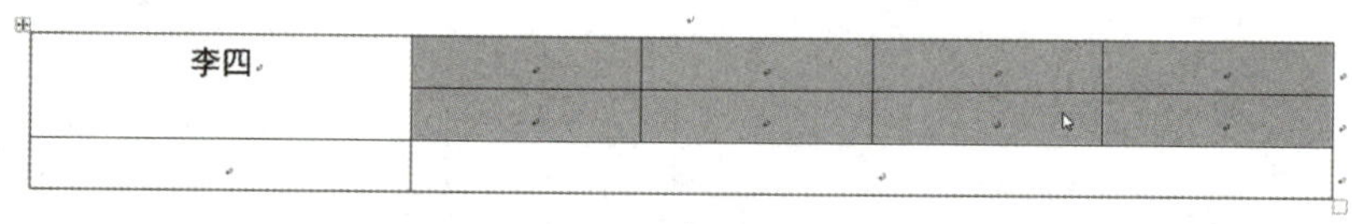

图 6-22

2. 拆分表格

在拆分表格时，一次只能将一个表格拆分为两个表格，操作步骤如下。

01 继续上例的操作，打开需要拆分的表格，将光标定位在拆分后表格的起始单元格中，切换到“表格工具”|“布局”选项卡，单击“合并”选项组中的“拆分表格”按钮，如图 6-23 所示。

02 拆分后的效果如图 6-24 所示。

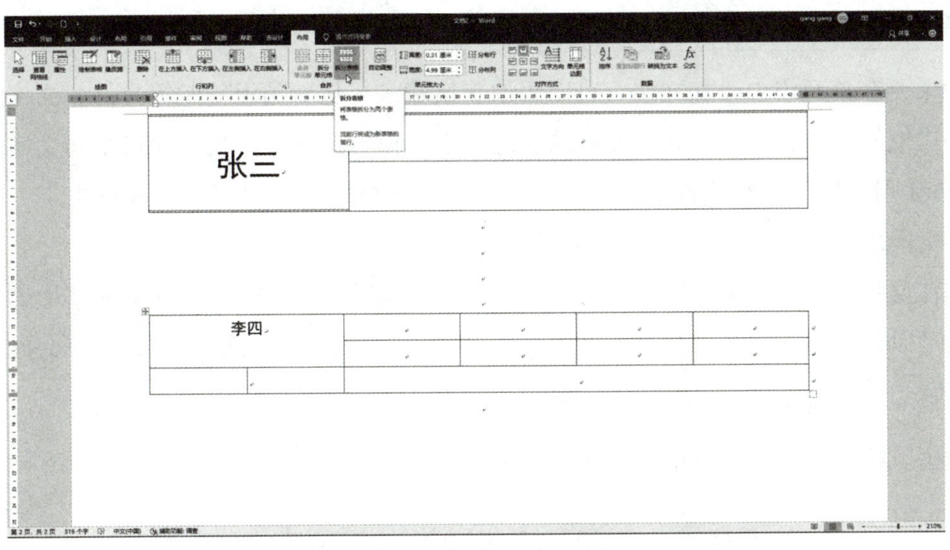

图 6-23

李四				

图 6-24

6.2.3 在表格中定位

在 Word 表格中输入文字和在普通段落中输入文字没有什么区别，可以使用大部分 Word 常用的编辑命令。但是，由于表格是文档中的特殊区域，所以 Word 还提供了其他一些在表格中定位、选择和粘贴信息的方法。

在表格中，一次只能在一个单元格中输入文字。因此，在插入文字前用户可能需要将插入点移动到正确的单元格中。在单元格之间移动插入点有 3 种方法。

- 在单元格中单击。Word 会将插入点移动到该单元格的开头或者鼠标单击的位置。
- 使用键盘上的箭头键。如果单元格为空，按箭头键可以将插入点向上、向下、向左或向右移动一个单元格。如果单元格中包含文字，按箭头键会在单元格内左右移动一个字符，或上下移动一行，插入点位于单元格边框时例外。例如，如果插入点位于单元格的右边框，按右箭头键时，插入点将右移动到下一单元格。
- 按 Tab 键向前移动一个单元格，按 Shift+Tab 组合键向后移动一个单元格。但是，如果插入点位于表格底端最右边的单元格时，按 Tab 键将添加新的一行。

6.2.4 选择表格元素和快速增删行或列

如果要在单元格中添加文字，可以采取直接输入、从剪贴板复制等方法。文字会在单元格的边框间换行，这就如同在文档的页边距之间换行一样。如果单元格中的文字需要换行，Word 则会增加整行的行高以容纳文字。在单元格中不仅可以输入多行文字，还可以输入多个段落。按 Enter 键就可以开始新段落。

与在文档其他区域操作相同，可以通过单击并拖动鼠标来选定任何单元格中的文字。用户还可以通过拖动文字来在单元格之间移动文字。以下将介绍选定表格各个部分的方法。

1. 选择整张表格，包括所有文字

单击表格左上角的⊞标记，如图 6-25 所示。

图 6-25

也可以将光标停放在表格的任何单元格中，然后单击“布局”选项卡，再单击“选择”下拉菜单中的“选择表格”选项，如图 6-26 所示。

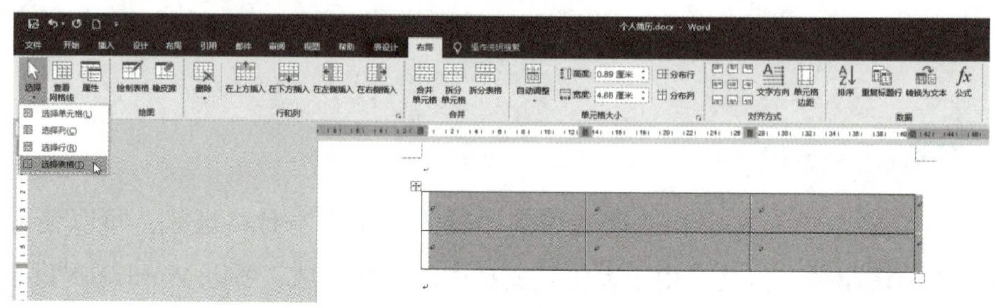

图 6-26

2. 选择单元格中所有文字

在单元格的左边缘处单击鼠标（即在单元格的左边框与文字之间），此时光标会变成右斜黑箭头，如图 6-27 所示。

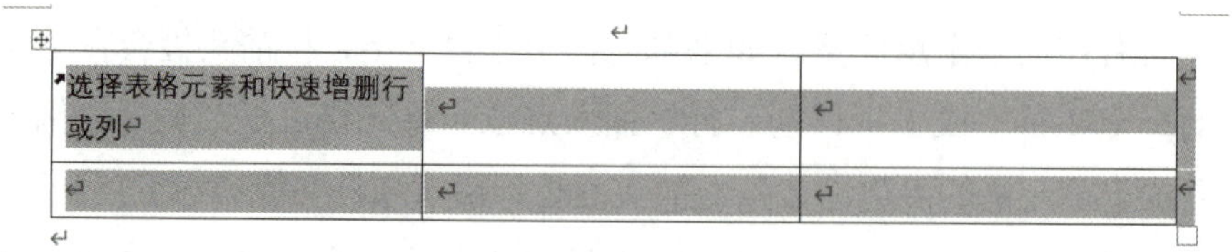

图 6-27

3. 选择单元格

在单元格中任何地方单击鼠标即可。

4. 选择一组相邻的单元格

单击并拖动鼠标即可。

5. 选择一行

在文档中该行左边缘处单击鼠标，如图 6-28 所示。

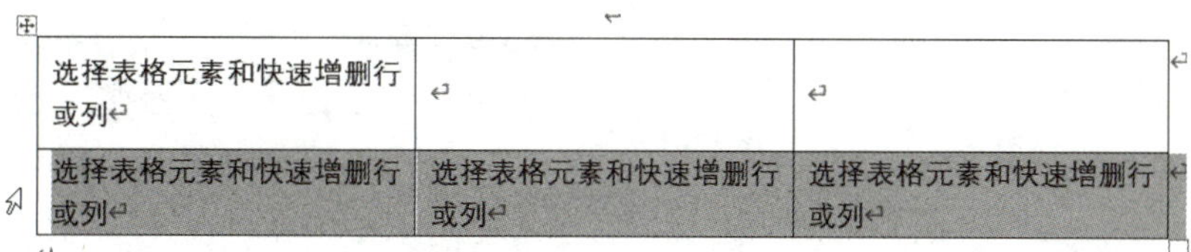

选择表格元素和快速增删行或列		
选择表格元素和快速增删行或列	选择表格元素和快速增删行或列	选择表格元素和快速增删行或列

图 6-28

6. 选择多行

在文档左边缘处单击并拖动鼠标。

7. 选择一列

将鼠标指向列的顶端，出现向下黑箭头时单击即可，如图 6-29 所示。

选择表格元素和快速增删行或列		选择表格元素和快速增删行或列
选择表格元素和快速增删行或列	选择表格元素和快速增删行或列	选择表格元素和快速增删行或列

图 6-29

8. 选择多列

将鼠标指向表格的顶端边框，然后拖过要选定的各列即可。

9. 快速插入一行

将鼠标移动到表格第 1 列单元格分界处，会出现一个带圆圈的加号按钮，单击它即可快速插入一行，如图 6-30 所示。

选择表格元素和快速增删行或列		选择表格元素和快速增删行或列
选择表格元素和快速增删行或列	选择表格元素和快速增删行或列	选择表格元素和快速增删行或列

图 6-30

10. 快速插入一列

将鼠标移动到表格第 1 行单元格分界处，会出现一个带圆圈的加号按钮，单击即可快速插入一列，如图 6-31 所示。

选择表格元素和快速增删行或列			选择表格元素和快速增删行或列
选择表格元素和快速增删行或列		选择表格元素和快速增删行或列	选择表格元素和快速增删行或列

图 6-31

6.2.5 设置表格内文字对齐方式

文字的对齐方式决定了文本在单元格中的位置，文字的方向则是指单元格中文字的排列方式，通过文字对齐方式的设置可以让表格中的内容更加整齐美观。

单元格内文字的对齐方式包括靠上两端对齐、靠上居中对齐、靠上右对齐、中部两端对齐、水平居中、中部右对齐、靠下两端对齐、靠下居中对齐和靠下右对齐共 9 种方式。

要设置表格内文字的对齐方式，可按以下步骤操作。

01 继续上例的操作，打开文档，单击表格右上角的⊞图标，选中整个表格，此时可以单击“布局”选项卡，在“对齐方式”工具组中包含了 9 种对齐方式的设置按钮，如图 6-32 所示。

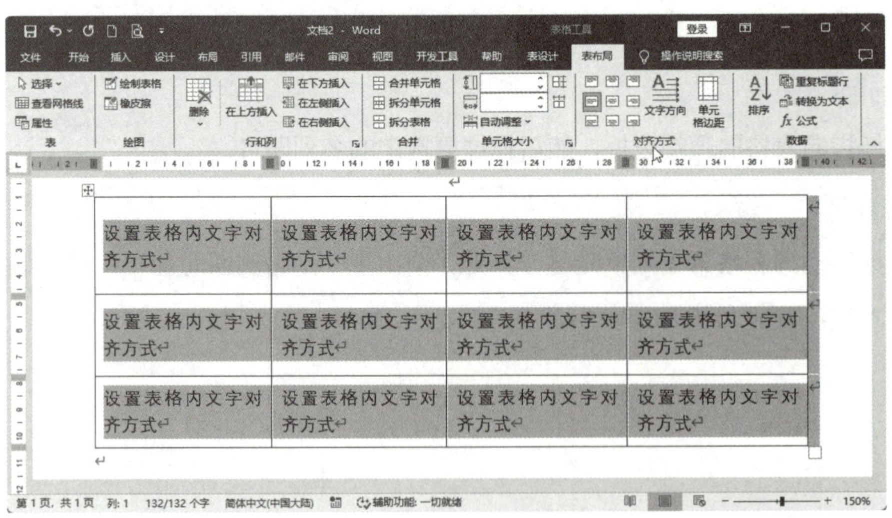

图 6-32

02 将光标停放在某个单元格中，即可设置其独立的对齐方式，如图 6-33 所示。

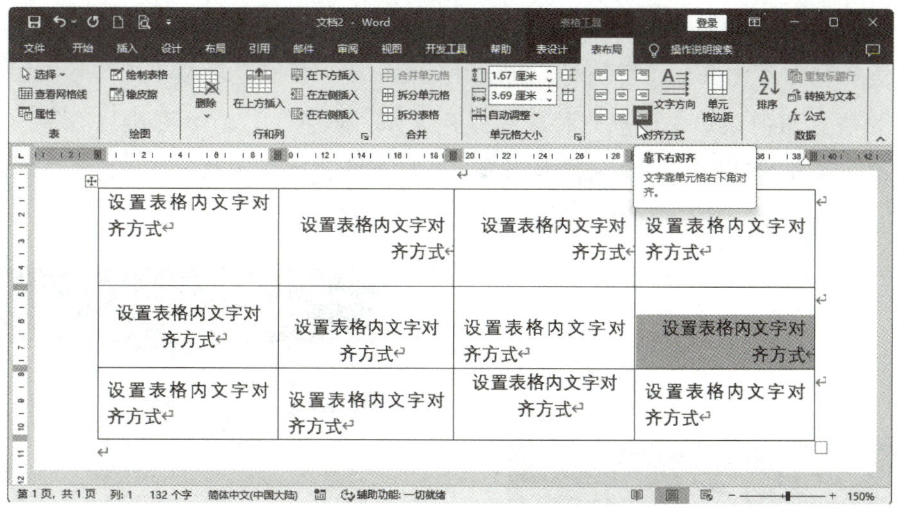

图 6-33

03 也可以选中整个表格，然后单击某种对齐方式按钮，这样就可以将表格中所有的文本内容都设置为该对齐方式，如图 6-34 所示为靠下居中对齐方式。

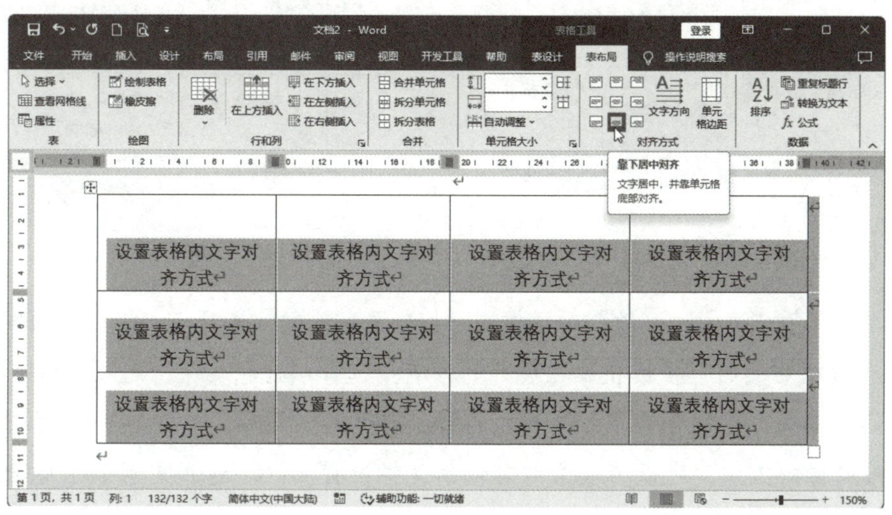

图 6-34

6.3 美化表格

可以设置表格的底纹和边框，对表格进行美化。另外，Word 预设了一些表格样式，美化表格时可以直接应用预设的表格样式。

6.3.1 为表格添加底纹

为表格设置底纹效果时，可以使用颜色或图案对表格进行填充，操作步骤如下。

01 启动 Word 2019，打开文档，选中需要添加底纹的单元格区域。

02 选择目标单元格后，切换到“表设计”选项卡，单击“表格样式”选项组中的“底纹”按钮，在弹出的菜单中选择一种底纹颜色（如“黄色”），如图 6-35 所示。

03 要为单元格设置更复杂的底纹效果，则可以在选中单元格之后，单击“边框”按钮，从弹出的菜单中选择“边框和底纹”命令，如图 6-36 所示。

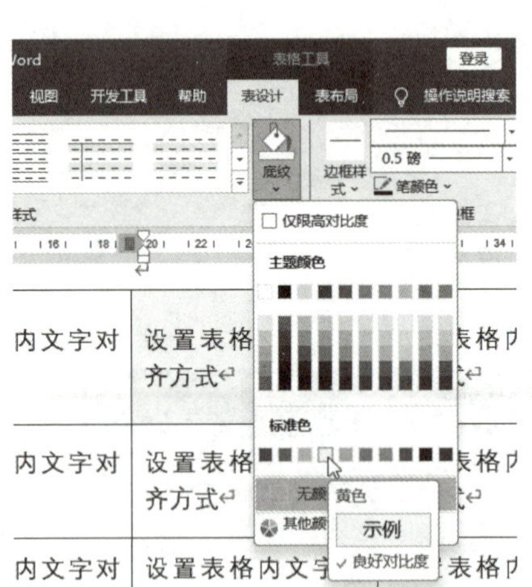

图 6-35

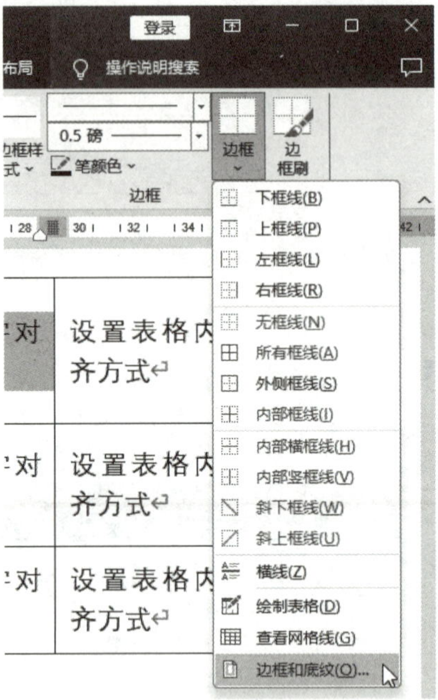

图 6-36

04 在出现的“边框和底纹”对话框中，切换到“底纹”选项卡，单击“图案”的“样式”下拉列表框右侧的下拉按钮，在展开的列表中选择“浅色棚架”选项，选择“颜色”为绿色，最后单击“应用于”下拉菜单，选择“单元格”选项，如图 6-37 所示。

05 按同样的方法，可以为表格的其他单元格设置底纹，返回文档中即可看到设置后的效果，如图 6-38 所示。

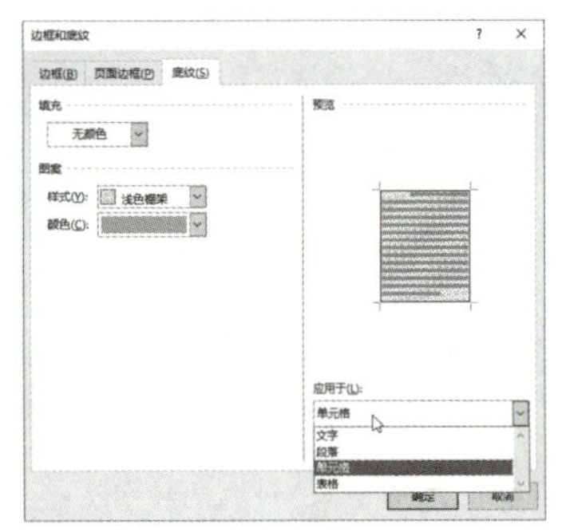

图 6-37

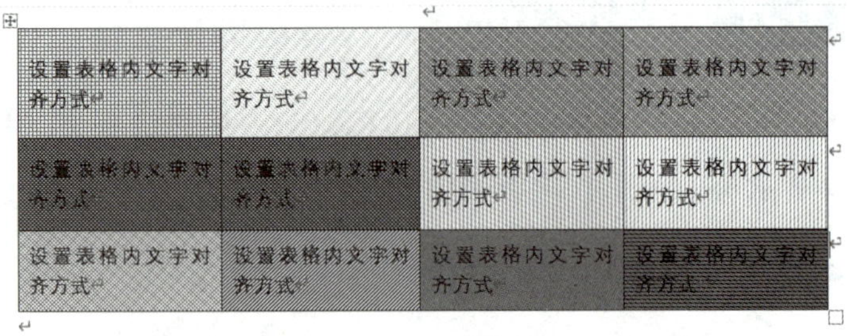

设置表格内文字对齐方式	设置表格内文字对齐方式	设置表格内文字对齐方式	设置表格内文字对齐方式
设置表格内文字对齐方式	设置表格内文字对齐方式	设置表格内文字对齐方式	设置表格内文字对齐方式
设置表格内文字对齐方式	设置表格内文字对齐方式	设置表格内文字对齐方式	设置表格内文字对齐方式

图 6-38

6.3.2　设置表格边框

为表格设置边框时，可从边框的样式、颜色和粗细三方面来进行设置，为了便于阅读，可将表格的外边框与内线设置为不同的效果，操作步骤如下。

01 继续上例的操作，直接单击“边框”选项组中的“边框”按钮，然后单击“边框和底纹”选项。

02 弹出“边框和底纹”对话框，在“边框”选项卡下单击“设置”选项组中的“方框”图标，然后在“样式”列表框中单击选择一种样式，单击“颜色”文本框右侧的下拉按钮，在展开的颜色列表中单击绿色，单击“宽度”文本框右侧的下拉按钮，在展开的下拉列表中单击“3.0 磅”选项，最后在“应用于”下拉菜单中选择“表格”选项，如图 6-39 所示。

03 设置完边框的样式后单击“确定”按钮，返回文档中就可以看到设置的外边框效果，如图 6-40 所示。

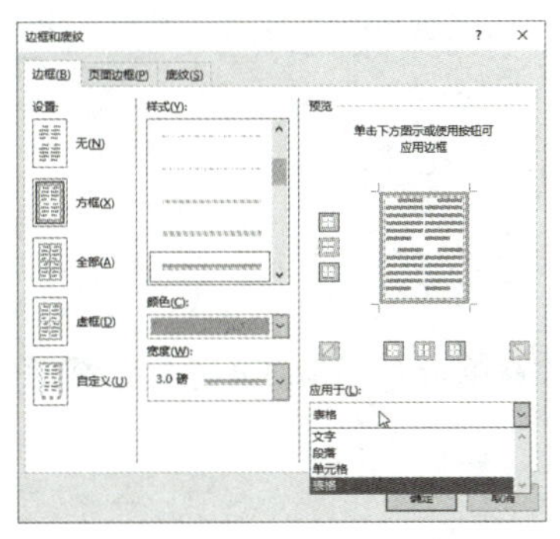

图 6-39

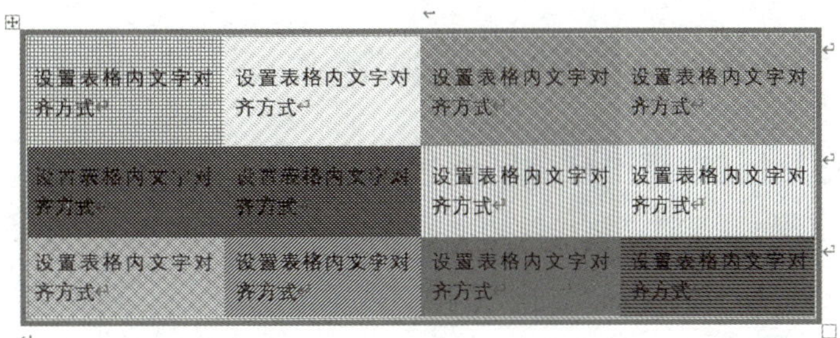

图 6-40

6.3.3　表格样式的应用

所谓“表格样式”是指表格边框、底纹以及单元格中文本效果的集合，使用表格样式时可以使用 Word 中预设的样式。

Word 2019 中内置了 90 余种表格样式，美化表格时可根据需要为表格选择适当的内置样式，以快速完成美化操作。

应用表格样式，可以按以下步骤进行。

01 继续上例的操作，打开文档，将光标定位在任意单元格内，切换到“表设计”选项卡，单击“表格样式”选项组中的“其他”按钮，如图 6-41 所示。

02 在展开的表格样式库中单击选择样式图标，如图 6-42 所示。选择需要使用的表格样式后，返回文档即可看到应用后的效果。

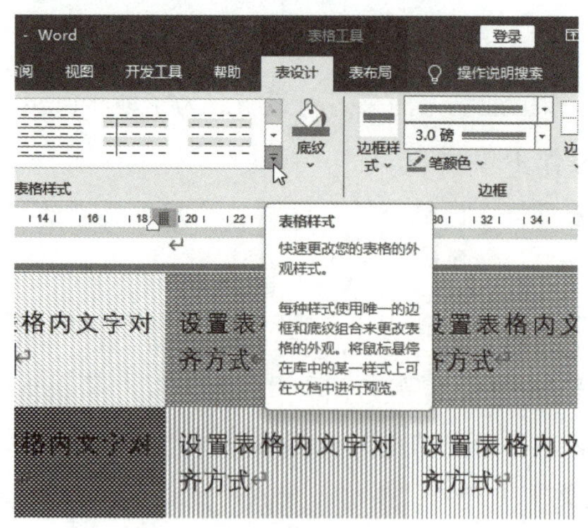

图 6-41

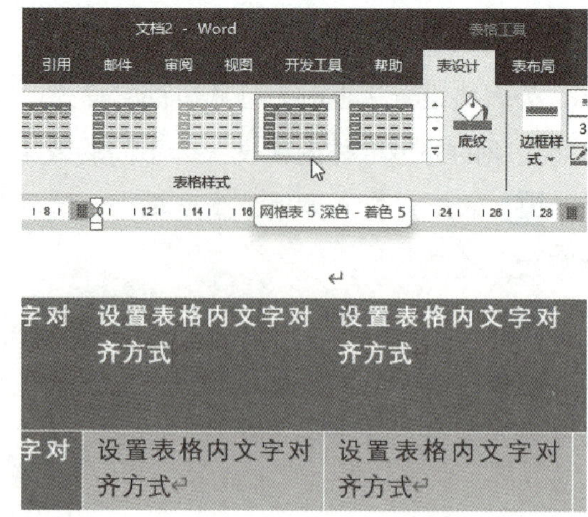

图 6-42

6.4 表格和文本的相互转换

在 Word 中，表格可以转换为普通文本，而文本也可以转换为表格。

6.4.1 将表格转换成文本

如果要将表格转换为普通文本，只需要告诉 Word 如何分隔单元格之间的文本，操作步骤如下。

01 启动 Word 2019，打开文档，单击要转换的表格。

02 选择“表布局”选项卡，然后单击“数据”工具组中的“转换为文本”按钮，如图 6-43 所示。

03 在出现的“表格转换成文本”对话框中，选择“文字分隔符”为“制表符”，然后单击“确定”按钮，如图 6-44 所示。

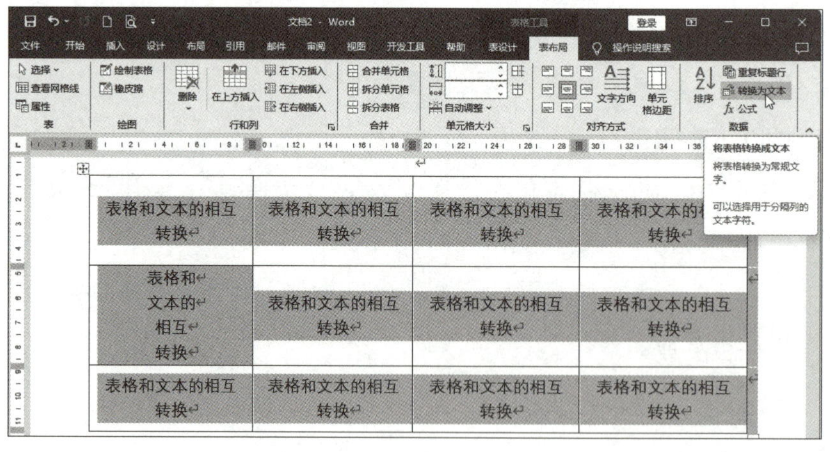

图 6-43

表格转换成文本 ? ×
文字分隔符
○ 段落标记(P)
◉ 制表符(T)
○ 逗号(M)
○ 其他字符(O): -
☑ 转换嵌套表格(C)
确定 取消

图 6-44

04 表格内外边框将被清除，其中的文字分段出现在文档中，如图 6-45 所示。

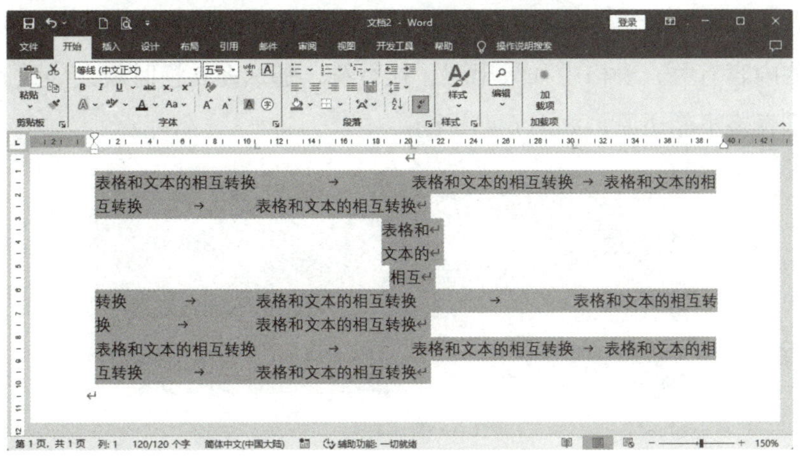

图 6-45

6.4.2　将文字转换成表格

将文字转换为表格时，Word 会基于选定的文字创建一张新表格。为此，必须确定如何将文字分割为表格中一行一行的单元格，还必须设置表格的列数。

要将文字转换成表格，可按以下步骤操作。

01 继续上例的操作，选中要转换的文字，本示例中将选择图 6-45 中刚刚由表格转换所获得的文字。

02 单击“插入”选项卡，然后单击“表格”按钮，从弹出菜单中选择“文本转换成表格”命令，如图 6-46 所示。

03 在出现的“将文字转换成表格”对话框中，选择“文字分隔位置”为“制表符”，如图 6-47 所示。

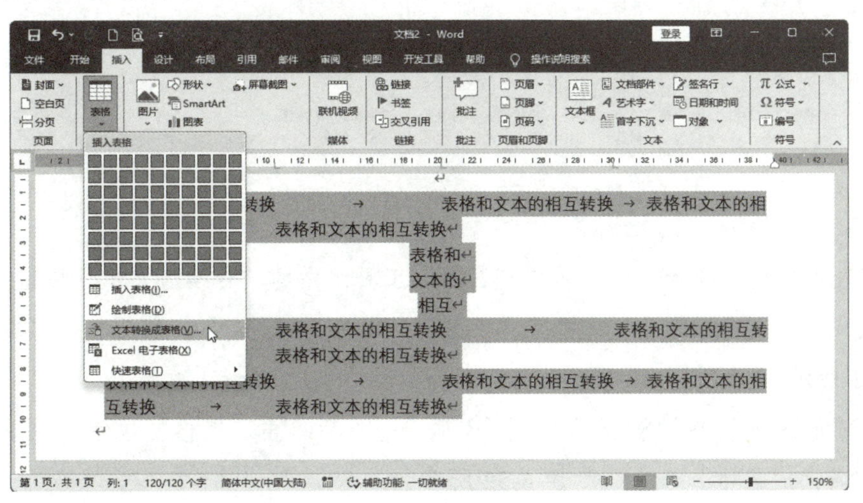

图 6-46

将文字转换成表格
表格尺寸
列数(C): 4
行数(R): 6
“自动调整”操作
固定列宽(W): 自动
根据内容调整表格(F)
根据窗口调整表格(D)
文字分隔位置
段落标记(P)　逗号(M)　空格(S)
制表符(T)　其他字符(O): -
确定　取消

图 6-47

04 单击“确定”按钮，Word 会将选中的文本转换为表格，如图 6-48 所示。

现在问题来了，为什么 Word 转换功能无法还原一开始的表格（见图 6-43）呢？这其实跟表格中的内容有关。表格中如果出现了换行符，那么在转换时就会导致制表符被强制换行，以至于表格不能还原，如图 6-49 所示。

表格和文本的相互转换	表格和文本的相互转换	表格和文本的相互转换	表格和文本的相互转换
表格和			
文本的			
相互			
转换	表格和文本的相互转换	表格和文本的相互转换	表格和文本的相互转换
表格和文本的相互转换	表格和文本的相互转换	表格和文本的相互转换	表格和文本的相互转换

图 6-48

表格和文本的相互转换	表格和文本的相互转换	表格和文本的相互转换	表格和文本的相互转换
表格和 文本的 相互 转换	表格和文本的相互转换	表格和文本的相互转换	表格和文本的相互转换
表格和文本的相互转换	表格和文本的相互转换	表格和文本的相互转换	表格和文本的相互转换

图 6-49

要解决这个问题，可以按以下步骤进行。

01 继续上例的操作，将表格内容中的换行符修改为逗号或斜杠（/），除了段落末尾的换行符不必处理之外，该表格一共包含 3 个需要替换的文字中间的换行符，如图 6-50 所示。

表格和文本的相互转换	表格和文本的相互转换	表格和文本的相互转换	表格和文本的相互转换
表格和/文本的/相互转换	表格和文本的相互转换	表格和文本的相互转换	表格和文本的相互转换
表格和文本的相互转换	表格和文本的相互转换	表格和文本的相互转换	表格和文本的相互转换

图 6-50

02 现在选择“表布局”选项卡，然后单击“数据”工具组中的“转换为文本”按钮。在出现的“表格转换成文本”对话框中，选择“文字分隔符”为“制表符”，然后单击“确定”按钮，如图 6-51 所示。

03 保持转换文本的选中状态，单击“插入”选项卡，然后单击“表格”按钮，从弹出菜单中选择“文本转换成表格”命令，如图 6-52 所示。

04 在出现的“将文字转换成表格”对话框中，选择“文字分隔位置”为“制表符”，如图 6-53 所示。

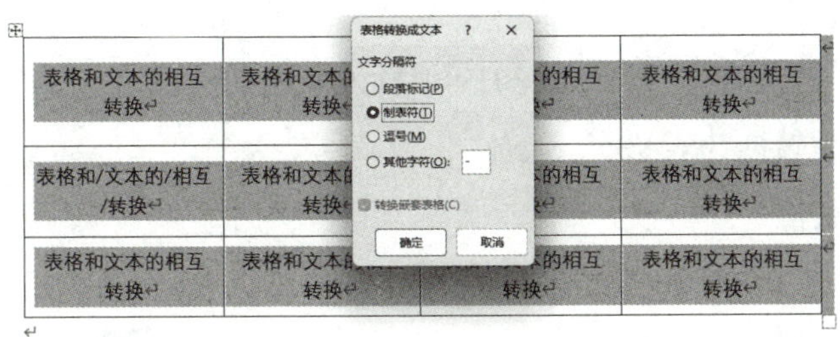

图 6-51

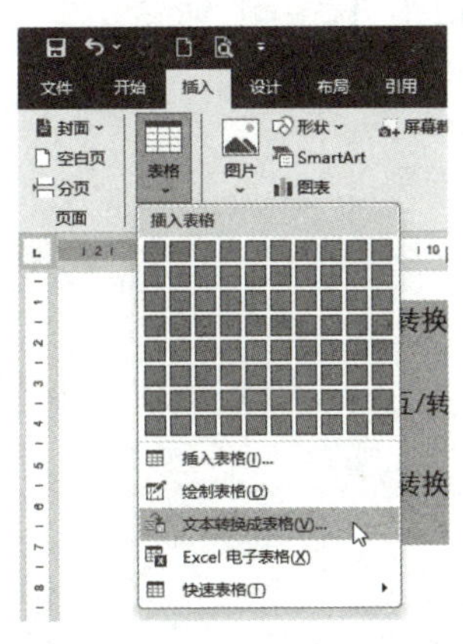

图 6-52

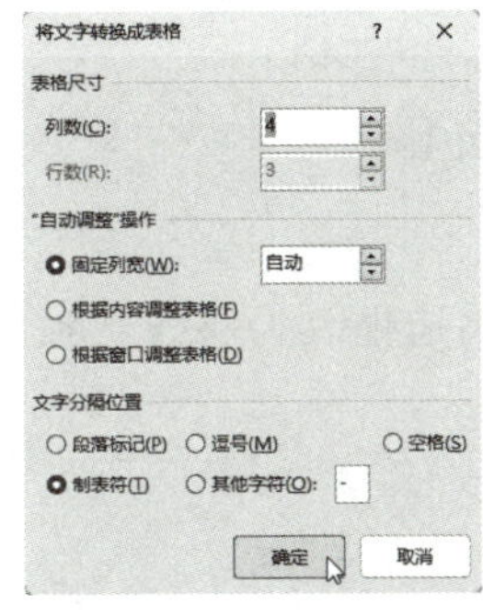

图 6-53

提示：其实通过图 6-53 就可以知道已经转换成功，因为该对话框已经准确识别出了文字转换后的表格尺寸是 4 列 3 行。而在图 6-47 中，它识别的表格的尺寸是 4 列 6 行。

05 单击“确定”按钮，可以看到表格已经准确还原，如图 6-54 所示。

表格和文本的相互转换	表格和文本的相互转换	表格和文本的相互转换	表格和文本的相互转换
表格和/文本的/相互/转换	表格和文本的相互转换	表格和文本的相互转换	表格和文本的相互转换
表格和文本的相互转换	表格和文本的相互转换	表格和文本的相互转换	表格和文本的相互转换

图 6-54

有些初学者可能会觉得这样的转换操作纯属多此一举，但其实表格和文字的转换功能在某情况下都非常有用。例如，用户需要将一个包含图像、表格、代码等的长文档以纯文本的形式复制并粘贴到另外一个文档中（这样的操作非常有意义，因为它可以排除源文档复杂的样式设置等，获得“纯净的”文本数据）。在复制之后，就可以通过这种转换方式还原表格。

课后习题

一、单项选择题

1. 下列（　　）操作不属于 Word 2019 中插入表格的方法。

A. 插入图片后转换为表格

B. 使用虚拟表格

C. 手动绘制

D. 使用对话框插入

2. 要将表格某一行与其下方相邻行合并，应使用（　　）命令。

A. 合并单元格

B. 合并上下单元格

C. 拆分单元格

D. 插入行

3. 若需将表格边框改为双线且颜色为红色，应在（　　）选项卡中操作。

A.“设计”

B.“插入”

C.“表设计”

D.“开始”

4. 若要使表格内的文字水平居中对齐，应使用（　　）按钮。

A. 左对齐

B. 右对齐

C. 分散对齐

D. 居中对齐

5. 将表格转换为文字时，单元格内容的默认分隔符是（　　）。

A. 逗号

B. 分号

C. 顿号

D. 制表符

E. 空格

6. 在 Word 中，将文字转换成表格时，可通过识别文本中的（　　）特征自动创建表格。

A. 特殊字符

B. 空行

C. 空格数量

D. 标点符号

E. 字母顺序

F. 制表符

二、填空题

1. 在 Word 2019 中，通过 ______ 选项卡可以插入表格。

2. 若要将表格中的一列单元格拆分成两列，需使用“布局”选项卡中的 ______ 命令。

3. 设置表格内文字垂直对齐方式时，可在“布局”选项卡的 ______ 功能组中选择相应选项。

4. 为表格添加底纹，应访问“表设计”选项卡的 ______ 功能组。

5. 若要将表格转换为文本，可右键单击表格，选择“表格工具”→“布局”→“______”命令。

6. 文字转换为表格时，若要识别文本中的制表符作为分隔符，需在“插入表格”对话框中选择 ______ 选项。

三、实操题

1. 使用虚拟表格插入一个 4 列 5 行的表格，并调整其列宽与行高。

2. 合并表格中的两行，并为其添加不同的底纹颜色。

3. 将一个表格拆分为两个独立表格，并设置各自边框样式。

4. 将表格中某一列的文字设置为两端对齐，并设置其文本方向。

5. 将一个纯文本段落转换为表格，依据空格作为分隔符。

6. 将现有表格数据导出为文本，以逗号作为列分隔符，并保留原有格式。

模块 7　图文混排

如果一篇文章全部都是文字，没有任何修饰性的元素，那么这样的文档不仅缺乏吸引力，而且会使读者阅读起来很累，从而失去阅读的兴趣。如果能在文章中适当地插入一些图形和图片，不仅会使文章生动有趣，也有利于读者更好地理解文章内容。

本模块学习内容

- 为文档插入与截取图片
- 插入形状与 SmartArt 图形
- 编辑与美化图片
- 使用文本框

7.1 为文档插入与截取图片

在 Word 2019 中，插入图片的途径主要有 3 种，插入计算机中的图片、插入联机图片和截取图片。

7.1.1 插入计算机中的图片

在为文档插入计算机中的图片时，可以一次插入一张图片，也可以一次插入多张图片。下面以一次插入一张图片为例，介绍在 Word 文档内插入计算机中图片的操作。

01 启动 Word 2019，打开文档，将光标定位在需要插入图片的位置，切换到“插入”选项卡下，单击“插图”选项组中的“图片”按钮，如图 7-1 所示。

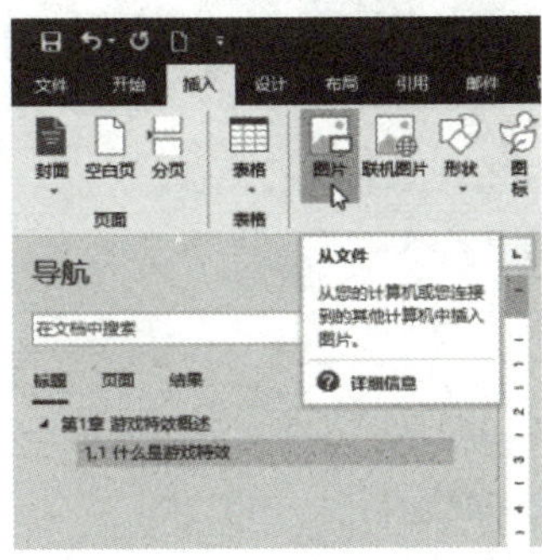

图 7-1

02 弹出“插入图片”对话框，进入目标文件的存储路径，单击需要插入的图片，然后单击“插入”按钮。

03 返回文档中即可看到插入的图片，如图 7-2 所示。

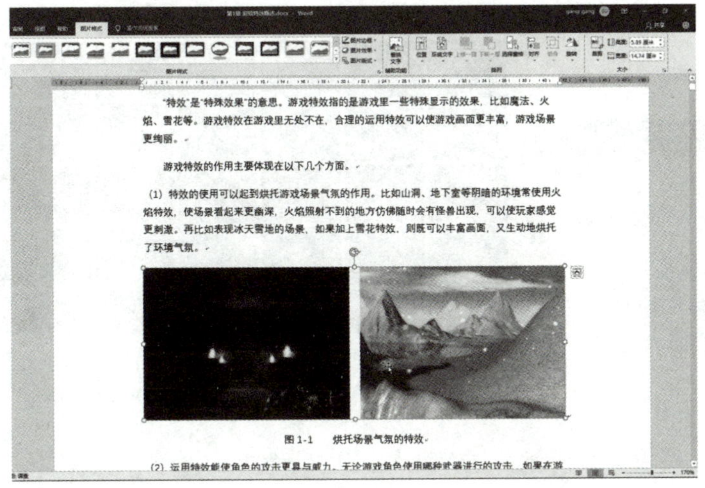

图 7-2

04 在选中图片之后，右上角会自然浮现一个“布局选项”按钮，单击该按钮之后，会出现“布局选项”菜单。可以看到该图片默认已经选择“嵌入型”设置如图 7-3 所示。

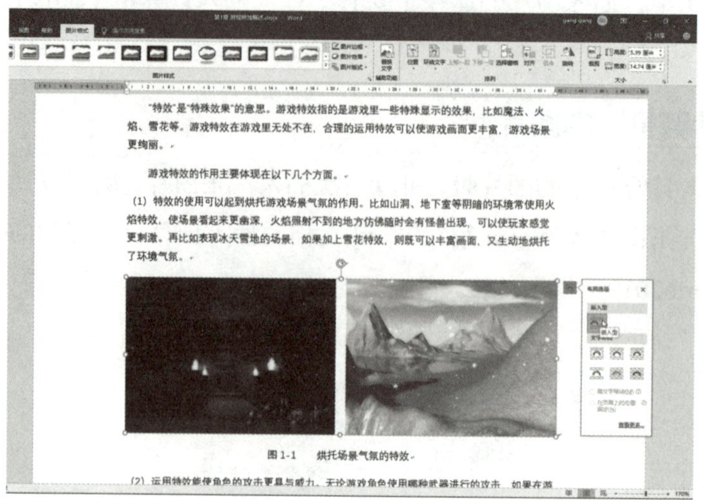

图 7-3

7.1.2 插入联机图片

要插入联机图片，可按以下步骤进行。

01 启动 Word 2019，打开文档，定位图片插入的位置，然后切换到“插入”选项卡，单击“插图”选项组中的“联机图片”按钮，如图 7-4 所示。

02 此时系统弹出“在线图片”窗口，在文本框中键入描述所需图片的词或短语（如“游戏特效”），然后按 Enter 键，如图 7-5 所示。

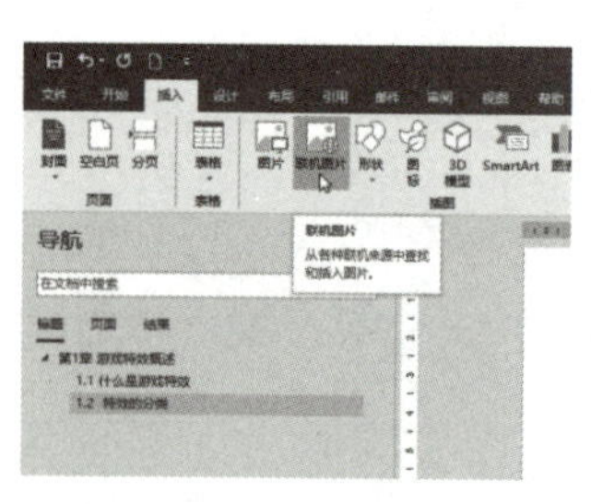

图 7-4

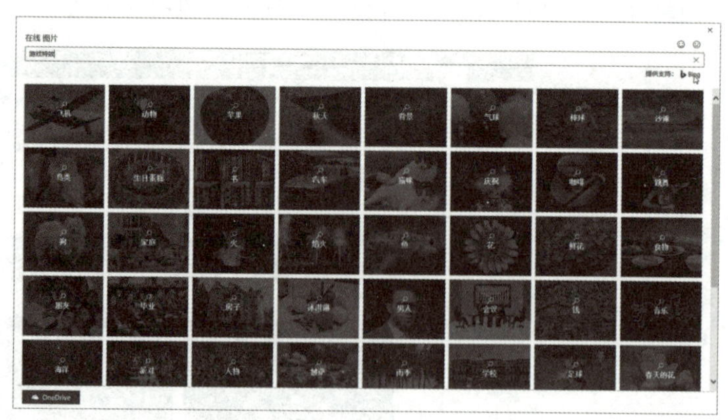

图 7-5

03 在结果列表中选择满意的图片，单击鼠标，然后再单击“插入”按钮，如图 7-6 所示。

04 经过以上操作，文档中光标所在的位置就会插入联机图片，同样，它也默认设置为“嵌入型”布局，如图 7-7 所示。

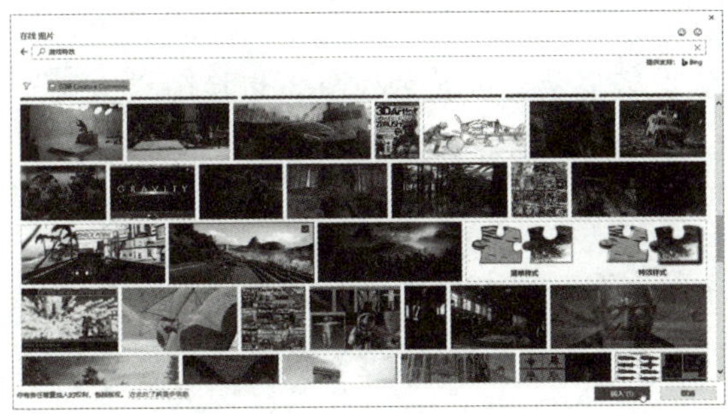

图 7-6

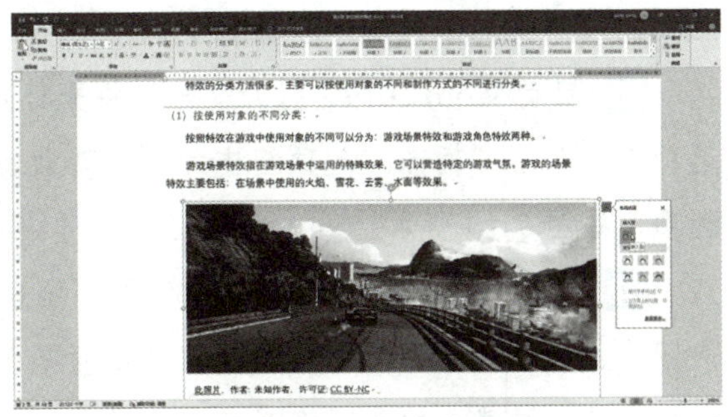

图 7-7

7.1.3　插入屏幕截图

在 Word 2019 中，需要为文档插入图片时，还可以直接截取计算机所打开的程序窗口，截取时可根据需要选择截取全屏图像或自定义截取的范围。

1. 截取全屏图像

在截取全屏图像时，执行截图操作后选择需要截取的屏幕区域，程序就会对所选区域的画面进行截取并将截取的画面插入到文档中，操作步骤如下。

01 启动 Word 2019，打开文档，将光标定位在需要放置截图的位置。切换到“插入”选项卡，单击“插图”选项组中的“屏幕截图”按钮，在弹出的菜单中可以看到当前系统所打开的程序窗口，单击需要截取画面的程序窗口，如图 7-8 所示。

02 返回后可以看到文档中已经插入了截取的画面，如图 7-9 所示。

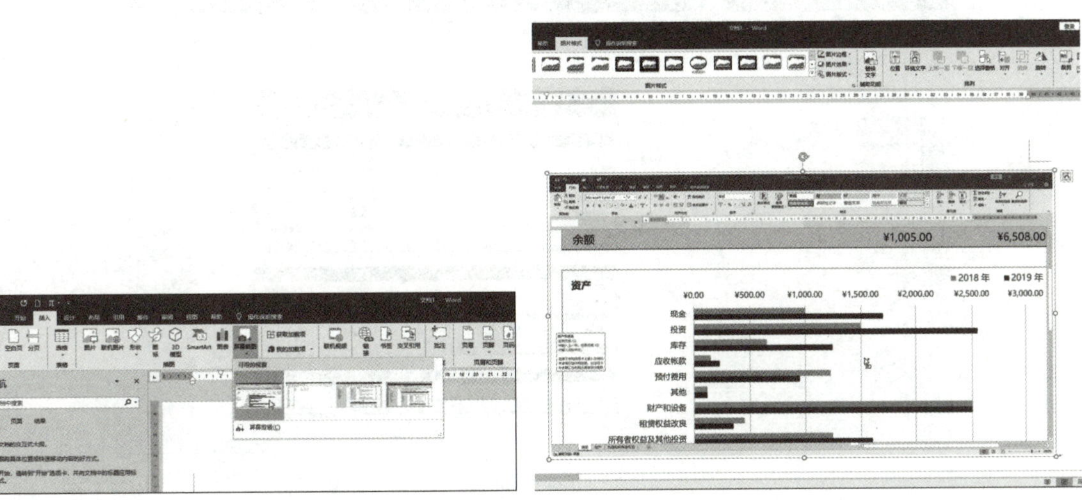

图 7-8　　图 7-9

2. 自定义截图

自定义截图时，可以对截取的图片范围进行调整，截取图片后，程序同样会将截取的画面插入到文档中，操作步骤如下。

01 启动 Word 2019，打开文档，将光标定位在需要放置截图的位置，切换到“插入”选项卡，单击“插图”选项组中的“屏幕截图”按钮，在展开的菜单中单击“屏幕剪辑”选项，如图 7-10 所示。

02 打开截图的程序窗口，此时程序画面将会处于一种灰白色状态，表示此时可以截取图片。按住鼠标左键拖动以调整截图的范围（见图 7-11），确定将要截取的范围后释放鼠标左键，被截图的范围将清晰显示。

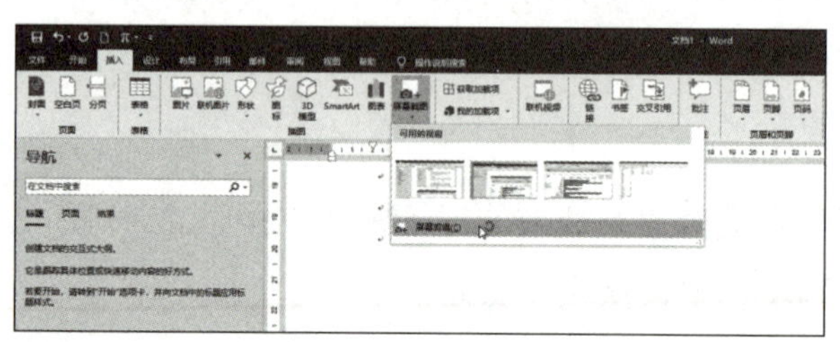

图 7-10

图 7-11

03 按照以上步骤，就完成了自定义截图范围的操作，返回文档中就可以看到截图插入后的效果，如图 7-12 所示。

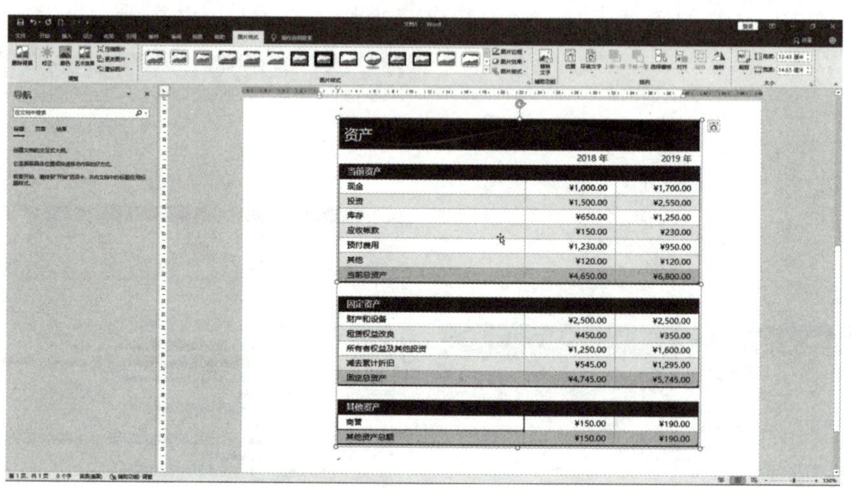

图 7-12

7.2 插入形状与 SmartArt 图形

在美化文档的过程中，除了可以选择插入图片外，还可以插入形状或 SmartArt 图形，

这两种类型的图形有各自的表现方式和特点，下面将介绍这两种图形的插入操作。

7.2.1　插入形状

在 Word 2019 中，形状包括线条、矩形、基本形状、箭头总汇、公式形状、流程图、星与旗帜和标注 8 种类型，每种类型下又包括若干个图形样式。为文档插入形状时可根据需要选择适当类型的图形。

01 启动 Word 2019，打开文档，切换到“插入”选项卡，单击“插图”选项组中的“形状”按钮。

02 在展开的形状库中，单击“标注”区域中的“对话气泡：圆角矩形”图标，如图 7-13 所示。

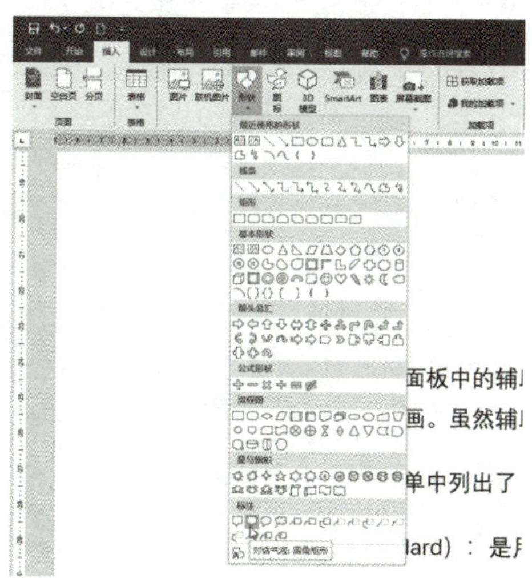

图 7-13

03 选择需要插入的形状样式后，当光标变为十字形状时，在需要插入形状的位置按住鼠标左键进行拖动，绘制出需要的形状。

04 将形状绘制到合适大小后释放鼠标左键，即可完成形状的插入。

05 可以根据需要在该气泡中输入文字。

7.2.2　插入 SmartArt 图形

SmartArt 图形是 Word 中预设的形状、文字以及样式的集合，包括列表、流程、循环、层次、结构、关系、矩阵、棱锥图和图片 9 种类型，每种类型下又包括若干个图形样式。在为文档插入 SmartArt 图形时，需要根据文档内容选择适当的图形。

要在 Word 文档中插入 SmartArt 图形，可按以下步骤进行。

01 启动 Word 2019，打开文档，将光标定位在需要插入 SmartArt 图形的位置，切换

到“插入”选项卡，单击“插图”选项组中的 SmartArt 按钮，如图 7-14 所示。

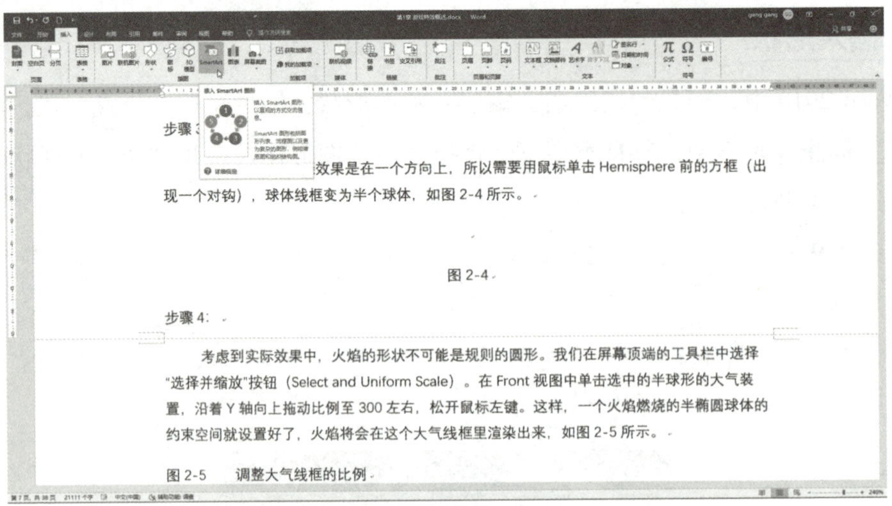

图 7-14

02 弹出“选择 SmartArt 图形”对话框，单击对话框左侧的“循环”选项标签，然后在对话框右侧单击“分离射线”选项，最后单击“确定”按钮，如图 7-15 所示。

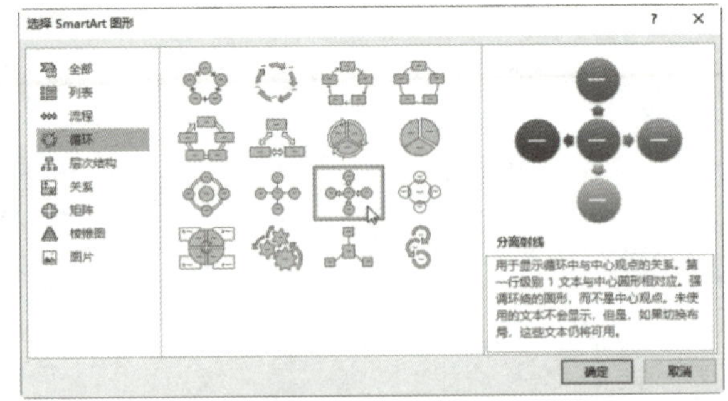

图 7-15

03 在编辑窗口中将显示插入 SmartArt 图形效果，并且图形自动显示“文本”窗格，如图 7-16 所示。用户在图形的文本位置输入相关内容即可。

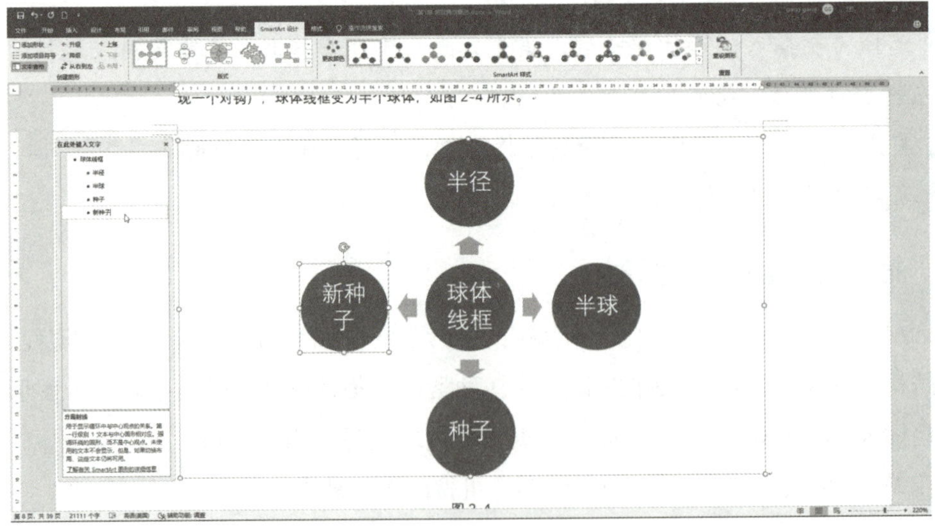

图 7-16

04 可以很方便地对 SmartArt 的图形进行编辑。例如，在左侧文本窗格中，按 Tab 键可以给选定的文本项目降级，如图 7-17 所示。

05 在“SmartArt 样式”工具组中，可以轻松选择修改 SmartArt 图形的颜色，如图 7-18 所示。

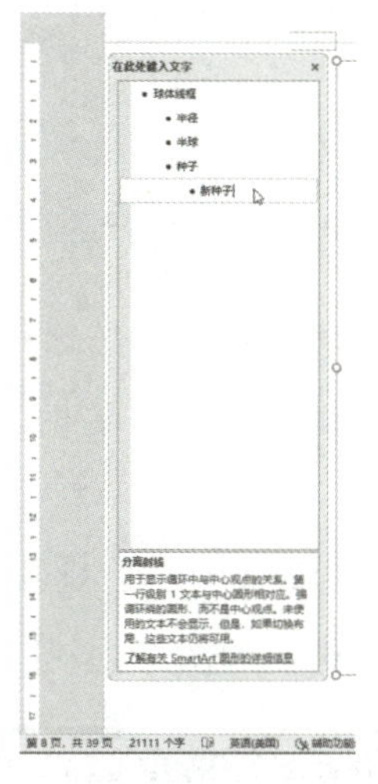

图 7-17

图 7-18

06 通过样式列表，可以设置不同的 SmartArt 样式效果，如图 7-19 所示。

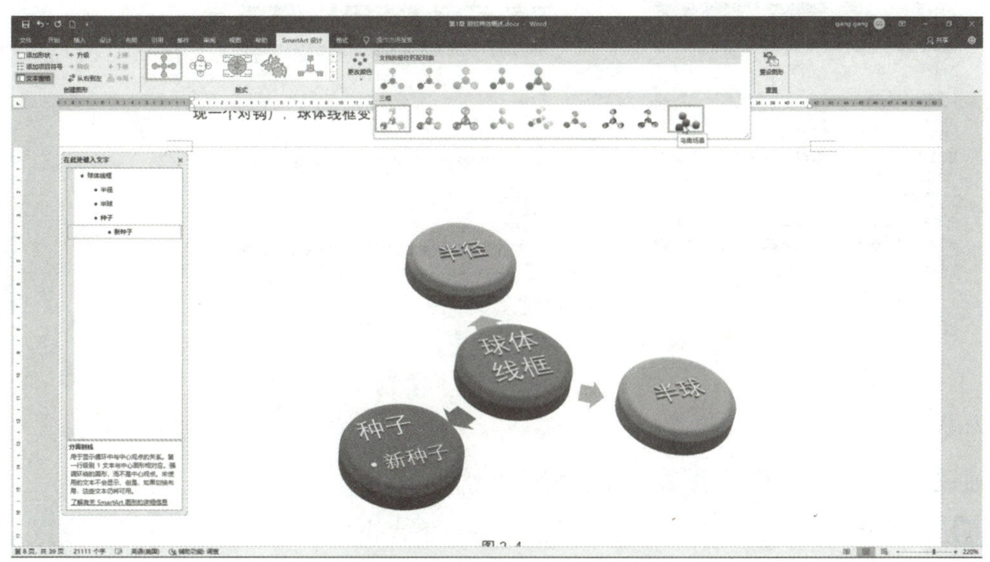

图 7-19

7.3 编辑与美化图片

将图片插入到文档后，Word 2019 会根据图片的原始大小对图片的大小、位置、效果等进行显示，为了使图片充分融入文档中，还需要对其进行进一步的编辑与美化操作。

7.3.1 调整图片大小

如果图片的原有尺寸很大，那么将该图片插入到文档中后图片的显示大小也会很大，因此在插入图片后，需要根据文档的内容对图片大小重新调整，调整时可通过拖动鼠标或者在功能组中完成操作。

1. 使用鼠标调整图片大小

用鼠标调整文档中图片大小的操作步骤如下。

01 启动 Word 2019，打开文档，选中要调整大小的图片，将光标指向图片右下角的控制手柄，当光标指针变为斜向的双箭头形状时按住左键向外拖动鼠标，图片就会相应放大；向内拖动，图片则会相应缩小，如图 7-20 所示。

02 拖动到合适大小后释放鼠标左键，就完成了调整图片大小的操作。在“图片格式”选项卡的“大小”工具组中可以看到图片大小的实时变化，如图 7-21 所示。

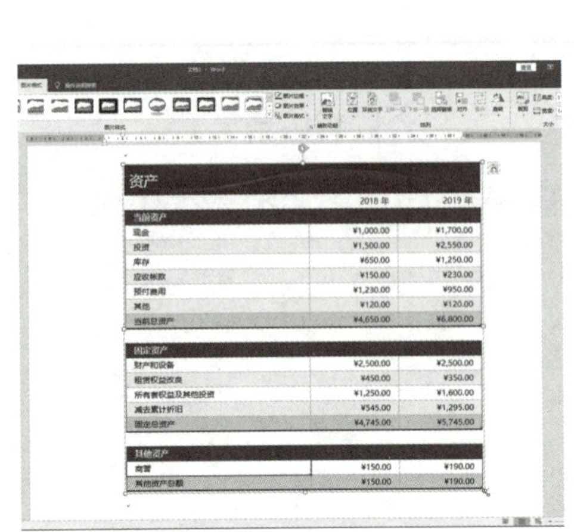

图 7-20

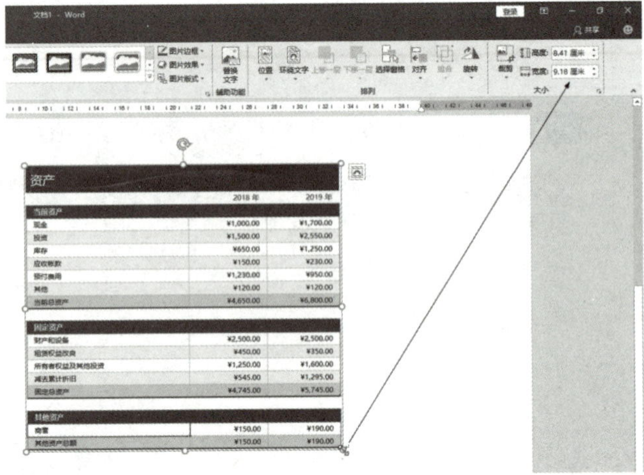

图 7-21

2. 使用选项组调整图片大小

通过选项组能精确调整图片大小，操作步骤如下。

01 启动 Word 2019，打开文档，单击需要调整大小的图片。

02 选择“图片格式”选项卡，然后单击“大小”选项组右下角的“高级版式：大小”按钮，如图 7-22 所示。

03 在出现的“布局”对话框中，输入“缩放”栏中的“高度”值为 50（这里会默认为百分比值），注意选中“锁定纵横比”复选框，如图 7-23 所示。

04 单击“确定”按钮，图片被精确缩小。

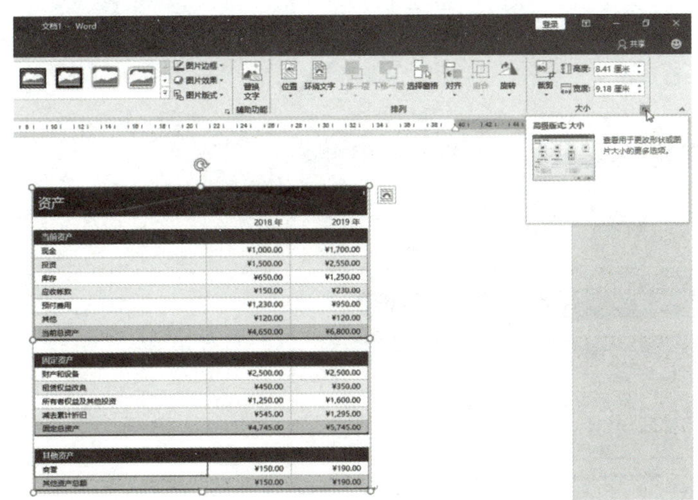

图 7-22

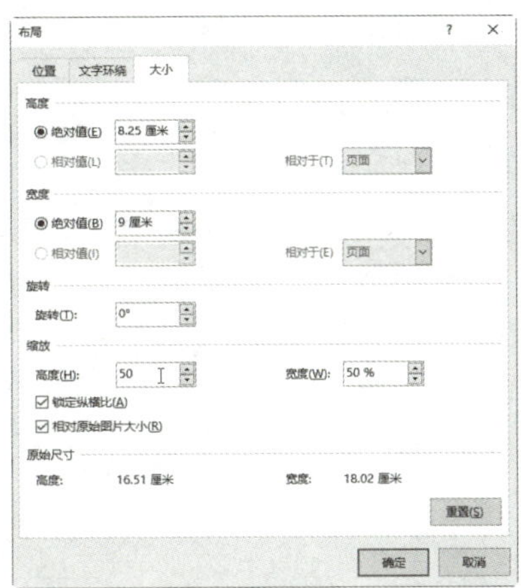

图 7-23

7.3.2　裁剪图片

如果插入到文档中的图片的宽高比例不合适，可在插入后对其进行裁剪操作。下面介绍将图片按照比例进行裁剪和将图片裁剪为不同形状的操作。

1. 将图片按照比例进行裁剪

这种裁剪可以去除图片中不需要的内容，操作步骤如下。

01 启动 Word 2019，打开文档，选中需要裁剪的图片，切换到“图片格式”选项卡，单击“大小”选项组中“裁剪”按钮，如图 7-24 所示。

02 在图片四周会出现黑色的裁剪调整柄，单击即可拖动裁剪图片。被裁剪掉的部分将以灰色显示，如图 7-25 所示。

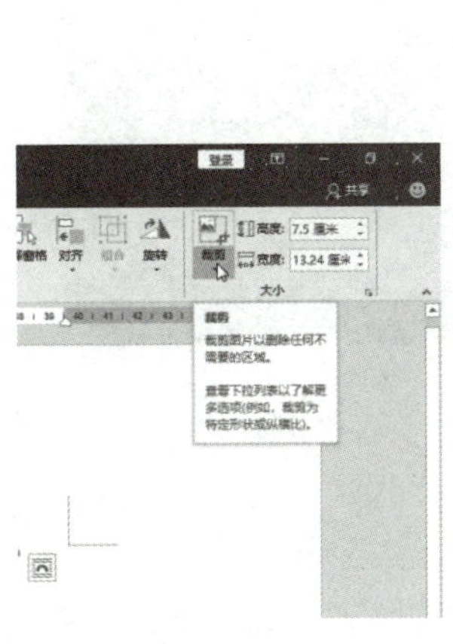

图 7-24

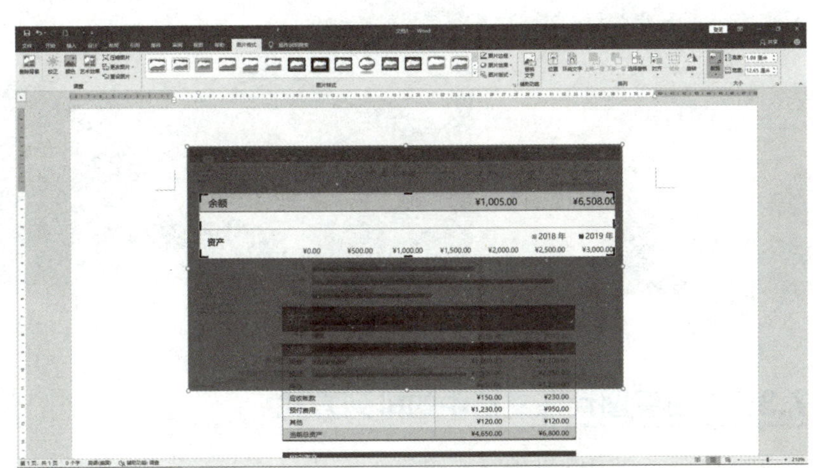

图 7-25

03 再次单击“裁剪”按钮或双击裁剪之后留下的图片区域，图片立刻显示裁剪后的效果，如图 7-26 所示。

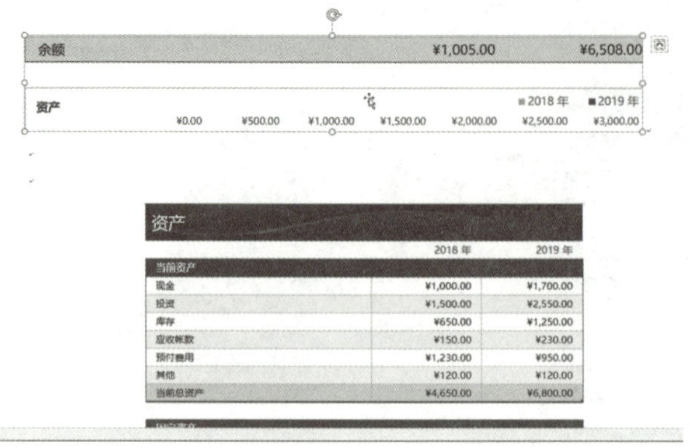

图 7-26

2. 将图片裁剪为不同形状

将图片裁剪为不同的形状时，所选择的形状必须为形状中的图形。用户可根据需要将图片裁剪为心形、圆柱形等各种形状。

01 继续上例中的操作，选中需要裁剪的图片。

02 切换“图片格式”选项卡，单击“大小”选项组中“裁剪”按钮下方的下拉按钮，在展开的下拉菜单中选择“裁剪为形状”选项，然后在展开的形状库中单击“矩形”区域中的“矩形：圆角”图标，如图 7-27 所示。

03 矩形图片的 4 个边角被裁剪掉，变成圆角矩形效果，如图 7-28 所示。

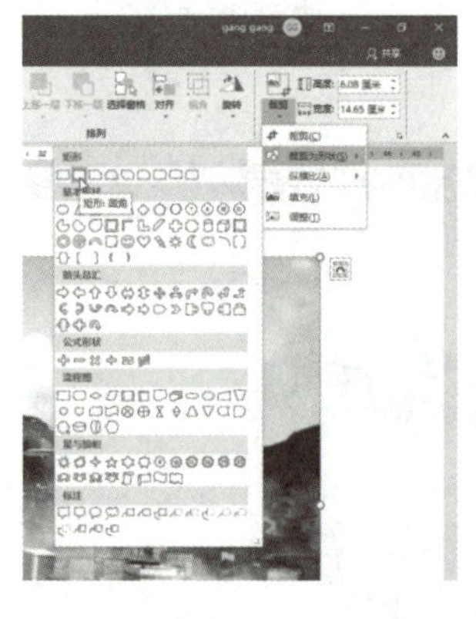

图 7-27

图 7-28

7.3.3 设置图片在文档中的排列方式

图片在文档中的排列方式决定了图片与文本的关系，在 Word 中有嵌入型、四周型环绕、紧密型环绕、穿越型环绕、上下型环绕、衬于文字下方和浮于文字上方共 7 种方式。

01 启动 Word 2019，打开文档，单击需要设置排列方式的图片。

02 在“图片格式”选项卡下，单击“排列”选项组中的“环绕文字”按钮，在展开的下拉列表中单击“紧密型环绕”选项，即可完成设置图片排列方式的操作，如图 7-29 所示。

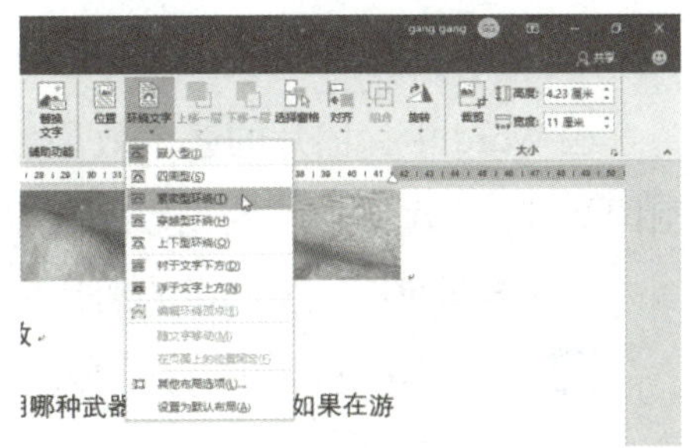

图 7-29

7.3.4　更正图片与调整图片色彩

Word 2019 中提供了一系列调整图片色彩的功能，包括锐化和柔化、亮度和对比度、颜色饱和度、色调等方式，如果对插入图片的色彩不满意，可以对其重新进行调整。

亮度和对比度功能可用于调整那些光线过亮或过暗的图片，如果单纯地将过暗的图片调亮，那么图片中的色彩就会发灰，此时再对对比度进行调整，就可以展现图片的靓丽色彩。

01 启动 Word 2019，打开文档，单击需要调整亮度和对比度的图片，为了方便查看调整结果，可以按 Ctrl+C 组合键复制图片，按 Ctrl+V 组合键粘贴同一图片的副本。选择其中一幅图片，如图 7-30 所示。

02 切换到“图片格式”选项卡，单击“调整”选项组中的“校正”按钮，在弹出的效果库中，单击“亮度 / 对比度”区域中的“亮度：+20%，对比度：0%”选项，如图 7-31 所示。

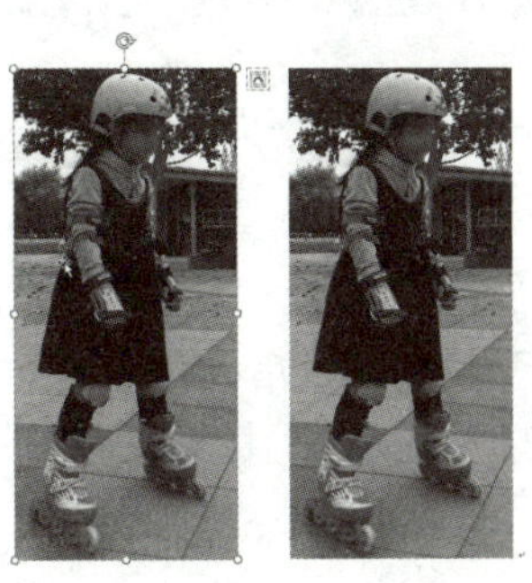

图 7-30

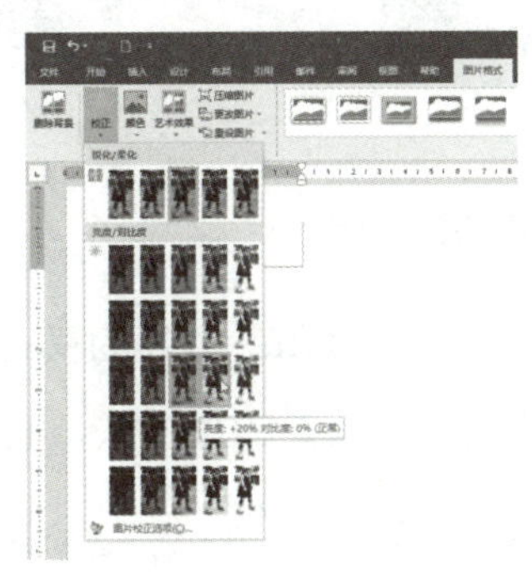

图 7-31

03 也可以单击“校正”按钮，在弹出菜单中选择“图片校正选项”，然后在出现的“设置图片格式”面板中进行更多的调节。这些调节都是“所见即所得”式的修改，所以用户很容易理解，如图 7-32 所示。

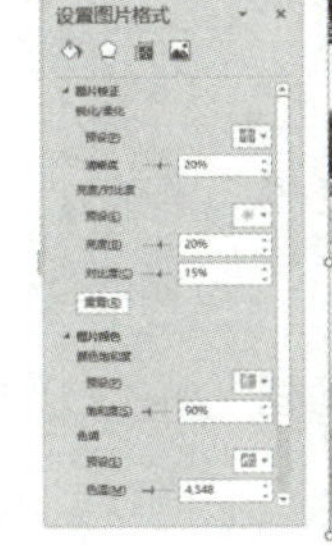

图 7-32

7.3.5 设置图片的艺术效果

在 Word 中，图片的艺术效果包括标记、铅笔灰度、铅笔素描、线条图、粉笔素描、画图笔划[①]、画图刷、发光散射、虚化、浅色屏幕、水彩海绵、胶片颗粒等 22 种效果。

艺术效果可以使文档中的图片更为美观，应用时直接单击 Word 中预设的艺术效果即可。

01 启动 Word 2019，打开文档，选中图片并切换到“图片格式”选项卡，单击“调整”选项组中的“艺术效果”按钮，如图 7-33 所示。

02 展开艺术效果库后，移动鼠标在各效果选项上停留，即可预览原图的艺术效果（例如，“铅笔灰度”），在其上单击即可应用该效果，如图 7-34 所示。

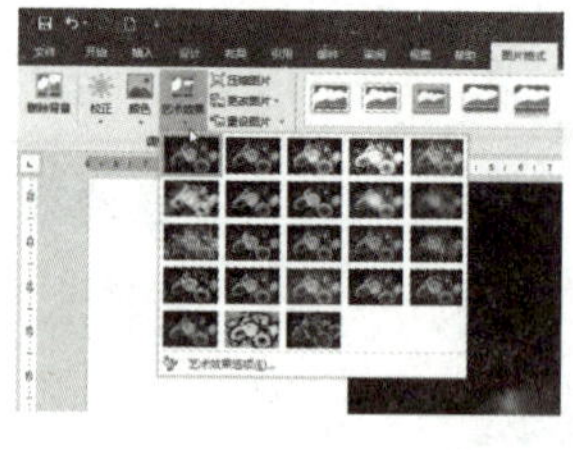

图 7-33

图 7-34

7.3.6 设置图片样式

样式是多种格式的总和，图片的样式包括为图片添加边框、效果的相关内容。为图片设置样式时，可以手动设置图片样式，也可以直接使用 Word 中预设的图片样式。

1. 为图片添加边框

设置图片边框时，可分别对边框颜色、宽度以及图片边线进行设置。

01 启动 Word 2019，打开文档，选中图片，在“图片格式”选项卡下，单击“图片样式”选项组中的“图片边框”按钮，在展开的颜色列表中单击“标准色”区域中的“浅绿”图标，如图 7-35 所示。

02 再次单击“图片边框”按钮，在展开的菜单中指向“粗细”选项，在弹出的级联菜单中选择“2.25 磅”选项，如图 7-36 所示。

03 再次单击“图片边框”按钮，在展开的菜单中指向“虚线”选项，在弹出的级联

① 按照《现代汉语词典》（第 7 版），“笔划”应写作“笔画”。由于 Word 2019 软件中使用了“笔划”，故此处为了与软件保持一致，有关软件功能说明部分保留了“笔划”这一用法，特此说明。

菜单中选择“其他线条”选项，打开“设置图片格式”面板，选择一种“复合类型”的线型，如图 7-37 所示。

图 7-35

图 7-36

图 7-37

按照以上步骤，即可完成图片边框的设置。

2. 设置图片效果

图片效果包括阴影、映像、发光、柔化边缘、棱台和三维旋转 6 种。

01 启动 Word 2019，打开文档，插入或选择图片，切换到“图片格式”选项卡，单击“图片样式”选项组中的“图片效果”按钮，如图 7-38 所示。

02 在展开的效果库中指向“阴影”选项，在级联菜单中选择“外部”区域中的“偏移：右下”选项，如图 7-39 所示。

图 7-38

图 7-39

03 再次单击“图片效果”按钮，在展开的效果库中指向“棱台”选项，在级联菜单中选择“十字形”选项（见图 7-40），完成棱台效果的设置。

图 7-40

上述图片样式设置都是“所见即所得”式的，很容易理解，故不赘述。

7.4 使用文本框

文本框实际上是一种包含文字的图形对象。文本框在页面设计中非常有用。由于文本框的实质是图形，这意味着可以在文本框中填充颜色、纹理、图案或图片，可以修改其边框的粗细和线型，也可以使文档中的正文文字以不同的方式环绕在文本框四周。用户还可以将一个文本框与文档中任意其他位置的文本框链接起来，创建报纸上的那种能从一页跳转到另一页上的分栏效果。

7.4.1 创建文本框

要在 Word 2019 中创建文本框，可以按以下步骤进行。

01 启动 Word 2019，打开文档，单击“插入”选项卡下“文本”工具组中的“文本框”按钮，选择“绘制横排文本框”或“绘制竖排文本框”命令，如图 7-41 所示。

02 此时鼠标指针将变为十字光标。拖动鼠标指针可以绘制文本框，达到需要的尺寸和形状时松开鼠标即可。此时文本框处于选中状态，插入点在其中闪烁，如图 7-42 所示。

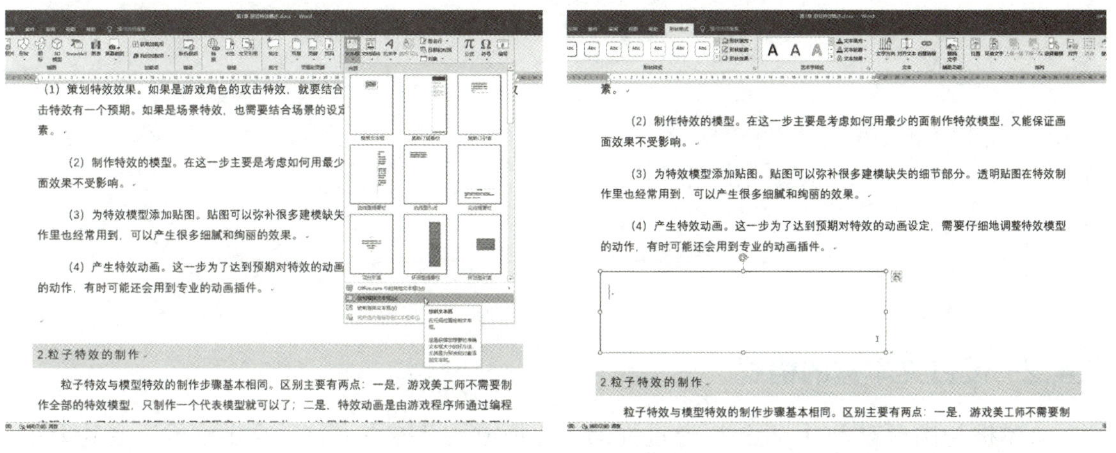

图 7-41　　　　图 7-42

03 单击文本框右上角的“布局选项”按钮，然后选择“浮于文字上方”选项，即可使文本框在文档任意位置浮动显示，如图 7-43 所示。

04 鼠标移动到文本框上时，会出现对象移动标记，单击它进行拖动即可改变文本框在文档中的位置。另外还需要注意，文本框有一个锚形标记⚓，它是指示文本框定位的标记，如图 7-44 所示。

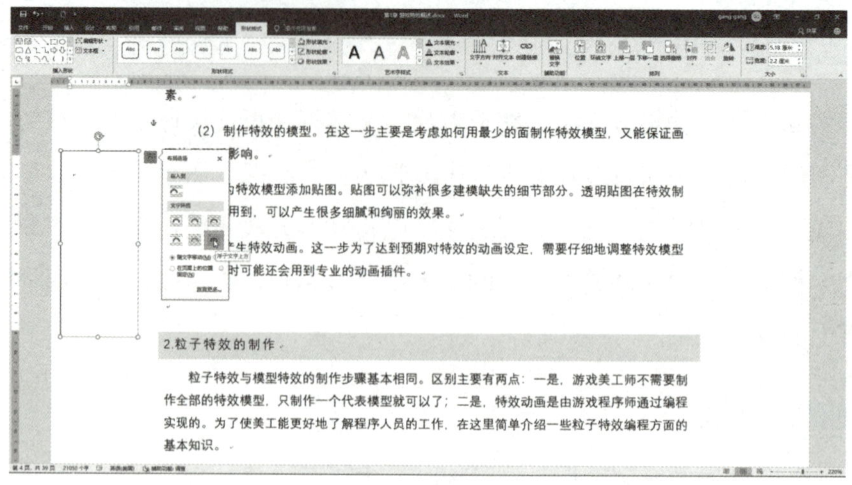

图 7-43

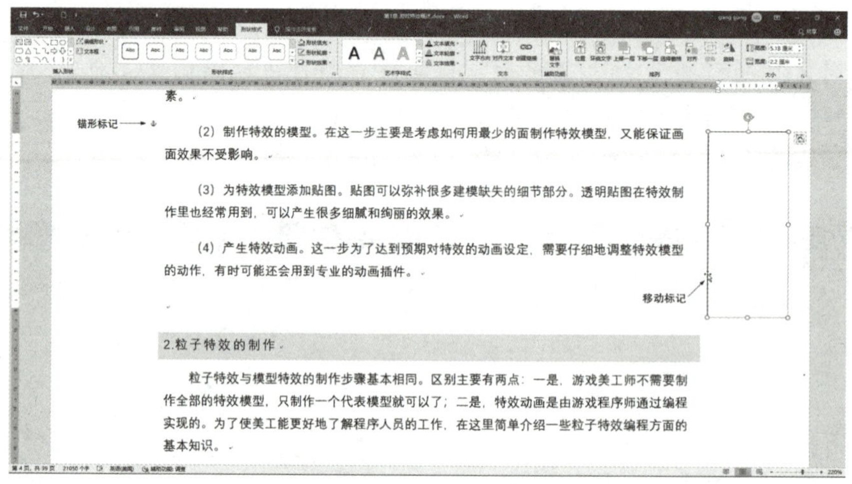

图 7-44

7.4.2 设置文本框的格式

文本框是图形对象，因此可以通过拖动其边框或尺寸控点来移动文本框或改变其大小。移动文本框时，标注在文档中所指向的位置（起点）与文本框间的标注线会自动调整至新位置。

与其他图形对象一样，文本框的填充颜色或线条颜色、线条粗细或线型、文本框大小以及在文档中的位置等属性都可以改变，如图 7-45 所示。

由于这些设置都是“所见即所得”的，并且和图片的设计大同小异，此处不再赘述。

7.4.3 链接文本框

在创建报纸、时事通讯或杂志样式的版式时，相互链接的文本框可以帮助用户控制文字的出现位置和方式。用户可以使用相互链接的文本框包含同一篇文章的不同小节。此外，

相互链接的文本框还可以出现在文档的不同页面上。

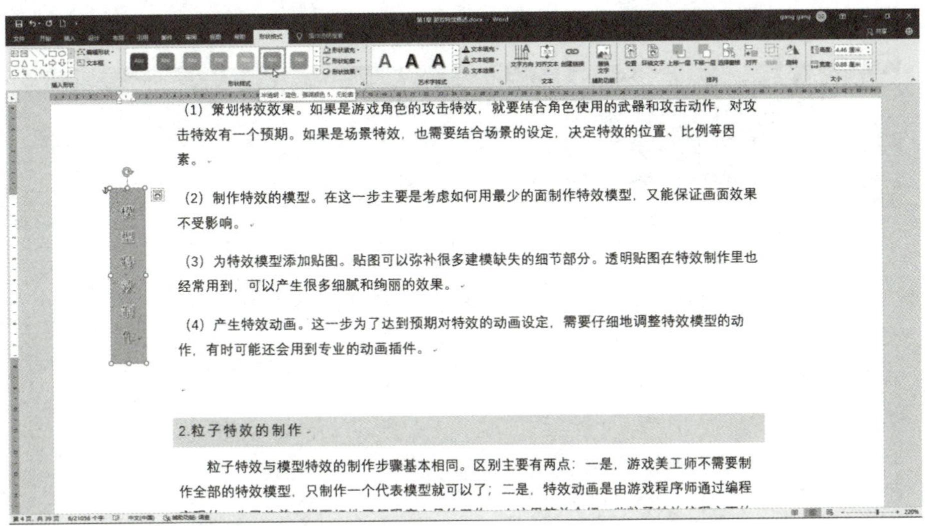

图 7-45

在链接文本框时，所有文本框将彼此相连成链状。在编辑和设置格式的过程中，Word 将会在插入或删除文字行时将文字从一个文本框排列至下一个文本框。用户可以创建到任意空白文本框的链接。

如果要链接两个文本框，可按以下步骤进行。

01 启动 Word 2019，打开文档，选择“插入”选项卡，单击“文本”工具组上的“文本框”按钮，从弹出菜单中选择“绘制横排文本框”命令，然后在页面右侧绘制一个新的文本框，如图 7-46 所示。

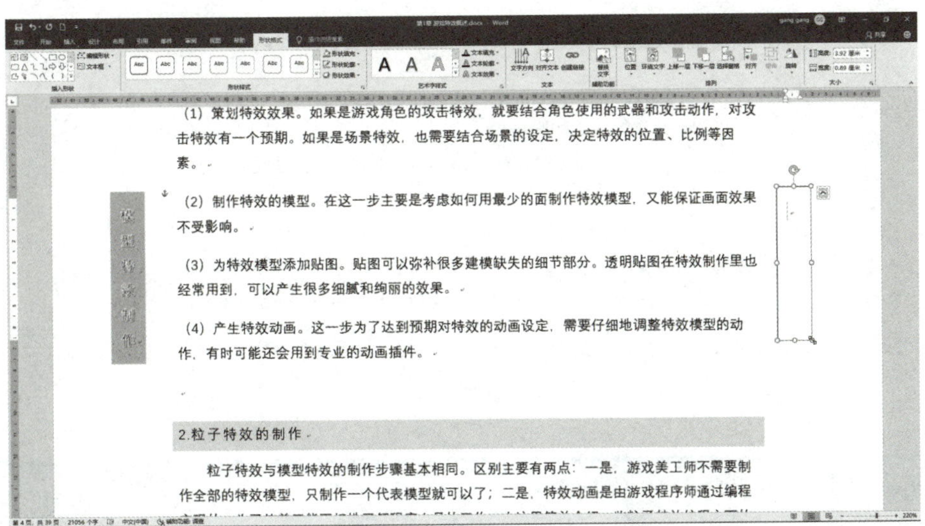

图 7-46

02 单击选中左侧的文本框，切换到“形状格式”选项卡，然后单击“文本”工具组上的“创建链接”按钮。将鼠标移动到右侧的文本框上（此时光标会变成一个茶杯，从里面倒出来很多的字符），单击即可将两个文本框链接在一起，如图 7-47 所示。

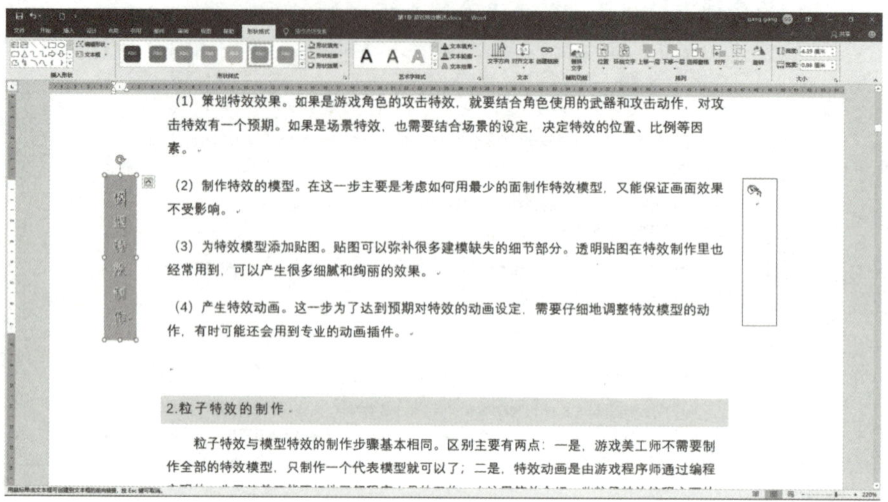

图 7-47

03 要验证这两个文本框的链接效果，可以调整左边文本框的高度，使其容纳不下文字内容，这样，多余的文字内容就自然“溢出”到了右边的文本框，这说明它们确实是链接在一起的，如图 7-48 所示。

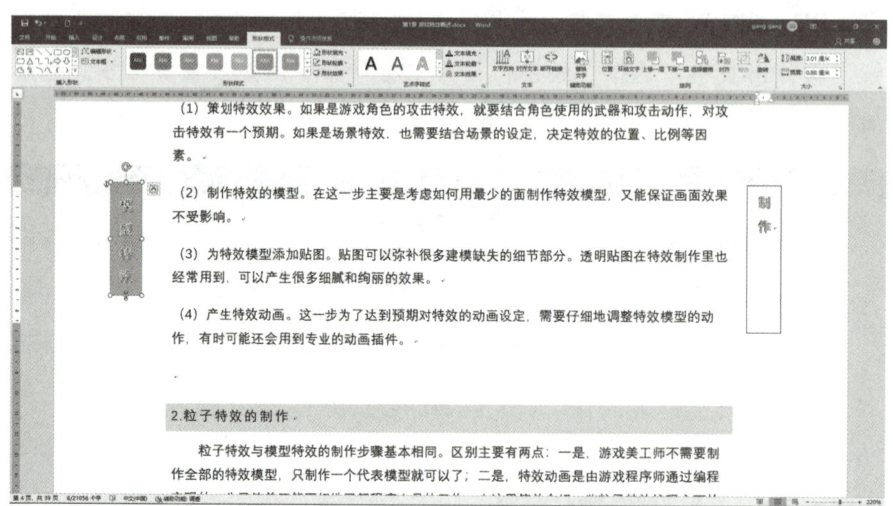

图 7-48

> **提示：** 只能创建至空白文本框的链接。
>
> 如果要删除两个文本框间的链接，应选择起始文本框，然后单击“形状格式”选项卡“文本”工具组上的“断开链接”按钮即可。

课后习题

一、单项选择题

1. 在 Word 2019 中，以下（　　）方法无法插入图片。

A. 从其他 Word 文档复制粘贴

B. 插入计算机本地文件

C. 插入网络联机图片

D. 截取屏幕截图并插入

2. 若要插入一种具有动态布局和交互功能的图表，应选择以下（　　）对象。

A. 形状

B. SmartArt 图形

C. 屏幕截图

D. 文本框

3. 调整图片大小时，若要保持图片的纵横比，应进行（　　）操作。

A. 直接拖动图片边角

B. 使用“缩放”命令

C. 按住 Shift 键拖动边角

D. 按住 Ctrl 键拖动边角

4. 当需要改变图片在文档中的位置关系，如环绕文字、浮于文字上方等，应使用（　　）选项卡中的命令。

A.“插入”

B.“设计”

C.“布局”

D.“图片格式”

5. 对于偏暗的图片，可通过（　　）功能来提高其整体亮度。

A. 裁剪

B. 旋转

C. 更正

D. 艺术效果

E. 色彩饱和度

6. 若要使文本框中的文字自动溢出到下一个链接的文本框中，应进行（　　）操作。

A. 启用“自动换行”

B. 选择“紧密型环绕”

C. 选择“无环绕”

D. 设置文本框“链接至前一个”或“链接至后一个”

二、填空题

1. 在 Word 2019 中，要插入计算机中的图片，需单击“插入”选项卡中的 ______ 按钮。

2. 为了插入一个流程图，应选择“插入”选项卡中的 ______ 命令。

3. 要裁剪图片去除不需要的部分，需在“格式”选项卡中选择 ______ 命令。

4. 若要将图片设置为“紧密型环绕”，应在“格式”选项卡的“排列”功能组中选择 ______ 选项。

5. 为图片添加阴影、发光等艺术效果，需在“格式”选项卡的 ______ 功能组中操作。

6. 若要创建一个与已有文本框相连的新文本框，需选中原有文本框，然后单击“形状格式”选项卡中的 ______ 按钮。

三、实操题

1. 从网络搜索并插入一幅与文档主题相关的联机图片，调整其大小并设置为“四周型环绕”。

2. 插入一个矩形形状，更改填充色与线条样式，并添加文字说明。

3. 插入一个“组织结构图”SmartArt 图形，输入成员信息并调整布局样式。

4. 截取当前屏幕的一部分并插入文档，裁剪为特定尺寸，添加边框并设置透明度。

5. 插入一张图片，使用“更正”功能改善其对比度，再应用一种艺术效果（如铅笔素描），最后设置图片样式。

6. 创建两个文本框，输入多段文字，设置它们为链接文本框，并调整其位置及内部文字格式。

模块 8　长文档的编排处理

如果需要使用 Word 来执行复杂任务（例如添加其他应用程序中的分析数据、创建超长文档并添加索引和目录、设计页面甚至排版图书等），可仔细阅读本模块介绍的更高级的 Word 应用技巧。

本模块学习内容

- 使用链接对象和嵌入对象
- 页面设计的基本原则
- 规划页面设计
- 页面设计全程指南
- 使用 Word 主控文档
- 在文档中添加自动化项目
- 创建目录
- 创建索引
- 创建交叉引用

8.1 链接和嵌入

用户可通过以下两种方式将数据插入 Word 文档。

1. 链接对象

链接对象代表了源文件中数据的当前状态。链接对象保存源文件的位置并保持与源文件的链接。如果源文件发生了改变，那么文档中的数据也将随之更改。

2. 嵌入对象

这是保存在 Word 文档中的来自其他应用程序中的数据。必须在 Word 中打开与对象相关联的程序才能编辑该对象。

添加链接对象和嵌入对象都很简单，但它们各有优缺点。

8.1.1 链接对象

使用链接对象是确保 Word 文档中的数据保持最新状态的最简单的方式。如果要创建与对象的链接，必须选择源文件或源文件中的数据。链接对象根据源文件进行更新，用户可以编辑链接以指定数据更新的时间，还可以锁定或断开链接以防止对文档的进一步更改。

Word 能够维护与磁盘或网络上任何位置的文件的链接，它甚至能在源文件从一个位置移动到另一位置时保持链接记录。用户可以在文档中添加多个链接，还可以创建链接到同一源文件的多个对象。

用户可以通过编辑源文件来编辑链接的数据。如果双击链接对象，Word 将打开源文件及其对应的程序。如果对象链接到 Microsoft Excel 或 PowerPoint 文件，那么在编辑该对象时，Word 的菜单将由 Excel 或 PowerPoint 的菜单代替。对于其他程序，Word 将在单独的窗口打开程序和源文件。

8.1.2 嵌入对象

嵌入对象是保存在 Word 文档中的来自其他程序的数据。可以使用其他程序从头开始新建嵌入对象，或嵌入现有的文件。无论采用何种方式，对象的数据都将保存在文档中。如果将现有文件作为对象嵌入，那么就不会有与原始文件的链接。

在 Word 中可以编辑嵌入对象。在编辑对象时，Word 将启动原始程序并将对象的数据复制到原始程序的窗口中以供更改。

嵌入对象有以下两个优点。

- 对象的数据保存在 Word 文档中，并且只有在编辑对象时才会更改。结果是，用

户可以不提供源文件而与其他人共享文档。不过，其他人如果要编辑对象，还需要有创建该对象所用的程序。

提示：如果知道文档的收件人没有编辑对象所需的程序，可以将对象的数据转换为其他格式。

- 由于可以直接新建对象而无须预先创建文件，因此可以随时添加图形对象、Excel 工作表、PowerPoint 幻灯片或数据图表。

嵌入对象有以下两个缺点。

- 每个嵌入对象都保存着实际的数据而不是指向源文件的指针，所以对象越大（或链接对象越多），文件就越大。含有若干嵌入对象的文档将非常大，尤其当对象是 BMP 图形或照片时。
- 如果需要更改一个或多个嵌入对象，必须在 Word 中分别编辑它们。

8.1.3　区分嵌入对象和链接对象

因为添加嵌入对象和链接对象的过程十分相似，并且可以双击任何类型的对象进行编辑，所以链接对象和嵌入对象比较难于区分。表 8-1 列出了它们的不同点。

表 8–1　对比 Word 文档中的链接对象和嵌入对象

链 接 对 象	嵌 入 对 象
双击对象进行编辑时总是打开单独的程序窗口	双击 Excel 或 PowerPoint 对象时，Word 菜单将被 Excel 或 PowerPoint 程序的菜单所取代
对象数据将复制到原始程序窗口以便进行编辑	可以在 Word 文档中直接对嵌入的对象数据进行编辑
快捷菜单中显示“链接”命令	快捷菜单中显示“对象”命令

8.2　插入链接对象

在 Word 中，有两种方法可以插入链接对象：一是使用“插入”选项卡中的“对象”命令；二是使用“开始”选项卡中的“选择性粘贴”命令。使用“选择性粘贴”命令将更加方便。

8.2.1　使用“选择性粘贴”命令插入链接对象

使用“选择性粘贴”命令添加链接对象，必须在计算机上同时打开用户的文档和其他程序及其文件。使用此方法不但方便，而且还可以选择源文件中的部分数据而不是链接整个文件。要插入链接对象，可按以下步骤进行。

01 在源文件中选定对象的数据，并选择“复制”命令或按 Ctrl+C 组合键复制。本示例在 Excel 2019 中创建了一个抵押贷款计算器，并且复制了其中 A1:E8 单元格区域的数据，如图 8-1 所示。

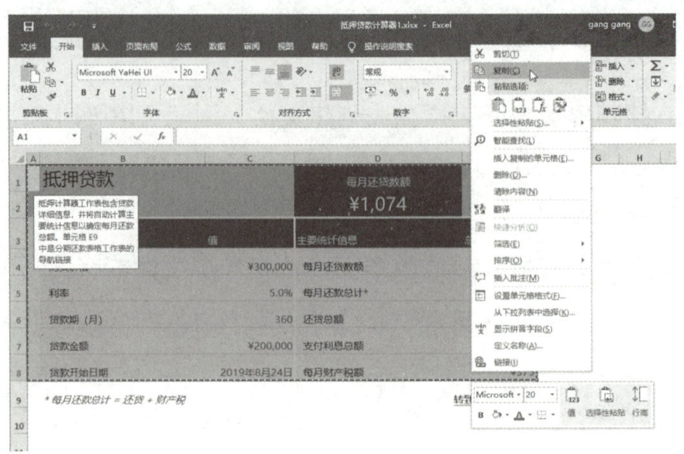

图 8-1

02 切换到 Word 2019 中，新建一个空白文档，输入适当说明，然后将光标停放在要插入 Excel 数据的位置。

03 选择“开始”选项卡中“剪贴板”工具组的“选择性粘贴”命令，如图 8-2 所示。

04 打开“选择性粘贴”对话框。从“形式”列表中选择对象的数据格式（这是对象在文档中具有的格式，本示例中是“Microsoft Excel 工作表对象”）。“形式”列表下方的“说明”区域将解释文档中每种类型对象的行为。

05 单击“粘贴链接”单选钮将对象作为链接进行粘贴（如果选择了“粘贴”按钮，则对象将嵌入文档），如图 8-3 所示。

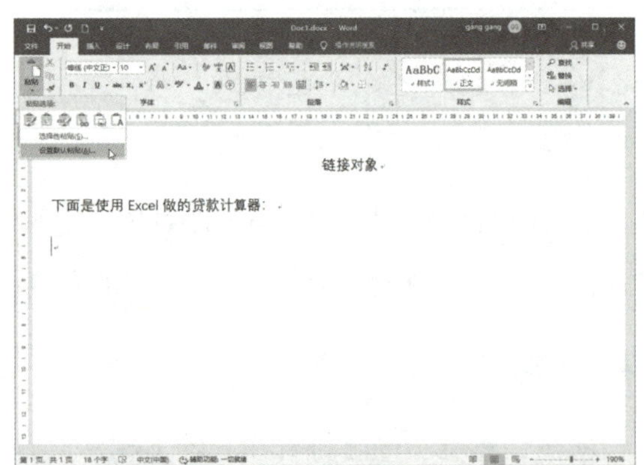

图 8-2

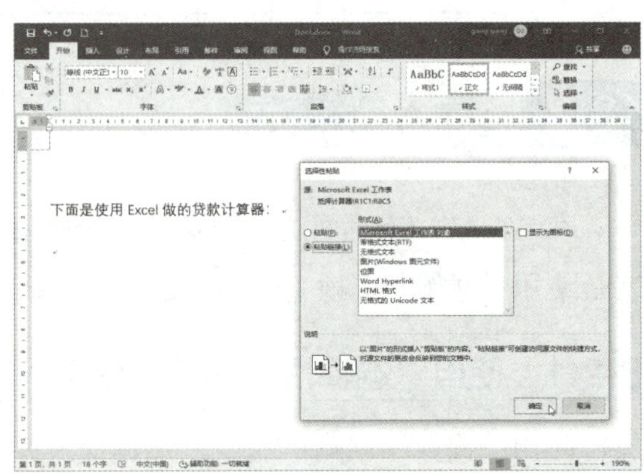

图 8-3

06 单击“确定”按钮。对象将粘贴到文档中，如图 8-4 所示。

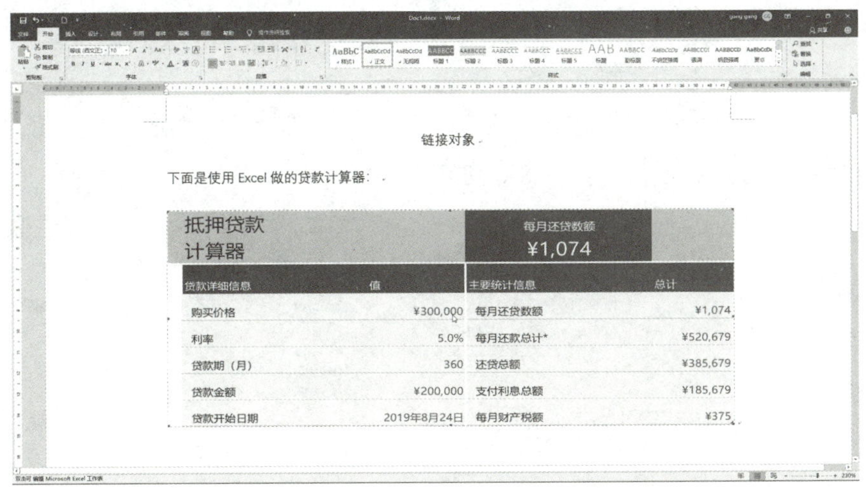

图 8-4

8.2.2　使用“对象”命令插入链接对象

如果是使用“插入”选项卡中的“对象”命令插入链接对象，就必须链接到现有的文件，这样，插入的对象将包含文件中的所有数据。

要插入链接对象，可按以下步骤进行。

01 启动 Word 2019，打开文档，将插入点置于文档中需要放置对象的位置（可以不打开被插入的文件）。

02 切换到“插入”选项卡，单击“文本”工具组中的“对象”命令，打开“对象”对话框，然后单击“由文件创建”选项卡，如图 8-5 所示。

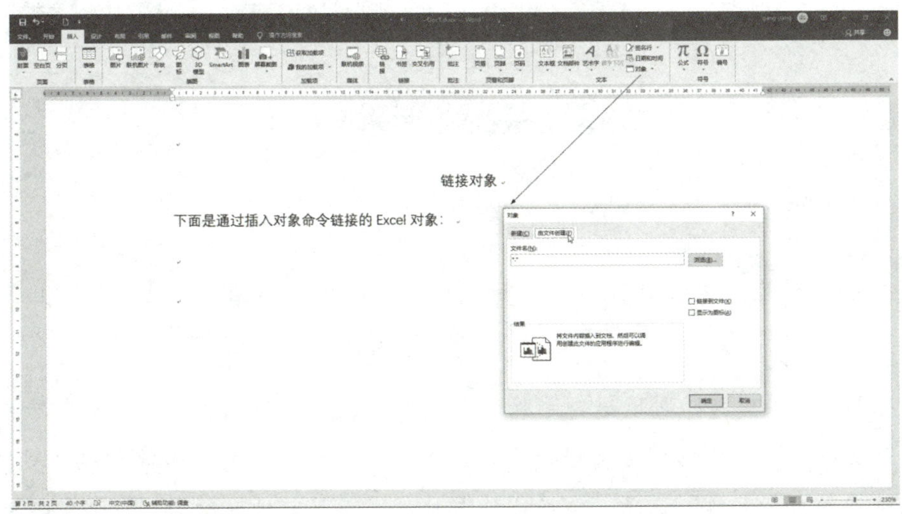

图 8-5

03 在“文件名”框中键入源文件的名称，或单击“浏览”按钮搜索计算机硬盘，然后选定文件并单击“插入”按钮。

04 选中“链接到文件”复选框，注意，此时“结果”区的文字发生了变化，这解释了链接对象和插入对象的区别，如图 8-6 所示。

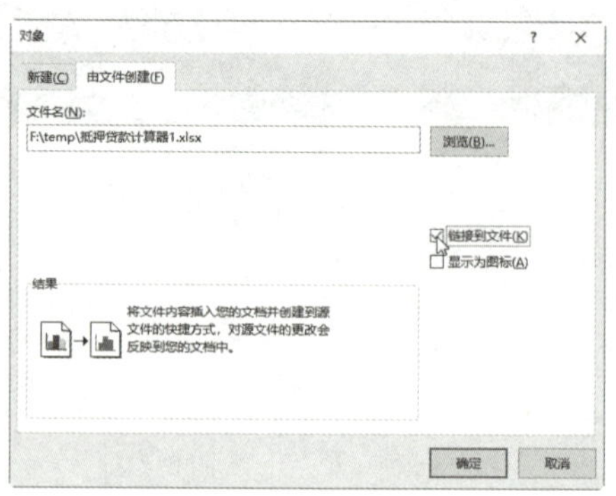

图 8-6

05 单击“确定”按钮，Word 会将链接对象插入文档。由于插入的对象包含文件中的所有数据，所以，对比可以发现，插入对象包含的数据更多，如图 8-7 所示。

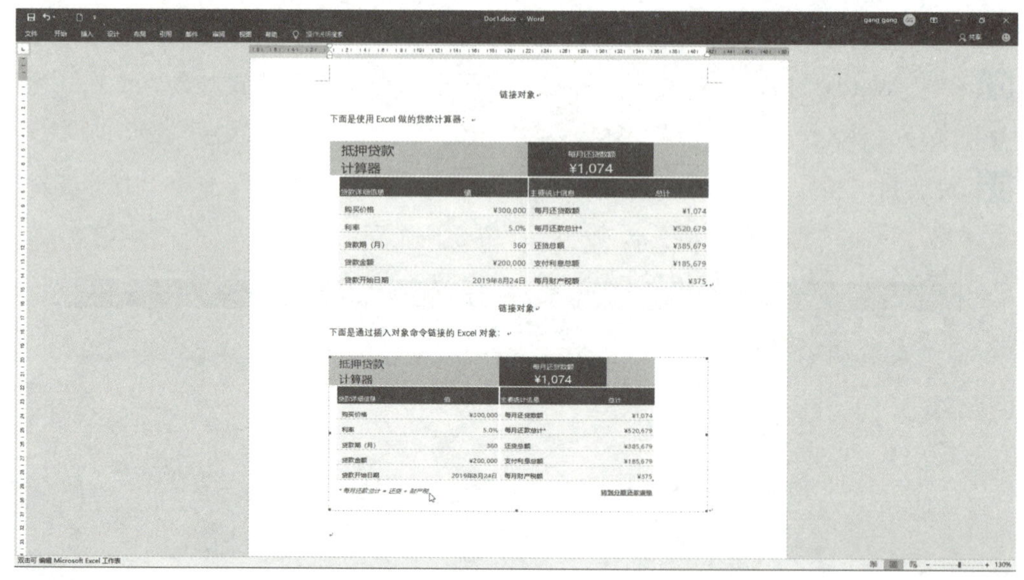

图 8-7

06 对于链接的对象，可以进行删除、复制和设置大小等操作，这些操作方法与处理图形对象的方法相同。例如，要为链接对象添加边框阴影，只需右击该对象，然后从快捷菜单中选择“边框和底纹”选项，后续操作与处理图片等其他对象类似，如图 8-8 所示。

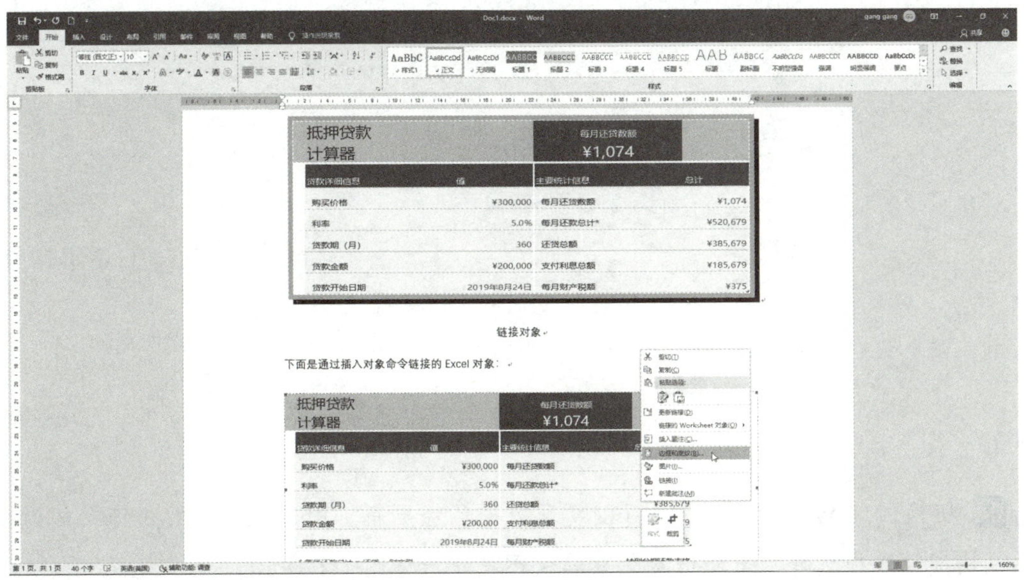

图 8-8

8.2.3　编辑链接对象中的数据

在将链接对象插入文档之后，可以编辑其数据、更改链接更新的方式或使用格式选项更改其外观。

要编辑链接对象中的数据，需要打开链接的源文件及其相关程序。要在 Word 中完成此任务，可以按如下方式操作。

01 直接双击链接对象。

> **提示：** 该方法不适用于 PowerPoint 演示文稿、声音动画或视频剪辑。因为双击 PowerPoint 演示文稿将启动链接的演示文稿的幻灯片演示，而双击媒体剪辑将播放该剪辑。

02 在无法双击的情况下，可以右击对象以显示快捷菜单，然后选择“链接的 [对象名称] 对象”子菜单中的“编辑链接”或“打开链接”命令，如图 8-9 所示。

03 在执行了上述某项操作之后，Word 2019 将打开源文件及其相关程序以编辑数据。在本示例中，将打开 Excel 程序，可以在其中修改一些数据，例如，将购买价格修改为 ¥5 000 000，如图 8-10 所示。

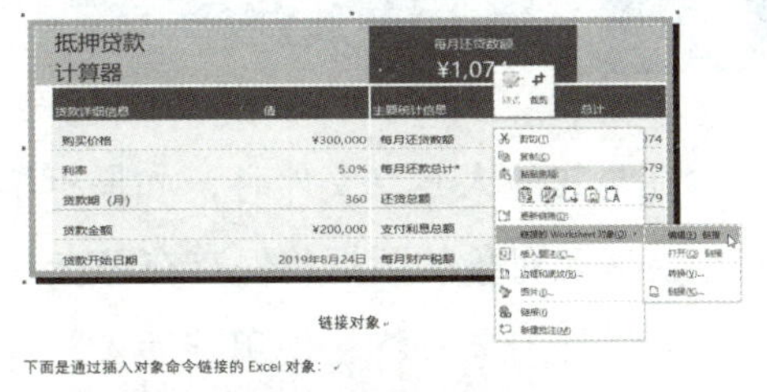

图 8-9

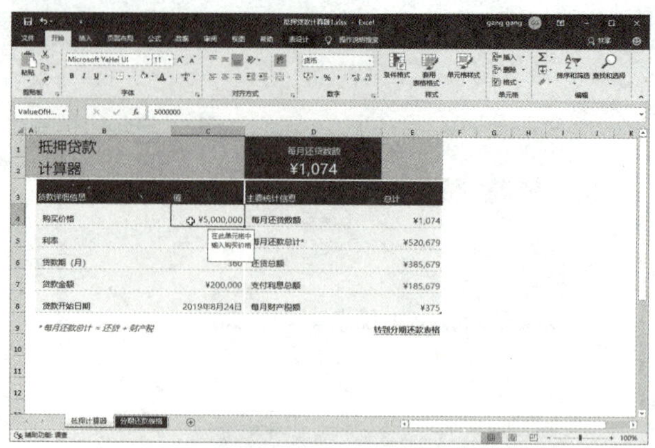

图 8-10

04 切换回到 Word 2019 中，可以发现数据已经更新。用户也可以右击链接的对象，然后从快捷菜单中选择“更新链接”来确认已更新，如图 8-11 所示。

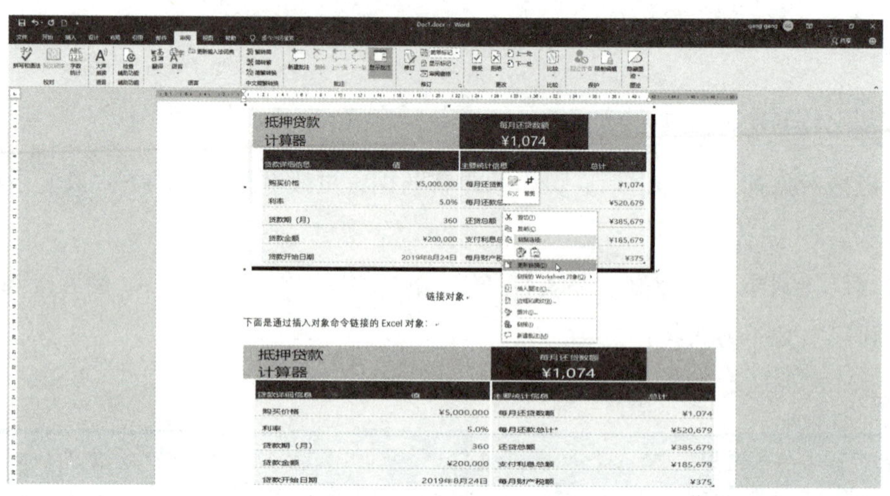

图 8-11

8.3 插入嵌入对象

在与其他人共享文件时，如果不希望为链接对象提供对源文件的访问，可以使用嵌入对象。嵌入对象的数据将保存在 Word 文档中。

和链接对象一样，使用“插入”选项卡中的“对象”命令或“开始”选项卡中的“选择性粘贴”命令都可以插入嵌入对象。与链接对象不同的是，嵌入对象可以从头创建，还可以将嵌入对象转换为其他数据格式以方便其他人使用。

8.3.1 新建嵌入对象

如果要新建嵌入对象，可使用“插入”选项卡中的“对象”命令，操作步骤如下。

01 启动 Word 2019，打开文档，将插入点置于目标位置。

02 选择“插入”选项卡“文本”工具组中的“对象”命令以显示“对象”对话框。

03 在列表中选择对象类型。对话框下方的“结果”区提供了每种对象类型的简单描述。本示例中选择“Microsoft Excel Worksheet”，如图 8-12 所示。

04 如果希望在文档中用图标代表该对象，而不显示实际的数据，可选中“显示为图标”复选框。如果选择了该选项，文档的读者可以通过双击图标查看数据。

05 单击“确定”按钮插入对象。Word 将打开创建对象所需的相关程序并切换到该程序窗口。在多数情况下，新对象将出现在文档窗口之中并且能在其中添加数据。

06 由于在图 8-12 中选择了“Microsoft Excel Worksheet”，所以现在可以在 Word 2019 的窗口中打开 Excel 2019 窗口，创建工作表。这里可以简单输入几个数据，如图 8-13 所示。

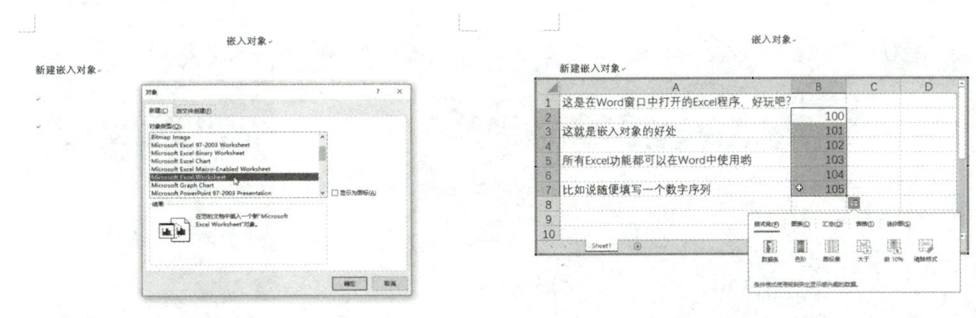

图 8-12　　　　图 8-13

07 在 Word 文档窗口任意位置双击鼠标即可关闭嵌入的程序，Word 会将对象置于文档中。右击嵌入对象，可以识别出该对象。例如，在本示例中，就是“Worksheet”对象。

08 要设置对象的外观，可以选择“边框和底纹”选项，如图 8-14 所示。在出现的“边框”对话框中，可以设置其边框阴影效果。在“应用于”下拉菜单中，默认选择的是“图片”，嵌入对象将被视为图片进行处理，如图 8-15 所示。

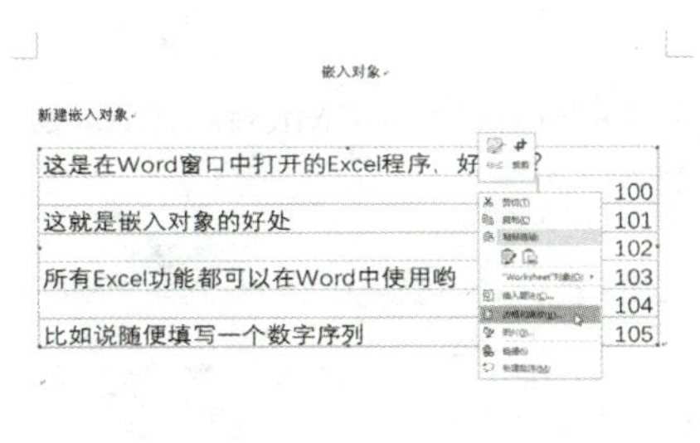

图 8-14

图 8-15

> **提示：**如果创建的是 BMP 图像对象，则 Word 会将它作为图片对象插入文档，并且显示“图片格式”选项卡。

8.3.2 将现有数据作为嵌入对象插入文档

如果要将现有数据作为嵌入对象插入文档，则可以使用“开始”选项卡中的“选择性粘贴”命令，操作步骤如下。

01 打开包含数据的文件（如一个 Excel 数据表）。

02 选定文件中的数据，然后复制该数据，如图 8-16 所示。

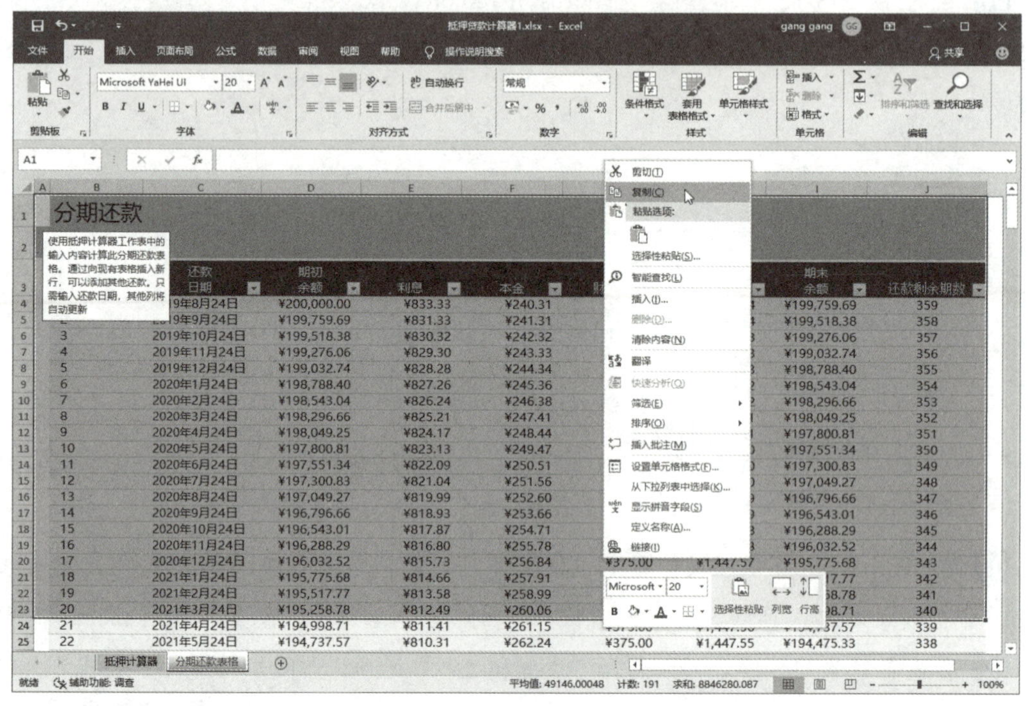

图 8-16

03 切换到 Word 文档并将插入点置于目标位置。

04 选择“开始”选项卡“剪贴板”工具组中的“选择性粘贴”命令，打开“选择性粘贴”对话框，如图 8-17 所示。

05 在“形式”列表中选择对象名称选项。本示例中选择的是“Microsoft Excel 工作表对象”。

06 确认选择了“形式”列表左侧的“粘贴”单选按钮而不是“粘贴链接”单选按钮。

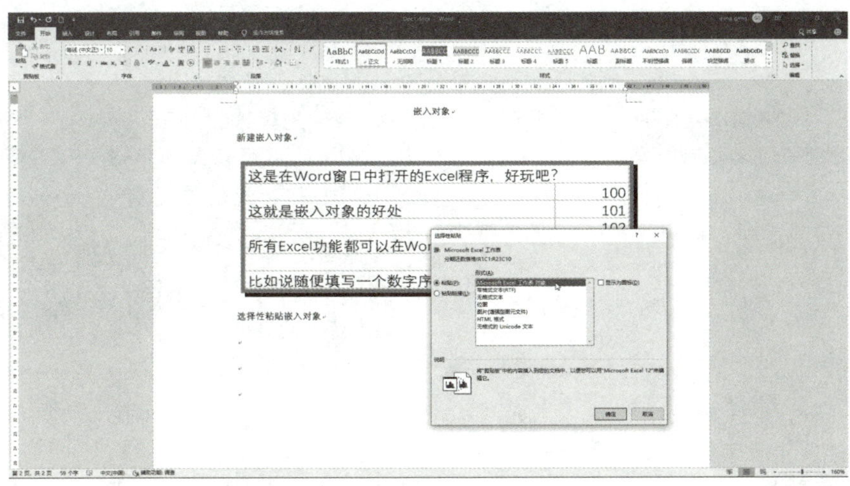

图 8-17

07 单击“确定”按钮。对象将出现在文档中，如图 8-18 所示。

> **提示：** 如果要将嵌入对象显示为图标，而不显示对象的数据，可选中“显示为图标”复选框。

08 整理一下 Word 文件，将重复的链接对象和嵌入对象删除，只保留 1 个链接对象和 1 个嵌入对象，如图 8-19 所示。

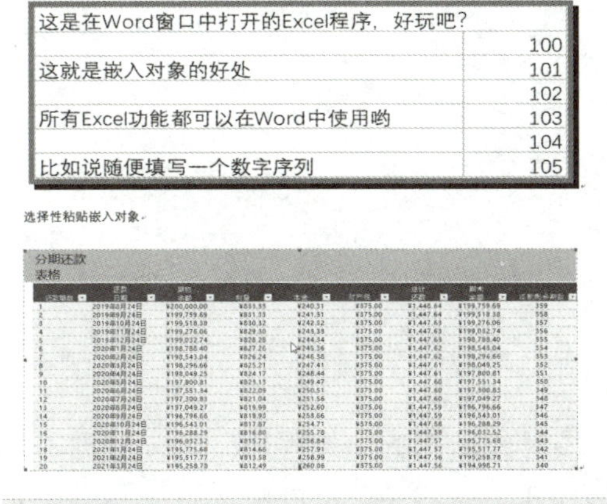

图 8-18

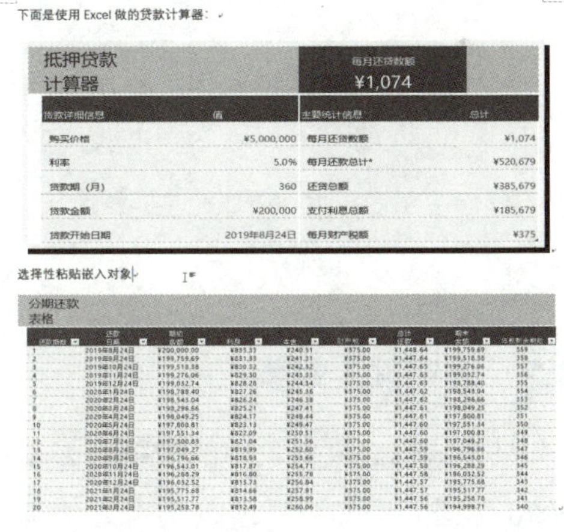

图 8-19

09 切换到 Excel 程序，修改其中的贷款数据，将贷款金额修改为 ¥1 250 000，这样，每月还贷数额就变成了 ¥6 710，如图 8-20 所示。

10 Excel“分期还款表格”中的数据自然也发生了变化，如图 8-21 所示。

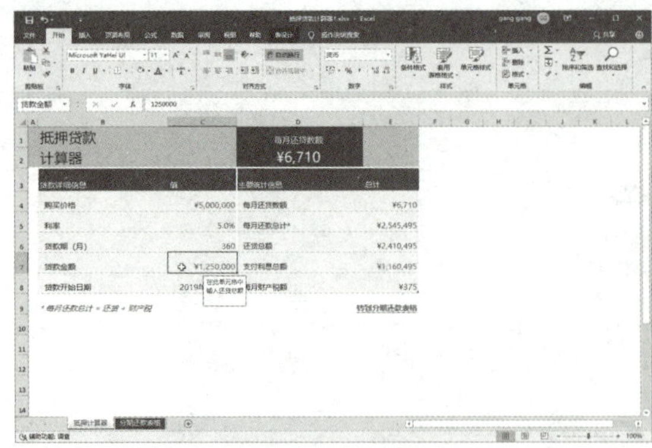

图 8-20

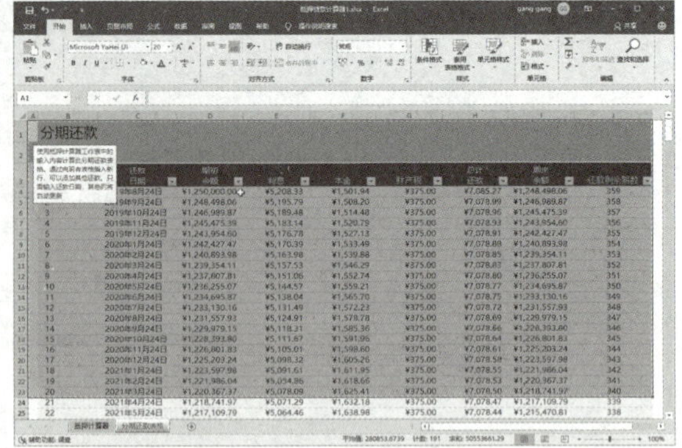

图 8-21

11 切换到 Word 文档中，可以发现，上面的链接对象也同步更新了，但是下面的嵌入对象没有更新，这就是链接对象和嵌入对象的最大差别，如图 8-22 所示。

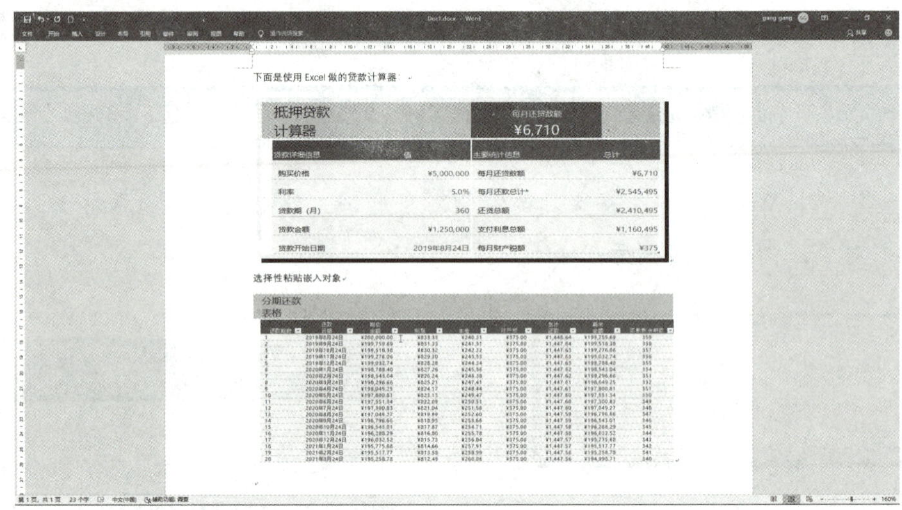

图 8-22

8.3.3 编辑嵌入对象

如果要编辑嵌入对象中的数据，必须打开创建该对象所用的原始程序。因为数据本身是 Word 文档的一部分，所以编辑文档的唯一途径是在 Word 中打开其相关程序，操作步骤如下。

01 继续上例的操作，双击嵌入对象（同样地，该方法对于 PowerPoint 演示文稿、声音、动画或视频剪辑都不能用。因为双击 PowerPoint 演示文稿将开始以全屏方式演示幻灯片文稿，而双击多媒体剪辑将播放该剪辑。）或右击嵌入对象打开快捷菜单，然后选择“[对象名称] 对象”子菜单中的“编辑”或“打开”命令，如图 8-23 所示。

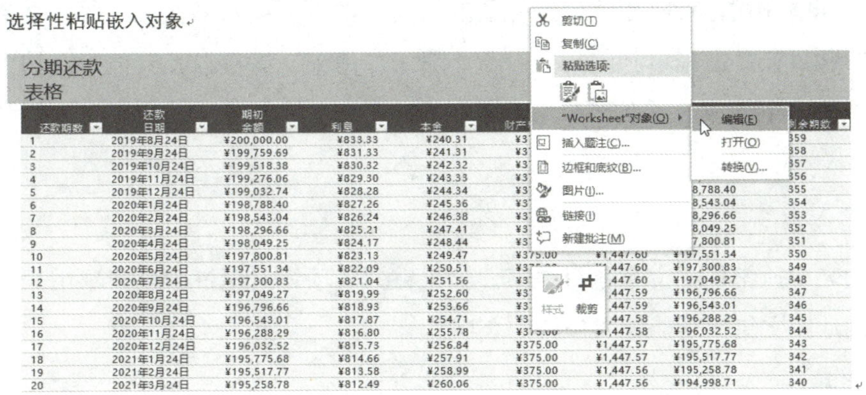

图 8-23

02 进行上述操作之后，Word 将在与对象关联的程序中打开对象文件，用户可以在该程序中更改对象。在完成更改之后，可在 Word 文档中单击鼠标或选择编辑对象所用程序中的“退出”命令返回文档。

> **提示：** 如果编辑对象之后编辑程序的某些痕迹仍保留在屏幕上（如部分窗口边框或空白），可在 Word 文档中向下滚动一两个屏幕，然后返回原位置，这些痕迹将会消失。

8.4 页面设计的基本原则

使用 Word 2019 的基本工具，用户可以编排出各式各样看起来相当不错的文档。经常使用 Word 的用户会发现，它提供了页面设计所需要的大多数功能，而且上手很快。可以说，易用性是 Word 页面设计的一大特点。

Word 中的页面设计包括从处理一栏普通文字到安排页面上的文字、对象、标题以及其他组件的各种情况。但是，无论要创建什么类型的文档，在页面设计时通常都要使用一些基本元素。

8.4.1 页面设计的基本元素

Word 2019 提供了许多预先设计好的模板。这些模板包含了多种多样的版式和页面设计元素。在通过模板新建文档时，可以查看 Word “新建”对话框中各选项卡上的模板（包括用于创建报告、信函、日历、简历、通讯、手册、小册子以及其他文档的各种模板）。下面简要介绍 Word 中常用的页面元素，以及使用这些元素的技巧。

1. 文章标题

文章标题的字体应有别于文档中的其他任何内容（如使用更大、更粗的字体）。Word

提供了一些标题样式，可以用于设置标题的格式。如果要编写书籍或手册，文章标题通常就是文档的题目，并占据单独的一页。在小册子、请柬、海报以及其他短文档中，可以为题目设置不同的字体或者添加艺术字效果。Word 2019 的新建文档模板中，包含了各种形式的标题。

2. 作者信息

作者的名字通常位于文章题目之下。如果在“选项”对话框中填写了用户信息，则可以使用“自动图文集”功能插入作者的名字。

3. 内容提要

内容提要是题目下的摘要或者特别兴趣点，用于介绍文章的主要观点，或者突出能够吸引读者阅读整篇文章的兴趣点。

4. 重要引述

重要引述是从文章正文中摘录出的内容，显示在独立的区域中，用于在视觉上分隔页面。重要引述同时也是一种特别兴趣点，通过引用文章中有吸引力的语句或观点来引起读者的注意。在 Word 中，通常使用文本框生成重要引述。

5. 主标题和子标题

主标题和子标题用于标识文档的不同部分。用户可以使用 Word 中的“标题”样式设置它们的格式。

6. 正文

正文是文章、报告或者书籍中的主要文字。用户可以使用 Word 提供的一般文字工具编写正文，也可以利用文本框或者图文框创建文本对象。在 Word 中可以更加随意地控制文本对象在页面上的位置。

对于中文写作而言，正文一般需要采用缩进样式，在段落首行空 2 个字的位置。

7. 图形

用户可以将图形看作是除文本框之外的任何对象。因为 Word 中的图形可以是图标、链接或嵌入的对象（如 Microsoft Excel 工作簿或图表、表格、图形对象、SmartArt 或者艺术字对象）。

8. 题注

题注是对图形的说明，但是某些图形对象的含义非常清楚，不需要添加题注。题注一般使用比较小的字体，直接放在所标注的图形下面。

使用“引用”选项卡中的“插入题注”命令可以很容易地插入题注，如图 8-24 所示。

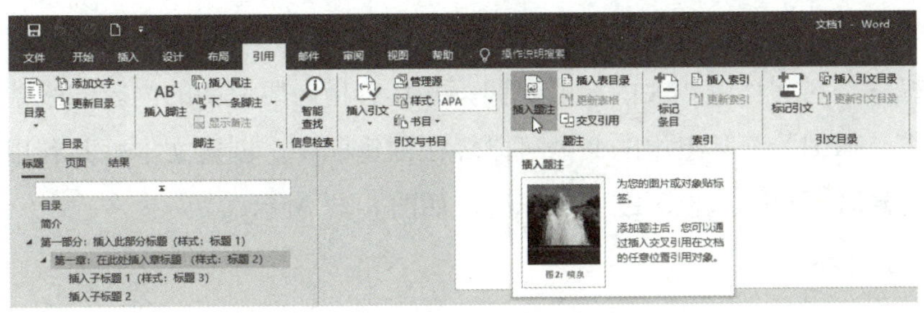

图 8-24

9. 页眉和页脚

页眉和页脚用于在文档的每一页上显示文档题目、章节标题、页码或其他信息。页眉和页脚中可以包含图形，如图 8-25 所示。

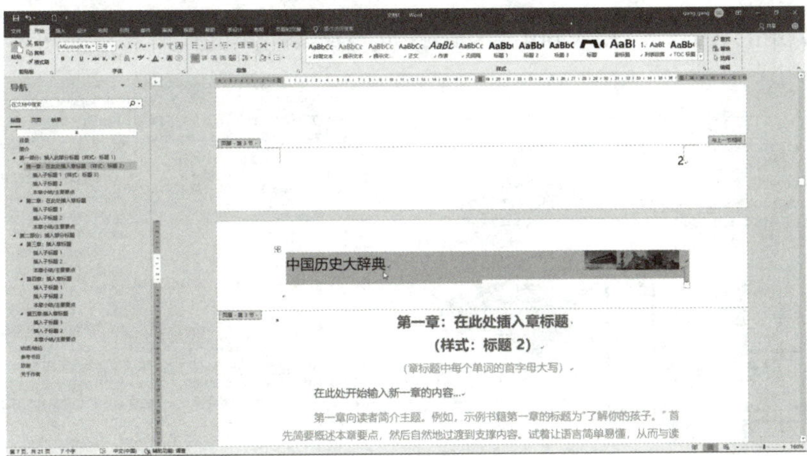

图 8-25

10. 注释

在书籍、手册、技术论文以及其他包含大量信息的文档中经常使用脚注和尾注。使用“引用”选项卡中的“脚注”工具组中的命令可轻松插入注释信息，如图 8-26 所示。

在许多环境中，使用方向的向量表示更方便。在这种情况下，向量是角色面对的方向上的单位向量（它的长度为 1）。这可以使用简单的三角函数从标量方向直接计算：

$$\vec{\omega}_v = \begin{bmatrix}\sin\omega_s \\ \cos\omega_s\end{bmatrix}$$

其中，ω_s 是作为标量的方向，$\vec{\omega}_v$ 是表示为向量 里假设了一个右手坐标系，这与我们研究过的大多数游戏引擎是一样的。[1] 如果要使用左手系统，那么只需要反转 x 坐标的符号就可以了：

[1] 左手坐标系对于本章中的所有算法同样适用。有关左右手坐标系的差异以及如何在它们之间进行转换的详细信息，请参阅附录 Eberly, D. [2003]。

图 8-26

11. 标注

标注或标签是对文档中相关内容的说明，并具有指向要说明的内容的线条。使用“插入”选项卡下“插图”工具组中的命令可以轻松创建标注。创建文本框并利用线条将它和所要说明的对象联系起来，也可以生成标注，如图 8-27 所示。

12. 接续提示

在通讯、杂志以及其他占据多个页面（这些页面并不一定是连续的）的文章版式中，接续提示元素可以使读者明白文章还没有结束，或者告诉读者转到何处可以继续阅读文章。有时候，接续提示标记只是一个箭头，表明文章在下一页继续；有时候，接续提示标记是一段文字，告诉读者要转向的页面。

在 Word 2019 中，使用“引用”选项卡中的“题注”工具组命令，可以将接续提示标记做成交叉引用的方式，以便 Word 自动跟踪页码及其他的位置信息，如图 8-28 所示。

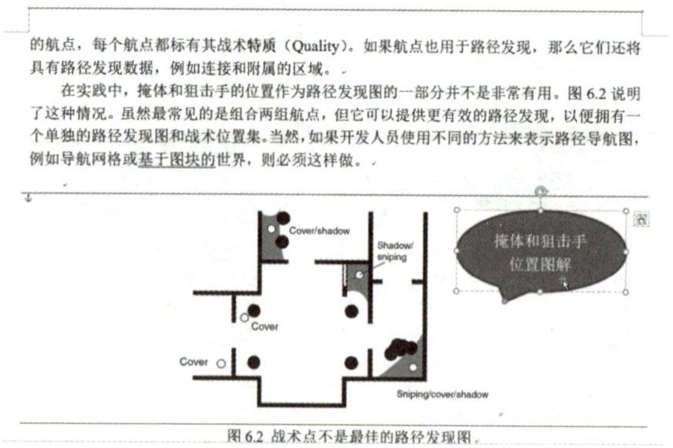

的航点，每个航点都标有其战术特质（Quality）。如果航点也用于路径发现，那么它们还将具有路径发现数据，例如连接和附属的区域。

在实践中，掩体和狙击手的位置作为路径发现图的一部分并不是非常有用。图 6.2 说明了这种情况。虽然最常见的是组合两组航点，但它可以提供更有效的路径发现，以便拥有一个单独的路径发现图和战术位置集。当然，如果开发人员使用不同的方法来表示路径导航图，例如导航网格或基于图块的世界，则必须这样做。

图 6.2 战术点不是最佳的路径发现图

图 8-27

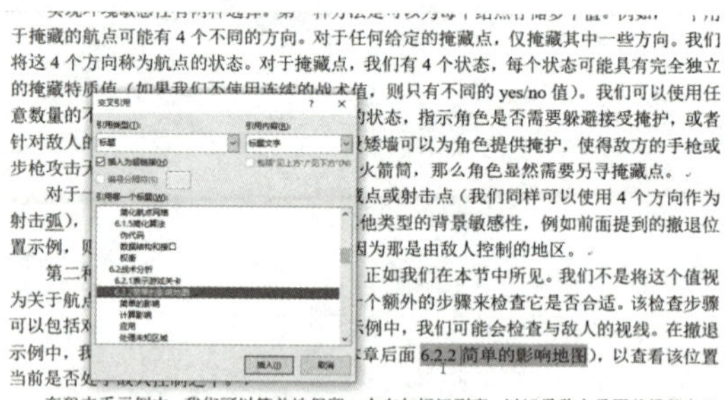

于掩藏的航点可能有 4 个不同的方向。对于任何给定的掩藏点，仅掩藏其中一些方向。我们将这 4 个方向称为航点的状态。对于掩藏点，我们有 4 个状态，每个状态可能具有完全独立的掩藏特质值（如果我们不使用连续的战术值，则只有不同的 yes/no 值）。我们可以使用任意数量的不……的状态，指示角色是否需要躲避接受掩护，或者针对敌人的……矮墙可以为角色提供掩护，使得敌方的手枪或步枪攻击无……火箭筒，那么角色显然需要另寻掩藏点。

对于一……点或射击点（我们同样可以使用 4 个方向作为射击弧），……他类型的背景敏感性，例如前面提到的撤退位置示例，则……因为那是由敌人控制的地区。

第二种……正如我们在本节中所见。我们不是将这个值视为关于航点……一个额外的步骤来检查它是否合适。该检查步骤可以包括对……示例中，我们可能会检查与敌人的视线。在撤退示例中，我……章后面 6.2.2 简单的影响地图），以查看该位置当前是否处于敌人控制之下。

在狙击手示例中，我们可以简单地保留一个布尔标记列表，以记录敌人是否曾经朝向狙击手位置射击（如果敌人知道位置在那里则是近似的简单启发式算法）。这个**后处理**（Post-Processing）步骤与用于自动生成航点的战术属性的处理具有相似性。我们稍后会回来讨论这些技术。

现在可以为上述两种方法各设计一个示例。假设有一个角色，需要选择一个掩藏点，以便在交战过程中休整一下（重新装填弹药）。附近有两个可供选择的掩藏点，如图 6.5 所示。

图 8-28

13. 边栏

边栏是指使用“边框”将比较短小的相关文章与正文的其他部分隔离开来。在 Word 2019 中，可以使用文本框、图文框或者小表格创建边栏。边栏通常拥有自己的标题，并带有边框或底纹（填充图案或颜色），将边栏和文档的其他部分区分开，如图 8-29 所示。

什么是区块链地址？

区块链地址（例如比特币地址）是一个简单的标识符，其长度为 26 到 35 个字母数字字符。这些地址代表可能的目的地。然而，与电子邮件地址不同，一个人往往有许多不同的地址。对于像比特币这样的区块链，每个交易都使用一个唯一的地址。但是，在其他区块链中，地址代表一个随时间保持不变的特定实体。

查看比特币地址时，其格式通常以 1 开头，例如：

1BvBMSEYstWetqTFn5Au4m4GFg7xJaNVN2

地址区分大小写且非常精确。输入错误可能导致您的交易因地址错误而被拒绝。概率非常低，如果您错误输入地址，交易将被接受，因此我建议您始终使用计算机的剪贴板执行复制和粘贴过程。

正如本章开头所提到的，本书的目标不是详细讨论这些加密货币，而是关注区块链的应用程序，因为作为 Oracle 开发人员，我们将需要开发和使用区块链程序，并且客户也有这种需要。例如，可以在这些应用程序中传输的数据流类型与用于加密货币的数据流完全不同。虽然加密货币只保存付款的元数据，但开发人员将在本书中了解到，这些应用程序可以在单次交易中保存数兆字节的二进制数据。这可以认为是完整的 XML 或 JSON 文档与在文档存储中保存的实际文档的引用的对比。

图 8-29

14. 页边距

每个页面都拥有自己的上、下页边距。在杂志、通讯、书籍以及其他双页版式中，还包括内外侧页边距，它们随着奇偶页（左、右页）的不同而变化。使用“布局”选项卡下“页面设置”工具组中的“页边距”选项可以指定页边距；选中“对称页边距”复选框可以将页面设置为双页版式并指定内侧和外侧页边距，如图 8-30 所示。

在页面中使用浮动图形时，图形可以位于页边距之外。但是，一定要保证图形不能过于靠近纸边，否则图形就会被截断。每台打印机都有最大可打印区域，位于此区域之外的内容将无法被打印出来，如图 8-31 所示。

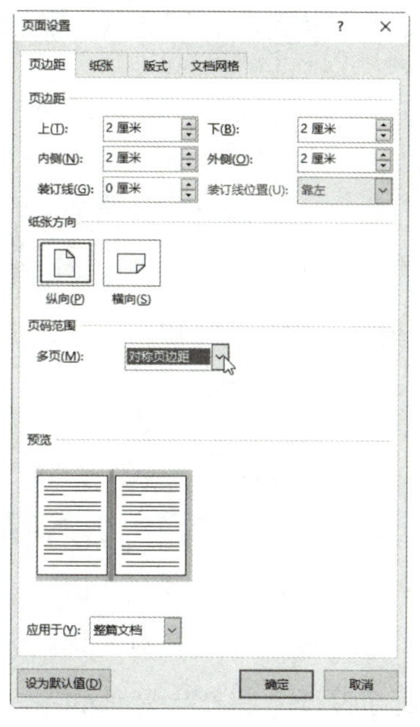

图 8-30

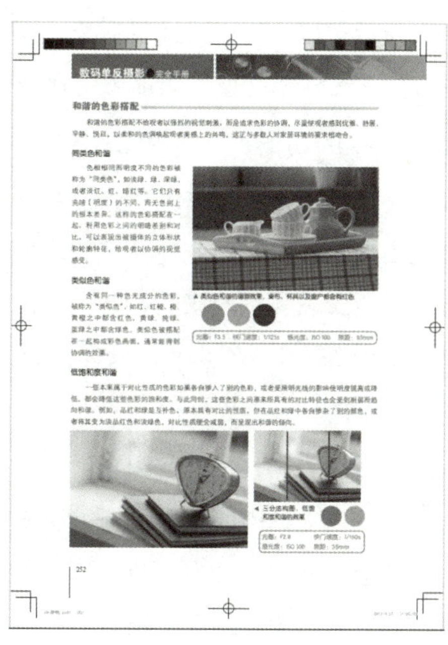

图 8-31

15. 装订区

装订区是双页版式内侧页边距中额外的空间，它留出了装订页面的空间。使用“布局”选项卡下“页面设置”工具组中的“页边距”选项可以指定装订区的宽度。

16. 栏间距

栏间距是页面上两栏之间的空间。在“栏”对话框中，将栏间距称为“间距”。栏间距既可以为空白，也可以包含分隔两列的垂直线。如果使用“布局”选项卡下“页面设置”工具组中的“栏”命令创建分栏，则可以指定栏间距的宽度，并添加分隔线，如图 8-32 所示。

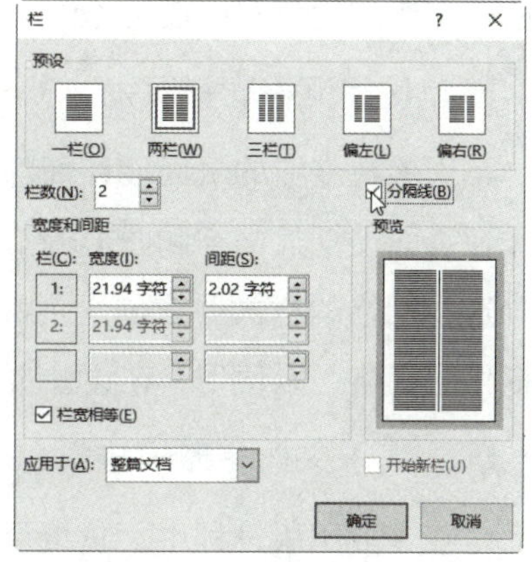

图 8-32

如果通过摆放页面中的文本框或者图文框创建分栏，则需要通过拖动文本框对象来设置栏间距的宽度。

17. 目录和索引

比较长的文档（如书籍或者手册）通常都包含目录和索引。后续内容会详细介绍创建目录、索引和交叉引用的操作方法。

8.4.2 基本设计原则

页面设计的基本原则是能够清楚、有效地显示文档的内容。页面设计包含一些基本原则。用户必须对文档的用途、读者对象、所要产生的效果以及副本打印方式（单色还是彩色）心中有数，这样才能设计出能够准确传递文档中信息的页面。

1. 了解文档的写作目的和用途

要确定文档的用途，应仔细思考文档所要达到的目的。文档是用来传递信息的，除了能够清楚地表达之外，它还应能在读者心中产生共鸣。这种共鸣可能是对作者的敬意，也可能是对文档所表达观点的接受和认同，或者是对文档技术内容的理解。总之，了解文档的写作目的和用途对于 Word 文档设计至关重要。

2. 了解面向的读者

文字样式及版式需根据读者对象的不同而确定。对于文字，首先，要考虑读者的阅读能力和水平。如果文档中的某些内容非常重要，可以从视觉上加以强调；其次，业务性的公司报告和聚会请柬在设计方面也会大不相同；最后，还需要考虑读者对文档内容的兴趣程度，以及如何吸引读者阅读文档。这些因素都将对页面设计方案产生显著的影响。

3. 选择适当的布局

确定了文档的用途及读者对象后，就可以考虑页面的总体设计方案了。整齐的分栏更适用于严肃的公文，使用不同大小的文本框则可以使页面显得更活泼。

4. 使用网格安排页面

大多数专业的页面设计师都会使用网格。网格由垂直方向和水平方向的线条组成，用作在页面上摆放文字和图形的基准。网格是页面设计中的常用工具，专业排版软件允许用户选择网格的样式并在创建页面时将其作为背景。虽然 Word 在这方面功能有限，但它也提供了网格，以便用户在设计页面时使用它们。

5. 追求文档在形式与内容方面的统一

在专业出版过程中，负责页面设计的美工人员和写作人员之间经常会发生分歧。美工

人员的工作是创建外观具有美感的文档，而写作人员的工作则是使用文字传递信息。这就需要综合考虑文档的用途和面向的读者，平衡多方面的需求。例如，如果文字信息至关重要，如在鉴定报告、书籍或者使用手册中，就需要文字尽量易于阅读，这可能意味着减少设计上的复杂元素，如不使用不等宽分栏或者不在页面中央放置图形。如果视觉效果更重要，如在小册子、促销宣传品以及海报中，则可能需要牺牲一定的文字易读性以增加文档的视觉吸引力。

总之，在设计页面时，应该将读者的视线自然而然地引导至页面中最重要的内容上。为了达到这一目的，可以使用不等宽分栏、首字下沉、通栏标题、图形或重要引述等多种手段。

8.5 规划页面设计

好的页面设计源于仔细的规划。在开始组合页面中的文字和图形之前，必须就文档的外观、内容以及如何表现这些内容做出决定。事实上，在做出这些决定的同时，也就制定了一些在创建页面时应当遵循的设计规则。遵循这些规则，就可以设计出思路清晰、外观和谐的页面，并且减少设计过程中的错误。因此，设计规则越具体，效果越好。

8.5.1 决定版式

在页面设计过程中要做的第一个决定就是使用何种版式。这个问题需要从以下 3 个方面来考虑。

- 使用纵向版式还是横向版式。
- 使用双页版式（即类似于书籍的版式）还是单页版式。
- 文档是否要打印在标准尺寸的纸张上（例如，三折的小册子、明信片和请柬可能需要使用不同规格的纸张）。

8.5.2 选择创建版式的方法

在 Word 中可以使用以下 3 种方法创建页面版式。

- 使用 Word 中的普通文字格式选项。
- 创建和网格布局一致的表格，并将文字和图形放置在单元格中。
- 只使用文本框、图文框以及其他对象。

在 Word 2019 中新建文档时，可以充分利用在线模板。“新建”对话框中包含了多种版式选项的文档。例如，单击“教育”关键字进行联机搜索，就可以找到一个“编写非虚构书籍”模板，如图 8-33 所示。

该模板非常有用，它提供了大量长文档编辑的信息和版式创建技巧，如图 8-34 所示。

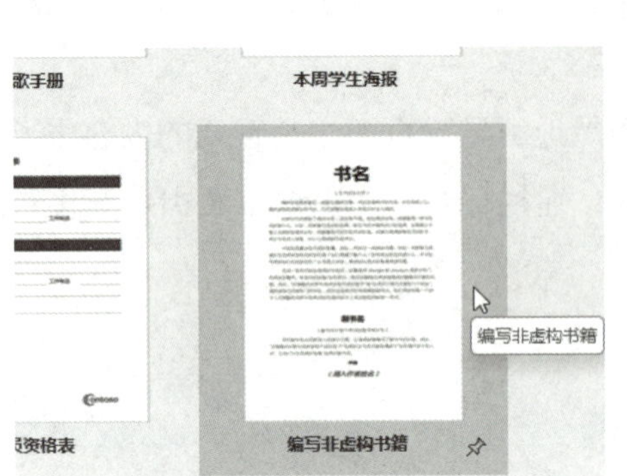

图 8-33

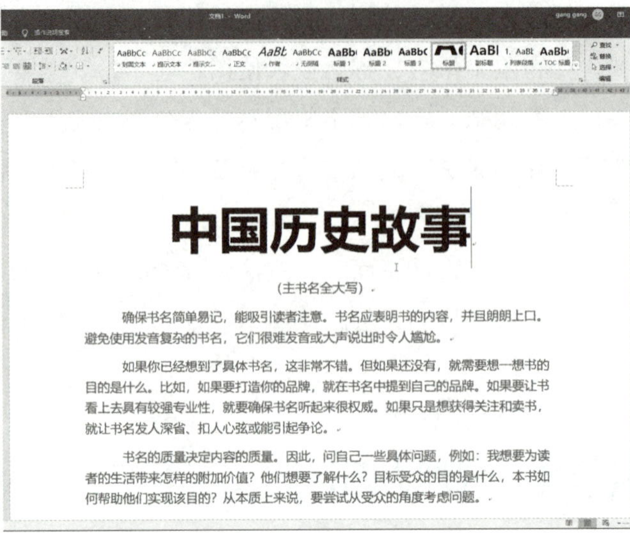

图 8-34

8.5.3 选择输入文字的方法

有 3 种方法可以安排文档中文字的位置：普通文字、表格和文本框。尽管每种方法都有自己的优点，但在组织页面上的文字和图形时，这 3 种方法应该综合使用，而不应该只使用一种方法编排文字。

下面介绍每种方法的优缺点。

1. 普通文字

只有普通文字才能环绕在图形对象四周。如果希望 Word 帮助生成交叉引用、目录或者索引，则需要使用普通文字和标题样式。但是，用户无法通过拖动普通文字将它们放在页面中的任何位置，必须使用分栏、页边距和缩进设置才能改变普通文字的位置。

2. 表格

使用表格可以替换整个页面的格式，并能增加普通文字的灵活性。例如，文字中的表格可以迅速地从单栏切换到两栏版式，并且可以切换回来，这种切换不需要使用任何分节符；此外，使用表格还可以改变文字的方向。

3. 文本框

使用文本框可以随意放置文字。另外，文本框中的文字方向也是可以改变的。需要注意的是，目录和索引中无法包含文本框中的文字，也无法将文本框中的文字环绕在图形周围。

8.5.4　决定文字的格式

设计页面时，除了确定文字的输入方式之外，还需要预先设定文档中文字的格式。在决定文档中文字的格式时需要考虑以下问题。

1. 标题

文档都包含题目，但是文档中是否要包含其他标题呢？在向文档中添加文字之前，应系统规划要使用的标题，并规划如何使用这些标题。例如，可以针对文档的内容，考虑哪些部分需要使用第一级、第二级或第三级标题（依次对应于 Word 提供的“标题 1”“标题 2”“标题 3”样式）。如果在文档中使用了包含标题的边栏或表格，则需要考虑这些标题是使用常规的标题级别还是其他的标题级别。

2. 样式

样式决定文档中所要使用的字体、字号、字符样式以及段落格式等，并且保证每种格式都有相应的样式。可以使用样式管理器从其他文档中复制定义好的样式，也可以使用包含了所需样式的文档模板。

3. 对文档分节或者使用子文档

如果文档的大部分内容都是普通文字，可以考虑将它们划分为不同的节。如果需要这样做，就要考虑在何处插入分节符。如果要创建一个长文档，可以使用主控文档并决定其中包括哪些子文档。

本模块后面将向用户介绍有关主控文档的详细内容。

4. 页码

如果文档中包含多个从新页面开始的节，就需要考虑如何设置文档的页码。例如，页码是从第一页开始连续设置，还是每节都重新编排页码。

在编辑长文档时，需要考虑是否包含目录、标题页或者索引，是否需要附录、词汇表、索引以及尾注等。如果需要，还要考虑是否要对这些页面单独编排页码。例如，在编排设计一本书的内容时，其前言和目录等正文之前的内容通常使用罗马数字单独编排页码。

5. 页眉和页脚

在设计页面时，用户需要考虑在文档中是使用相同的页眉和页脚，还是使用随着章节的变化而改变页眉。例如，用户可能希望在第一页不使用页眉。在双页版式下，则可能希望左右页面使用不同的页眉和页脚。

6. 文档正文前后的附加内容

如果文档中包含目录、图表目录或者索引，就需要确定这些元素所要包含的信息，以及是否需要 Word 帮助生成这些元素。

8.5.5 决定如何使用图形

在开始创建图形前也需要做一些基本决定。

1. 黑白图形、灰度以及颜色

使用何种图形很大程度上取决于文档的打印方式：是以黑白方式、灰度方式还是彩色方式打印文档。这将影响到所使用的填充色、线条颜色、文字颜色、照片类型、图标以及其他对象的格式。例如，Word 图标库中的某些图标是彩色的，在灰度或者黑白方式下不好看。

用户可以分别打印一些彩色或者灰度图形以观察在纸上的打印效果，必要时进行调整。若要调整图形的格式，既可以使用“图片格式”选项卡，也可以使用图像编辑程序，或者使用原来用来生成该图片的程序。

2. 图形的类型

在设计页面之前，应先考虑一下文档中是否需要使用照片、图标、图形对象、艺术字、SmartArt 格式以及是否使用链接或者嵌入对象等。这样可以规划对象的大小以及摆放位置，不仅有助于美化文档的外观，而且还可以留出足够的空间清楚地显示图形。

3. 摆放位置

图形以及其他对象可以放在文字前后，也可以放在文字之间，甚至可以使文字环绕在对象周围。图形的摆放方式将影响到摆放对象的灵活性，以及页面上文字的摆放方式。

4. 题注和编号

在设计页面时，需要考虑图形是否包含题注，以及题注中是否要包含数字。如果决定使用题注或编号，应预先规划对图形进行编号的方法，并且为题注文字创建一种样式。

8.6 页面设计全程指南

本书前面的模块中详细介绍了创建文字、文本框以及添加图形等的具体方法，在设计页面时，除了按照这些方法和步骤进行操作之外，还需要进行反复试验。在页面设计的过程中，用户可以对照以下步骤进行。

01 确定页面的方向、纸张大小、版式网格样式。

02 对于需要使用特殊格式的区域，可以在纸上对每页的布局进行粗略规划，确定文字和图形摆放的位置。在排版时，可能需要参考草图。

03 启动 Word 2019，新建一个文档。用户可以使用 Word 中预定义的模板，也可以自己定义一个包含样式的模板。

04 使用“布局”选项卡下“页面设置”工具组中的命令设置适当的页面大小、页面方向及页边距。

05 使用样式管理器从其他文档中复制所需的样式。如果要包含目录或索引，必须对文档中的标题使用 Word 提供的标题样式。

06 在“视图”选项卡中选中“网格线”复选框显示内建的网格，用户可以使用文档页边距作为参考点，也可以改变网格点之间的距离，如图 8-35 所示。

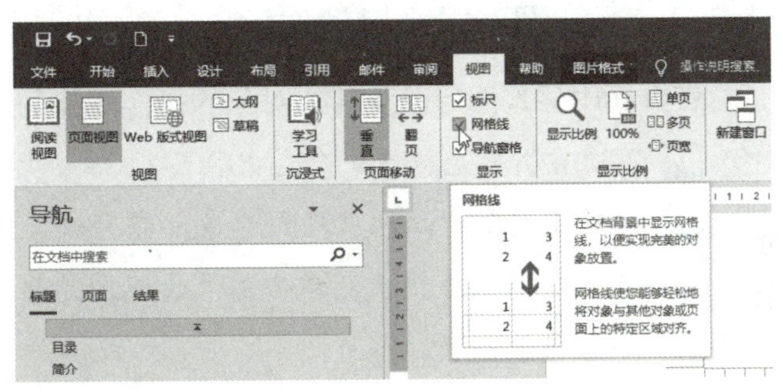

图 8-35

07 以步骤**06**中选择的版式网格为基础，在文档中添加文字，包括正文、标题、附注、页眉、页脚、链接或者嵌入对象等。

08 将图形添加到文档中，并根据步骤**06**选定的版式网格设置文字环绕等选项。

09 添加索引、目录以及其他引用选项。

10 使用打印预览仔细检查所有对象的对齐方式。

11 更新文档中的链接对象及域。

12 打印文档。

下面将介绍 Word 页面设计中主要元素的基本操作，这些内容在本书前面的模块中已经有较为详细的介绍，本节只是按照页面设计的要求做专项介绍。

8.6.1　处理文字

文字承载着文档所要传递的基本信息，因此在创建文档时，首先要添加文字。所添加文字的类型取决于文档的版式。在添加文字时应注意以下两点。

1. 在文档中插入或创建普通文字

(1) 如果有必要，可以使用“布局”选项卡下“页面设置”工具组中的“栏”命令创建多栏布局。

(2)应使用拼写和语法检查器进行输入检查，并仔细检查文字以保证输入的正确性(如果以后要进行重大的删除或者添加文字，很可能会影响对象在页面中的位置）。

（3）在设计时可以考虑插入分页符和分节符（例如子文档）。

（4）如果要使用不同长度、宽度以及不同位置的分栏，应使用文本框。

2. 在文档中添加文本框

（1）在设计时可以创建文本框并在文本框中添加文字。

（2）文本框在插入时将自动浮于文字之上，这样可以拖动文本框将其放置到适当的位置。

8.6.2 添加图形以及其他对象

在页面中插入图形以及其他对象的操作步骤如下。

01 每次在页面上放置一个对象。

02 如果要以图片的形式插入对象，并且对象要能独立于文档中的文字移动，应选中对象并右击，然后选择快捷菜单中的“设置图片格式”或者“设置对象格式”命令，屏幕上将出现设置格式面板。

03 将对象拖动到适当的位置，并设置合适的文字环绕选项以查看效果。

8.6.3 创建水印

放置图片的另一种方法是将图片转化为水印。水印放置在文字之后，作为背景是以更淡的灰度显示，这样文字以及其他对象可以很容易地显示出来。此外，用户也可以将文字转化为水印。

创建水印的操作步骤如下。

01 切换到“设计”选项卡，单击“页面背景”工具组中的“水印”按钮，打开“水印”弹出菜单，如图 8-36 所示。

02 在“机密”和“紧急”栏中，可以直接选择常见的一些文字水印，例如“严禁复制”，如图 8-37 所示。

03 要实现个性化的水印效果，可以选择“自定义水印”命令，在出现的“水印”对话框中，选择“图片水印”单选按钮，然后单击“选择图片”按钮，选择一幅图片，最后单击“确定”按钮，如图 8-38 所示。

04 返回到文档中，可以看到页面已经添加了水印效果，如图 8-39 所示。

05 要设计个性化的文字水印，可以在“水印”对话框中选择“文字水印”单选按钮，然后在“文字”框中输入文档版权方信息，例如“北京希望电子出版社”，如图 8-40 所示。

06 单击“确定”按钮，即可看到个性化水印的效果，如图 8-41 所示。

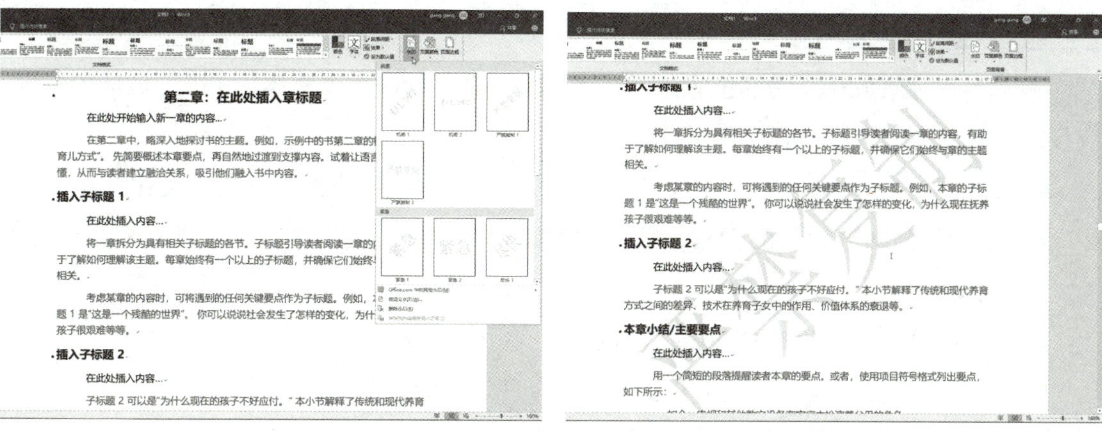

图 8-36　　　　图 8-37

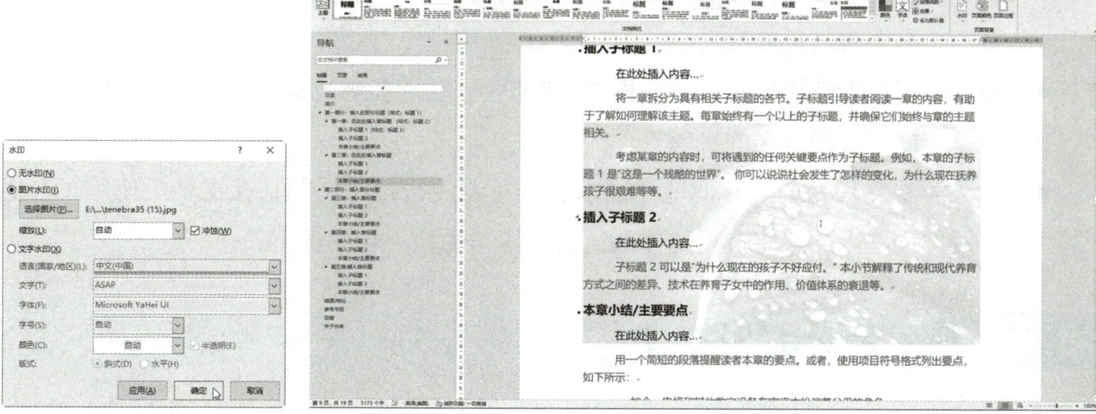

图 8-38　　　　图 8-39

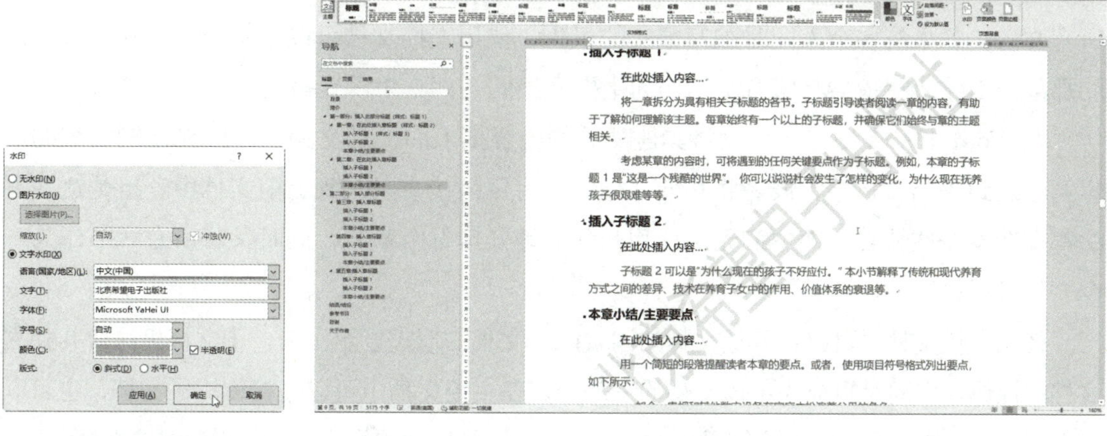

图 8-40　　　　图 8-41

结合上述水印制作方法，用户可以在 Word 中设计出更多有创意的应用效果。

8.6.4 检查页面设计

将文字和对象放在所需的位置之后，就可以将文档看作一个整体，并进行最后的修饰。应按以下各项内容进行检查。

- 检查页眉和页脚，特别注意，应确保页眉和页脚随着章节的变化而变化。
- 添加加强图形效果的元素，如绘制的图形、图标、接续提示或用于隔离分栏或独立文章的额外线条。
- 检查每页中文字和图形的对齐方式。
- 仔细检查文本框，保证没有文字被不合理地截断。
- 创建文档索引或者目录，保证设置了文档的题目并使用了正确的格式。
- 确保所有链接文件都可以使用，并且更新了所有链接。
- 如果无法确定使用了填充色、文字颜色或者阴影的页面的打印效果，应打印这些页面，必要时进行修改。
- 使用拼写检查功能进行最后的检查（拼写检查功能能够自动检查文本框中的文字，但是不能检查艺术字的拼写）。
- 如果要将文档发送到其他地方征求意见或者进行打印，并且在文档中使用了自定义的字体，应注意将链接文件和这些字体与文档一起发送出去。

8.7 使用 Word 主控文档

使用主控文档可以同时对一组文档进行查看、重新组织或者进行其他处理。例如，编写一本书时，用户可以为每一章创建一个文档，然后将它们组合成主控文档，以便统一设置格式和编排页码，同时对所有文档进行拼写检查，或者按照每篇文档在书中的顺序打印所有文档。如果有多个人同时编写很长的报告，使用主控文档可以让每个人独立进行自己的那部分工作，在最后将所有文档作为主控文档的一部分来设置格式。

在 Word 中有多种方法可以将其他文档的内容插入同一篇文档：可以先复制文档的内容再粘贴到一篇文档中，或者将其他文档作为对象链接或嵌入到当前文档中。但是这些方法都存在着一些缺点，即它们无法让用户独立地处理每个章节，同时又将所有章节作为一个文档进行排版。

使用主控文档，可以将其他文档的内容以子文档的形式显示出来，子文档仍保留其独立文档的性质，但同时也成为主控文档的一部分。在主控文档中可以直接编辑子文档，也可以分别打开并编辑子文档。无论使用哪种方法，对子文档所做的修改都会同步到主控文档中。

使用主控文档有以下优点。

- 主控文档允许不同的作者编辑不同的子文档，同时又可以将所有子文档作为一个文档进行格式设置或进行打印，从而使多人协作完成一个项目的管理工作更加简单化。
- 在大纲视图中可以重新组织子文档。
- 在主控文档中可以对子文档连续编排页码。
- 可以对主控文档和子文档设置统一的样式或其他格式。
- 使用一个命令就可以对主控文档和所有子文档进行拼写检查。
- 可以为整本书创建索引或目录，目录中将包含所有子文档和主控文档中的全部标题。
- 主控文档编辑完毕之后，只需打印主控文档就可以按照顺序打印所有的子文档。

8.7.1 创建主控文档

创建主控文档非常容易，只需要切换到大纲视图，然后添加子文档即可。主控文档可以是新建的空白文档，也可以是包含了其他内容的已有文档。如果要新建空白的主控文档，可按以下步骤进行。

01 启动 Word 2019，按 Ctrl+N 组合键新建一个空白文档。按 Ctrl+S 组合键将该文档另存到本地磁盘的 History365 文件夹，文件名为“中国历史故事”（默认保存类型为 *.docx，故不必输入），如图 8-42 所示。

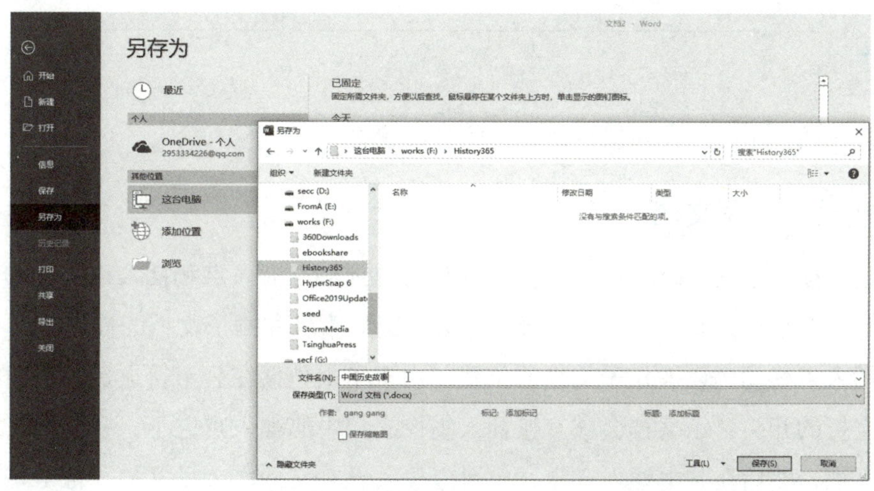

图 8-42

02 单击“视图”选项卡下“视图”工具组中的“大纲”命令切换到大纲视图。Word 将显示“大纲显示”选项卡，该选项卡中包含了许多用于操作主控文档的按钮，单击“主控文档”组中的“显示文档”按钮即可显示，如图 8-43 所示。

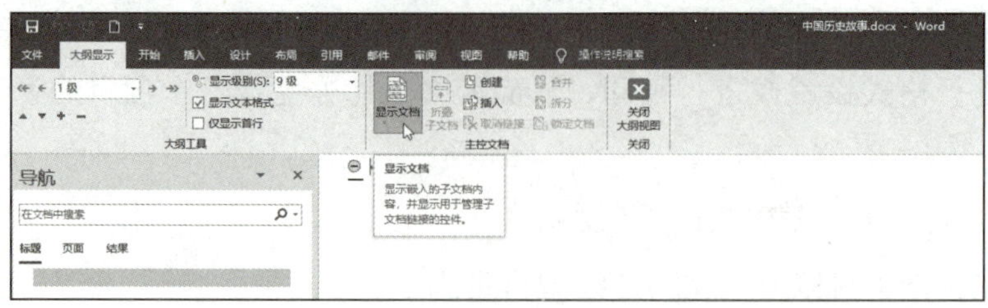

图 8-43

03 在文档中输入标题“中国历史故事”(这是一级标题),然后输入如下的简介文字(这是正文文本)。

本书讲述中国历史上的经典名人故事，包括《史记》故事、《汉书》故事、《三国志》故事、《晋书》故事、南朝（宋齐梁陈）故事、北朝（魏齐周）故事、《隋书》故事、新旧唐书故事、《宋史》故事、《辽史》故事、《金史》故事、《元史》故事、《明史》故事和《清史》故事等。

大纲等级和正文的设置方式如图 8-44 所示。

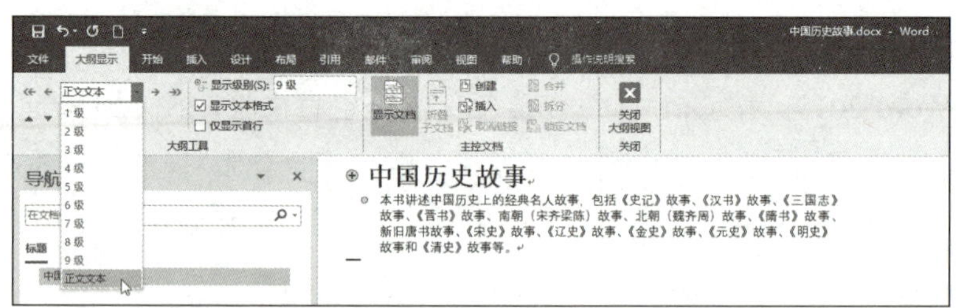

图 8-44

接下来将插入子文档，须保持该文档为打开状态。

8.7.2 创建新的子文档

在创建或插入子文档时，应保证插入点和文档顶部、插入点和插入点上方的子文档之间至少要有一个空行。额外的空行将极大地方便以后重新安排子文档的操作。

先将插入点移动到要插入子文档的位置。由于子文档插在分节符之后，所以必须将插入点放在空行的开头。子文档会被直接插入主控文档中的插入点之下。在主控文档中既可以新建子文档，然后在其中输入文字，也可以插入已有文件作为子文档。但是，子文档必须以具有 Word 的“1 级”标题样式的标题开头。

要创建新的子文档，可按以下步骤进行。

01 继续上例的操作，按 Enter 键添加 2 个空行，然后将插入点移动到要插入子文档的位置（即第 2 个空行）。

02 将该行设为“1 级”标题样式，如图 8-45 所示。

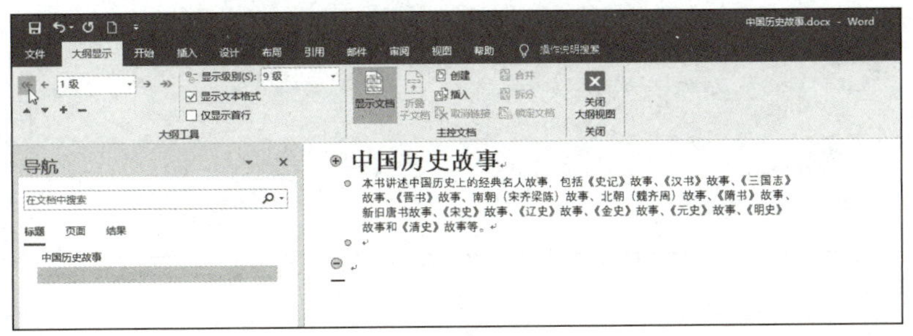

图 8-45

03 单击“大纲显示”选项卡下“主控文档”工具组中的“创建”按钮。Word 将创建一个子文档，如图 8-46 所示。

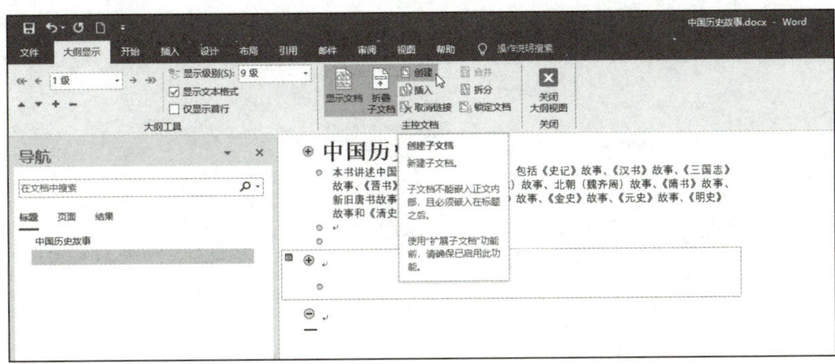

图 8-46

04 创建子文档之后，可以在新文档中输入标题和文字，如图 8-47 所示。

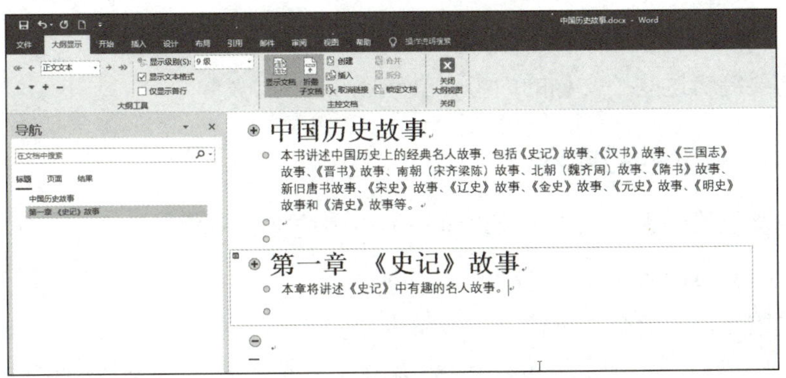

图 8-47

05 在子文档中插入了文字或对象之后，可按 Ctrl+S 组合键保存子文档，Word 会自动将子文档保存为同一个文件夹下的单独文件，并将子文档开头具有“1 级”标题样式的标题作为新文件的名字，如图 8-48 所示。

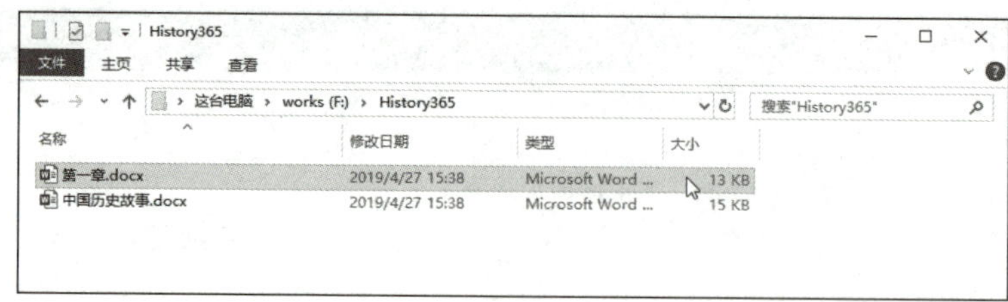

图 8-48

06 按同样的方法，可以插入多个新的子文档。保存文件之后，到 Windows“资源管理器”中查看，会发现 Word 一共保存了 8 个文件（1 个主控文档 +7 个新建的子文档），如图 8-49 所示。

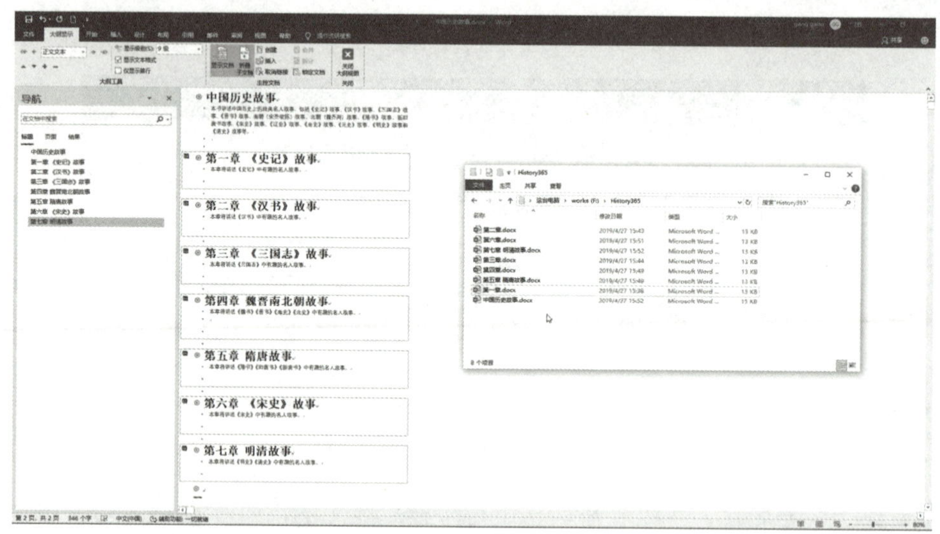

图 8-49

接下来需要编辑这些子文档的内容，继续以下操作。

8.7.3 编辑主控文档的内容

使用主控文档的一大优点就是可以统一地将主控文档中的样式应用于所有子文档。这意味着用户可以快速创建风格统一的子文档内容。

要编辑主控文档的内容，可按以下步骤进行。

01 继续上例的操作，单击“大纲显示”选项卡下“关闭”组中的“关闭大纲视图”按钮，回到页面视图。

02 以“中国历史故事”为书名，换行输入“启明星 著”作为作者占位符。按 Enter 键调整这两行的位置，使其居于页面中央，然后单击“插入”选项卡下“页面”工具组中的“分页”按钮，强制分页，如图 8-50 所示。

03 添加内容简介、致谢、关于作者、关于审稿者和前言部分。需要说明的是，这五部分的内容都需要各自分页，本示例为精简操作步骤，把它们放在了一起。事实上，它们的

内容也应该继续展开，这里只是提供了一个简单的类似占位符性质的文本，如图 8-51 所示。

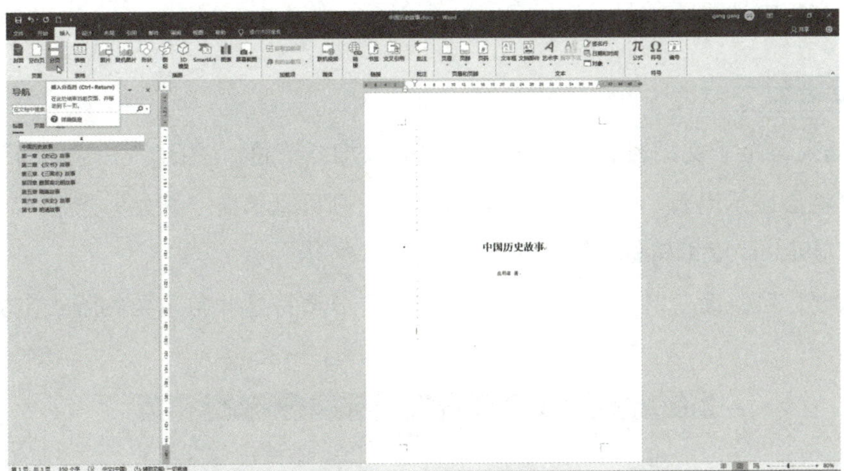

图 8-50

提示： 这五部分的标题均为 2 级，可以从左侧的“导航”窗格中清楚地看到标题的级别。

04 定位到文本末尾，添加参考文献部分。参考文献也是 2 级标题，并且单独占页，如图 8-52 所示。

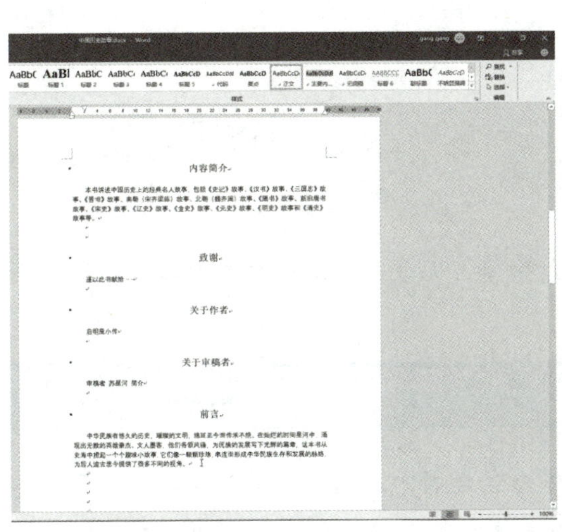

图 8-51

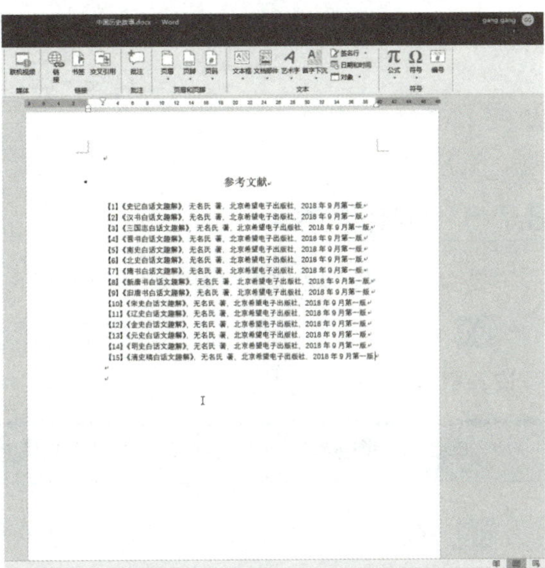

图 8-52

提示： 这些参考文献仅作为占位符示例，为虚拟书目，非实际文献。此外，参考文献仍然是主控文档的一部分，而不属于第七章 明清故事。

至此，主控文档的编辑暂时结束。虽然还欠缺目录，但是鉴于目前内容较少，可以等待编辑完子文档之后再添加目录。

8.7.4 处理分节符

Word 插入每个子文档时，将在子文档前后添加分节符。关闭“主控文档”视图时，这些分节符就会显示出来。如果没有看到分节符，则可以单击“开始”选项卡“段落”工具组中的“显示 / 隐藏编辑标记”按钮，如图 8-53 所示。

如果需要，可以改变甚至删除分节符。当然，分节符是非常重要的版式定界工具，轻易不要删除。

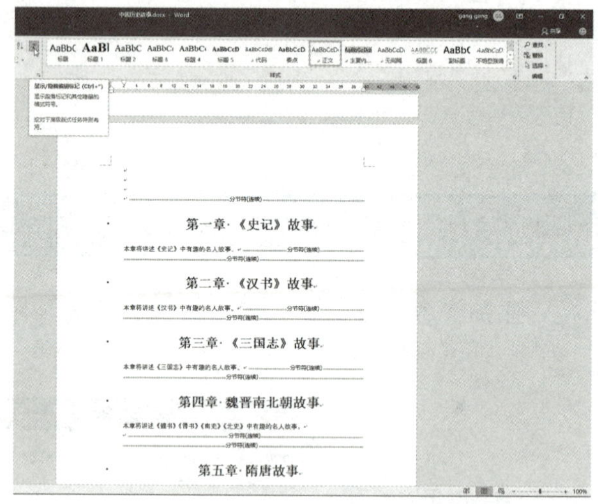

图 8-53

8.7.5 编辑子文档

要编辑示例子文档，可按以下步骤进行。

01 继续上例的操作，在“第一章 《史记》故事”后面按 Enter 键添加段落，然后编写该章的各个小节的内容。

> **提示：**该章的内容应该始终在该章的分节符之内。

02 章名已经设置为 1 级标题，其他小节按内容之间的逻辑顺序依次为 2 级、3 级和 4 级标题。如果本章内容比较复杂，可能还会有更多的标题层级。一般来说，有 4 级标题基本上就可以满足大部分写作需求了。实际内容一般可应用正文样式，如图 8-54 所示。

03 在文档编辑窗口中识别这些标题的层级可能有些困难（具体取决于用户的文档样式设计），但是如果查看左侧的“导航”窗格就清晰得多。当然，对于比较复杂的标题层级，还有一种清晰标识的方法，那就是进行编号，如图 8-55 所示。

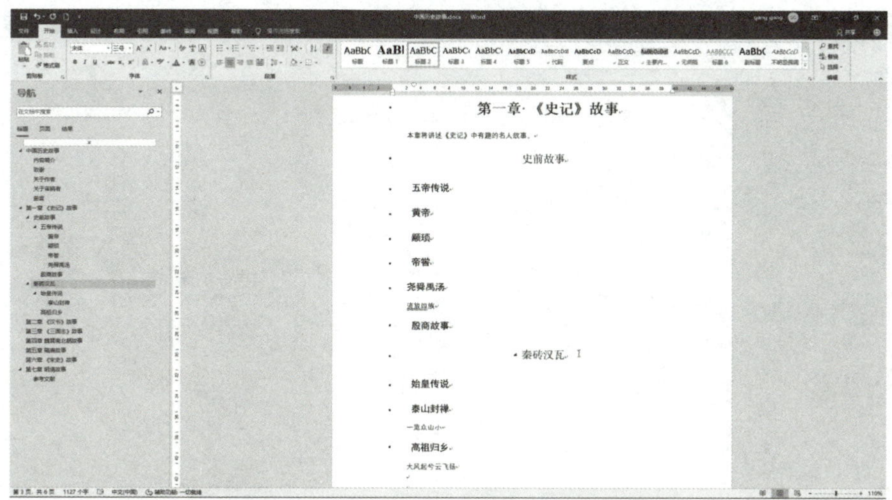

图 8-54

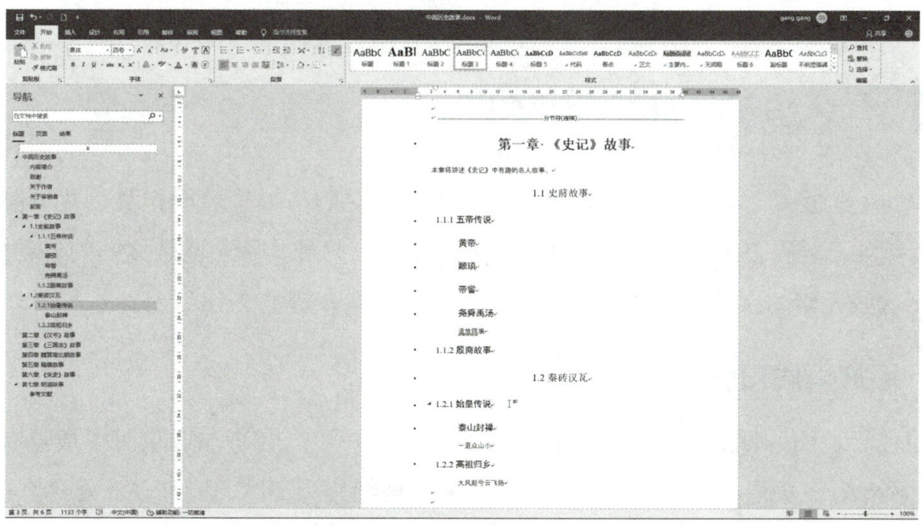

图 8-55

提示：经过编号处理后，大纲的编写体例就非常清晰了。不过，这种使用数字序号的大纲编写方式多见于计算机图书（例如，本书就是这样处理的），文史类图书比较少见。读者也可以先编写这样一个大纲，在最后成稿之后再把它们删除掉。

04 按照同样的方式，可以编写其他各章的大纲。再次强调，这些大纲内容需要放在各章的分节符内，如图 8-56 所示。

至此，这些子文档的大纲已经完成，它们可以在各自的文档中打开编辑，也可以直接在主控文档中编辑。不过，在此之前，还可以执行一些在主控文档中比较方便的操作。例如，添加页眉和页脚、添加页码、创建目录、索引和交叉引用等。

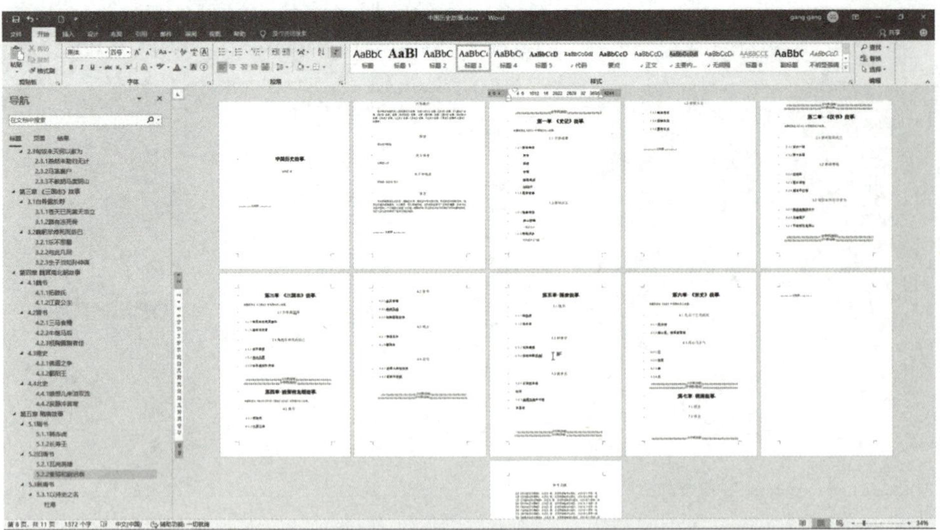

图 8-56

8.8 在文档中添加自动化项目

在 Word 排版中，有些页面元素无须人工干预，它们与编号性质相关，并可能经常需要更新。例如，页码表示某个页面在文档中的顺序号。另外，目录也是文档的自动化元素，充分利用这些元素的自动化功能，可以大大减少工作量，提高工作效率。

8.8.1 添加页眉和页脚

页眉位于页面的顶部，页脚位于页面的底部，用户可以在页眉或页脚中放置有关文档的信息。例如，在页眉中放入文档的标题，如果文档细分为篇章，则可以放置篇名或章名；在页脚中放置文档的页码和总页数，这样便于用户时刻了解自己在文档中的当前位置以及文档的总页数。

添加页眉和页脚的操作步骤如下。

01 继续上例的操作，按 Ctrl+Home 组合键快速到达文档的第一页，切换到“插入”选项卡的“页眉和页脚”工具组，单击“页眉”按钮，打开一个弹出菜单，如图 8-57 所示。

02 在弹出的菜单中可以选择 Word 预置的页眉，也可以单击“编辑页眉”按钮，然后进入页眉的编辑状态。插入一幅图片，然后添加主控文档的标题艺术字，如图 8-58 所示。

03 按 Esc 键即可退出页眉或页脚的编辑状态，页眉在各页的显示效果是一样的，如图 8-59 所示。

当需要再次编辑页眉或页脚时，只需双击页面顶部或底部的页眉或页脚区域即可。

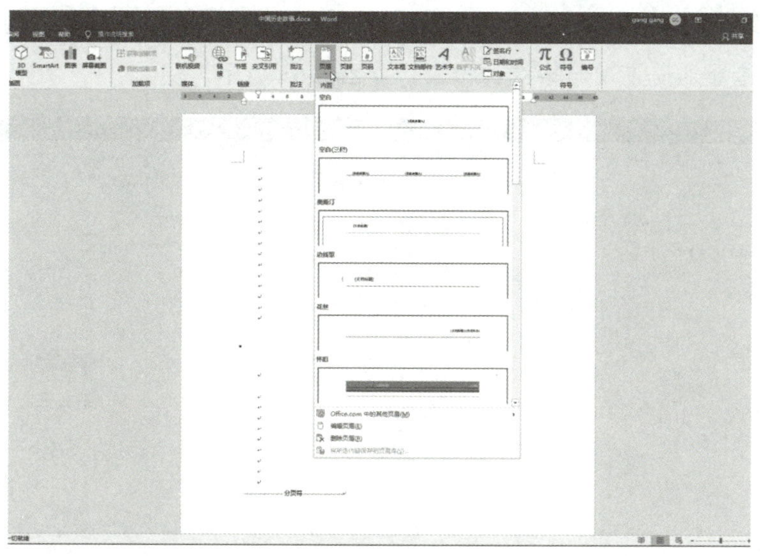

图 8-57

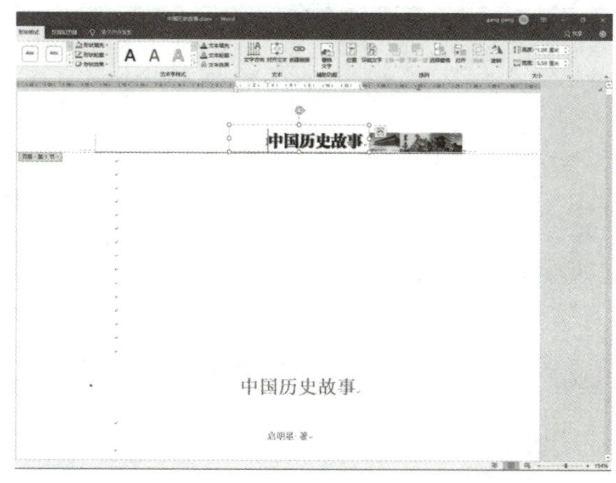

图 8-58

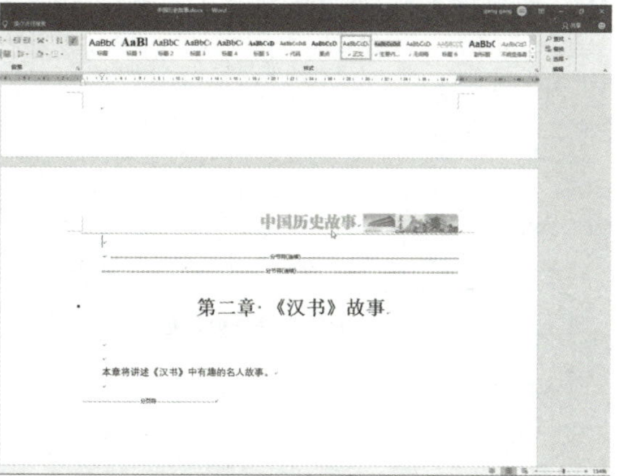

图 8-59

8.8.2 添加页码

在文档中添加页码，其实质仍然是编辑页眉或页脚中的内容。一般情况下，页码可添加在页脚中，操作步骤如下。

01 继续上例的操作，切换到“插入”选项卡的“页眉和页脚”工具组，单击“页码”按钮，如图 8-60 所示。

02 在弹出的菜单中选择要插入的页码位置，包括页眉顶端（页眉）、页眉底端（页脚）和页边距 3 种。本示例选择了“页面底端”命令，然后在打开的列表中选择一种页码的格式，如图 8-61 所示。

03 添加页码后的效果如图 8-62 所示。

04 定位到第 1 章的第 1 页，选中页码，单击“页眉和页脚”工具组中的“页码”按钮，从快捷菜单中选择“设置页码格式”命令，如图 8-63 所示。

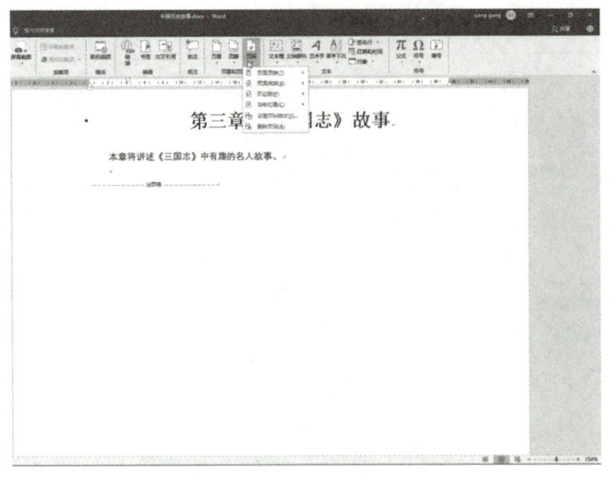

图 8-60

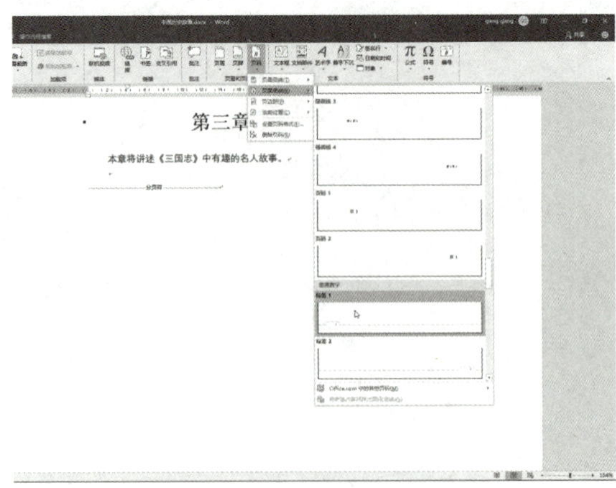

图 8-61

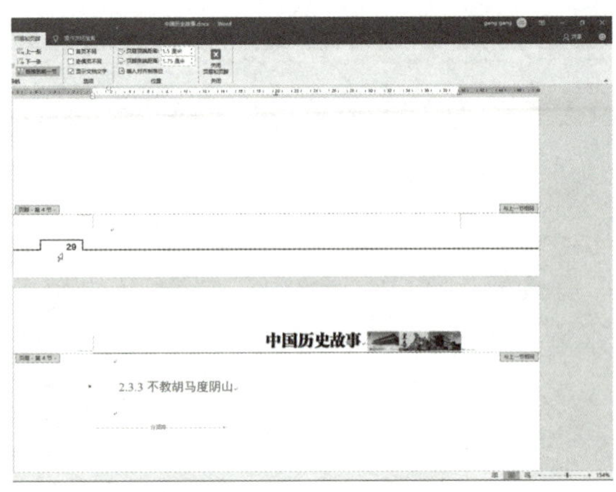

图 8-62

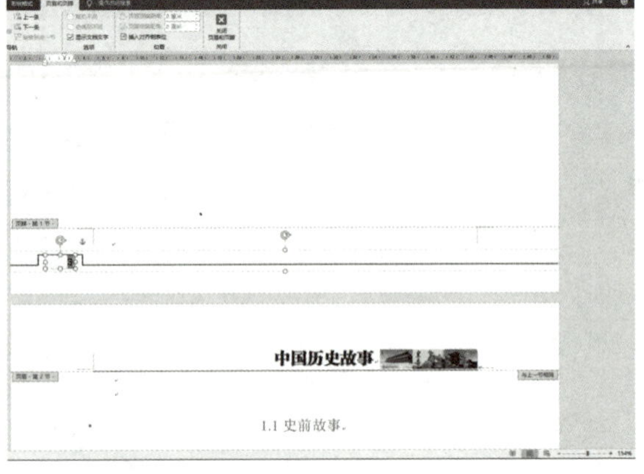

图 8-63

05 在出现的“页码格式”对话框中，选择“页码编号”为“起始页码”，如图 8-64 所示。

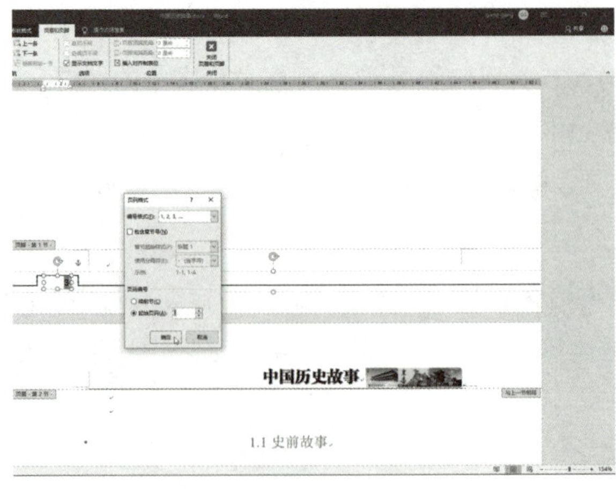

图 8-64

06 设置完成后，将重新调整页码。在本示例中，第一章之后的页码会重新开始，这也是制作全书目录必要的前提，如图 8-65 所示。

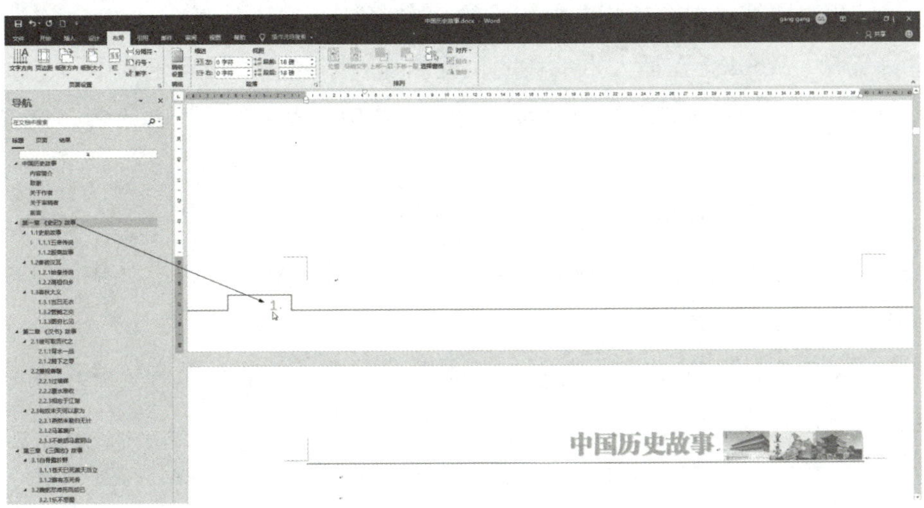

图 8-65

8.9 创建目录

在 Word 中可以为文档添加目录或其他引用。

1. 目录

目录列出了文档中各章节的标题、子标题以及所需的其他内容。

2. 图表目录

图表目录列出了文档中的所有图表。

3. 引文目录

引文目录列出了法律文献中引用的案例、研究论文中的参考书目和作者，以及其他引文。

4. 索引

索引按照字母顺序列出了用户标记出的条目及其出现的页码。

5. 交叉引用

交叉引用可以引导读者跳转到文档的其他部分来阅读关于某个主题的详细内容。

8.9.1 通过标题样式生成目录

利用 Word 提供的“标题”样式能够迅速生成文档的目录。Word 会自动收集所有应用了"标题"样式的文本并按照一定的顺序排列在目录中。"标题"样式的级别决定了目录的缩进层次。例如，"标题 2"样式会相对于"标题 1"样式进一步向右缩进。此外，在建立目录时，也可以选择包含使用其他样式的文本。

创建目录时，Word 会在插入点所在的位置新建一节并将目录置于其中。目录实际上是一个大的数据域，用户既可以选定、编辑每个目录项，或重新设置其格式，也可以移动整个目录。

利用"标题"样式自动生成目录，可按以下步骤进行。

01 继续上例的操作，使用 Word 提供的"标题"样式设置文档中所有标题的格式。在本示例中，该操作已经完成。

02 校对文档并利用 Word 提供的校对工具检查拼写、语法以及文字的可读性，以保证文字完全符合用户的要求。

03 将插入点移动到要插入目录的位置。本示例在"前言"之后、"第一章"之前的空白页上插入目录。

04 选择"引用"选项卡下"目录"组中的"目录"按钮，在弹出菜单中选择"自定义目录"命令，如图 8-66 所示。

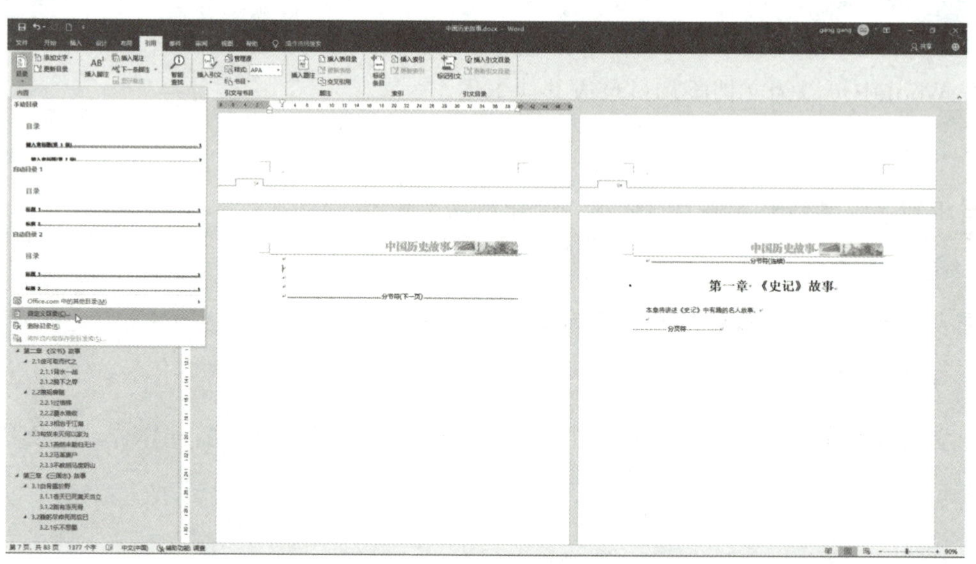

图 8-66

05 在出现的"目录"对话框中，选择"格式"为"正式"，"显示级别"为 3（表示标题显示到级别 3 为止），如图 8-67 所示。

06 单击"确定"按钮，Word 就会将目录添加到文档中。此时可以再次确认，从"第一章"开始，页码是重新排序的，如图 8-68 所示。

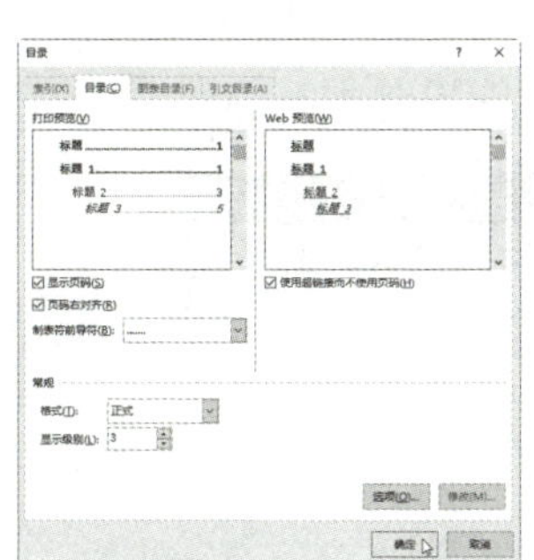

图 8-67

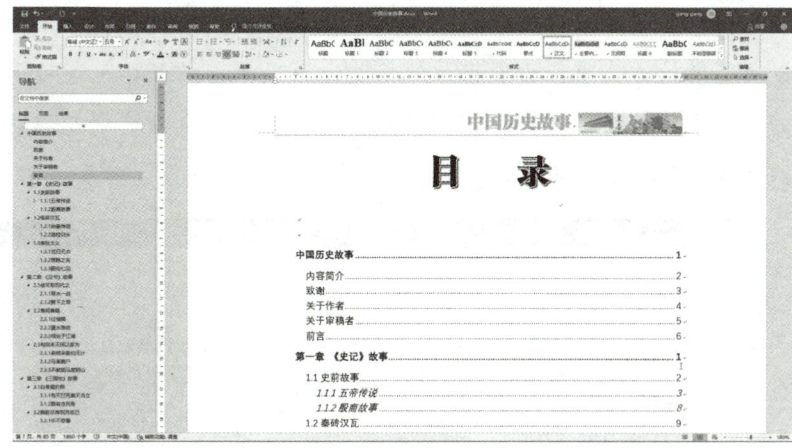

图 8-68

提示: 使用 Word 2019 提供的常规输入工具和格式设置工具可以为目录插入标题。如图 8-68 所示，插入了一个艺术字形式的目录标题。

8.9.2　重新设置目录的格式

要重新设置目录的格式，可按以下步骤进行。

01 继续上例的操作，单击选中要修改格式的目录项。例如，在图 8-68 中可见，3 级标题的目录样式被设计为斜体，而在中文版式设计中，斜体较少使用，所以需要将其改为正体。最简单的方式就是选中需要修改的目录标题，然后单击“开始”选项卡下“字体”工具组中的“倾斜”按钮或直接按 Ctrl+I 组合键，如图 8-69 所示。

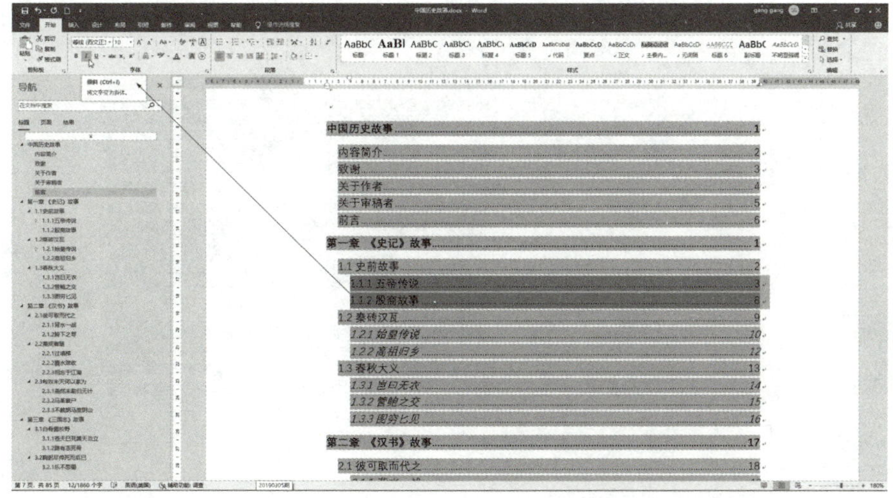

图 8-69

02 步骤 **01** 介绍的方法虽然简单，但是效率较低。例如，在图 8-69 中可见，虽然选

中的两行 3 级目录标题都已经改为正体了，但是其他 3 级目录标题仍然是斜体样式的。要以更高效的方式重新设置目录的格式，可以单击“开始”选项卡下“样式”工具组右下角的“样式”按钮，在打开的“样式”面板中可以看到选中的两行 3 级目录标题已应用的样式为 TOC3，右击该样式，在弹出菜单中选择“修改”命令，如图 8-70 所示。

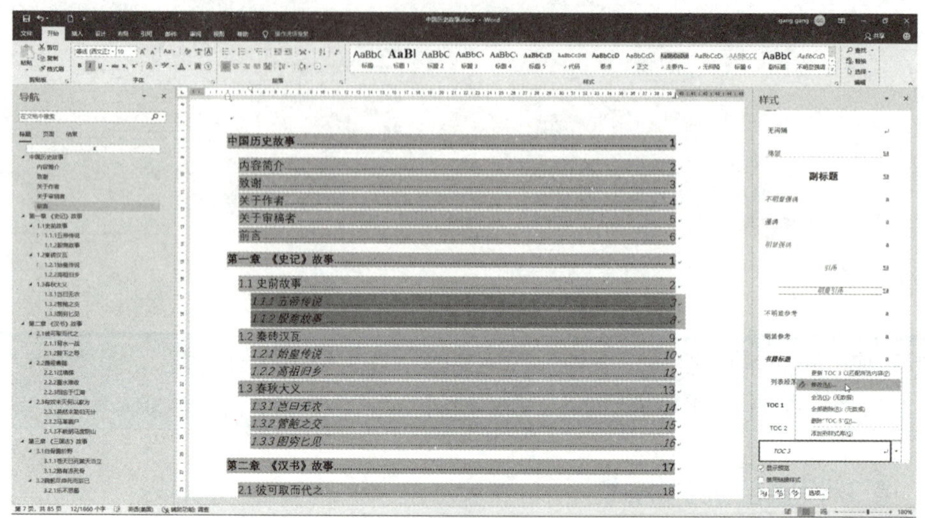

图 8-70

03 在出现的“修改样式”对话框中，单击取消斜体样式，如图 8-71 所示。

04 单击“确定”按钮关闭对话框，回到文档编辑窗口即可发现，目录中的所有 3 级标题都已改为正体，这正是使用样式的高效之处，如图 8-72 所示。

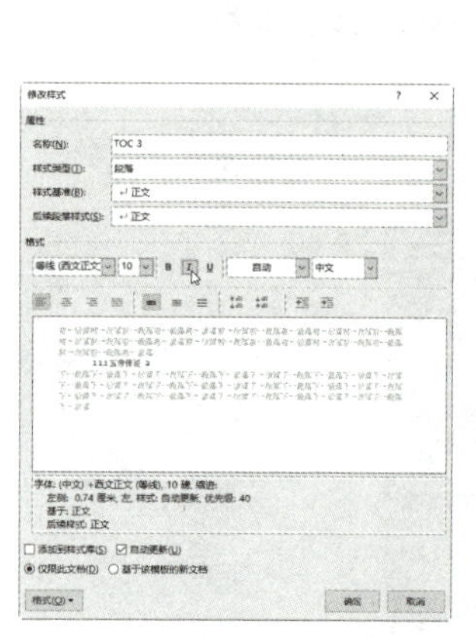

图 8-71

图 8-72

8.9.3 更新目录

编写文档时，建议将生成目录的工作放在最后进行，这样可以反映最新的标题、目录项域，以及要包含在目录中的其他元素。如果在生成目录后对文档进行了修改，也可以随

时更新目录，操作步骤如下。

01 继续上例的操作，在目录中右击鼠标，在弹出的菜单中选择“更新域”命令，如图 8-73 所示。

02 Word 将提示用户选择“只更新页码”还是“更新整个目录”选项，默认的设置是“只更新页码”，如图 8-74 所示。直接单击“确定”按钮会只更新页码；而如果选择“更新整个目录”选项并单击“确定”按钮，则 Word 会更新整个目录。

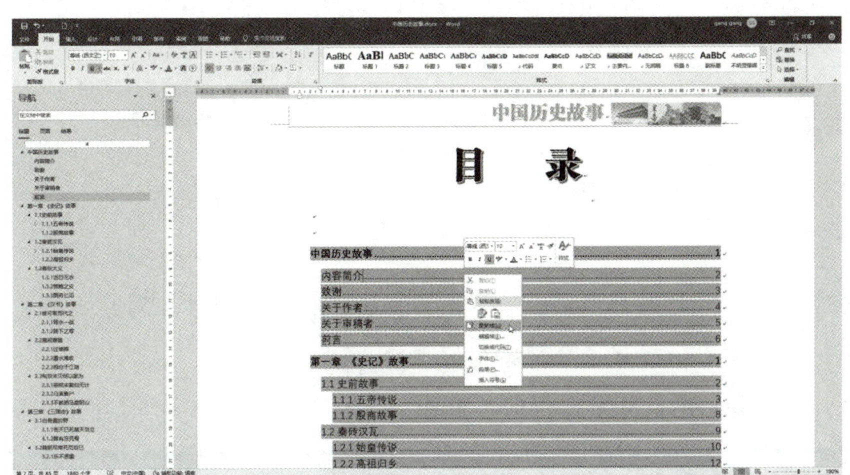

图 8-73

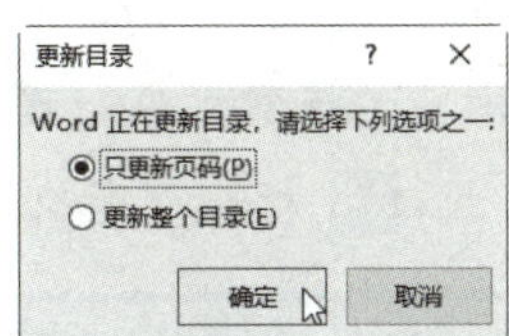

图 8-74

8.10 创建索引

通过收集使用专门的索引域标记的目录项，或文档中出现的包含在单独创建的列表中的单词和短语，Word 能够自动在文档中生成索引。和其他类型的目录类似，索引也是一个大域。

8.10.1 根据标记的文字生成索引

如果要根据标记的文字生成索引，必须标记要包含在索引中的每个单词或短语。如果用户正在编写长文档，最好在最后校对文档时进行这项工作。如果要插入索引标记，可按以下步骤进行。

01 继续上例的操作，选择要标记的文字，例如“黄帝”。

02 按 Shift+Alt+X 组合键打开“标记索引项”对话框，如图 8-75 所示。

> **提示：** 通过鼠标操作访问“标记索引项”的方法是：切换到“引用”选项卡，单击“索引”工具组中的“标记条目”命令。

03 单击“标记”按钮将只标记这一个索引项，而单击“标记全部”按钮将标记整篇文档中出现的所有索引项，如图 8-76 所示。在标记了一个索引项之后，对话框仍显示在屏幕上，这样就可以选择并标记文档中的其他索引项。

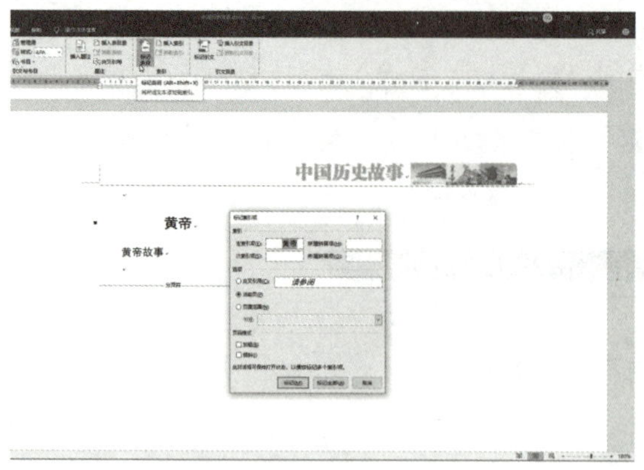

图 8-75

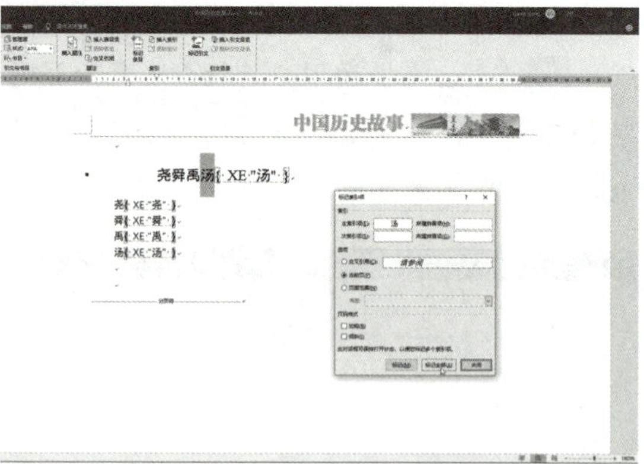

图 8-76

04 在对话框外单击鼠标，选定另一个索引项，然后单击“标记索引项”对话框以重新激活该对话框。重复这一步骤直到标记了全部索引选项为止。

05 标记完所有索引项之后，单击对话框中的“关闭”按钮关闭对话框即可。

> **提示：**使用“标记全部”按钮标记索引项时一定要小心。除非所选文字有一个合适的名字或技术术语，否则 Word 很可能会标记并不真正属于索引的条目。

8.10.2 创建索引

标记了所有要出现在索引中的索引项之后，创建索引的操作就变得非常简单了。其具体的操作过程和在文档中创建目录或其他目录非常相似。

01 继续上例的操作，将插入点移动到要插入索引的位置，通常是文档结尾，出现在“参考文献”之后。单击“引用”选项卡下“索引”工具组中的“插入索引”按钮，如图 8-77 所示。

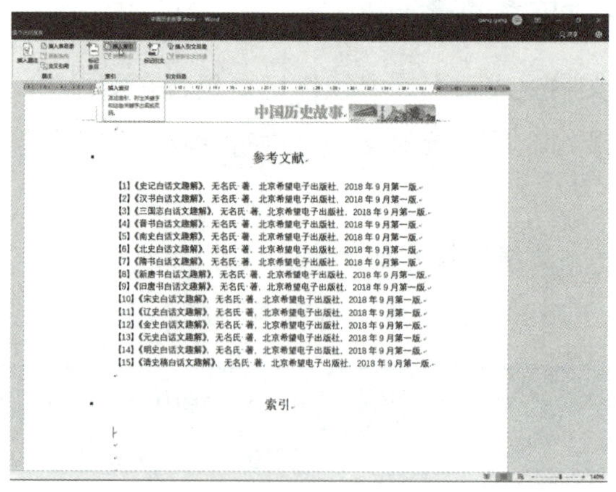

图 8-77

02 在出现的“索引”对话框中，选择“格式”为“正式”，并且勾选“页码右对齐”复选框。其他选项可暂时按默认设置，如图 8-78 所示。

03 单击“确定”按钮，Word 会将索引作为一个大域添加到文档中，如图 8-79 所示。

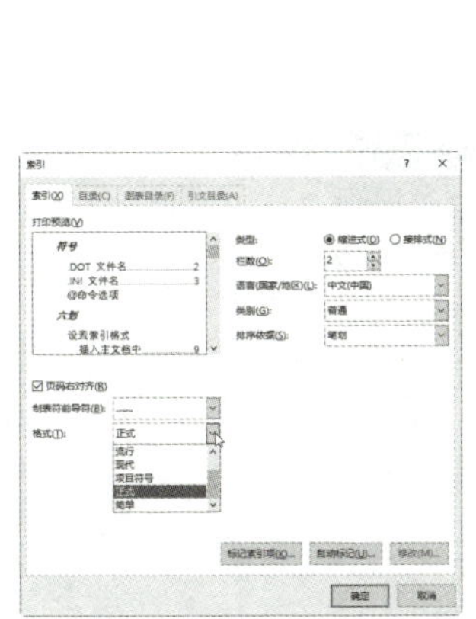

图 8-78

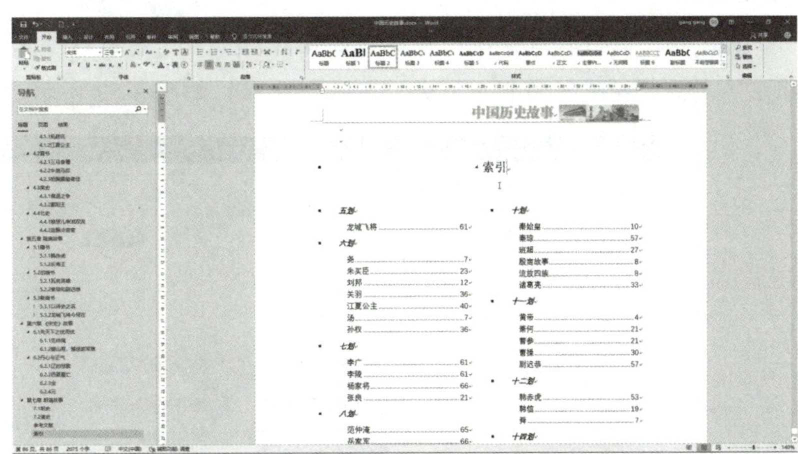

图 8-79

04 从图 8-79 可以看出索引栏数（默认为两栏）、以笔画数排序的结果。

如果标记了很多索引项，索引可能会占据几页。如果索引中大多数是比较短的条目，可以将索引设置为三栏，而不是两栏，以节省纸张。

在“语言（国家 / 地区）”中默认选择的是当前本机系统的区域。对于中文地区，可以使用“笔划”作为排序依据，也可以选择“拼音”作为排序依据。对于英文索引项而言，任何时候都是以字母顺序（A—Z）进行排序的。事实上，中文更适合以拼音为序，如图 8-80 所示。

05 经过上述调整，在文档中添加的索引（中文以拼音为排序依据）如图 8-81 所示。

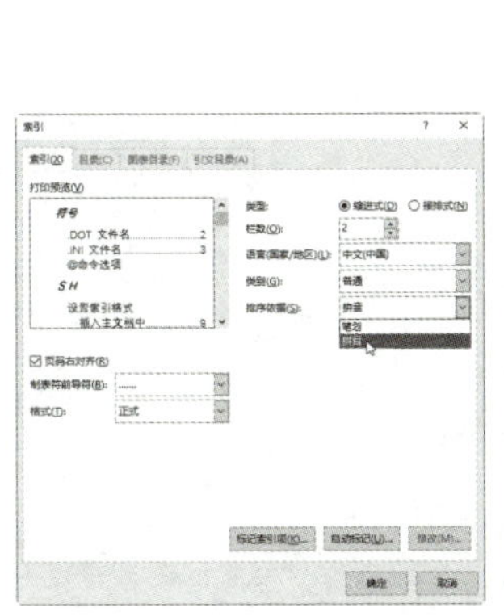

图 8-80

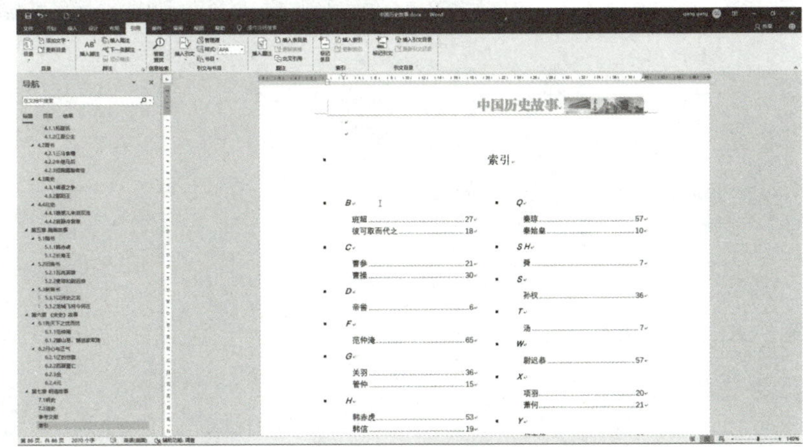

图 8-81

8.10.3 重新设置索引的格式

在文档中生成索引之后，可以选定索引中的文字并重新设置格式，也可以修改索引样式改变某一级索引文字的格式。这和修改目录标题样式的操作是一样的，操作步骤如下。

01 继续上例的操作，选择要修改样式的索引，单击“开始”选项卡下“样式”工具组右下角的“样式”按钮，打开“样式”面板，如图 8-82 所示。

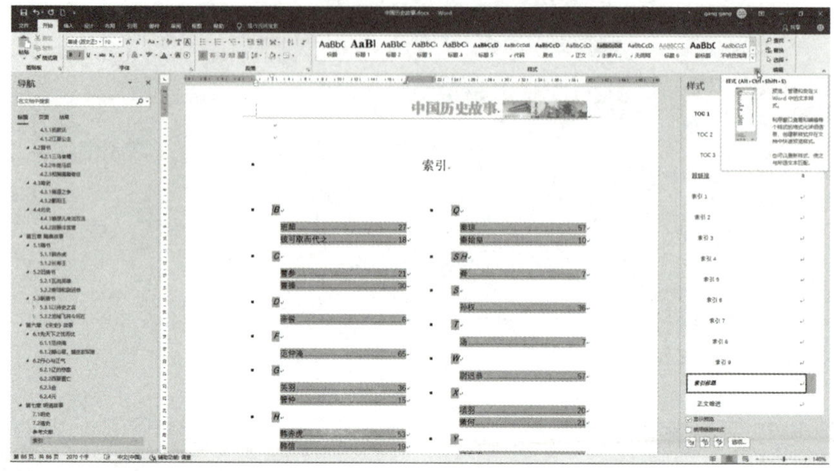

图 8-82

02 在本示例中可以发现，索引标题字母是斜体的，它应用的样式是“索引标题”，右击该样式，在弹出的快捷菜单中选择“修改”选项，然后在打开的“修改样式”对话框中，取消其斜体效果，并且选择字体为 Courier New，如图 8-83 所示。

03 单击“确定”按钮，可以看到索引标题字母已经不再是斜体了，而且字体也变成了 Courier New，如图 8-84 所示。

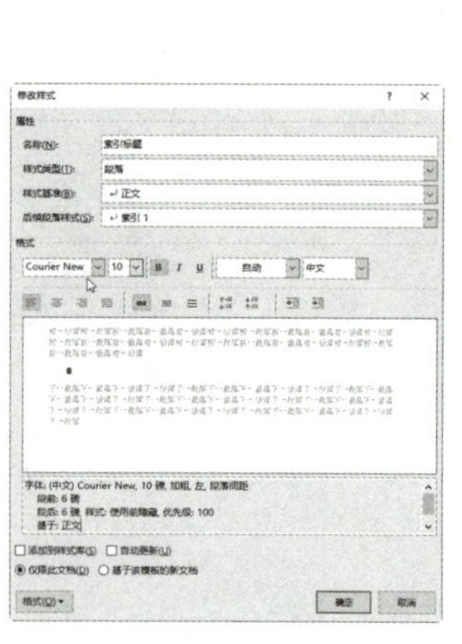

图 8-83

图 8-84

8.10.4　更新索引

如果标记了其他索引项，或者修改了文档中的文字使索引项的位置发生了变化，就需要更新索引。更新索引的方法很简单：在索引中单击，然后按 F9 键；或者在索引中右击并选择快捷菜单中的“更新域”命令，如图 8-85 所示。

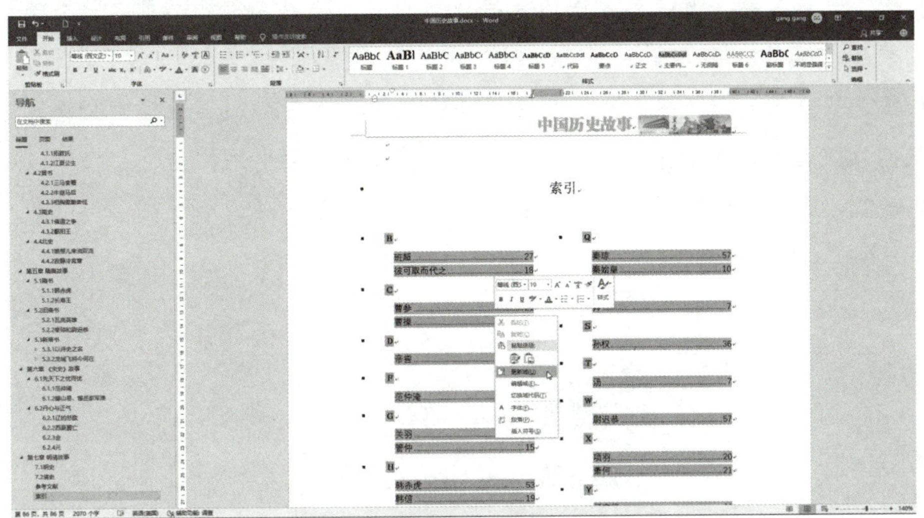

图 8-85

8.11　创建交叉引用

交叉引用是指引导读者跳转到文档中其他位置进行阅读的文字。交叉引用通常采用斜体字（英文版式），或者包含在引号中，它们指向文档中的某个特定位置，如某章或某页。

尽管只需在文档中输入适当的文字就可以手工创建交叉引用，但在使用 Word 2019 插入交叉引用时，Word 能够自动生成引用文字、页码、章节或其他引用位置，这种方法不仅提高了准确性和一致性，还大大简化了文档维护工作。此外，当文档内容发生变化时，Word 2019 还会自动修改这些引用位置。交叉引用也可以以超级链接的形式插入文档，这样用户只要单击交叉引用就可以跳转到文档中相应的位置。

Word 只能创建指向同一文档或主控文档中的其他位置的交叉引用，若要创建指向其他文档的交叉引用，则应使用超级链接。

如果要插入交叉引用，可按以下步骤进行。

01 继续上例的操作，将插入点移动到要插入交叉引用的位置，然后输入交叉引用开头的文字，如“请参阅”或“详情请见”。

02 选择“引用”选项卡下“题注”工具组中的“交叉引用”按钮，打开“交叉引用”对话框。

03 使用“引用类型”列表选择交叉引用要包含的条目类型。例如，如果选择了“标题”，就可以在下面的“引用哪一个标题”列表中看到文档标题的列表。

04 从列表中选择文档的标题、书签或其他元素。这些元素表明了交叉引用要指向的引用信息。

05 在“引用内容”下拉列表中选择要显示的引用信息。例如，可以引用标题文字、页码或列表中的编号。

06 选中“插入为超链接”复选框可以将交叉引用作为超级链接插入文档。这样，读者在联机阅读文档时，只需单击交叉引用就可以立即跳转到引用位置。

07 单击“插入”按钮插入交叉引用，如图 8-86 所示。

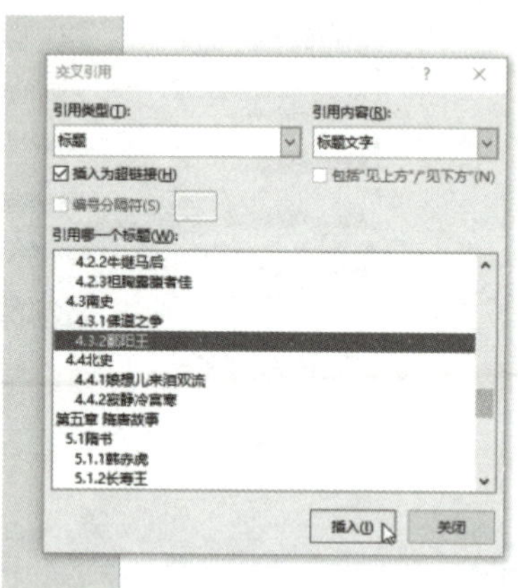

图 8-86

08 Word 将插入所选的引用文字，同时“交叉引用”对话框仍然停留在屏幕上，这样就可以插入其他引用。单击“关闭”按钮可关闭对话框。

> **提示：** 在插入交叉引用时，Word 实际上是插入了一个域。

课后习题

一、单项选择题

1. 关于链接对象与嵌入对象的区别，以下说法正确的是（　　）。

   A. 链接对象在文档中存储完整数据，而嵌入对象仅存储指向源文件的链接

   B. 链接对象会随源文件更新而自动更新，嵌入对象则不会

   C. 链接对象不增加文档体积，嵌入对象则会增加文档体积

   D. 链接对象可以独立于源文件存在，嵌入对象则不能独立于源文件存在

2. 若要将 Excel 表格作为一个可随时更新数据的元素插入 Word 文档，应选择（　　）。

A. 使用“选择性粘贴”插入嵌入对象

B. 使用“选择性粘贴”插入链接对象

C. 使用“对象”命令插入嵌入对象

D. 使用“对象”命令插入链接对象

3. 在 Word 中，（　　）操作不属于处理分节符。

A. 插入分节符

B. 删除分节符

C. 跨越分节符设置不同页眉 / 页脚

D. 将文档拆分为多个独立文件

4. 创建目录时，目录项通常基于文档中的（　　）。

A. 标题样式

B. 自定义样式

C. 段落格式

D. 字体样式

5. 在 Word 文档中，对索引进行更新的目的是（　　）。

A. 修改索引的字体和字号

B. 改变索引的位置

C. 反映文档内容的最新变动

D. 删除不再需要的索引项

6. 若想在文档中快速跳转到某一特定标题或图表，可以使用（　　）功能。

A. 页眉 / 页脚

B. 页码

C. 目录

D. 交叉引用

二、填空题

1. 在 Word 中，插入链接对象时，如果源文件发生更改，文档中 ______ 会自动反映这些更改。

2. 创建主控文档时，用于组织和管理文档各部分的特殊视图称为 ______。

3. 在 Word 中，通过设置 ______ 可以为文档添加背景图案，增强视觉效果。

4. 为了确保目录与文档内容的一致性，需要在修改文档后执行 ______ 操作。

5. 若要为文档中的特定词汇或短语创建索引条目，需要先使用 ______ 功能进行标记。

6. 使用 Word 的 ______ 功能，可以方便地在文档中引用其他位置的内容，如表格、图表、公式等。

三、实操题

1. 链接插入一个 Excel 工作表，验证链接更新功能，并尝试在 Excel 中修改数据后查看 Word 文档中的变化。

2. 创建一个新的嵌入式对象（如 Word 文档或 PDF 文件），并对其进行编辑。

3. 规划并设计一个包含标题、正文、图片、表格的页面布局，确保文字与图形的和谐搭配，以及适当的留白。

4. 使用 Word 主控文档创建一个包含 3 个子文档的报告，设置不同的页眉 / 页脚，并编辑其中一个子文档的内容。

5. 为文档添加页码，包括首页不同、奇偶页不同的页码格式，并确保目录页不显示页码。

6. 为文档创建目录，包括多级标题，并更新目录以反映文档内容的最新变化。

模块 9　Word 页面设置和打印输出

Word 2019 中提供了非常强大的打印功能，可以很轻松地按要求将文档打印出来，在打印文档前可以进行预览文档、设置打印范围等操作，也可以进行后台打印以节省时间。

本模块学习内容

- Word 页面布局设置
- 页面版块划分
- 打印输出

9.1 Word 页面布局设置

下面将页面布局分为 3 个部分进行讲解，即纸张的整体设置、文档版心的设置、文档内每页字数的控制。这些项目的设置对于 Word 文档外观和打印结果都有直接的影响。

9.1.1 纸张设置

纸张的大小决定了每页文档的内容容量，出于合理利用文档空间进行排版的考虑，在进行其他页面设置之前，应首先将纸张大小确定下来。否则，若在设置好其他部分后再调整纸张大小，可能会导致已经排好的版面变得混乱。

工作中最常用的纸张尺寸是 A4，其规格为 297 毫米 ×210 毫米。除了 A4 之外，还有很多其他不同型号的纸张，如 A3、A5、B4、B5 等。纸张可以根据布局需要选择横向或纵向放置，具体的选择取决于实际的应用场景和设计需求。

设置纸张的大小和方向的操作步骤如下。

01 继续上例的操作，切换到“布局”选项卡，单击“页面设置”选项组右下角的“页面设置”按钮，打开如图 9-1 所示的“页面设置”对话框。

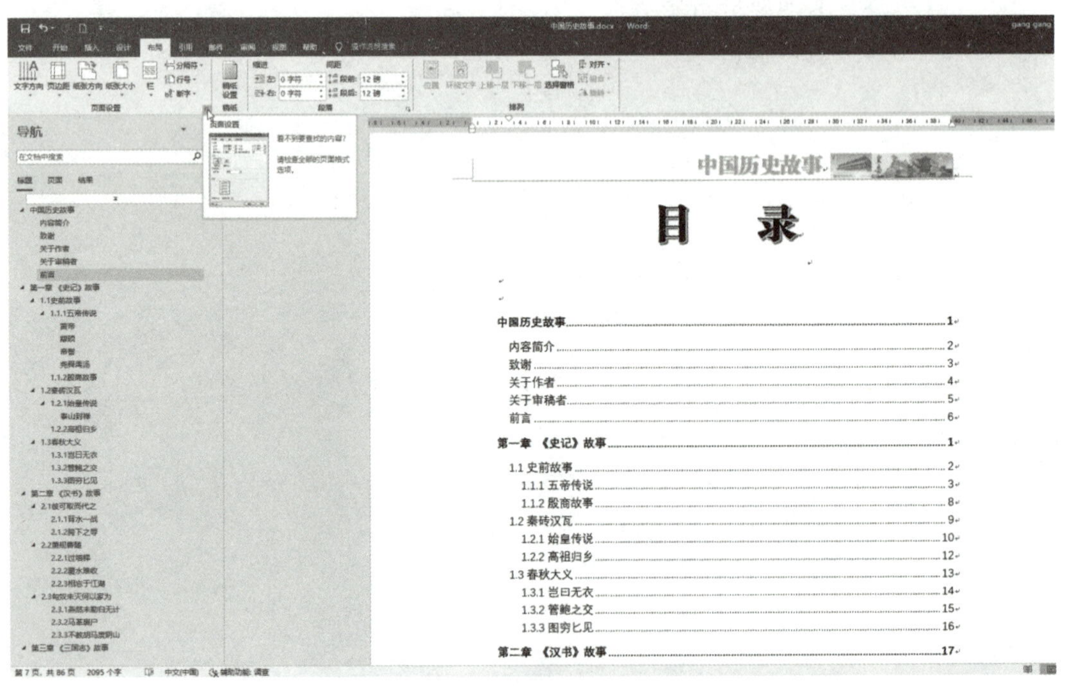

图 9-1

02 在“纸张”选项卡中可以选择纸张大小，或直接修改“宽度”和“高度”的数值。

如果修改后的纸张尺寸不是 Word 预设的标准尺寸，那么将在上方显示“自定义大小”字样，表示当前的纸张大小是自定义类型，如图 9-2 所示。

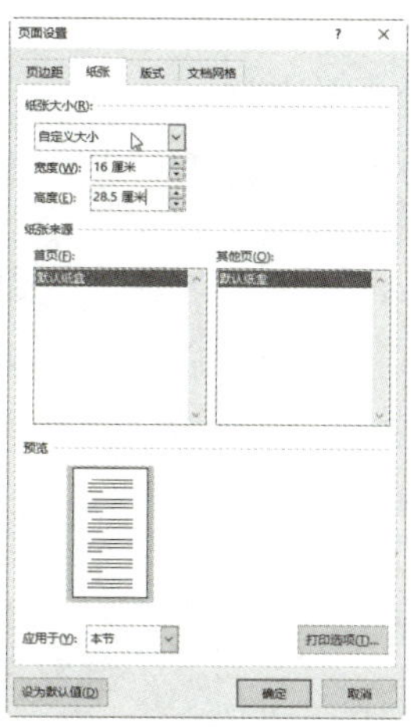

图 9-2

9.1.2　版心设置

版心是指位于页面中央、编排有正文文字的部分，其上方有页眉和天头，下方有页脚和地脚，左右两侧还有留白。版心大小由纸张大小决定。

> **提示：**“天头”是指每个页面顶部的空白区域；“地脚”是指每个页面底部的空白区域。

在纸张大小确定的情况下，页边距的大小直接影响到版心的大小。页边距是指页面中正文文字两侧与页面边界之间的距离。增加页边距则会减小版心的尺寸；反之，则会增大版心的尺寸。

设置页边距的大小的操作步骤如下。

01 启动 Word 2019，打开“页面设置”对话框，切换到“页边距”选项卡。

02 在该选项卡的“页边距”选项组中自定义页边距的大小，只需指定“上”“下”“左”和“右”4 个数值即可，如图 9-3 所示。

页眉和页脚区域的大小是包含在页边距范围内的。要指定页眉和页脚的大小，可按以下步骤进行。

01 启动 Word 2019，打开“页面设置”对话框，切换至“版式”选项卡。

02 修改“页眉”和“页脚”文本框中的数值，即可指定页眉和页脚区域的大小，如图 9-4 所示。

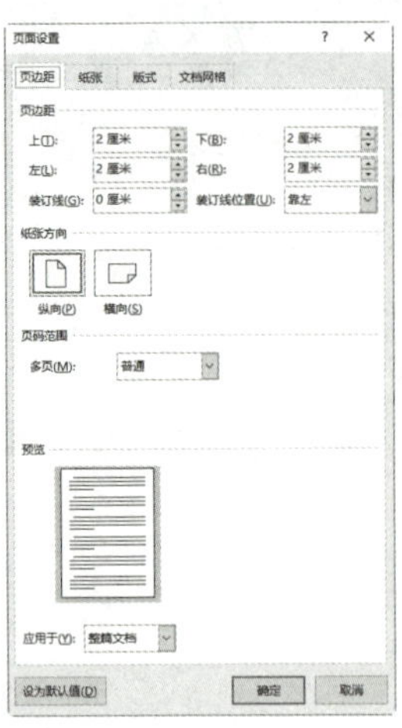

图 9-3

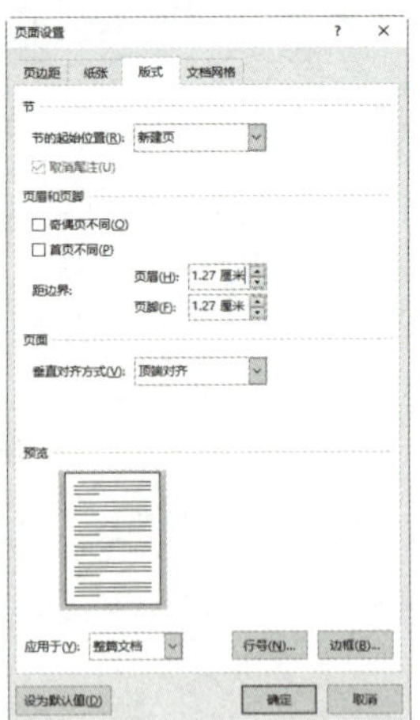

图 9-4

9.1.3 指定每页字符数

在 Word 中，可以灵活地控制文档内每一页所包含的文字量，操作步骤如下。

01 启动 Word 2019，打开“页面设置”对话框，切换到“文档网格”选项卡。

02 选中“指定行和字符网格”单选按钮，然后可以指定文档每个页面所包含的行数以及每行所包含的字符数，如图 9-5 所示。

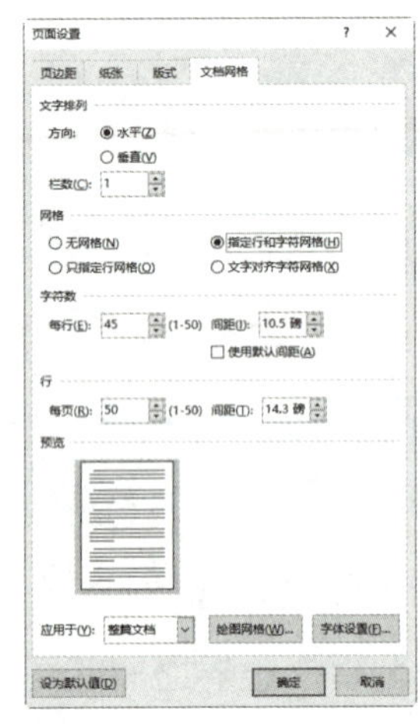

图 9-5

9.2 页面版块划分

在 Word 中排版时，如果能对页面版块进行划分，就可以制作出具有多种版式的文档，使页面视觉效果更加丰富。通过对文档进行分页、分节和分栏处理，可以获得多种不同的版式。

9.2.1 插入分页符

在 Word 中，当输入的内容布满一个页面时，Word 将自动添加一个新的页面，然后接着上一页继续输入内容。如果希望在某个位置之后强制换页，则可以手动插入分页符，强

制分页，有以下 3 种操作方法。

- 单击要进行分页的位置，然后切换到“插入”选项卡，单击“页面”工具组中的“分页”按钮，如图 9-6 所示。
- 切换到“布局”选项卡，单击“页面设置”工具组中的“分隔符”按钮，从弹出菜单中选择“分页符”命令，如图 9-7 所示。
- 直接按 Ctrl+P 组合键。

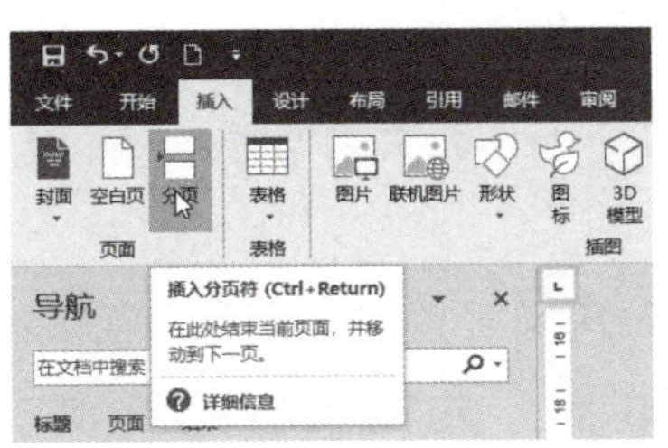

图 9-6

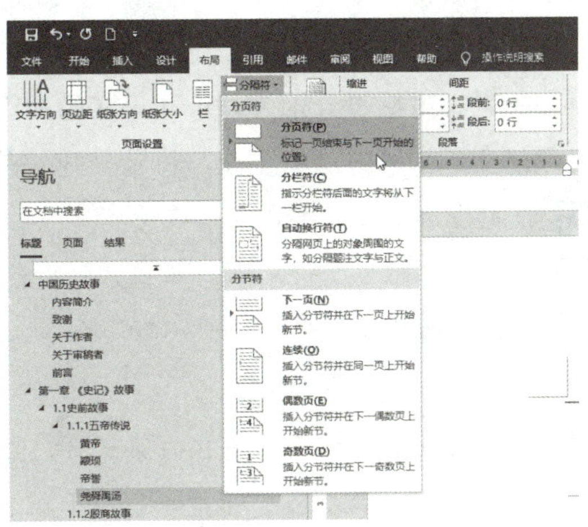

图 9-7

9.2.2　插入分节符

分节符的主要功能是将分节符两侧的内容分割为独立的两部分，使得每部分都可以拥有自己的页面格式，互不干扰。Word 2019 中提供了 4 种分节符，具体介绍如下。

- “下一页”：在插入点位置添加一个分节符，并在下一页开始新的一节。
- “连续”：在插入点位置添加一个分节符，并在分节符之后开始新的一节。
- “偶数页”：在插入点位置添加一个分节符，并在下一个偶数页开始新的一节。
- “奇数页”：在插入点位置添加一个分节符，并在下一个奇数页开始新的一节。

用户可以通过以下实例来认识分节符的功能。

1. 让每章从奇数页开始

一本书通常分为若干章，某些书会要求每章的第一页从奇数页开始。对于这种排版要求来说，使用分节符是非常便于处理的。例如，在本书模块 8 的示例中，一共包含 8 章内容，现在希望每章的第一页都从奇数开始，那么就需要在每两章之间分别插入一个“奇数页”分节符，操作步骤如下。

01 将插入点定位到第 2 章的起始处，切换到“布局”选项卡，单击“页面设置”选项组中的“分隔符”按钮。

02 在弹出菜单中选择“奇数页”命令（见图 9-8），这样第 2 章将根据第 1 章最后一页的页码来自动调整到奇数页开始。

2. 在同一文档中使用不同的页码格式

默认情况下，在文档中插入页码时，将使用同一种页码格式为文档添加页码。但是在一些大型文档的排版中（如书籍），通常会要求目录部分的页码格式与正文部分有所区别。为了实现这类排版效果，需要在正文与目录之间插入一个分节符，然后切断目录与正文之间的链接关系，最后再分别为目录和正文添加不同格式的页码。

可以使用下面的方法将正文与目录分开，并为它们设置不同的页码格式。

01 单击目录下方正文段落的第一行开头，将插入点定位到正文第一段落的起始处。

02 切换到“布局”选项卡，单击“页面设置”选项组中的“分隔符”按钮。

03 在弹出的菜单中选择“下一页”命令，这样将在目录与正文之间插入一个分节符，并自动将正文划分到下一页中。

04 将插入点定位到正文所在的第一页，然后进入该页的页眉编辑状态，可以看到页面左侧显示当前页是第 2 节，而上一页属于第 1 节。默认情况下，这两节所设置的页码格式都是相同的。为了使它们各自独立，则需要单击“页眉和页脚”选项卡下“导航”工具组中的“链接到前一节”按钮，切断两节之间的链接，如图 9-9 所示。

05 现在，就可以分别在目录和正文部分添加各自的页码了，彼此之间互不影响。

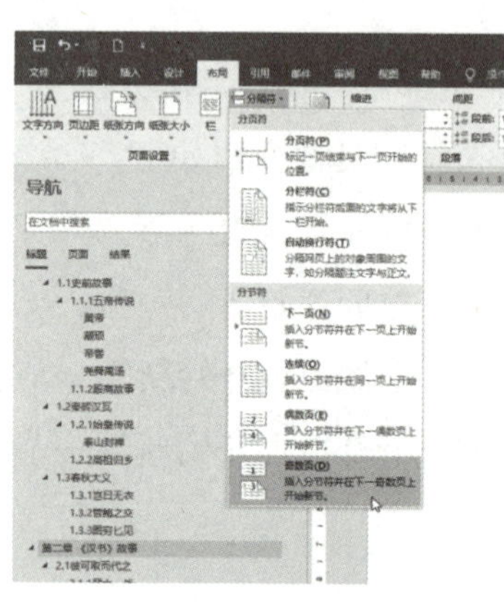

图 9-8

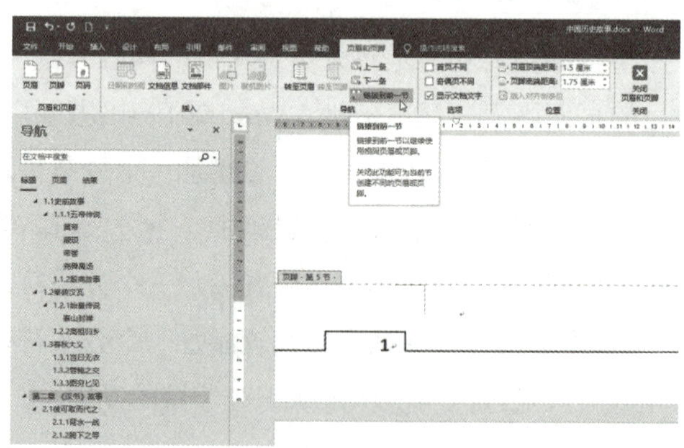

图 9-9

9.3 打印输出

设置好页面的各个元素后，就可以将文档打印输出了。为了避免浪费纸张，通常在打印前需要预览待打印的文档，或将它转换输出为 PDF 文档。

9.3.1　打印 Word 文档

Word 2019 一改以往 Word 版本中的“打印预览”窗口与“打印”对话框分开的局面，而是将这两部分合二为一。

打印或预览 Word 文档的操作步骤如下。

01 启动 Word 2019，切换到“文件”选项卡，在出现的界面中选择“打印”命令，即可展开“打印”窗口。

02 该窗口分为两部分，左侧用于设置打印选项，右侧为待打印文档的页面预览视图，可以通过单击视图右下方的按钮来改变视图的显示比例，还可以单击预览视图左下角的按钮，切换预览视图中当前显示的页面内容。

03 在窗口的左侧，可以选择打印机设备，设置打印机属性，以及打印份数、要打印的页面、打印方向、纸张大小、页边距、缩放打印等参数。

> **提示：** 在设置页码范围时，需要注意一些事项。例如，如果要打印文档中的第 3 页、第 6 至 8 页和第 10 页，应在“页数”文本框中输入“3,6-8,10”，数字之间以逗号分隔。完成所有的设置后，单击“打印”按钮即可开始打印。

9.3.2　设置双面打印

打印文档时，为了节约纸张，可以选择设置双面打印功能。Word 2019 支持双面打印，并且可以选择长边翻转或短边翻转，操作步骤如下。

01 启动 Word 2019，单击“文件”选项卡，在出现的界面中选择“打印”命令，展开“打印”窗口，然后单击“单面打印”右侧的下拉按钮，选择“双面打印，从长边翻转页面”方式，如图 9-10 所示。

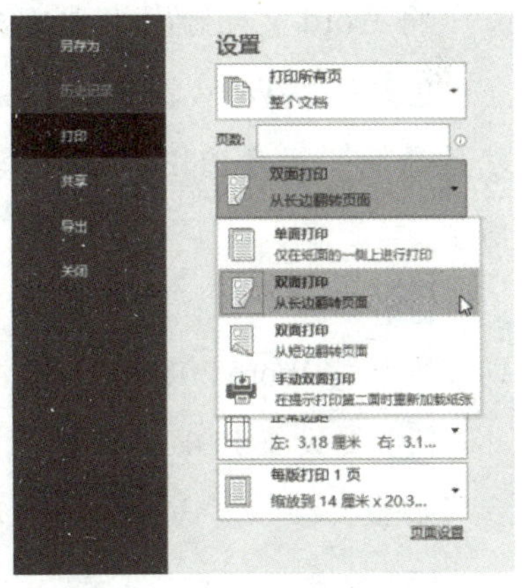

图 9-10

所谓“长边”，顾名思义，就是纸张大小设置中较长的那一边。以 A4 纸为例，默认大小为 297 毫米 ×210 毫米，那么它的长边就是 297 毫米。

由于大多数文档都是纵向打印的，所以在设置“双面打印”时，都可以选择“从长边翻转页面”，但是也有例外，因为有时候用户可能需要打印横向排版的文档（典型的横向排版文档如童趣连环画、Excel 表格等）。如果在 Word 中复制或编辑了一个横向表格，则为了更好的打印效果，可以在“布局”选项卡中设置“纸张方向”为“横向”，如图 9-11 所示。

02 单击“文件”选项卡，在出现的界面中选择“打印”命令，展开“打印”窗口，然后单击“单面打印”右侧的下拉按钮，选择“双面打印，从短边翻转页面”方式，如图9-12所示。

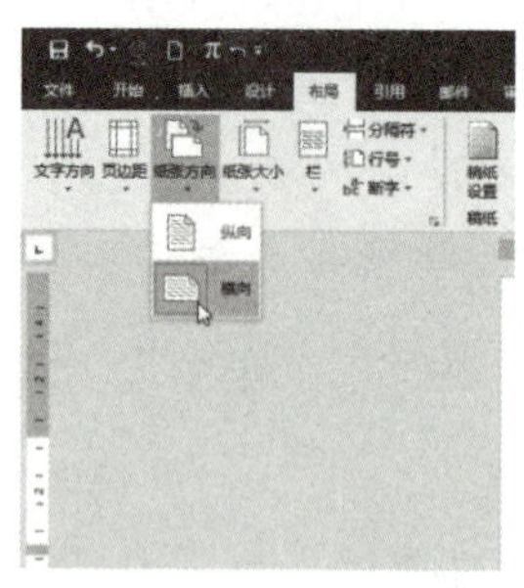

图 9-11

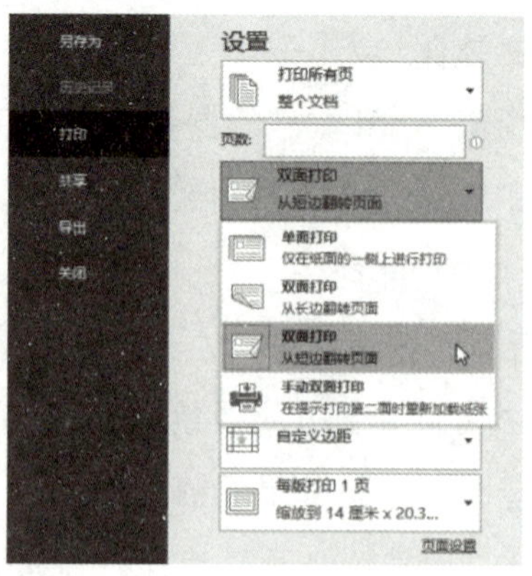

图 9-12

弄明白了“长边”，那么“短边”也就很好理解了。仍以A4纸为例，默认大小为297毫米 ×210毫米，那么它的短边就是210毫米。

> **提示：**如果用户对此设置仍有不明白的地方，还有一种更简单的验证方法，即创建一个仅包含2页内容的Word文档，然后实际使用“双面打印，从长边翻转页面”或“双面打印，从短边翻转页面”试一试，就很容易明白页面设置的意义了。

9.3.3 导出PDF文档

将Word文档导出为PDF格式文档的具体操作步骤如下。

01 启动Word 2019，切换到“文件”选项卡，在出现的界面中选择“导出”命令，然后选择“创建PDF/XPS文档”命令，再单击右侧的“创建PDF/XPS”按钮，如图9-13所示。

02 在打开的“发布为PDF或XPS”对话框中，选择保存位置并输入文件名，也可以按默认的Word 2019文件名，只不过扩展名变成了*.pdf。

03 要设置PDF文件选项，可以单击“选项”按钮。在出现的对话框中，勾选“使用密码加密文档”复选框，可以为导出的PDF文件加密，如图9-14所示。

04 单击“确定”按钮，会出现“加密PDF文档”对话框，要求输入加密的密码，如图9-15所示。

05 单击“确定”按钮，再单击“发布”按钮，Word即可生成PDF文件并自动打开（因为在图9-11中选中了“发布后打开文件”复选框），但由于该文件已经加密，所以会要求先输入密码，如图9-16所示。

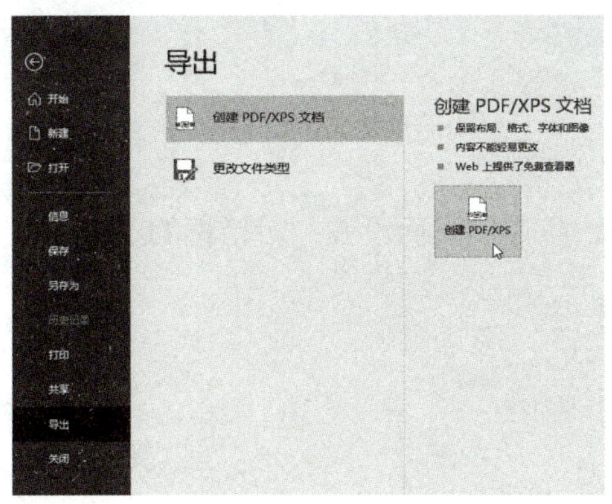

图 9-13

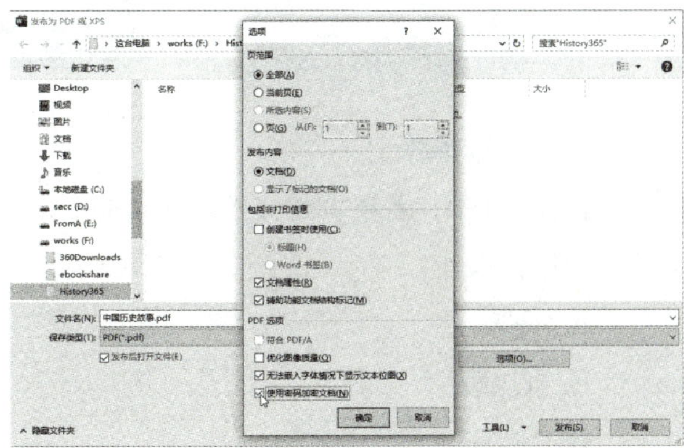

图 9-14

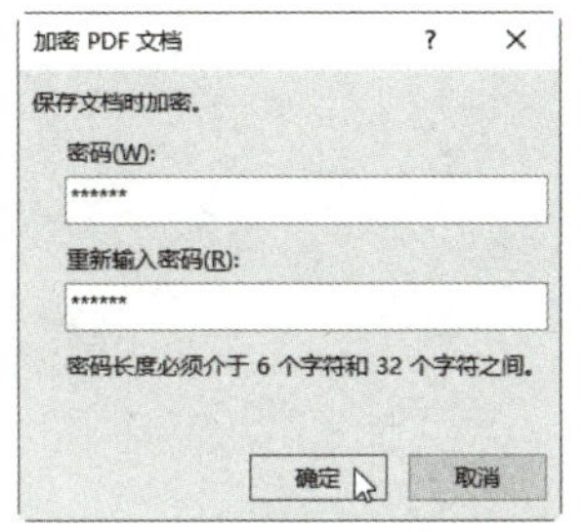

图 9-15

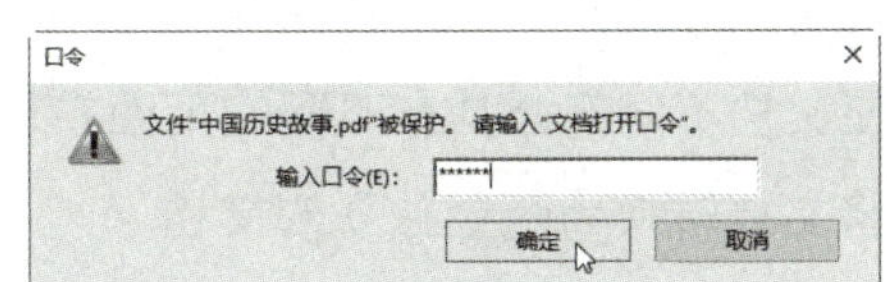

图 9-16

06 输入正确密码之后，PDF 在系统关联的查看程序中打开，单击目录中的项目可以跳转到具体的页面，如图 9-17 所示。

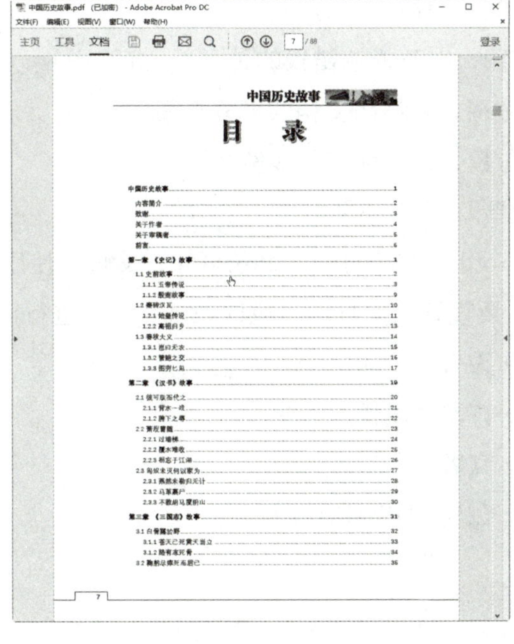

图 9-17

课后习题

一、单项选择题

1. 在 Word 中，若要调整文档打印时的纸张大小，应在“页面设置”对话框的（　　）选项卡中进行操作。

A. 纸张

B. 页边距

C. 版式

D. 文档网格

2. 插入分节符的作用是（　　）。

A. 强制在当前位置开始新的一页

B. 将文档分成两部分单独保存

C. 使文档不同部分具有不同的页面布局设置

D. 将文档转换为两个独立的文档

3.（　　）选项可以用来在文档中插入分节符。

A. 插入→分页符

B. 插入 →分节符

C. 布局 → 页面设置→分隔符→分页符

D. 布局 → 页面设置→分隔符→分节符

4. 关于 Word 文档打印，以下说法错误的是（　　）。

A. 可以设置打印范围，只打印文档的部分页面

B. 可以设置打印份数，一次性打印多份文档

C. 可以选择双面打印，节省纸张资源

D. 默认情况下，Word 文档的封面、目录页和正文页会使用相同的页眉 / 页脚

5. 在 Word 2019 中，要设置双面打印，应该在（　　）进行设置。

A. 文件 → 打印 → 设置

B. 文件 → 打印 → 打印机属性

C. 文件 → 选项 → 高级

D. 文件 → 导出 → 创建 PDF/XPS 文档

6. 若需将 Word 文档以 PDF 格式保存，以便于跨平台分享和保持文档格式不变，应使用（　　）功能。

A. 打印到 PDF

B. 导出为 PDF

C. 发布为 PDF

D. 转换为 PDF

二、填空题

1. 在 Word 中，设置页面方向为横向或纵向，可以通过调整“页面设置”中的 ______ 选项实现。

2. 若需要在文档中插入分页符，在当前段落结束处开始新的一页，应使用 ______ 键。

3. 在 Word 文档打印前，通过预览功能可以查看实际的打印效果，包括 ______、______、______ 等元素的位置。

4. 对页面版块进行划分可以通过 ________ 和 ________ 来实现。

5. 分节符主要实现的功能有 ___________ 和 ___________。

6. 使用 Word 的“导出为 PDF”功能，可以保留文档的原始 ______ 和 ______，便于在不同设备上阅读。

三、实操题

1. 为文档设置 A3 大小的纸张、上下左右页边距均为 2 厘米，并将页面方向设为横向。

2. 在文档的某一部分插入分节符，然后分别为该部分设置不同的页眉和页脚。

3. 为文档设置不同的版心宽度，使得左侧有较大空白区域供手写批注。

4. 设置文档每页字符数为 40 行 ×45 字符，确保排版紧凑。

5. 打印一份包含指定页码范围（如第 3 至第 8 页）的文档，设置双面打印且短边装订。

6. 将文档导出为 PDF 格式，包括嵌入字体以确保在其他计算机上正确显示，并设置文件权限为“只读”。

参考答案

模块 1 Word 2019 概述

一、单项选择题

1.B 2.B 3.B 4.A 5.D 6.B

二、填空题

1. 大纲视图

2. 快速访问工具栏

3. 状态栏

4. 沉浸式阅读器

5. OneDrive

6. 选项

三、实操题

略。

模块 2 Word 文档的基础操作

一、单项选择题

1.D 2.C 3.D 4.A 5.D 6.C

二、填空题

1. Ctrl + N

2. 模板

3. 自动保存

4. Ctrl + S

5. 文件

6. 退出

三、实操题

略。

模块 3 输入和编辑文本

一、单项选择题

1.D 2.B 3.C 4.A 5.B 6.A

二、填空题

1. Ctrl + C

2. 插入

3. 定位

4. Ctrl + Z

5. 拼写和语法检查

6. 拆分窗口

三、实操题

略。

模块 4 格式化文档

一、单项选择题

1.A 2.B 3.C 4.D 5.E 6.C

二、填空题

1. 宽度 紧缩 位置

2. “格式”

3. 分散对齐

4. 层级

5. “段落”

6. “页面设置”

三、实操题

略。

模块 5 Word 2019 的高级排版

一、单项选择题

1.A 2.B 3.C 4.D 5.E 6.E

二、填空题

1. “开始” → “设置” → “个性化” → “字体”

2. TrueType

3. “页面设置”

4. 字体　字号　颜色　段落格式

5. “插入”

6. 样式

三、实操题

略。

模块 6　Word 2019 的表格处理

一、单项选择题

1.A　2.B　3.C　4.D　5.D　6.F

二、填空题

1. “插入”

2. “拆分单元格”

3. “对齐方式”

4. “表格样式”

5. “转换为文本”

6. “制表符”

三、实操题

略。

模块 7　图文混排

一、单项选择题

1.A　2.B　3.C　4.C　5.C　6.D

二、填空题

1. “图片”

2. “SmartArt”

3. “裁剪”

4. “环绕文字”→“紧密型环绕”

5. “图片样式”

6. “创建链接”

三、实操题

略。

模块 8　长文档的编排处理

一、单项选择题

1.C　2.D　3.D　4.A　5.C　6.C

二、填空题

1. 链接对象
2. 主控文档视图
3. 水印
4. 更新目录
5. 索引标记
6. 交叉引用

三、实操题

略。

模块 9　Word 页面设置和打印输出

一、单项选择题

1.A　2.C　3.C　4.D　5.B　6.D

二、填空题

1. 纸张方向
2. Ctrl + Enter
3. 页眉　页脚　页码
4. 插入分页符　插入分节符
5. 让每章从奇数页开始　在同一文档中使用不同的页码格式
6. 格式　布局

三、实操题

略。

参考文献

[1] 凤凰高新教育．Word 2019 完全自学教程 [M]．北京：北京大学出版社，2019．

[2] 张婷婷．Word/Excel/PPT 2019 应用大全 [M]．北京：机械工业出版社，2019．

[3] 滕恒盛杰资讯．Word/Excel/PPT 2019 完全自学教程 [M]．北京：机械工业出版社，2019．

[4] 束开俊，徐虹，宋惠茹．Office 2019 高效办公应用实战 [M]．北京：北京希望电子出版社，2021．